技工院校规划教材

计算机基础教程

主　编　丁　珏　汪明星

苏 州 大 学 出 版 社

图书在版编目(CIP)数据

计算机基础教程/丁珏,汪明星主编. —苏州：苏州大学出版社,2017.7(2022.8重印)
ISBN 978-7-5672-2143-7

Ⅰ.①计… Ⅱ.①丁… ②汪… Ⅲ.①电子计算机—教材 Ⅳ.①TP3

中国版本图书馆 CIP 数据核字(2017)第 139042 号

计算机基础教程
丁 珏 汪明星 主编
责任编辑 周建兰

苏州大学出版社出版发行
(地址：苏州市十梓街 1 号 邮编：215006)
广东虎彩云印刷有限公司印装
(地址：东莞市虎门镇黄村社区厚虎路20号C幢一楼 邮编：523898)

开本 787 mm×1 092 mm 1/16 印张 17.5 字数 420 千
2017 年 7 月第 1 版 2022 年 8 月第 4 次印刷
ISBN 978-7-5672-2143-7 定价：42.00 元

苏州大学版图书若有印装错误,本社负责调换
苏州大学出版社营销部 电话：0512-67481020
苏州大学出版社网址 http://www.sudapress.com

《计算机基础教程》编委会

主　编　丁　珏　常州技师学院

汪明星　扬州技师学院

副主编　于　洁　江苏汽车技师学院

黄　健　江苏工贸技师学院

梅怀明　常州交通技师学院

马　萃　武进技师学院

编　委　刘　悦　江苏汽车技师学院

胡　颖　扬州技师学院

孙　超　扬州技师学院

罗　潇　扬州技师学院

石春宏　江苏工贸技师学院

吉翠花　扬州生活科技学校

周　亚　常州冶金技师学院

袁长花　徐州机电技师学院

张明星　扬州生活科技学校

前　言

本书根据江苏省成人高等教育非计算机专业《大学计算机基础》课程教学大纲要求编写,可作为技工院校计算机公共基础课程教材,也可以作为职业院校计算机文化基础课程教材。

本书以“典型任务 + 相关知识”的编排形式,以典型任务为引导,按照项目化任务驱动教学理念组织教材内容,改变了传统教材中以介绍软件菜单命令功能为主线的编写方式,通过各种案例的制作过程,引导学生学习、理解、掌握软件的操作命令和使用方法,并通过“任务驱动法”实现“教、学、做”一体化。

本书设计了“初识计算机”“Windows 7 操作系统的应用”“Internet 应用”“Word 2010 文字处理应用”“Excel 2010 电子表格处理应用”和“PowerPoint 2010 演示文稿应用”共 6 个项目,每个项目有 3 ~5 个任务,每个任务按照“学习目标”“任务描述与分析”“任务实施”“相关知识”等模块组织教学内容,具体安排如下:

• 学习目标: 提出了本项目具体的学习要求以及必须掌握的知识点,学生学习时更有针对性。

• 任务描述与分析: 以项目为单元,从生活实际中提取任务,简要描述任务完成的效果,分析完成本任务需要的基本方法与技术,以及应该注意的事项。

• 任务实施: 图文结合,详细讲解完成本任务的操作步骤。

• 相关知识: 介绍了本任务中的关键知识、技术及操作方法。

本书由丁珏、汪明星任主编,参加编写的人员还有于洁、黄健、梅怀明、马萃、刘悦、胡颖、孙超、罗潇、石春宏、吉翠花、周亚、袁长花、张明星等。

尽管经过了反复斟酌与修改,但因时间仓促、能力有限,书中仍难免存在疏漏与不足之处,望广大读者提出宝贵的意见和建议,以便再版时修改。

编　者

2017.5

目　录

项目1 初识计算机

计算机是20世纪人类最伟大的发明之一，目前，它已被广泛地应用于社会的各个领域，成为人类的得力助手。你家里有计算机吗？你知道它是由哪些部分组成的吗？

任务1-1 趣话计算机

一、学习目标

- ◆ 了解计算机的诞生及发展情况，了解我国计算机的发展情况。
- ◆ 了解计算机的特点。
- ◆ 了解计算机的主要应用。
- ◆ 了解计算机的主要构成。

二、任务描述与分析

提起计算机，无人不知，无人不晓。那么计算机是怎样诞生的呢？计算机除了可用来打字、上网、玩游戏之外，还有什么其他的用途呢？其实计算机可谓神通广大，它能以精密的计算拦截导弹、保卫国家；它能预测天气，担当农业的"科学顾问"；它能写诗画画，鉴别作品真伪；它能治病救人，医术"妙手回春"……

三、任务实施

1. 了解计算机的诞生史

计算机(Computer)的原意是"计算器"，人类发明计算机，最初的目的是帮助人们处理复杂的数字运算，最早可追溯至数千年前中国人发明的算盘。

而人工计算器的概念，最早可以追溯到十七世纪法国大思想家布莱士·帕斯卡。帕斯卡的父亲担任税务局局长，当时的币制不是十进制，在计算上非常麻烦。帕斯卡为了协助父亲，利用齿轮原理，发明了第一台可以执行加减运算的计算器。

后来，德国数学家莱布尼茨加以改良，发明了可以做乘除运算的计算器。

1822年，英国剑桥大学查尔斯·巴贝奇发明了差分机，可以执行简单的四则运算。1833年，巴贝奇又设计了分析机，包括输入、输出、控制、运算、存储五大部分，就是现如今计算机的基本结构，所以巴贝奇被尊称为"计算机之父"。

1890 年，美国的赫尔曼·何乐礼发明了打孔卡片用以记录资料，并研制成功高级分类统计机，利用穿孔卡片作为数据载体，完成分类、统计、制表等一系列计算机操作过程。

世界上第一台电子数字式计算机于 1946 年 2 月 15 日在美国宾夕法尼亚大学研制成功，它的名称叫 ENIAC（图 1-1-1），是电子数值积分式计算机（The Electronic Numerical Intergrator and Computer）的缩写。它使用了 17468 个真空电子管，耗电 174 千瓦，占地 170 平方米，重达 30 吨，每秒可进行 5000 次加法运算。虽然它还比不上今天最普通的一台微型计算机，但在当时它已是运算速度的绝对冠军，并且其运算的精确度和准确度也是史无前例的。以圆周率（π）的计算为例，中国的古代科学家祖冲之利用算筹，耗费 15 年心血，才把圆周率计算到小数点后 7 位数。1000 多年后，英国人香克斯以毕生精力计算圆周率，才计算到小数点后 707 位。而使用 ENIAC 进行计算，仅用了 40 秒就达到了这个记录，并且发现香克斯的计算中，第 528 位是错误的。

图 1-1-1　ENIAC

ENIAC 奠定了电子计算机的发展基础，在计算机发展史上具有划时代的意义，它的问世标志着电子计算机时代的到来。ENIAC 诞生后，数学家冯·诺依曼（J. Von Neumann）提出了重大的改进理论，主要包括三个重要思想：

- 整个计算机的结构应由五个部分组成：运算器、控制器、存储器、输入装置和输出装置。
- 电子计算机应采用二进制数的形式表示计算机的指令和数据。
- 电子计算机应采用“存储程序控制”的方式工作，也就是将程序和数据放在存储器中，由程序控制计算机自动执行。

冯·诺依曼的这些理论的提出，解决了计算机的运算自动化的问题和速度配合问题，对后来计算机的发展起到了决定性的作用。直至今天，绝大部分的计算机还是采用冯·诺依曼方式工作。

2. 了解计算机的发展史

(1) 第一代计算机(1946—1958)

这一阶段计算机的主要特征是采用电子管元件[图 1-1-2(a)]作基本器件,用光屏管或汞延时。输入/输出主要采用穿孔卡片或纸带,体积大、耗电量大、速度慢、存储容量小、可靠性差、维护困难且价格昂贵。运算速度每秒几千次至几万次。在软件上,使用机器语言和汇编语言来编写应用程序。第一代计算机主要应用于国防和科学计算。

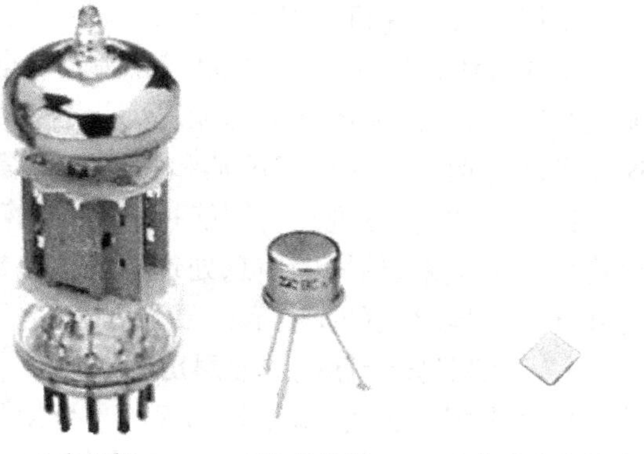

(a) 电子管　(b) 晶体管　(c) 集成电路芯片

图 1-1-2　电子管、晶体管与集成电路芯片外形

(2) 第二代计算机(1958—1964)

这一阶段计算机的主要特征是采用晶体管元件作主要器件[图 1-1-2(b)]。晶体管的出现使计算机生产技术得到了根本性的发展,由晶体管代替电子管作为计算机的基础器件,用磁芯或磁鼓作存储器,在整体性能上,比第一代计算机有了很大的提高。运算速度每秒达几万次至几十万次。软件上出现了操作系统和算法语言,同时程序设计语言也相应地出现了,如 FORTRAN、COBOL、Algo160 等计算机高级语言。晶体管计算机被用于科学计算的同时,也开始在数据处理、过程控制方面得到应用。

(3) 第三代计算机(1964—1971)

这一代计算机逻辑文件采用的是中、小规模集成电路[图 1-1-2(c)],主存储器也渐渐过渡到半导体存储器,使计算机的体积更小,大大降低了计算机计算时的功耗。由于减少了焊点和接插件,从而更进一步提高了计算机的可靠性。运算速度每秒达几十万次至几百万次。在软件方面,有了标准化的程序设计语言和人机会话式的 Basic 语言,其应用领域进一步扩大。

(4) 第四代计算机(1971 年至今)

这一代计算机逻辑文件采用的是大规模和超大规模集成电路(图 1-1-3),随着大规模集成电路的成功制作并用于计算机硬件生产过程,计算机的体积进一步缩小,性能进一步提高,运算速度每秒达几百万次至上亿次。集成更高的大容量半导体存储器作为内存储器,发展了并行技术和多机系统,出现了精简指令集计算机(RISC),软件系统工程化、理论化,程序设计自动化。微型计算机在社会上的应用范围进一步扩大,几乎所有领域都能看到计算机的“身影”。

图 1-1-3　大规模集成电路

(5) 第五代计算机

指具有人工智能的新一代计算机(图 1-1-4),它具有推理、联想、判断、决策、学习等功能。计算机的发展将在什么时候进入第五代?

图 1-1-4　人工智能

什么是第五代计算机？对于这样的问题，并没有一个明确统一的说法。

IBM 发表声明称，该公司已经研制出一款能够模拟人脑神经元、突触功能以及其他脑功能的微芯片，从而完成计算功能，这是模拟人脑芯片领域所取得的又一大进展。IBM 表示，这款微芯片擅长完成模式识别和物体分类等烦琐任务，而且功耗远低于传统硬件。但有一点可以肯定的是，在现在的智能社会中，计算机、网络、通信技术会三位一体化。未来的计算机将把人从重复、枯燥的信息处理中解脱出来，从而改变我们的工作、生活和学习方式，给人类和社会拓展更大的生存和发展空间。

3. 了解我国计算机的发展历程

提到中国计算机，就不能不提起华罗庚教授，他是我国计算技术的奠基人和最主要的开拓者之一。华罗庚在美国普林斯顿高级研究院任访问研究员时，就和冯・诺依曼、哥尔德斯坦等人交往甚密。华罗庚在数学上的造诣和成就深受冯・诺依曼等人的赞赏。

华罗庚教授 1950 年回国，1952 年在全国大学院系调整时，他从清华大学电机系物色了闵乃大、夏培肃和王传英三位科研人员在他任所长的中国科学院数学所内建立了中国第一个电子计算机科研小组。1956 年筹建中科院计算技术研究所时，华罗庚教授担任筹备委员会主任。

和国外一样，我国计算机也大体分为四个阶段，但尤其值得称赞的是我国巨型机的发展。1983 年，国防科技大学研制成功运算速度每秒达上亿次的“银河-I”巨型机（图 1-1-5），这是我国高速计算机研制的一个重要里程碑，标志着我国跨向 HPC（High Performance Computer）大国。

图 1-1-5 “银河-I”巨型机

1993 年，由国家智能计算机研究开发中心（后成立北京市曙光计算机公司）研制了我国首款基于超大规模集成电路的通用微处理器芯片的超算系统——曙光一号（图 1-1-6）。

相信提到“天河一号”（图 1-1-7），大家都有所耳闻。由国防科技大学研发、诞生于 2009 年 10 月 29 日的“天河一号”是我国首台千万亿次超级计算机。这台计算机以每秒 1206 万亿次的峰值速度和每秒 563.1 万亿次的 Linpack 实测性能，使我国成为继美国之后世界上第二个能够研制千万亿次超级计算机的国家。

图 1-1-6　“曙光一号”计算机

图 1-1-7　“王河一号”计算机

图 1-1-8　“天河二号”计算机

国防科技大学在2013年6月推出了“天河二号”（图1-1-8），并以54.9PFlops（每秒54.9千万亿次浮点运算）的峰值性能将美国能源部橡树岭国家实验室“泰坦”（Titan）从世界超级计算机中的“状元位”拉了下来，成了第41届全球HPC TOP榜单中的新科状元！这也是中国超算继2010年11月“天河一号A”之后第二次获得此项桂冠。需要指出的是，“天河二号”使用的是国产的Kylin——麒麟操作系统，主要的研发、测试和生产全部由来自国防科技大学及国内的计算机科学家完成，内部连接使用自主研发的TH Express-2，前端处理器则使用来自国内研发的飞腾中央处理器，而能耗比达到了1.9GFlops/W（19亿次计算每秒每瓦），也算属于世界先进行列了。

2016年11月，中国自主研制的“神威太湖之光”的浮点运算速度每秒达93.01千万亿次，位居全球第一。

4. 了解计算机的发展趋势

从第一台计算机产生至今的半个多世纪里，计算机的应用得到不断拓展，计算机类型不断分化，这就决定计算机的发展也朝不同的方向延伸。当今计算机技术正朝着巨型化、微型化、网络化和智能化方向发展，在未来更有一些新技术会融入计算机的发展里去。

（1）巨型化

指计算机具有极高的运算速度、大容量的存储空间、更加强大和完善的功能，主要用于航空航天、军事、气象、人工智能、生物工程等学科领域。

（2）微型化

微型化是大规模及超大规模集成电路发展的必然。从第一块微处理器芯片问世以来，其发展速度与日俱增。英特尔名誉董事长戈登·摩尔经过长期观察发现，计算机芯片的集成度每18个月翻一番，而价格则减一半，这就是信息技术发展的功能与价格比的摩尔定律。计算机芯片集成度越来越高，所完成的功能越来越强，计算机微型化的进程和普及率也越来越快。

(3) 网络化

计算机网络是计算机技术和通信技术紧密结合的产物。尤其进入 20 世纪 90 年代以来,随着因特网(Internet)的飞速发展,计算机网络已广泛应用于政府、学校、企业、科研、家庭等领域,越来越多的人接触并了解到计算机网络的概念。计算机网络将不同地理位置上具有独立功能的不同计算机通过通信设备和传输介质互连起来,在通信软件的支持下,实现网络中的计算机之间共享资源、交换信息、协同工作。计算机网络的发展水平已成为衡量一个国家现代化程度的重要指标,在社会经济发展中发挥着极其重要的作用。

(4) 智能化

让计算机能够模拟人类的智力活动,如学习、感知、理解、判断、推理等,具备理解自然语言、声音、文字和图像的能力,具有说话的能力,使人机能够用自然语言直接对话。它可以利用已有的和不断学习到的知识,进行思维、联想、推理,并得出结论,能解决复杂问题,具有汇集记忆、检索有关知识的能力。

(5) 未来计算机的新技术

从电子计算机的产生及发展过程可以看出,目前计算机技术的发展都是以电子技术的发展为基础的,集成电路芯片是计算机的核心部件。随着高新技术的研究和发展,我们有理由相信计算机技术也将拓展到其他新兴的技术领域,计算机新技术的开发和利用必将成为未来计算机发展的新趋势。

从目前计算机的研究情况可以看到,未来计算机将有可能在光子计算机、生物计算机、量子计算机等的研究领域上取得重大突破。

5. 了解计算机的分类

计算机及相关技术的迅速发展带动了计算机类型不断分化,形成了各种不同种类的计算机。例如,按照计算机的结构原理可分为模拟计算机、数字计算机和混合式计算机;按计算机用途可分为专用计算机和通用计算机。较为普遍的是按照计算机的运算速度、字长、存储容量等综合性能指标可分为巨型机、大型机、中型机、小型机、微型机。

但是,随着技术的进步,各种型号的计算机性能指标都在不断地改进和提高,以至于过去一台大型机的性能可能还比不上今天一台微型计算机。按照巨、大、中、小、微的标准来划分计算机的类型,也有其时间的局限性,因此计算机的类别划分很难有一个精确的标准。在此可以根据计算机的综合性能指标,结合计算机应用领域的分布将其分为如下五大类:

(1) 高性能计算机

高性能计算机也就是俗称的超级计算机,以前称之为巨型机。目前国际上对高性能计算机最为权威的评测是世界计算机排名(即 TOP500),通过测评的计算机是目前世界上运算速度和处理能力均堪称一流的计算机。在 2004 年公布的全球高性能计算机 TOP500 排行榜中,"曙光 4000A"以 11 万亿次/秒的峰值速度和 80610 亿次/秒 Linpack 计算值位列全球第十,这标志着我国高性能计算机的研究和发展取得了可喜的成绩。至此,中国已成为继美国、日本之后第三个进入世界前十位的高性能计算机应用的国家。目前"曙光 4000A"落户上海超级计算中心。

(2) 微型计算机

大规模集成电路及超大规模集成电路的发展是微型计算机得以产生的前提。通过集成电路技术将计算机的核心部件,即运算器和控制器集成在一块大规模或超大规模集成电路芯片上,统称为中央处理器(CPU, Central Processing Unit)。中央处理器是微型计算机的核心部件，是微型计算机的心脏。目前微型计算机已广泛应用于办公、学习、娱乐等社会生活的方方面面，是发展最快、应用最为普及的计算机。我们日常使用的台式计算机、笔记本计算机、掌上型计算机等都是微型计算机。

（3）工作站

工作站是一种高档的微型计算机，通常配有高分辨率的大屏幕显示器及容量很大的内存储器和外部存储器，主要面向专业应用领域，具备强大的数据运算与图形、图像处理能力。工作站主要是为满足工程设计、动画制作、科学研究、软件开发、金融管理、信息服务、模拟仿真等专业领域而设计开发的同性能微型计算机。

需要指出的是，这里所说的工作站不同于计算机网络系统中的工作站的概念，计算机网络系统中的工作站仅是网络中的任何一台普通微型机或终端，只是网络中的任一用户节点。

（4）服务器

服务器是指在网络环境下为网上多个用户提供共享信息资源和各种服务的一种高性能计算机，在服务器上需要安装网络操作系统、网络协议和各种网络服务软件。服务器主要为网络用户提供文件、数据库、应用及通信方面的服务。

（5）嵌入式计算机

嵌入式计算机是指嵌入到对象体系中，实现对象体系智能化控制的专用计算机系统。嵌入式计算机系统以应用为中心，以计算机技术为基础，并且软硬件可裁剪，适用于应用系统对功能、可靠性、成本、体积、功耗等有严格要求的专用计算机系统。它一般以嵌入式微处理器、外围硬件设备、嵌入式操作系统以及用户的应用程序四部分组成，用于实现对其他设备的控制、监视或管理等功能。例如，我们日常生活中使用的电冰箱、全自动洗衣机、空调、电饭煲、数码产品等都采用嵌入式计算机技术。

6. 了解计算机的特点

计算机能按照事先编制的程序，接收数据、处理数据、储存数据并产生输出。

（1）运算速度快

目前最快的巨型机每秒能执行百亿次。

（2）计算精度高

计算机内部采用二进制运算，数值精度非常高。

（3）具有复杂的逻辑判断能力

人是有思维能力的。思维能力本质上是一种逻辑判断能力，也可以说是因果关系分析能力。借助于逻辑运算，可以让计算机做出逻辑判断，分析命题是否成立，并可根据命题成立与否做出相应的对策。

（4）具有自动执行功能

数据和程序存储在计算机中，一旦向计算机发出运行指令，计算机就能在程序的控制下，自动按事先规定的步骤执行，直到完成指定的任务为止。

7. 了解计算机的应用领域

计算机的应用已渗透到社会的各行各业，正在改变着人们传统的工作、学习和生活方式，推动着社会的发展。计算机的主要应用领域如下：

（1）科学计算（或数值计算）

科学计算是指利用计算机来完成科学研究和工程技术中提出的数学问题的计算。在现代科学技术工作中,科学计算问题是大量的和复杂的。利用计算机的高速计算、大存储容量和连续运算的能力,可以实现人工无法解决的各种科学计算问题。

例如,建筑设计中为了确定构件尺寸,通过弹性力学导出一系列复杂方程,长期以来由于计算方法跟不上而一直无法求解。而计算机不但能求解这类方程,并且引起弹性理论上的一次突破,出现了有限单元法。

(2) 数据处理(或信息处理)

数据处理是指对各种数据进行收集、存储、整理、分类、统计、加工、排序、检索和发布等一系列活动的统称。据统计,80%以上的计算机主要用于数据处理,这类工作量大且面宽,决定了计算机应用的主导方向。

数据处理从简单到复杂已经历了三个发展阶段,它们是:

① 电子数据处理(Electronic Data Processing,简称 EDP)

它以文件系统为手段,实现一个部门内的单项管理。

② 管理信息系统(Management Information System,简称 MIS)

它以数据库技术为工具,实现一个部门的全面管理,以提高工作效率。

③ 决策支持系统(Decision Support System,简称 DSS)

它以数据库、模型库和方法库为基础,帮助管理决策者提高决策水平,改善运营策略的正确性与有效性。

目前,数据处理已广泛地应用于办公自动化、企事业计算机辅助管理与决策、情报检索、图书管理、电影电视动画设计、会计电算化等各行各业。信息正在形成独立的产业,多媒体技术使信息展现在人们面前的不仅是数字和文字,也有声情并茂的声音和图像信息。

(3) 计算机辅助设计与制造

计算机辅助设计与制造包括 CAD、CAM 和 CAI 等。

① 计算机辅助设计(Computer Aided Design,简称 CAD)

计算机辅助设计是利用计算机系统辅助设计人员进行工程或产品设计,以实现最佳设计效果的一种技术。它已广泛地应用于飞机、汽车、机械、电子、建筑和轻工等领域。例如,在电子计算机的设计过程中,利用 CAD 技术进行体系结构模拟、逻辑模拟、插件划分、自动布线等,从而大大提高了设计工作的自动化程度。又如,在建筑设计过程中,可以利用 CAD 技术进行力学计算、结构计算、绘制建筑图纸等,这样不但提高了设计速度,而且可以大大提高设计质量。

② 计算机辅助制造(Computer Aided Manufacturing,简称 CAM)

计算机辅助制造是指利用计算机系统进行生产设备的管理、控制和操作的过程。例如,在产品的制造过程中,用计算机控制机器的运行,处理生产过程中所需的数据,控制和处理材料的流动以及对产品进行检测等。使用 CAM 技术可以提高产品质量,降低成本,缩短生产周期,提高生产率和改善劳动条件等。

将 CAD 和 CAM 技术集成,实现设计生产自动化,这种技术被称为计算机集成制造系统(CIMS)。它的实现将真正做到无人化工厂(或车间)。

③ 计算机辅助教学(Computer Aided Instruction,简称 CAI)

计算机辅助教学是指利用计算机系统帮助或代替教师执行部分教学任务,向学生传授知识和提供技能训练。课件可以用著作工具或高级语言来开发和制作,它能引导学生循环渐进地学习，使学生轻松自如地从课件中学到所需要的知识。CAI 的主要特色是交互教育、个别指导和因人施教。

（4）过程控制（或实时控制）

过程控制是指利用计算机及时采集检测数据，按最优值迅速地对控制对象进行自动调节或自动控制。采用计算机进行过程控制，不仅可以大大提高控制的自动化水平，而且可以提高控制的及时性和准确性，从而改善劳动条件，提高产品质量及合格率。因此，计算机过程控制已在机械、冶金、石油、化工、纺织、水电、航天等部门得到了广泛的应用。

例如，在汽车工业方面，利用计算机控制机床、控制整个装配流水线，不仅可以实现精度要求高、形状复杂的零件加工自动化，而且可以使整个车间或工厂实现自动化。

（5）人工智能（或智能模拟）

人工智能（Artificial Intelligence）是指利用计算机模拟人类的智能活动，诸如感知、判断、理解、学习、问题求解和图像识别等。现在人工智能的研究已取得不少成果，有些已开始走向实用阶段。例如，能模拟高水平医学专家进行疾病诊疗的专家系统，具有一定思维能力的智能机器人等。

（6）网络应用

计算机技术与现代通信技术的结合构成了计算机网络。计算机网络的建立，不仅解决了一个单位、一个地区、一个国家中计算机与计算机之间的通信以及各种软、硬件资源的共享，也大大促进了国际间的文字、图像、视频和声音等各类数据的传输与处理。

8. 了解计算机的性能指标

计算机的技术性能指标主要有主频、字长、内存容量、存取周期、运算速度及其他指标。

（1）主频（时钟频率）

主频是指计算机 CPU 内核工作的时钟频率，它在很大程度上决定了计算机的运行速度，其单位为 MHz 或 GHz。目前有的 CPU 主频可达 4.2GHz。

（2）字长

字长是指计算机的运算部件能同时处理的二进制数据的位数，字长决定运算精度，其单位为位，如 32 位、64 位。

（3）内存容量

内存容量是指内存储器中能存储的信息总字节数，通常以 8 个二进制位（bit）作为一个字节（Byte），其单位是 MB 或 GB。目前微机的内存容量已经从最初的 128MB、256MB、512MB 达到了 1GB、2GB、4GB。

（4）存取周期

存取周期是指存储器连续两次独立地“读”或“写”操作所需的最短时间，单位是纳秒（ns，$1ns = 10^{-9}s$）。存储器完成一次“读”或“写”操作所需的时间称为存储器的访问时间（或读写时间）。

（5）运算速度

运算速度是一个综合性的指标，单位为 MIPS（每秒百万条指令）。影响运算速度的因素主要是主频和存取周期，字长和存储容量也有影响。

（6）其他指标

机器的兼容性（包括数据和文件的兼容、程序兼容、系统兼容和设备兼容）、系统的可靠性（平均无故障工作时间 MTBF）、系统的可维护性（平均修复时间 MTTR）、机器允许配置的外部设备的最大数目、计算机系统的汉字处理能力、数据库管理系统及网络功能、性能与价格比等均是综合评价计算机性能的指标。

9. 了解计算机系统的构成

完整的计算机系统包括硬件系统和软件系统。硬件系统和软件系统互相依赖，不可分割，两个部分又由若干个部件组成，如图 1-1-9 所示。

硬件系统是计算机的“躯干”，是物质基础；而软件系统则是建立在这个“躯干”上的“灵魂”。

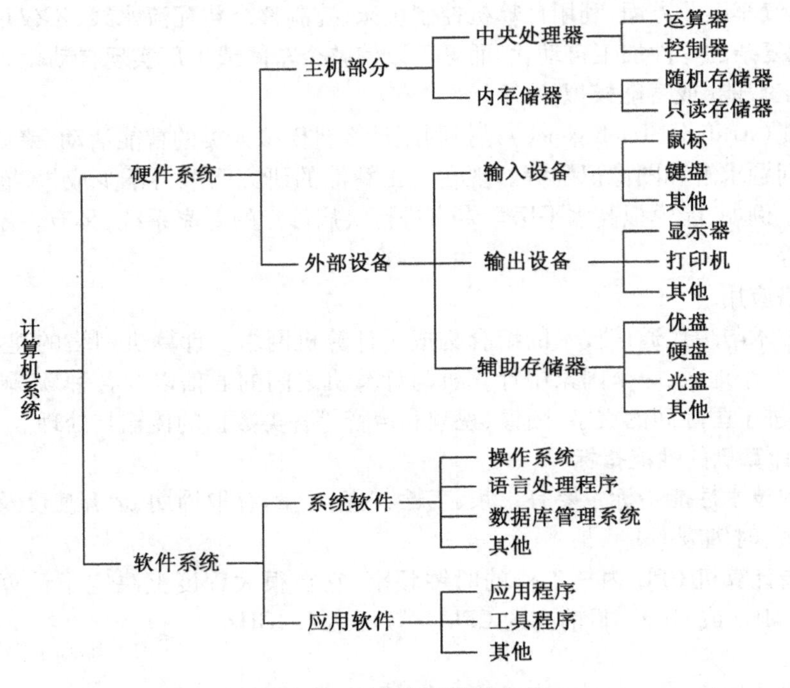

图 1-1-9 计算机系统的构成

计算机硬件系统由运算器、控制器、存储器、输入设备、输出设备五大部分组成，如图 1-1-10所示。

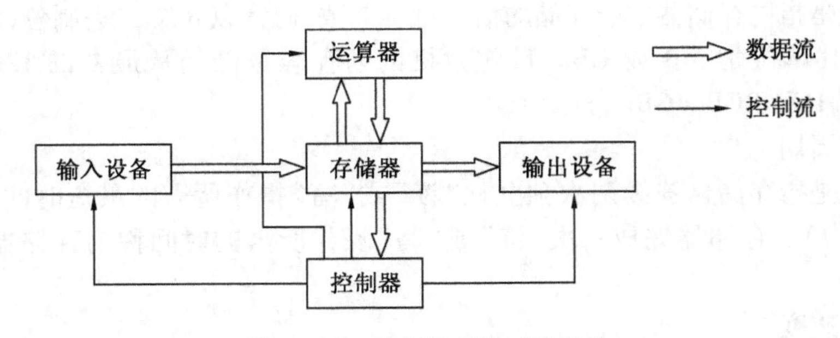

图 1-1-10 计算机硬件系统组成

（1）运算器

运算器是计算机中进行算术运算和逻辑运算的部件，通常由算术逻辑运算部件（ALU）、累加器及通用寄存器组成。

(2) 控制器

控制器用以控制和协调计算机各部件自动、连续地执行各条指令,通常由指令部件、时序部件及操作控制部件组成。

运算器和控制器是计算机的核心部件,这两部分合称为中央处理单元(Central Processing Unit,简称 CPU)。如果将 CPU 集成在一块芯片上作为一个独立的部件,则该部件称为微处理器(Microprocessor,简称 MP)。运算器进行各种算术运算和逻辑运算;控制器是计算机的指挥系统,主要负责对指令译码,并且发出为完成每条指令所要执行的各个操作的控制信号。

(3) 存储器

存储器的主要功能是用来保存各类程序的数据信息。存储器与 CPU 的关系可用图1-1-11来表示。

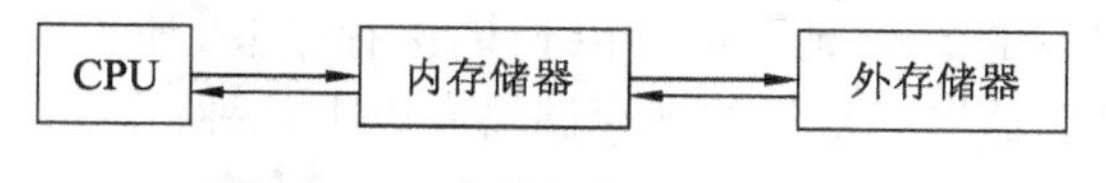

图 1-1-11 存储器与 CPU 的关系

存储器可分为主存储器和辅助存储器两类。

① 主存储器(也称为内存储器)

主存储器属于主机的一部分,用于存放系统当前正在执行的数据和程序,属于临时存储器。

一个二进制位(bit)是构成存储器的最小单位。实际上,常将每 8 位二进制位组成一个存储单位,简称字节(Byte)。字节是数据存储的基本单位。为了能存取到指定位置的数据,给每个存储单元编上一个号码,该号码称为内存地址。度量内存的主要性能指标是存储容量和存取时间。存储容量是指存储可容纳的二进制信息量,描述存储容量的单位是字节。存取时间是指存储器收到有效地址到在输出端出现有效数据的时间间隔。通常存取时间以纳秒(ns,$1ns = 10^{-9}s$)为单位。存取时间愈短,其性能愈好。

内存储器按其工作方式可分为随机存储器(Random Access Memory,简称 RAM)和只读存储器(Read Only Memory,简称 ROM)两类。

RAM 在计算机工作时,既可从中读出信息,也可随时写入信息,所以, RAM 是一种在计算机正常工作时可读/写的存储器。在随机存储器中,以任意次序读写任意存储单元所用时间是相同的。

Cache 是指工作速度比一般内存快得多的存储器,它的速度基本上与 CPU 速度相匹配,它的位置在 CPU 与内存之间 (图 1-1-12)。通常情况下, Cache 中保存着内存中部分数据映像。CPU 在读写数据时,首先访问 Cache。如果 Cache 含有所需的数据,就不需要访问内存;如果 Cache 中不含有所需的数据,才去访问内存。设置 Cache 的目的,就是为了提高机器的运行速度。

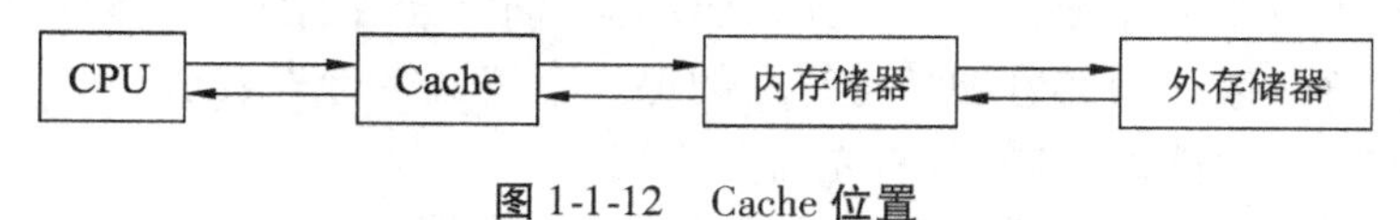

图 1-1-12 Cache 位置

动态随机存储器使用半导体器件中分布电容上有无电荷来表示“0”和“1”,因为保存在分布电容上的电荷会随着电容器的漏电而逐步消失，所以需要周期性地给电容充电，称为刷新。这类存储器集成度高、价格低、存储速度慢。

随机存储器存储当前使用的程序和数据，一旦机器断电，就会丢失数据，而且无法恢复。因此，用户在操作计算机过程中应养成随时存盘的习惯，以免因断电而丢失数据。

只读存储器（ROM）只能做读出操作，而不能做写入操作。只读存储器中的信息是在制造时用专门的设备一次性写入的，只读存储器用来存放固定不变重复执行的程序，只读存储器中的内容是永久性的，即使关机或断电也不会消失。

CPU（运算器和控制器）和主存储器组成了计算机的主机部分。

② 辅助存储器（也称外存储器）

辅助存储器属于外部设备。用于存放暂时不用的数据和程序，属于永久性存储器。

外存储器大都采用磁性和光学材料制成。与内存储器相比，外存储器的特点是存储容量大，价格较低，而且在断电的情况下也可以长期保存信息，所以又被称为永久性存储器。缺点是存取速度比内存储器慢。常见的外存储器有以下几种：

a. 硬盘

硬盘也称固定盘。硬盘的存储容量、读/写速度均比软盘高得多。磁盘是按柱面磁头号和扇区的格式组织存取信息的。如图 1-1-13 所示，柱面由一组盘片的同一磁道在纵向上所形成的同心圆柱面构成。柱面从外向内编号，同一柱面上的各个磁道和扇区的划分与软盘基本相同。数据在硬盘上的位置通过柱面号、磁头号和扇区号三个参数来确定，硬盘与硬盘驱动器固定在一起，硬盘格式化后，其使用方式与软盘一样，也是通过盘符标识符来确认。硬盘的盘符通常为“C:”，若系统配有多个硬盘或将一个物理硬盘划分为多个逻辑硬盘，则盘符可依次为“C:”“D:”“E:”“F:”等。

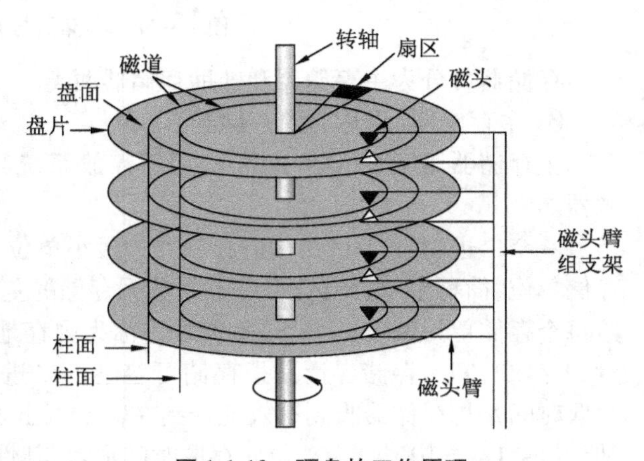

图 1-1-13 硬盘的工作原理

硬盘的特点是可靠性高，存储容量大，读写速度快，对环境要求不高。缺点是不便于携带，且工作时应避免振动。

b. 光盘

光盘是用光学的方式制成的，光盘盘片上有一层可塑材料。写入数据时，用高能激光束照射光盘片，可在可塑层上灼出极小的坑，并以有无小坑表示数字“0”和“1”，当数据全部写入光盘后，再在可塑层上喷涂一层金属材料，这样光盘就不能再写入数据。再读出数据时，用低能激光束入射光盘，利用光盘表面上的小坑和平面处的不同反射来区分“0”和“1”。

光盘需要与光盘驱动器配合使用。光盘驱动器（简称光驱）是多媒体计算机的重要输入设备。光驱的盘符一般用紧邻着硬盘盘符后的那一个英文字母来表示。

根据使用方式及性能的不同，可将光盘分为三类：

- 只读式关盘：用户只能读取而无法修改其中的数据。
- 一次性写入光盘：用户可以写入一次，但可多次读取。

- 可擦除光盘：用户可以像用软盘一样对其进行多次读/写操作。

光盘具有如下特点：存储容量大，价格低；不怕电磁干扰，存储密度高，可靠性高；存取速度不断增高。

c. U盘（优盘）

U盘全称为USB闪存盘（USB Flash Disk），是一种使用USB（Universal Serial Bus，通用串行总线）接口的微型高容量移动存储产品。

U盘具有小巧便携、容量大、价格低、可靠性高的优点。但U盘的读写次数有限制，正常使用状况下可以读写十万次左右，且到了使用寿命后期写入速度会变慢。U盘基础性发明专利属于中国朗科公司，该专利填补了中国计算机存储领域20多年来发明专利的空白，是我国计算机发展中极具代表意义的发明。

USB是一个外部总线标准，用于规范计算机与外部设备的连接和通信，支持设备的即插即用和热插拔功能。USB有多个版本标准，支持不同的传输速度：USB1.1为12Mb/s、USB2.0为480Mb/s、USB3.0为5.0Gb/s。

（4）输入设备

输入设备用来把人们想告诉计算机及计算机所需要的信息变成计算机能接受的数据，以便计算机系统进行处理。

常见输入设备有键盘（Keyboard）、鼠标（Mouse）、手写笔、触摸屏、麦克风、扫描仪（Scanner）、视频输入设备、条形码扫描器等。

（5）输出设备

输出设备用来把计算机处理好的信息变成人们所需要的形式，以便观看、交流、保存以及再处理。

常见输出设备有显示器（Monitor）（目前主要有CRT显示器和LCD液晶显示器）、打印机（Printer）（主要有针式打印机、喷墨打印机、激光打印机）、绘图仪、音箱等。

（6）总线

计算机总线是一组连接各个部件的公共通信线。计算机中的各个部件是通过总线相连的，因此各个部件间的通信关系变成面向总线的单一关系，如图1-1-14所示。但是任一瞬间总线上只能出现一个部件发往另一个部件的信息，这意味着总线只能分时使用，而这是需要加以控制的。总线使用权的控制是设计计算机系统时要认真考虑的重要问题。

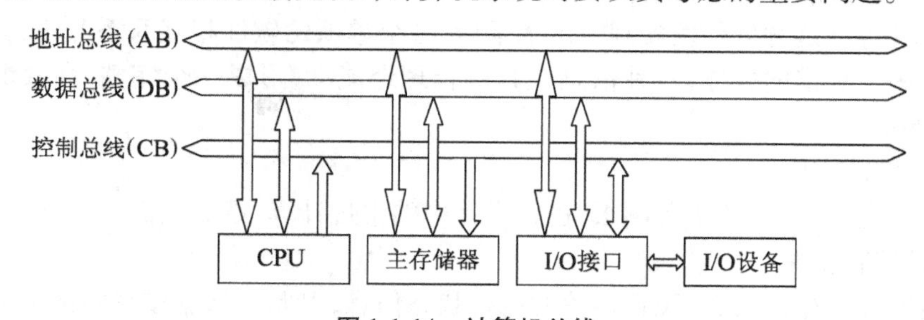

图1-1-14 计算机总线

总线是一组物理导线，并非一根。根据总线上传送的信息不同，可分为地址总线、数据总线和控制总线。

① 地址总线（AB）

地址总线传送地址信息。地址是识别信息存放位置的编号,主存储器的每个存储单元及 I/O 接口中不同的设备都有各自不同的地址。地址总线是 CPU 向主存储器和 I/O 接口传送地址信息的通道,它是自 CPU 向外传输的单向总线。

② 数据总线(DB)

数据总线传送系统中的数据或指令。数据总线是双向总线,一方面作为 CPU 向主存储器和 I/O 接口传送数据的通道;另一方面,是主存储器和 I/O 接口向 CPU 传送数据的通道,数据总线的宽度与 CPU 的字长有关。

③ 控制总线(CB)

控制总线传送控制信号。控制总线是 CPU 向主存储器和 I/O 接口发出命令信号的通道,又是外界向 CPU 传送状态信息的通道。

我们通常用总线宽度和总线频率来表示总线的特征。总线宽度为一次能并行传输的二进制位数,即 32 位总线一次能传送 32 位数据,64 位总线一次能传送 64 位数据。总线频率则用来表示总线的速度,目前常见的总线频率为 66MHz、100MHz、133MHz 或更高。

总线在发展过程中已逐步形成标准化,常见的总线标准有 ISA 总线、PCI 总线、EISA 总线和 AGP 总线。

10. 了解微型计算机的软件系统

软件是计算机的灵魂,没有软件的计算机就如同没有磁带的录音机和没有录像带的录像机一样,与废铁没什么差别。使用不同的计算机软件,计算机可以完成不同的工作。软件使计算机具有非凡的灵活性和通用性。也正是这一原因,决定了计算机的任何动作都离不开由人输入的指令。人们针对某一需要而为计算机编制的指令序列称为程序。程序连同有关的说明资料称为软件。配上软件的计算机才成为完整的计算机系统。

一般把软件分为两大类:应用软件和系统软件。

(1) 应用软件

应用软件是专门为某一应用目的而编制的软件,较常见的有以下几种:

① 文字处理软件

用于输入、存储、修改、编辑、打印文字材料等,如 Word、WPS 等。

② 信息管理软件

用于输入、存储、修改、检索各种信息,如工资管理软件、人事管理软件、仓库管理软件、计划管理软件等。这种软件发展到一定水平后,各个单项的软件相互联系起来,计算机和管理人员组成一个和谐的整体,各种信息在其中合理地流动,形成一个完整、高效的管理信息系统,简称 MIS。

③ 辅助设计软件

用于高效地绘制、修改工程图纸,进行设计中的常规计算,帮助人们寻求好的设计方案。

④ 实时控制软件

用于随时搜集生产装置、飞行器等的运行状态信息,以此为依据按预定的方案实施自动或半自动控制,安全、准确地完成任务。

(2) 系统软件

各种应用软件虽然完成的工作各不相同,但它们都需要一些共同的基础操作,如都要从输入设备取得数据,向输出设备送出数据,向外存写数据,从外存读数据,对数据进行常规管理,等等。这些基础工作也要由一系列指令来完成。人们把这些指令集中组织在一起,形成专门的软件,用来支持应用软件的运行,这种软件被称为系统软件。

系统软件在为应用软件提供上述基本功能的同时,也进行着对硬件的管理,使得在一台计算机上同时或先后运行的不同应用软件能够有条不紊地合用硬件设备。例如,两个应用软件都要向硬盘存入和修改数据,如果没有一个协调管理机构来为它们划定区域的话,必然形成互相破坏对方数据的局面。

有代表性的系统软件有:

① 操作系统

管理计算机的硬件设备,使应用软件能方便、高效地使用这些设备。在微机上常见的操作系统有 DOS、Windows、UNIX、OS/2 等。

② 数据库管理系统

有组织地、动态地存储大量数据,使人们能方便、高效地使用这些数据。现在比较流行的数据库有 FoxPro、DB2、Access、SQL Server 等。

③ 编译软件

CPU 执行每一条指令都只完成一项十分简单的操作,一个系统软件或应用软件要由成千上万甚至上亿条指令组合而成。直接用基本指令来编写软件,是一件极其繁重而艰难的工作。为了提高效率,人们规定一套新的指令,称为高级语言,其中每一条指令完成一项操作,这种操作相对于软件总的功能而言是简单而基本的,而相对于 CPU 的一秒操作而言又是复杂的。

用这种高级语言来编写程序(称为源程序)就像用预制板代替砖块来造房子一样,效率要高得多。但 CPU 并不能直接执行这些新的指令,需要编写一个软件,专门用来将源程序中的每条指令翻译成一系列 CPU 能接受的基本指令(也称机器语言),使源程序转化成能在计算机上运行的程序。完成这种翻译的软件称为高级语言编译软件,通常把它们归入系统软件。目前常用的高级语言有 VB、C++、Java 等,它们各有特点,分别适用于编写某一类型的程序,它们都有各自的编译软件。

11. 了解常用应用软件

一般常用应用软件分为:

(1) 安全防护杀毒软件

例如,360 安全卫士及杀毒软件、卡巴斯基、QQ电脑管家等。

(2) 聊天软件

例如,微信、QQ、YY、阿里旺旺等。

(3) 浏览器软件

例如,360 浏览器、谷歌浏览器、傲游浏览器等。

(4) 下载工具

例如,迅雷、QQ旋风等。

(5) 输入法软件

例如,QQ输入法、百度输入法、搜狗输入法、极品五笔等。

(6) 视频音乐播放软件

例如,暴风影音、百度影音、腾讯视频、PPTV、酷狗音乐、酷我音乐盒、百度音乐盒等。

(7) 图片处理

例如,Photoshop、美图秀秀、光影魔术手等。

(8) 其他常用工具

例如,压缩软件、网络加速软件、阅读软件、翻译软件、游戏软件等。

任务 1-2 信息数字化

一、学习目标

- 了解信息数字化的概念。
- 学会各进制之间的相互转换。
- 了解信息的编码方法。

二、任务描述与分析

信息在我们日常生活中无时不在。总结归纳学生列举的各种信息,感受信息的丰富多样,说明信息的一般特征,初步介绍计算机是如何来表示信息的。

三、任务实施

1. 了解信息数字化的概念

信息数字化是指将图书、期刊、报纸、杂志、文献、论文等内容通过数字化加工后以标准电子文档资料格式存储和管理,如分类查找、全文检索、添加、修改、浏览、下载、打印等。

信息数字化一般包含三个阶段:采样、量化和编码。

(1) 采样

采样是把连续的模拟信号按照一定的频率进行采集,得到一系列有限的离散值。采样频率越高,得到的离散值越多,就越逼近原来的模拟信号。

(2) 量化

量化是把采样后的样本值的范围分为有限多个段,把落入某段中的所有样本值用同一值表示,是用有限的离散数值量来代替无限的连续模拟量的一种映射操作。量化位数越高,样本值量的确定越精细。

(3) 编码

编码是把离散的数值量按照一定的规则转换为二进制码,也就是数字信号。

数字化过程有时候也包括数据压缩。

2. 了解计算机的信息编码

计算机的信息编码包括三个方面:信息存储的单位、数值型数据的编码以及非数值型数据的编码。

信息存储的单位为位(bit,也称作比特)。计算机中最小的数据单位就是一个二进制位,一位的取值只能是0或1。例如,32bit就是32位。

字节(Byte)是计算机中信息组织和存储的基本单位,规定1字节就是8比特。字节常用大写的 B 表示。例如，1B = 8bit。描述计算机的存储器的存储容量常常用 KB、MB、GB、TB 等单位来表示，其换算规则为

$1KB = 1024B = 2^{10}B$

$1MB = 1024KB = 2^{20}B$

$1GB = 1024MB = 2^{30}B$

$1TB = 1024GB = 2^{40}B$

目前微型计算机的内存通常为几百兆字节到几十吉字节，U 盘的容量通常为 64MB ~ 256GB，而硬盘的容量通常为几十吉字节到几太字节。一个英文字母用 1 个字节存储，一个汉字用 2 个字节存储。一本书通常为几万字到几十万字，你可以推算一个 80GB 的硬盘可以存储多少本全文字的书籍。

字（Word）是位的组合，并作为一个独立的信息单位进行存取、运算。一个字由若干个字节组成，其比特位数称作字长，不同的机器有不同的字长。字长有 8 位、16 位、32 位和 64 位等。字长越长，说明机器能够一次进行运算的数据位数就越多，机器性能就越好。目前微型计算机的 CPU 的字长一般采用 64 位，单片机的 CPU 的字长一般采用 8 位或 16 位。16 位字长的数据表示范围肯定没有 32 位字长的数据表示的范围大。

3. 掌握进制之间的转换方法

进制也就是进制位，对于接触过计算机的人来说应该都不陌生，我们常用的进制包括二进制、八进制、十进制与十六进制，它们之间的区别在于数运算时是逢几进一位。例如，二进制是逢 2 进一位，十进制是逢 10 进一位。

（1）十进制数转换为二进制数

方法为：将十进制数除 2 取余法，即将十进制数除 2，余数为权位上的数，得到的商值继续除 2，依此步骤继续向下运算，直到商为 0 为止。

具体方法如图 1-2-1 所示。

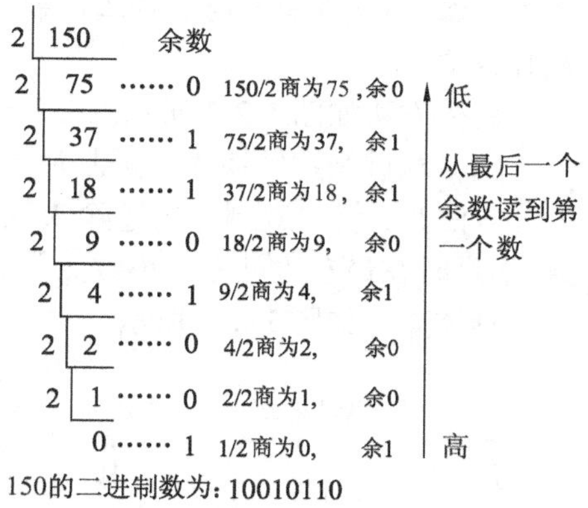

除数	被除数	余数	说明	
2	150			
2	75	…… 0	150/2商为75，余0	低
2	37	…… 1	75/2商为37， 余1	
2	18	…… 1	37/2商为18， 余1	从最后一个余数读到第一个数
2	9	…… 0	18/2商为9， 余0	
2	4	…… 1	9/2商为4， 余1	
2	2	…… 0	4/2商为2， 余0	
2	1	…… 0	2/2商为1， 余0	
	0	…… 1	1/2商为0， 余1	高

150的二进制数为：10010110

图 1-2-1 十进制数转换为二进制数

小数的转换方法为：采用“乘 2 取整，顺序排列”法。具体做法是：用 2 乘十进制小数，可以得到积，将积的整数部分取出，再用 2 乘余下的小数部分，又得到一个积，再将积的整数部分取出，如此进行，直到积中的小数部分为零，或者达到所要求的精度为止。然后把取出的整数部分按顺序排列起来，先取的整数作为二进制小数的高位有效位，后取的整数作为小数的低位有效位。

例如，十进制 0.425 转化成二进制数的做法为：

$0.425 \times 2 = 0.85$　　取整 0，小数部分是 0.85

$0.85 \times 2 = 1.7$　　取整 1，小数部分是 0.7

$0.7 \times 2 = 1.4$　　取整 1，小数部分是 0.4

$0.4 \times 2 = 0.8$　　取整 0，小数部分是 0.8

$0.8 \times 2 = 1.6$　　取整 1，小数部分是 0.6

$0.6 \times 2 = 1.2$　　取整 1，小数部分是 0.2

……

所以 0.425 的二进制是 0.011011……

（2）二进制数转换为十进制数

方法为：把二进制数按权展开，相加即得十进制数。

具体方法如图 1-2-2 所示。

1 0 0 1 0 1 1 0
1×2^7+0×2^6+0×2^5+1×2^4+0×2^3+1×2^2+1×2^1+0×2^0=150

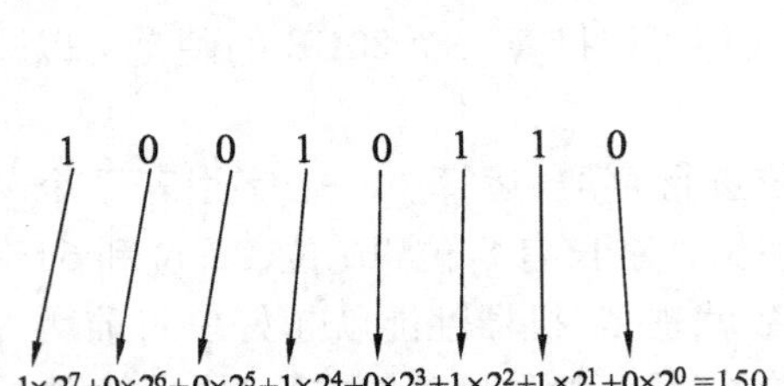

图 1-2-2　二进制数转换为十进制数

不足时补零
二进制数
0 1 0
0 1 0
1 1 0
第一步
取3合1
转换为
八进制数
0×2^2+1×2^1+0×2^0=2
0×2^2+1×2^1+0×2^0=2
1×2^2+1×2^1+0×2^0=6
第二步
按权展开求和
226
第三步
得到八进制数

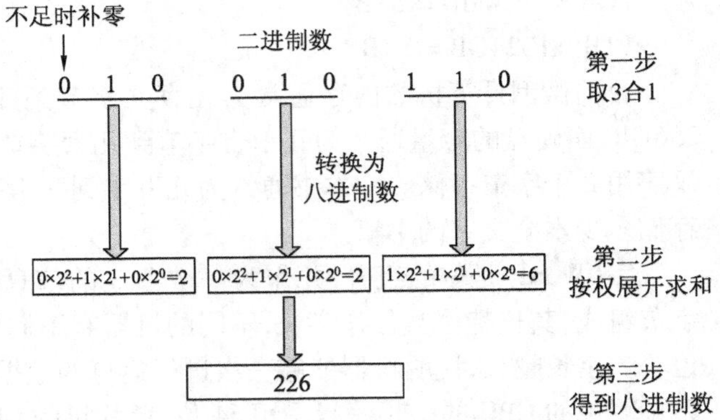

图 1-2-3　二进制数转换为八进制数

（3）二进制数转换为八进制数

方法为：将 3 位二进制数按权展开相加得到 1 位八进制数。

注意：小数点前面的 3 位二进制数转换成八进制数是从小数点开始，从右往左转换，不足时补零；小数点后面的 3 位二进制数转换成八进制数是从小数点开始，从左往右转换，不足时补零。

具体方法如图 1-2-3 所示。

（4）八进制数转换为二进制数

方法为：将八进制数通过除 2 取余法，得到二进制数。每个八进制数对应 3 个二进制数，不足时在最左边补零。小数点前后的转换方法相同。

具体方法如图 1-2-4 所示。

八进制数
2
2
6
不足补零
0 1 0
0 1 0
1 1 0
最终得到二进制数
1 0 0 1 0 1 1 0

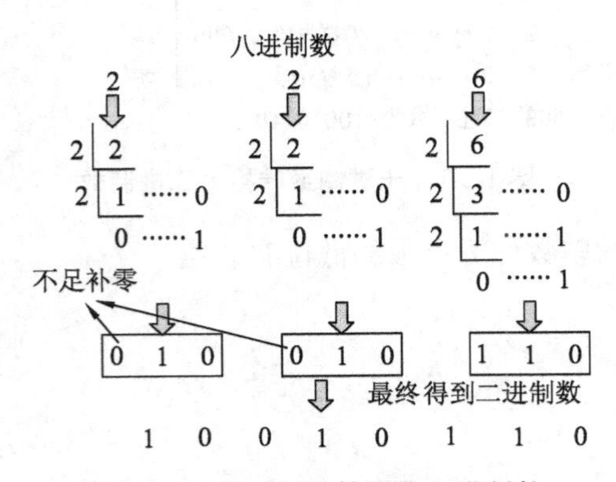

图 1-2-4　八进制数转换为二进制数

不足时补零
二进制数
0 0 0 1
0 0 1 0
1 1 0 0
转换为十六
进制数
0×2^3+0×2^2+0×2^1+1×2^0 =1
0×2^3+0×2^2+1×2^1+0×2^0 =2
1×2^3+1×2^2+0×2^1+0×2^0 =C
得到十六
进制数
12C

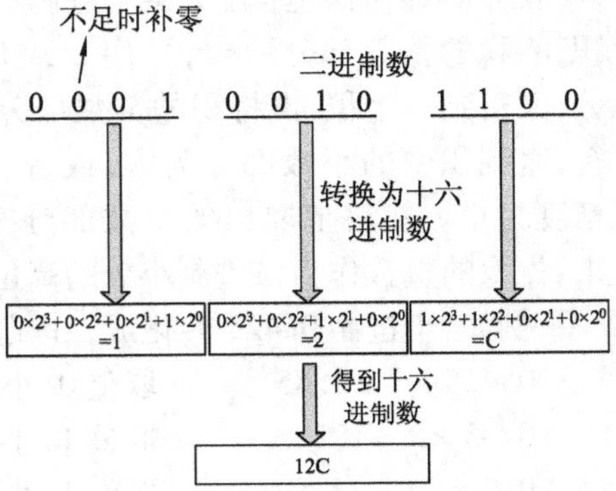

图 1-2-5　二进制数转换为十六进制数

（5）二进制数转换为十六进制数

方法为：与二进制数转换为八进制数方法近似，八进制是取三合一，十六进制是取四合一。

注意：4 位二进制整数转换为十六进制整数是从右到左开始转换，不足时补0；小数点后4 位二进制数转换成十六进制数是从左向右转换，不足时补零。

具体方法如图 1-2-5 所示。

（6）十六进制数转换为二进制数

方法为：将十六进制数通过除 2 取余法，得到二进制数，每个十六进制数对应 4 个二进制数，不足时在最左边补零。

具体用法如图 1-2-6 所示。

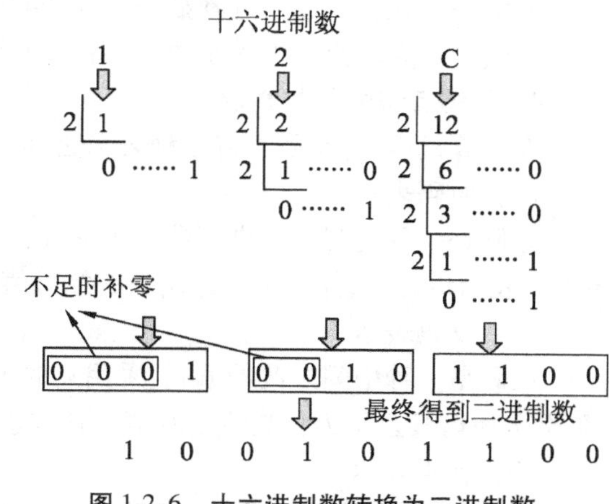

图 1-2-6 十六进制数转换为二进制数

（7）十进制数转换为八进制数或者十六进制数

有两种方法：

① 间接法

把十进制数转换为二进制数，然后再由二进制数转换为八进制数或者十六进制数。

② 直接法

把十进制数转换为八进制数或者十六进制数，按照除 8 或者 16 取余，直到商为 0 为止。

具体方法如图 1-2-7 所示。

十进制小数转换为八或十六进制小数，方法为乘 8 或 16 取整，每次乘以相应基数后取结果的整数部分即可。需要注意的是，并非所有的十进制小数都能完全转化为八或十六进制小数，这时就需要取近似值。

例如，十进制数小数 0.9032 转化成十六进制数。

$0.9032 \times 16 = 14.4512$ 取整数 14 即 E

$0.4512 \times 16 = 7.2192$ 取整数 7

$0.2192 \times 16 = 3.5072$ 取整数 3

$0.5072 \times 16 = 8.1152$ 取整数 8

$0.1152 \times 16 = 1.8432$ 取整数 1

……

所以 0.9032 转换成十六进制就是 0.E7381……

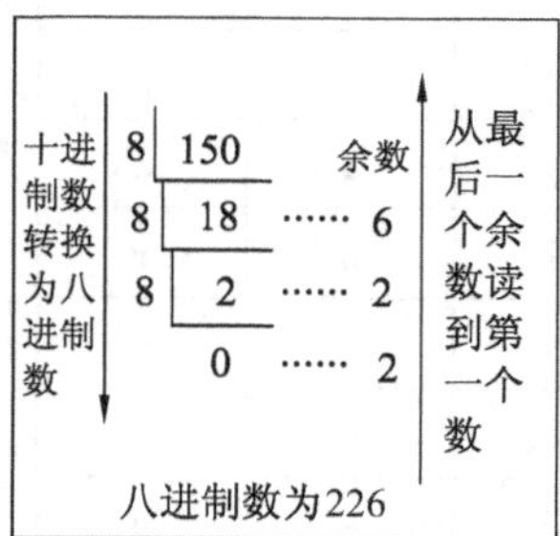

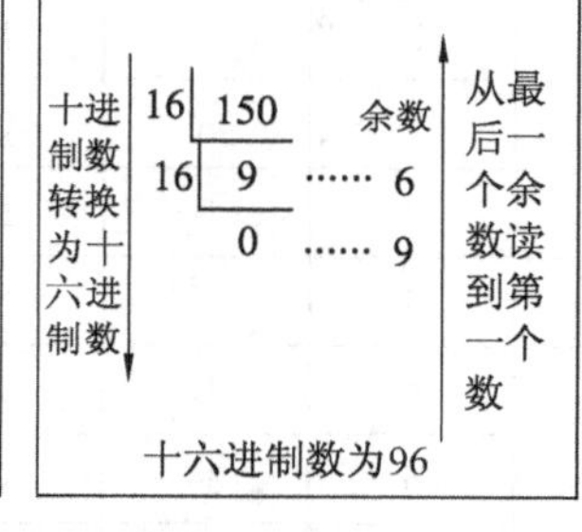

图 1-2-7 十进制数转换为八、十六进制数

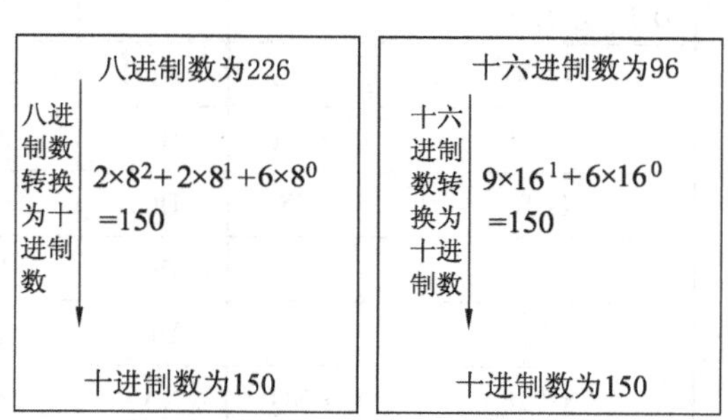

图 1-2-8 八、十六进制数转换为十进制数

(8) 八进制数或者十六进制数转换为十进制数

方法为:把八进制、十六进制数按权展开、相加即得十进制数。

具体方法如图1-2-8所示。

(9) 八进制数与十六进制数之间的转换

有两种方法:

方法一 先转换成二进制数,然后再相互转换。

方法二 先转换成十进制数,然后再相互转换。

4. 了解有符号数的表示

在计算机内,有符号数有三种表示法,即原码、反码和补码。

(1) 原码表示

原码是一种直观的二进制数表示形式,其中最高位表示符号。最高位"0"表示正,最高位"1"表示负,数值部分用二进制数的绝对值表示。

(2) 反码表示

反码是一种中间过渡的编码,采用它的主要原因是为了计算补码。其负数编码方法是:符号位为1,其余位为将真值绝对值后各位求反。

(3) 补码表示

正数的补码与原码相同;负数的补码,即在其原码的基础上,符号位不变,其余各位取反,最后加上,也即在反码的基础上加1。

5. 了解字符编码

字符包括字母、数字、标点符号及特殊控制字符。目前国际上广泛使用的是ASCII(American Standard Code for Information Interchange,即美国信息交换标准代码)。ASCII码诞生于1963年,用于计算机内部字符的存储和计算机与外设的通信。标准的ASCII码为7位(即D6~D0位),存储时用一个字节表示(最高位D7用0表示),标准的ASCII字符集中定义了128个字符,包括10个阿拉伯数字("0"~"9")、26个大写字母("A"~"Z")、26个小写字母("a"~"z")、33个符号及33个控制字符。有95个可打印字符,即20H~7EH;33个控制字符,为00H~1FH。ASCII码表如表1-2-1所示。

表1-2-1 ASCII码表

$D_6D_5D_4$ / $D_3D_2D_1D_0$	000	001	010	011	100	101	110	111
0000	NUL	DLE	SP	0	@	P	、	p
0001	SOH	DC1	!	1	A	Q	a	q
0010	STX	DC2	"	2	B	R	b	r
0011	ETX	DC3	#	3	C	S	c	s
0100	EOT	DC4	$	4	D	T	d	t
0101	ENQ	NAX	%	5	E	U	e	u
0110	ACK	SYN	&	6	F	V	f	v
0111	BEL	ETB	′	7	G	W	g	w

续表

$D_6D_5D_4$ / $D_3D_2D_1D_0$	000	001	010	011	100	101	110	111
1000	BS	CAN	(	8	H	X	h	x
1001	HT	EM	)	9	I	Y	i	y
1010	LF	SUB	*	:	J	Z	j	z
1011	VT	Esc	+	;	K	[	k	{
1100	FF	FS	,	<	L	\	l		
1101	CR	GS	-	=	M	]	m	}
1110	SO	RS	.	>	N	^	n	~
1111	SI	US	/	?	O	_	o	DEL

数字“0”～“9”的 ASCII 码连续，从 30H（或 48）开始；大写字母“A”～“Z”连续，从 41H（或 65）开始；小写字母“a”～“z”连续，从 61H（或 97）开始。因此同一个字母，其小写字母比对应的大写字母大 20H，即“M”+20H=“m”，或者“M”+32=“m”。

ASCII 码的可打印字符输入方法：可以使用键盘上标记的按键直接输入，也可以按住【Alt】键，然后在小键盘上输入三位等值的十进制数字。例如，要输入字母【5】，可以直接按键盘上【5】键或小键盘的数字【5】键；也可以左手按住【Alt】键一直不放松，右手从小键盘上依次输入【0】、【5】、【3】三个键。因为数字“5”的 ASCII 码为 0110101B=35H=53。同理，要输入“{”，可以左手按住【Shift】键，同时右手按【{】键；也可以左手按住【Alt】键一直不放松，右手从小键盘上依次输入【1】、【2】、【3】三个键。因为字符“{”的 ASCII 码为 1111011B=7BH=123。

6. 了解汉字的编码

计算机中汉字的表示也是用二进制编码，同样是人为编码的。根据应用目的的不同，汉字编码分为外码、交换码、机内码和字形码。

（1）外码（输入码）

外码也叫输入码，是用来将汉字输入到计算机中的一组键盘符号。常用的输入码有拼音码、五笔字型码、自然码、表形码、认知码、区位码和电报码等，一种好的编码应有编码规则简单、易学好记、操作方便、重码率低、输入速度快等优点，每个人可根据自己的需要进行选择。

（2）交换码（国标码）

计算机内部处理的信息，都是用二进制代码表示的，汉字也不例外。而二进制代码使用起来很不方便，于是需要采用信息交换码。中国标准总局 1981 年制定了中华人民共和国国家标准 GB2312—80《信息交换用汉字编码字符集·基本集》，即国标码。

区位码是国标码的另一种表现形式，把国标 GB2312—80 中的汉字、图形符号组成一个 94×94 的方阵，分为 94 个“区”，每区包含 94 个“位”，其中“区”的序号从 01 至 94，“位”的序号也是从 01 至 94。94 个区中位置总数为 94×94=8836 个，其中 7445 个汉字和图形字符中的每一个占一个位置后，还剩下 1391 个空位，这 1391 个空位保留备用。

（3）机内码

根据国标码的规定，每一个汉字都有了确定的二进制代码，在微机内部汉字代码都用机内码,在磁盘上记录汉字代码也使用机内码。

(4) 字形码

字形码是汉字的输出码,输出汉字时都采用图形方式,无论汉字的笔画多少,每个汉字都可以写在同样大小的方块中。通常用16×16点阵来显示汉字。

(5) 地址码

地址码是指汉字库中存储汉字字形信息的逻辑地址码。它与汉字机内码有着简单的对应关系,以简化机内码到地址码的转换。

7. 了解图像数字化的概念

图像数字化是将连续色调的模拟图像经采样量化后转换成数字影像的过程。图像数字化运用的是计算机图形和图像技术,在测绘学、摄影测量、遥感学等学科中得到了广泛应用。

(1) 图像数字化的对象

模拟图像:空间上连续不分割、信号值不分等级的图像。

数字图像:空间上被分割成离散像素,信号值分为有限个等级,用数码"0"和"1"表示的图像。

(2) 图像数字化过程

要在计算机中处理图像,必须先把真实的图像(照片、画报、图书、图纸等)通过数字化转变成计算机能够接受的显示和存储格式,然后再用计算机进行分析和处理。图像的数字化过程主要分为采样、量化与编码三个步骤。

① 采样

采样的实质就是要用多少点来描述一幅图像,采样结果质量的高低用图像分辨率来衡量。简单来讲,对二维空间上连续的图像在水平和垂直方向上被等间距地分割成矩形网状结构,所形成的微小方格称为像素点。一副图像就被采样成有限个像素点构成的集合。例如,一副640×480分辨率的图像,表示这幅图像是由640×480=307200个像素点组成。

② 量化

量化是指要使用多大范围的数值来表示图像采样之后的每一个点。量化的结果是图像能够容纳的颜色总数,它反映了采样的质量。

假设有一幅黑白灰度的照片,因为它在水平和垂直方向上的灰度变化都是连续的,都可认为有无数个像素,而且任一点上灰度的取值都是从黑到白可以有无限个可能值。通过沿水平和垂直方向的等间隔采样可将这幅模拟图像分解为近似的有限个像素,每个像素的取值代表该像素的灰度(亮度)。对灰度进行量化,使其取值变为有限个可能值。

经过采样和量化得到的一幅空间上表现为离散分布的有限个像素,灰度取值上表现为有限个离散的可能值的图像称为数字图像。只要水平和垂直方向采样点数足够多,量化比特数足够大,数字图像的质量比原始模拟图像毫不逊色。

在量化时所确定的离散取值个数称为量化级数。为表示量化的色彩值(或亮度值)所需的二进制位数称为量化字长,一般可用8位、16位、24位或更高的量化字长来表示图像的颜色;量化字长越大,则越能真实地反映原有的图像的颜色,但得到的数字图像的容量也越大。

③ 压缩编码

数字化后得到的图像数据量十分巨大,必须采用编码技术来压缩其信息量。在一定意义上讲,编码压缩技术是实现图像传输与存储的关键。已有许多成熟的编码算法应用于图像压缩。常见的有图像的预测编码、变换编码、分形编码、小波变换图像压缩编码等。

当需要对所传输或存储的图像信息进行高比率压缩时，必须采取复杂的图像编码技术。但是如果没有一个共同的标准做基础，不同系统间不能兼容，除非每一编码方法的各个细节完全相同，否则各系统间的连接十分困难。

为了使图像压缩标准化，20 世纪 90 年代后，国际电信联盟（ITU）、国际标准化组织 ISO 和国际电工委员会 IEC 已经制定并继续制定一系列静止和活动图像编码的国际标准，已批准的标准主要有 JPEG 标准、MPEG 标准、H. 261 等。

任务 1-3　组装计算机

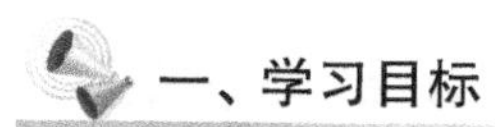

一、学习目标

◆ 认识计算机各组成硬件并熟悉其功能原理。
◆ 认识计算机软件配置。
◆ 了解计算机病毒，并学会正确防护病毒。

二、任务描述与分析

一台计算机都是由哪些部件组成的呢？观察计算机的硬件系统，并且展示计算机系统中各个部件的名称和型号。用教师机给学生展示计算机软件是如何进行配置的。展示一般病毒的实例，用杀毒软件对其进行查杀。

三、任务实施

1. 组装计算机硬件

计算机的组装通常包括计算机硬件的选择、硬件组装以及操作系统安装三个部分。对于计算机的爱好者来说，通过自己动手组装计算机，不仅可以更为深刻地认识硬件，了解计算机的主机内部结构，还能够学习到安装系统等知识，从中可以带来很多乐趣。下面以表 1-3-1 硬件配置为基础进行计算机的组装。

表 1-3-1　组装计算机配置清单

组装计算机配置清单	
配件名称	品牌型号
处理器	Intel 酷睿 i3 - 4160（散）
散热器	AVC 全铜 4 热管 CPU 散热器
显卡	铭瑄 GTX 960
内存	金士顿骇客神条 4GB 1600 X2（根）
主板	华硕 B85M - G
硬盘	希捷 1TB SATA3. 0 7200 转 64M

续表

组装计算机配置清单	
配件名称	品牌型号
机箱	Tt M - ATX H15
电源	安钛克 VP450P(额定 450W)
显示器	用户自选
键鼠装	用户自选

大致了解主机硬件之后,接下来我们开始正式进入装机过程。装机前需要先把硬件都拆好,然后准备安装。装机前最好洗洗手,去掉手上的静电,此外在安装计算机硬件的时候,不要用手去触摸计算机硬件电路板部分,以免损坏硬件。

(1) 装机第一步:将 CPU 安装到主板上

首先将华硕 B85M - G 主板放在干净整洁的桌面上,然后打开主板 CPU 插槽上面的盖子,再打开 CPU 固定卡子,准备安装 CPU。如图 1-3-1 所示是主板 CPU 插槽,它属于 Intel CPU 设计的插槽,那些细密的是针脚,中间是触片,一般不要用手触碰它们。

图 1-3-1　安装 CPU

注意: *在安装 CPU 之前需要注意,CPU 针脚一面要有贴纸,若没有贴纸,则可能买到的是二手货或是有问题的产品。安装 CPU 时,首先一定要撕掉标签,否则会接触不紧密,导致无法正常使用,如图 1-3-2 所示。*

图 1-3-2　撕去 CPU 贴纸

图 1-3-3　将 CPU 安装到位

将 i3 -4160 处理器安装到主板中相对简单,最重要的一点就是须注意方向,CPU 上的金色缺角一定要与主板 CPU 插槽的缺角对齐重合(图 1-3-3)。

将 CPU 安装到主板中后,记得把主板上的 CPU 固定卡子卡回原位,这样才能固定 CPU,至此就完成了 CPU 的安装。

(2) 装机第二步:安装 CPU 散热器

先取出 CPU 散热器包装袋中的一些固定小工具,这些主要是 CPU 散热器固定架,目的是帮助散热器固定在 CPU 上。这款 AVC 全铜 4 热管 CPU 散热器搭配的是非常传统的固定件设计,塑料袋里是固定卡子(图 1-3-4),下面介绍这些卡子的安装方法。

图 1-3-4 CPU 散热器固定架

图 1-3-5 将 CPU 散热器固定架安装到主板上

首先要把散热器的固定基座在主板上摆好，注意四角的固定圆孔要和主板上的孔位对齐，以方便固定，如图 1-3-5 所示。

然后把白色固定锲子放进四个孔位里，如图 1-3-6 所示。

图 1-3-6 安装白色固定锲子

接下来再把四个黑色的穿钉逐一放进白色的卡子当中，起固定作用。

注意：黑色的穿钉并不是螺丝，只要用手用力向下按压黑色的穿钉，直到听见清脆的响声就算卡针固定好了，CPU 散热器固定架至此就已成功固定在主板上了。

最后可以把主板背面翻过来看一下，检查一下黑色的穿钉，看其是否已经穿过白色的卡子，若已经穿过，标志是白色的卡子的这一端已经开口，并且透过主板背面固定住。白色卡子和黑色穿钉的固定原理和膨胀螺丝类似，都是另一端裂开，抓住被固定面完成固定。

固定好散热器的固定架，在安装 CPU 散热器前还要在 CPU 表面涂抹散热硅脂。目前有瓶装和注射器两种方法，一般采用注射器方法，将散热硅脂均匀地涂抹在 CPU 表面。散热硅脂并不是涂抹得越多越好，只需薄薄地均匀涂抹上一层即可，注意不要漏涂，如图 1-3-7 所示。

图 1-3-7 涂抹散热硅脂

下面可以开始安装散热器了。安装散热器时需要注意其一定要和 CPU 边缘对齐。然后将散热器两边的卡子(方形的开孔)向下扣住散热基座外边的突起(基座四周有好几个黑色的块状突起，随便哪一个都行，只要对齐了就好)，观察一下，确保它们完全扣好，将散热器固定好，使之不会有任何的晃动，如图 1-3-8 所示。

当散热器安装完成后，再将散热器上的风扇供电线插在主板相应的插槽上，主板上一般会注明“CPU – FAN”这样的字样，如图 1-3-9 所示。

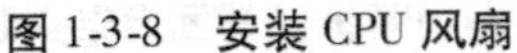

图 1-3-8 安装 CPU 风扇

图 1-3-9 安装 CPU 风扇电源

注意：所有配件的接线在主板上都有对应的字样标明，如果插错了，开机时灯不亮。另外，注意所有插头和插槽的开口方向和位置要对应好，不然容易弄坏插头的针脚。

(3) 装机第三步：安装内存

内存安装较容易，以前用相同的颜色来区分双通道，现在基本没有这种说法了，两条随便插上就行。当然，对双通道内存，我们一般把内存插在相同颜色的内存插槽上。比如，华硕 B85M－G 主板拥有 4 条内存插槽，其中两条是黄色的，另外两条是黑色的，安装双通道内存时，一般要么安装在双黄色插槽，要么安装在双黑色插槽。内存条和插槽如图 1-3-10 所示。

由于主板和内存条采用防呆设计，只要对齐主板 CPU 插槽和内存条中间的凹凸槽即可。具体操作是，首先把黄色插槽两头的卡子掰开，然后稍微用力向下按，直到听见响声为止，说明内存已经安装到位。也有些不会发出声音，则注意观看插槽两头的卡子是不是已经复位，如图 1-3-11 所示。

图 1-3-10 内存条和插槽

图 1-3-11 卡紧内存条

(4) 装机第四步：将主板模块安装到机箱中

在将安装好 CPU、散热器和内存的主板模块安装到机箱中前，需要先将机箱中的挡板孔弄好，也就是主板侧面的 USB、VGA 等接口，要在机箱这些位置显示出来，因此这里需要找到机箱背面对应的位置挡板，如图 1-3-12 所示。

装好机箱挡板位后，接下来把主板安装在机箱里面，首先还要把图 1-3-13 中的金黄色螺母放进机箱的主板基座上的圆孔里面(一般有 8 颗)，这里把机箱的背板拆掉了，以方便后面走线。这种螺母很重要，若没有就安装不了主板了，之所以先放这种螺母，就是为了让主板和机箱背板隔离开，从而有利于 CPU 的背部散热。

在机箱中安装好金黄色的螺母后，接下来就可以将主板模块安装在机箱中了，将主板外接口对准机箱挡板孔，主板上的螺丝孔对准机箱上黄色的螺母，如图 1-3-13 所示。

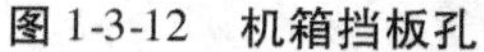

图 1-3-12 机箱挡板孔

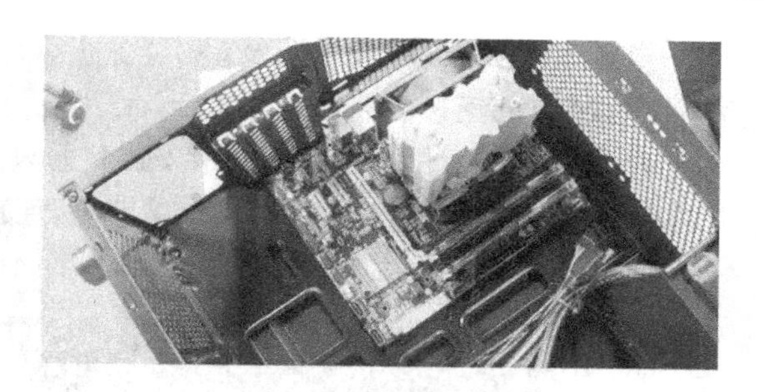

图 1-3-13 安装主板

接下来,我们将主板上的固定螺丝都拧好,主板上一般有 8 颗固定螺丝,安装完成后,可以稍微摇一摇主板,看看其是否已经固定好。若主板固定不好,容易散架。

主板是计算机的核心,将主板安装好后,即完成一半的工作量了。

(5) 装机第五步:安装显卡

将显卡安装到主板的 PCI 插槽,然后将显卡固定在机箱上即可,下面我们详细看看显卡的安装过程。

安装显卡之前要先把机箱上的挡板拆掉,不然显卡的接头没法探出来。M-ATX 是个小板子,所以只能把上面第一和第二个挡板拆掉,如图 1-3-14 所示。

显卡的安装方法类似于内存的安装,安装前需要将主板显卡卡槽一头的卡子打开,如图 1-3-15 所示。

图 1-3-14 PCI 插槽挡板

图 1-3-15 打开卡槽一头的卡子

方向对齐后,就可以直接用手向下按显卡,直到听见一声“咔嚓”,确认插槽的卡子已经复位。再把显卡一头的两个圆孔和机箱挡板上的两个圆孔对齐,拧好两颗螺丝,用手试探一下,直到显卡不再晃动为止。螺丝是机箱里面自带的,大小和长短不同,可多试一试,直至找到合适的即可。

(6) 装机第六步:安装电源

安装电源的难点在于走线和硬件供电线路的连接。

把电源上的螺丝孔和机箱位置的螺丝孔对齐,之后使用螺丝固定住就行,至此就完成了电源的安装(图 1-3-16)。电源上一共有 4 个螺丝孔,将之固定在机箱中,非常容易。

图 1-3-16 安装电源

(7) 装机第七步:连接供电线路、跳线

电源安装完成后，最后涉及显卡、主板、硬盘、机箱跳线（包含开关机控制线、机箱USB和音频接口）的连接。

首先介绍显卡供电线路的连接，显卡上只有一个6Pin供电插槽，只要找到电源接头中的6Pin接口，然后插入显卡6Pin插槽即可，连接的时候，需要注意方向。这种多孔位的每个小孔的方向都不同，千万别搞错方向，否则插不上，如图1-3-17所示。

图1-3-17　6Pin供电插槽

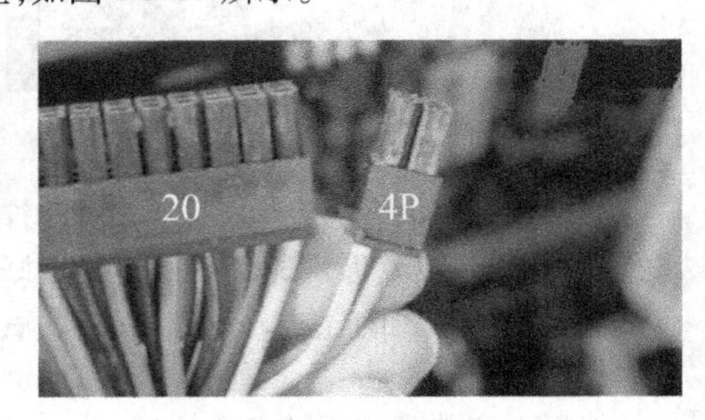

图1-3-18　电源给主板供电头

下面进行主板供电连接。首先找到电源接口中24Pin接口，这个是最大的一个，主板电源线的接头有两个：一个较长，一个较短，对应的主板插槽孔位也是这样的设计，这两个接头要并排紧挨着插上去才行。将这两个供电插头插入主板内存条附件的主板供电插槽即可。由于采用了防呆设计，连接相对简单，如图1-3-18、图1-3-19所示。

因为机箱带有USB3.0接口，所以需要单独的USB3.0供电线，图1-3-20中这根线也是电源上自带的。这个电源插头是插在内存条左边的黑色插槽中的。

值得一提的是，USB3.0接头有一面中间位置带有突起，这是为了安装时识别方向，不然容易插反了，导致插不上，插的时候最好看下方向，切不可蛮力连接。

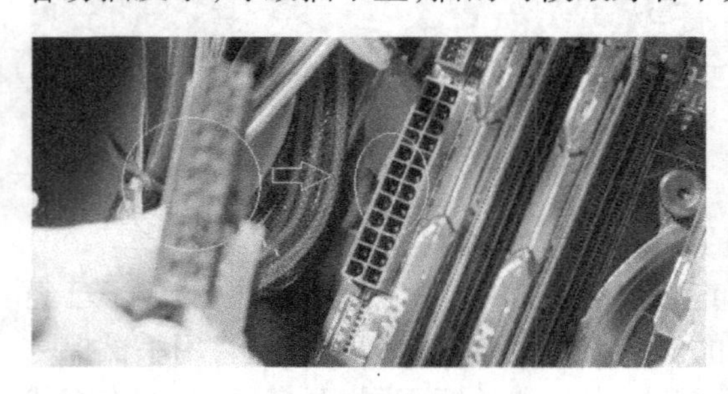

图1-3-19　主板供电插槽

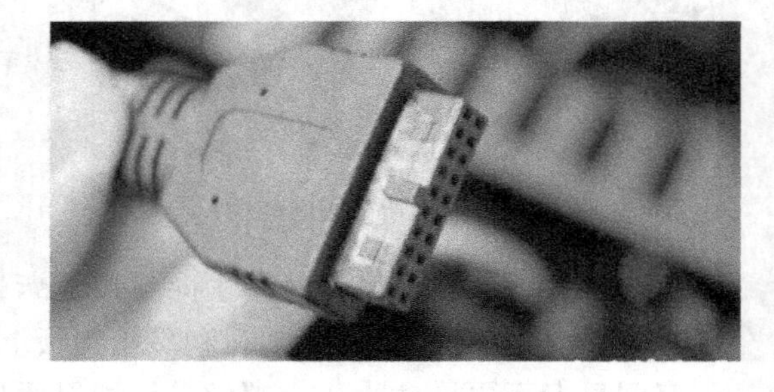

图1-3-20　USB3.0供电头

注意：机箱上还有一堆特别小的插头，也就是俗称的跳线。图1-3-21为音频插头，上面标明“HD AUDIO”字样。还有USB接头，和这个音频插头相似，只是上面标明“USB”字样。

音频和USB2.0插头要插在图1-3-22左上角的小插槽上。

另外，机箱中还有重启键、复位键接口的连接，也需要插到主板的对应标注接口，不然将无法通过机箱上的按钮开关机或重启计算机，这些是跳线的连接，只要看看接口上的标注和主板上的标识对应连接即可。

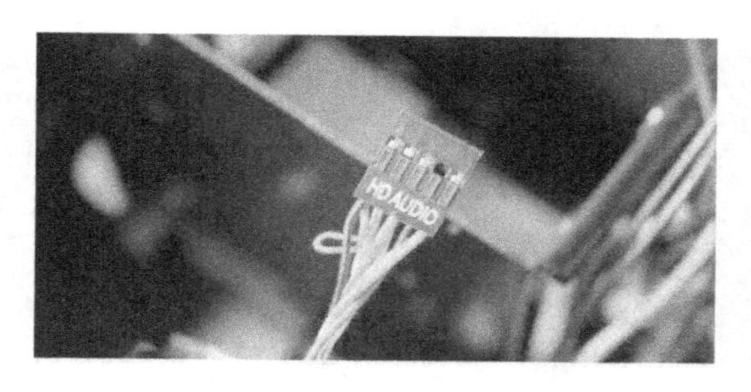

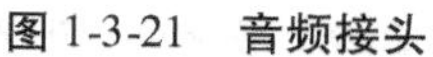
图 1-3-21 音频接头

图 1-3-22 主板上 USB 接口

注意：机箱中的音频和 USB 控制接口须插入主板上的对应接口，如果不插入，机箱前面的 USB 接口或音频接口就不能使用。

（8）装机第八步：安装硬盘

硬盘上有两个接口，一个接口需要用数据线将硬盘和主板上的 SATA3.0 接口连接，用于硬盘与主板之间的数据传输；另外，还需要将电源上的一个扁平供电线插入硬盘另外一个接口，为硬盘正常工作供电。

如图 1-3-23 所示是硬盘数据线，购买硬盘时会自带有一根数据线，另外华硕主板还赠送了一根数据线，大家任意使用一根，将硬盘与主板连接即可。

电源线是从安装到机箱内的电源上分出来的，数据线直接连在主板的 SATA3.0 接口上，现在，把它们统统都插好，如图 1-3-24 所示。

图 1-3-23 硬盘数据线

图 1-3-24 安装硬盘数据线和电源线

这就是连好的硬盘数据线，它和主板的 SATA3.0 连接好，这里用的是竖向插槽，也可使用黄色横躺的插槽。主板上准备好几个 SATA3.0 接口，以方便今后安装更多的硬盘，增加容量。

和硬盘一起安装的还有固定用的卡子，一般机箱的配件会自带，也有硬盘自带的。卡子上面有几个突起的圆点儿，需要和硬盘侧面的圆孔对齐，把两边的两个卡子安装在硬盘的两侧即可，如图 1-3-25 所示。再将装好卡子的硬盘插入机箱硬盘槽中固定，如图 1-3-26 所示。

再将机箱背面的风扇电源线接好（图 1-3-27）。机箱上的散热风扇用如图 1-3-28 所示的电源线接头，一个是风扇一头，一个是电源一头。

至此线路基本连接完毕，但电源上未用上的接线头还很多，可梳理一下，用扎带捆扎多余线路，放在机箱角落里，如图 1-3-29 所示。

最后将电源线插入计算机机箱供电，再把另外一端接入交流电插座，开机测试（图 1-3-30）。

图 1-3-25　安装硬盘卡子

图 1-3-26　安装硬盘到机箱

图 1-3-27　安装机箱风扇

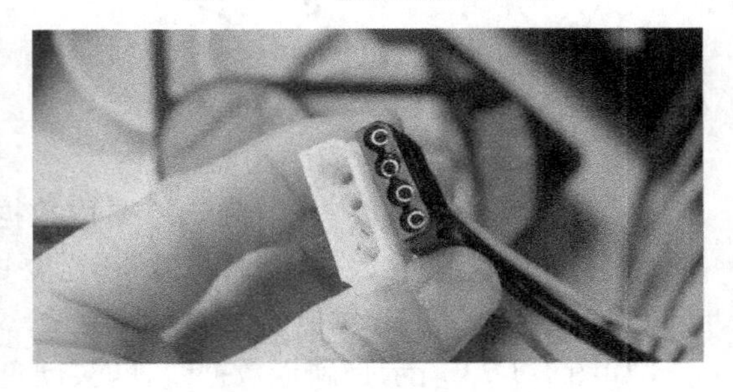

图 1-3-28　机箱风扇电源接头

图 1-3-29　整理多余线路

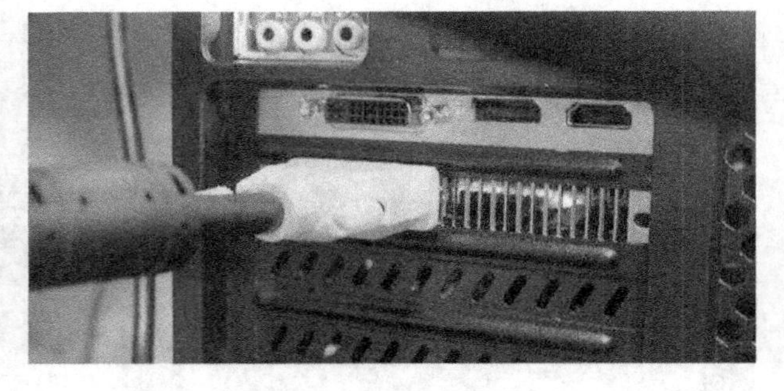

图 1-3-30　连接电源线

如果接上电源，按下机箱上的开机键，机箱中的电源指示灯亮，并且 CPU 风扇正常旋转，表明基本硬件安装没有问题，接下来就可以连接显示器，之后开始安装系统了。

如果计算机主机点不亮，需要断开外部电源，检查内部硬件和线路是否安装正确，直到主机点亮为止。

2．了解计算机软件的配置

计算机软件的配置主要是指计算机系统的配置。为实现计算机的某种应用，从现有计算机系统和设备中选取一组设备组合在一起，构成一个计算机应用系统。这些设备应包括硬件和软件。根据应用的需要研究计算机系统配置，是计算机厂家设计计算机和用户建立计算机应用系统所必须解决的课题。

在计算机发展过程中，用户要求计算机的专用性（满足其特定应用的需要）和厂家要求计算机的通用性（适于少品种大批量生产），一直是矛盾着的两个方面。人们谋求通过计算机通用化、系列化、标准化、模块化和计算机系统配置的研究，来解决这一矛盾。计算机发展初期，一般是针对应用的需要来研制特定的计算机系统的。20 世纪 50 年代，厂家为适应多方面需要，发展了通用机，影响了计算机的专用性。20 世纪 60 年代出现了系列机，部分地适应用户不同的要求。20 世纪 70 年代以来，计算机的应用领域日益广泛，发展了标准化和模块化结构，更便于用户选用，以组成适合用户需要的计算机系统配置，较好地解决了计算机系统的系列和型号的有限性同用户实际需要的多样性之间的矛盾。

（1）要求和内容

用户对于计算机系统配置的要求，一般从性能和价格两方面考虑。计算机厂家必须考虑计算机系统的软、硬件配置能够满足应用的需要，操作使用方便，可靠性、可维性和可用性好，具有扩展性，而且价格便宜，具有高的性能价格比。为满足计算机系统配置的需要，在设计计算机系列时，通过型号分档和采用标准化、模块化结构，在各型机的基本配置的基础上，经过扩展和组合，以覆盖一定范围内各种应用的需要。

（2）系统软件和应用软件的选择

根据处理类型选择操作系统。有时为适应多种应用环境，可选配多种操作系统。此外，根据需要选择程序设计语言、实用软件、数据库管理系统、通用与专用程序包以及各种应用程序等。

（3）设计步骤和方法

根据应用系统的任务和要求，明确计算机系统在应用系统中的地位和作用，提出计算机系统配置设计任务说明书。其中包括应用范围、工作负载特征和吞吐量、信息流分析和其他要求。

根据任务说明书的要求，采用系统工程的方法进行系统分析，研究系统工作流程和工作负载，根据各种计算机系统和设备的性能，设计计算机系统配置。在系统分析过程中，既要考虑计算机硬件和软件的合理配置，又要考虑系统投资和经济效益。设计者必须对拟采用的计算机系统的软硬件结构、功能和性能有深入的了解，并具备有关应用的专业知识。配置方案应包括系统配置图、硬件和软件系统的组成与性能说明、可扩充性与选件的说明等。为了便于比较和选择，一般可设计几个配置方案。对各种计算机系统配置方案进行性能评价，经过分析和比较，选择满足应用需要的、性能价格比最好的系统配置。

（4）性能评价

对计算机系统配置的性能评价方法有：技术评价法；模型、模拟与分析法；标准检查程序测试法。

① 技术评价法

技术评价法把计算机应用系统的工作负载转换为对计算机设备性能的要求，如中央处理器运算速度、主存储器容量、磁盘容量、通道传输率、外围设备的种类与数量以及软件的类型与功能。依照所设计的计算机系统配置所组成的设备的功能和性能指标，分析其处理能力，以此进行性能评价。这种方法最简单，但准确程度较低。

② 模型、模拟与分析法

模型、模拟与分析法用模拟模型描述所配置的计算机系统和实际应用的工作负载，编制程序在计算机上运行，得出模拟结果，以此衡量所配置的计算机系统是否满足工作负载的要求。必要时还可调整计算机系统配置，再次模拟。准确度决定于模拟模型是否真实反映计算机系统配置和工作负载。模拟中央处理器硬件性能比较简单，要模拟完整的计算机系统则比较困难，这里涉及输入/输出、环境条件、操作系统和编译程序的效率等。

③ 标准检查程序测试法

标准检查程序测试法用一组有代表性的、能反映用户典型应用的程序和数据,在所设计的计算机系统配置的实际环境条件下运行,测试有关数据,包括给定工作负载情况下的作业运行时间、命令响应时间和系统吞吐量等,以此评价所配置的计算机系统是否满足应用的需要。这种方法密切结合实际,能反映整个计算机应用系统实际运行的情况,不仅能测试硬件系统的性能,也能测试软件系统的性能,因而比较准确,但必须具备能满足各种系统配置和测试的实验条件。

随着计算机技术的迅速发展,多处理机系统、分布式计算机系统和计算机网络的推广应用,计算机应用系统的规模越来越大,系统更加复杂,对计算机系统配置的研究格外重要,进一步研究复杂系统的设计和性能评价的理论与方法将成为重要的课题。

3. 了解计算机病毒与正确防护

(1) 计算机病毒的定义

计算机病毒(Computer Virus)在《中华人民共和国计算机信息系统安全保护条例》中被明确定义,病毒是指"编制者在计算机程序中插入的破坏计算机功能或者破坏数据,影响计算机使用并且能够自我复制的一组计算机指令或者程序代码"。

计算机病毒与医学上的"病毒"不同,计算机病毒不是天然存在的,是人利用计算机软件和硬件所固有的脆弱性编制的一组指令集或程序代码。它能潜伏在计算机的存储介质(或程序)里,条件满足时即被激活,通过修改其他程序的方法将自己的精确拷贝或者可能演化的形式放入其他程序中,从而感染其他程序,对计算机资源进行破坏,计算机病毒的产生通常是出于以下几种可能:

- 某些人喜欢恶作剧或自以为有才能。
- 某些人心怀不满想要报复。
- 软件开发者为了追踪非法拷贝软件的行为,故意在软件中加入病毒,只要他人非法拷贝,便会带上病毒。

(2) 计算机病毒的特点

计算机病毒一般具有如下特点:

① 传染性

传染性是病毒的最基本特征,是判断一段程序代码是否为计算机病毒的依据。计算机病毒可以通过各种渠道从已经被感染的计算机扩散到未被传染的计算机,使被传染的计算机工作失常甚至瘫痪,病毒程序一旦侵入计算机系统,就开始寻找可以传染的程序或者磁介质,然后通过自我复制迅速传播。由于目前计算机网络日益发达,计算机病毒的传播更为迅速。

② 破坏性

计算机病毒不仅占用系统资源,还可以删除或者修改文件或数据,加密磁盘中的一些数据、格式化磁盘、降低运行效率或者中断系统运行,甚至使整个计算机网络瘫痪,造成灾难性的后果。计算机病毒的破坏性直接体现了病毒设计者的真正的意图。

③ 潜伏性

一个编制精巧的计算机病毒程序进入系统之后不会立即发作,可以在几周甚至几年内隐藏在合法文件中,对其他文件进行传染,而不被人发现,只有条件满足时才被激活,开始进行破坏性活动。潜伏性越好,它在系统中的时间就会越长,病毒的传染范围就会越大,它的危害也就越大。

④ 可触发性

病毒因某个事件或者数值的出现，诱使病毒实施感染或进行攻击的特性称为可触发性。病毒的触发机制用来控制感染和破坏动作的频率。病毒具有预定的触发条件，这些条件可能是时间、日期、文件类型或者某些特定数据等。病毒运行时，触发机制检查预定条件是否满足，如果满足，启动感染或破坏动作；如果不满足，病毒则继续潜伏。

⑤ 衍生性

病毒的传染性和破坏性是病毒设计者的目的和意图。但是如果被其他一些恶作剧者或者恶意攻击者所模仿，从而衍生出不同于原版本的计算机病毒（又称为变种），这就是计算机病毒的衍生性。这种变种病毒造成的后果可能比原版病毒严重得多。

除了以上这些特点外，计算机病毒还有其他的一些特点，比如攻击的主动性、病毒执行的非授权性、病毒的欺骗性、病毒的持久性、病毒检测的不可预见性、病毒对不同操作系统的针对性等。计算机病毒的这些特点，决定了病毒难以被发现和清除，危害持久。

（3）计算机病毒的分类

① 按照病毒的破坏能力分类

- 无害型：除了传染时减少磁盘的可用空间外，对系统没有其他影响。
- 无危险型：这类病毒仅仅会减少内存、显示图像、发出声音等。
- 危险型：这类病毒使计算机在系统操作中造成严重的错误。
- 非常危险型：这类病毒可以删除程序、破坏数据、消除系统内存区和操作系统中一些重要的信息。

这些病毒对系统造成的危害，并不完全是本身的算法中存在危险的调用，而是当它们传染时会引起无法预料的破坏。一些现在是无害型的病毒也可能会对新版的 DOS、Windows 和其他操作系统造成破坏。例如，在早期的病毒中，有一个“Denzuk”病毒在 360KB 磁盘上不会造成任何破坏，但在后来的高密度软盘上则能引起大量数据丢失。

② 根据病毒特有的算法分类

- 伴随型病毒：这一类病毒并没有改变本身，它们根据算法产生 EXE 文件的伴随体，具有同样的名字和不同的扩展名（COM）。例如，xcopy. exe 的伴随体是 xcopy. com。病毒把自身写入 COM 文件并不改变 EXE 文件，当 DOS 加载文件时，伴随体优先被执行到，再由伴随体加载执行原来的 EXE 文件。
- 蠕虫型病毒：主要通过计算机网络进行传播，不改变文件和资料信息，利用网路从一台机器的内存传播到其他机器的内存，计算网络地址，将自身的病毒通过网络发送。这种病毒一般除了内存外不占用其他的资源。
- 变型病毒：又被称为幽灵病毒。这类病毒使用了一个复杂的算法，使自己每传播一份都具有不同的内容和长度。它们一般是由一段混有无关指令的解码算法和被变化过的病毒体一起组成。

③ 根据病毒的传染方式分类

- 文件型病毒：文件型病毒是指能够感染文件，并能通过被感染的文件进行传染扩散的计算机病毒。这种病毒主要感染可执行性文件（扩展名为 COM、EXE 等）和文本文件（扩展名为 DOC、XLS 等）。前者通过实施传染，后者则通过 Word 或 Excel 等软件调用文档中的

“宏”病毒指令实施感染和破坏。已感染病毒文件执行速度会减慢,甚至完全无法执行。有些文件被感染后,一旦执行就会遭到删除。感染病毒的文件被执行后,病毒通常会趁机对下一个文件进行感染。

- 系统引导型病毒:这类病毒隐藏在硬盘或软盘的引导区,当计算机从感染了引导区病毒的硬盘或者软盘启动,或者当计算机从受感染的磁盘中读取数据时,引导区病毒就会开始发作。一旦加载系统,启动时病毒会将自己加载在内存中,然后开始感染其他被执行的文件。早期出现的大麻病毒、小球病毒就属于此类。
- 混合型病毒:混合型病毒综合了系统引导型和文件型病毒的特性,它的危害比系统引导型和文件型病毒更为严重。这种病毒不仅感染系统引导区,也感染文件,通过这两种方式来感染,更增加了病毒的传染性以及存活率。不管以哪种方式传染,都会在开机或执行程序时感染其他的磁盘或文件,所以这种病毒也是最难杀灭的。
- 宏病毒:宏病毒是一种寄存于文档或模板的宏中的计算机病毒,主要利用 Microsoft Word 提供的宏功能来将病毒带进到带有宏的 DOC 文档中,一旦打开这样的文档,宏病毒就会被激活,进入计算机内存中,并驻留在 Nonnal 模板上。从此以后,所有自动保存的文档都会感染上这种宏病毒。如果网上其他用户打开了感染病毒的文档,宏病毒就会被传染到其他计算机上。病毒的传播速度很快,对系统和文件都可以造成破坏。

(4)计算机病毒的防治

① 病毒的防治策略

针对目前日益增多的计算机病毒和恶意代码,根据这些病毒的特点和病毒未来的发展趋势,国家计算机病毒紧急处理中心与计算机病毒防治产品检验中心制定了以下的病毒防治策略,供计算机用户参考。

- 建立病毒防治的规章制度,严格管理。
- 建立病毒防治和应急体系。
- 进行计算机安全教育,提高安全防范意识。
- 对系统进行风险评估。
- 选择公安部认证的病毒防治产品。
- 正确配置和使用病毒防治产品。
- 配置正版软件,减少病毒侵害事件。
- 定期检查敏感文件。
- 适时进行安全评估,调整各种病毒防治策略。
- 建立病毒事故分析制度。
- 确保恢复,减少损失。

② 常用的防毒杀毒软件

杀毒软件具有对特定种类的病毒进行检测的功能,有的软件可以查找出上百种甚至几千种病毒。常用的防毒杀毒软件有:卡巴斯基、ESET NOD32、MSE、百度杀毒、诺顿杀毒软件、McAfee 杀毒、小红伞杀毒、360 杀毒、腾讯电脑管家、AVG 杀毒软件、金山毒霸。利用杀毒软件清除病毒时,一般不会因清除病毒而破坏系统中的正常数据。

任务1-4 典型试题分析

1. 在计算机内部用来传送、存储、加工处理的数据或指令都是以________的形式进行的。

A. 十进制码　　B. 二进制码　　C. 八进制码　　D. 十六进制码

答案：B

评析：在计算机内部用来传送、存储、加工处理的数据或指令都是以二进制码的形式进行的。

2. 磁盘上的磁道是________。

A. 一组记录密度不同的同心圆　　B. 一组记录密度相同的同心圆

C. 一条阿基米德螺旋线　　D. 两条阿基米德螺旋线

答案：A

评析：磁盘上的磁道是一组记录密度不同的同心圆。一个磁道大约有零点几毫米的宽度，数据就存储在这些磁道上。

3. 下列关于世界上第一台电子计算机 ENIAC 的叙述不正确的是________。

A. ENIAC 是 1946 年在美国诞生的

B. ENIAC 主要采用电子管和继电器

C. ENIAC 首次采用存储程序和程序控制使计算机自动工作

D. ENIAC 主要用于弹道计算

答案：C

评析：世界上第一台电子计算机 ENIAC 是 1946 年在美国诞生的，它主要采用电子管和继电器，主要用于弹道计算。

4. 用高级程序设计语言编写的程序称为________。

A. 源程序　　B. 应用程序　　C. 用户程序　　D. 实用程序

答案：A

评析：用高级程序设计语言编写的程序称为源程序，源程序不可直接运行。要在计算机上使用高级语言，必须先将该语言的编译或解释程序调入计算机内存，才能使用该高级语言。

5. 二进制数 011111 转换为十进制整数是________。

A. 64　　B. 63　　C. 32　　D. 31

答案：D

评析：数制也称计数制，是指用同一组固定的字符和统一的规则来表示数值的方法。十进制数（自然语言中）通常用 0 ~ 9 来表示，二进制数（计算机中）用 0 和 1 表示，八进制数用 0 ~ 7 表示，十六进制数用 0 ~ F 表示。

（1）十进制整数转换成二进制整数。转换方法：用十进制整数除以 2，第一次得到的余数为最低有效位，最后一次得到的余数为最高有效位。

（2）二进制整数转换成十进制整数。转换方法：将二进制整数按权展开，求累加和便可得到相应的十进制整数。

(3) 二进制整数与八进制整数或十六进制整数之间的转换。

二进制整数与八进制整数之间的转换方法:3 位二进制整数可转换为 1 位八进制整数,1 位八进制整数可以转换为 3 位二进制整数。

二进制整数与十六进制整数之间的转换方法:4 位二进制整数可转换为 1 位十六进制整数,1 位十六进制整数可转换为 4 位二进制整数。

例如,$011111B = 1 \times 2^4 + 1 \times 2^3 + 1 \times 2^2 + 1 \times 2^1 + 1 \times 2^0 = 31D$。

6. 将用高级程序语言编写的源程序翻译成目标程序的程序称为________。

A. 连接程序　　B. 编辑程序　　C. 编译程序　　D. 诊断维护程序

答案:C

评析:将用高级程序语言编写的源程序翻译成目标程序的程序称为编译程序。连接程序用于将几个目标模块和库过程连接起来形成单一程序的应用。诊断程序是用于检测机器系统资源、定位故障范围的有用工具。

7. 微型计算机的主机由 CPU、________构成。

A. RA　　B. RAM、ROM 和硬盘

C. RAM 和 ROM　　D. 硬盘和显示器

答案:C

评析:微型计算机的主机由 CPU 和内存储器构成。内存储器包括 RAM 和 ROM。

8. 十进制数 101 转换成二进制数是________。

A. 01101001　　B. 01100101　　C. 01100111　　D. 01100110

答案:B

9. 下列既属于输入设备又属于输出设备的是________。

A. 软盘片　　B. CD-ROM　　C. 内存储器　　D. 软盘驱动器

答案:D

评析:软盘驱动器属于输入设备又属于输出设备,其他三个选项都属于存储器。

10. 已知字符 A 的 ASCII 码是 01000001B,则字符 D 的 ASCII 码是________。

A. 01000011B　　B. 01000100B　　C. 01000010B　　D. 01000111B

答案:B

评析:ASCII 码使用指定的 7 位二进制数组合来表示大写英文字母、小写英文字母、标点符号、数字、特殊控制字符等 128 种字符。

项目 2　Windows 7 操作系统的应用

Windows 7 是微软公司 2009 年推出的操作系统，是 Windows XP 的继承者。与前辈们相比，它有着更华丽的视觉效果，在功能、安全性、软硬件兼容性、个性化、可操作性、功耗等方面都有很大的改进。

任务 2-1　个性化计算机

一、学习目标

◆ 了解和熟悉 Windows 7 的操作环境及桌面组成。

◆ 掌握 Windows 7 常用小工具的使用方法。

◆ 熟练掌握 Windows 7 任务栏、“开始”菜单、桌面的基本操作技术。

二、任务描述与分析

小王同学购买了一台新计算机，他想将自己的计算机设置得更彰显自己个性，进行了如下操作：

◆ 将系统日期调整为 2017 年 3 月 2 日，时间调整为 10 点整。

◆ 将桌面背景设置为“风景”类别中的第三幅图片，并将图片位置设置为“拉伸”。

◆ 将屏幕保护设置为“三维文字”，显示的文字为“欢迎来到××学院”，旋转类型为“滚动”，等待时间为“2 分钟”，勾选“在恢复时显示登录界面”。

◆ 在桌面上添加“计算机”“用户的文件”“控制面板”“网络”图标，并将这些图标以“小图标”的方式在桌面上按“大小”排序。

◆ 在桌面上添加“日历”小工具。

三、任务实施

1. 调整日期和时间

单击“开始”按钮，在弹出的“开始”菜单中选择“控制面板”选项，如图 2-1-1 所示，在弹出的“控制面板”窗口中选择“时钟、语言和区域”选项，如图 2-1-2 所示。再单击“日期和时间”选项，弹出“日期和时间”对话框，如图 2-1-3 所示。在此对话框中选择“日期和时间”选项卡，并单击“更改日期和时间”按钮，弹出“日期和时间设置”对话框，如图 2-1-4 所示。在“日期”列表框中选择 2017

年3月2日,在"时间"选项中输入"10:00:00",设置完成后单击"确定"按钮结束设置。

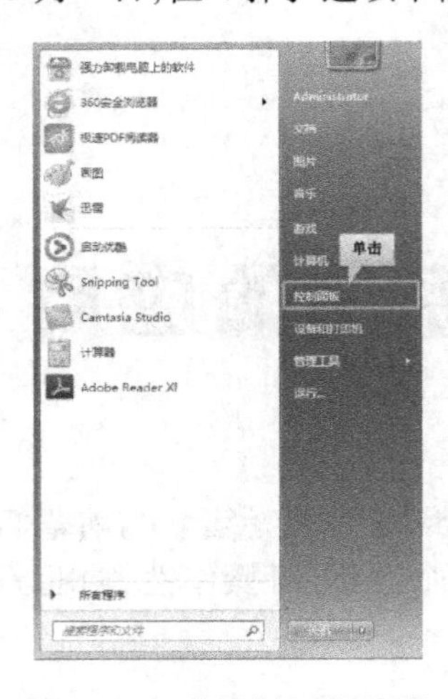

图 2-1-1 选择"控制面板"

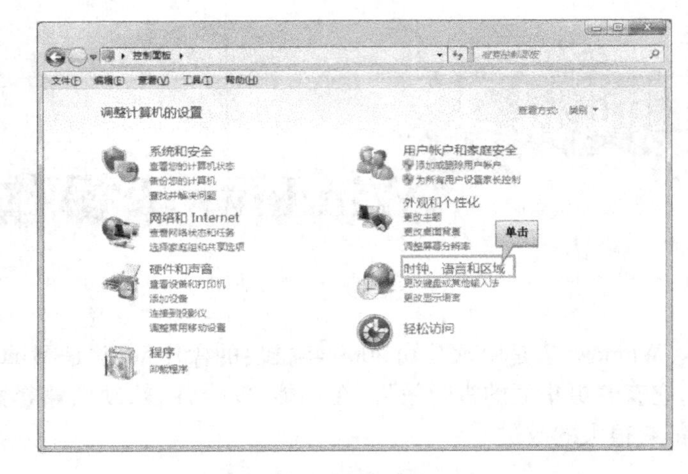

图 2-1-2 "控制面板"窗口

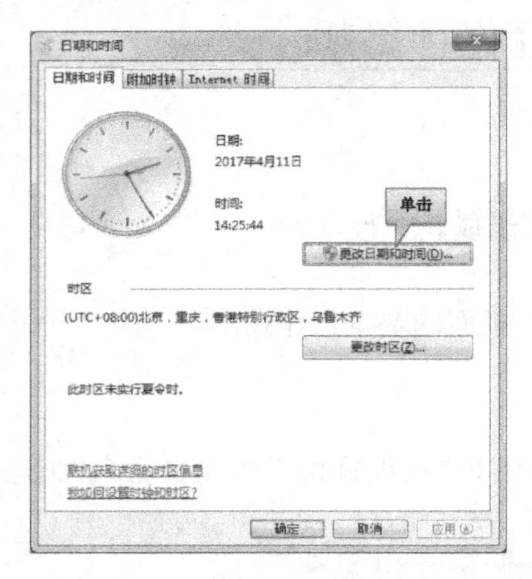

图 2-1-3 "日期和时间"对话框

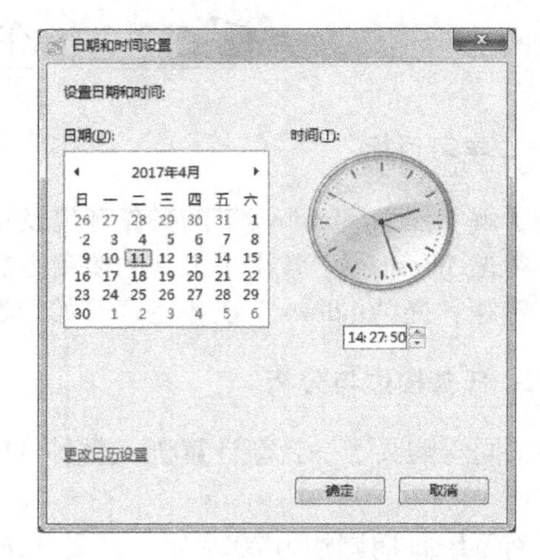

图 2-1-4 "日期和时间设置"对话框

另外,单击屏幕下方"任务栏"通知区域上的"日期和时间"模块,在弹出的消息框中单击"更改日期和时间设置",如图 2-1-5 所示,也可进入如图 2-1-3 所示的"日期和时间"对话框。

图 2-1-5 任务栏通知区域上的"日期和时间"消息框

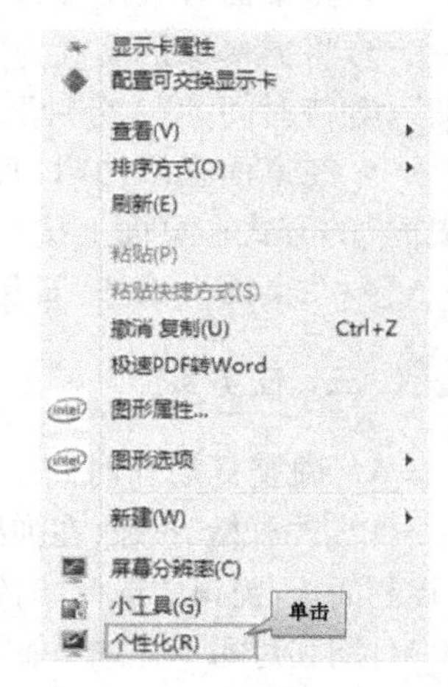

图 2-1-6 选择"个性化"命令

2. 设置桌面背景

在桌面空白区域单击鼠标右键，在弹出的快捷菜单中选择“个性化”命令，如图 2-1-6 所示，弹出“个性化”窗口后，选择“桌面背景”选项，如图 2-1-7 所示。在“桌面背景”窗口中找到“风景”类别，选择其中的第三幅图片。单击窗口左下角的“图片位置”下拉按钮，在弹出的背景显示方式中选择“拉伸”，如图 2-1-8 所示，设置完成后单击“保存修改”按钮。

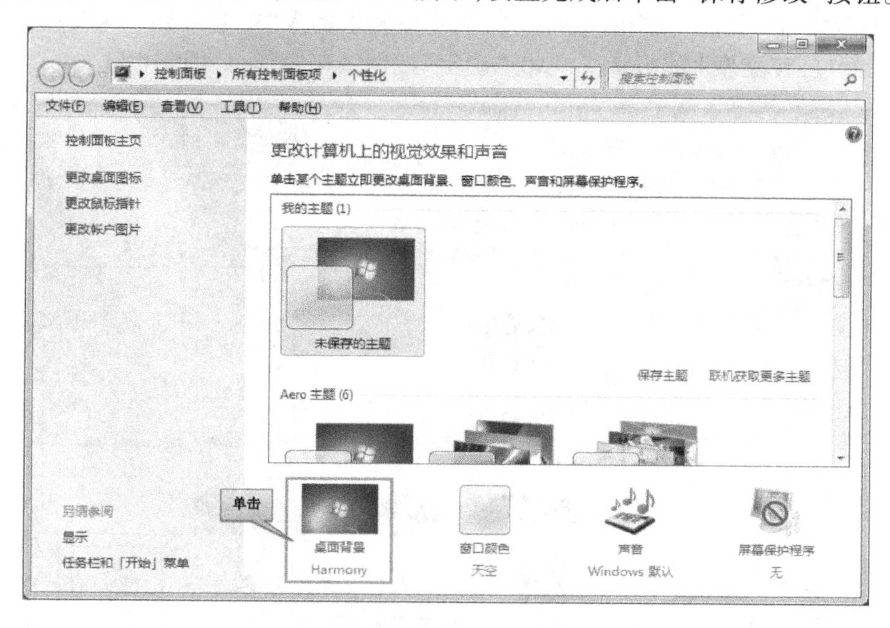

图 2-1-7　“个性化”窗口

图 2-1-8　“桌面背景”窗口

3. **设置屏幕保护程序**

在桌面空白区域单击鼠标右键，在弹出的快捷菜单中选择“个性化”命令，如图 2-1-6 所示，弹出“个性化”窗口，选择“屏幕保护程序”选项，如图 2-1-9 所示。在弹出的“屏幕保护程序设置”对话框中，将“屏幕保护程序”设置为“三维文字”；将等待时间调整为“2 分钟”；勾选“在恢复时显示登录屏幕”选项，如图 2-1-10 所示。接着，单击“设置”按钮，弹出“三维文字设置”对话框，在“文本”栏中将“自定义文字”按要求输入“欢迎来到 × ×学院”，并在“动态”栏中设置“旋转类型”为“滚动”，单击“确定”按钮结束操作，如图 2-1-11 所示。

图 2-1-9 设置屏幕保护程序

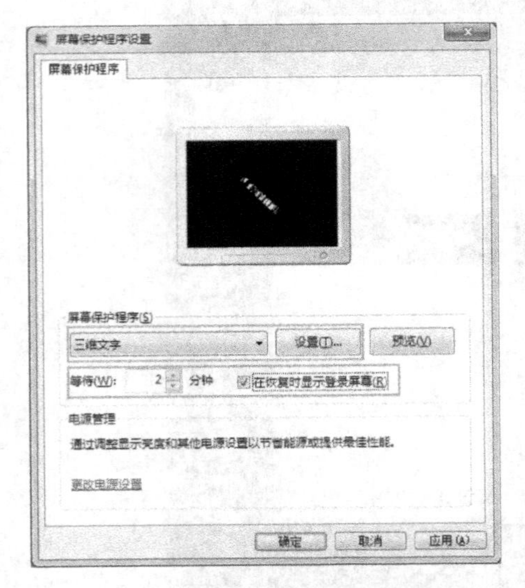

图 2-1-10 “屏幕保护程序设置”对话框

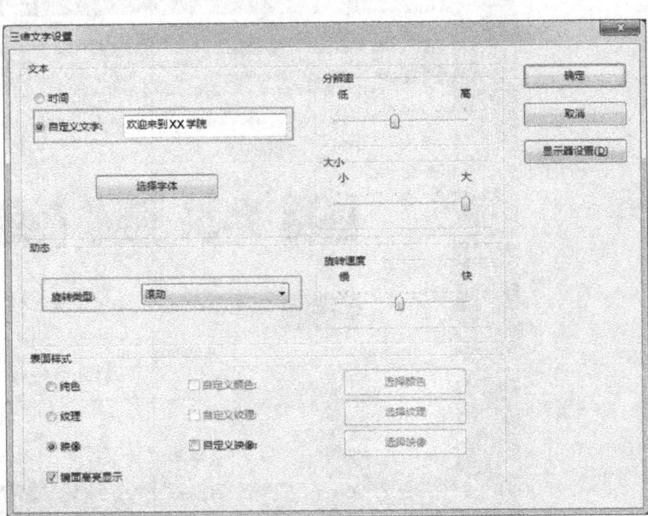

图 2-1-11 “三维文字设置”对话框

4. 添加图标

在桌面的空白区域单击鼠标右键，在弹出的快捷菜单中选择“个性化”命令，弹出如图2-1-12所示的“个性化”窗口，单击左侧窗格中的“更改桌面图标”命令，弹出“桌面图标设置”对话框，如图2-1-13所示，在“桌面图标”栏勾选需要的桌面图标，按“确定”按钮结束设置。

图 2-1-12　更改桌面图标

图 2-1-13　“桌面图标设置”对话框

在桌面的空白区域单击鼠标右键，在弹出的快捷菜单中选择“查看”命令，再在弹出的子菜单中选择“小图标”命令，如图2-1-14所示。再次在桌面的空白区域单击鼠标右键，在弹出的快捷菜单中选择“排序方式”→“大小”命令，如图 2-1-15 所示，然后返回到桌面即完成操作。

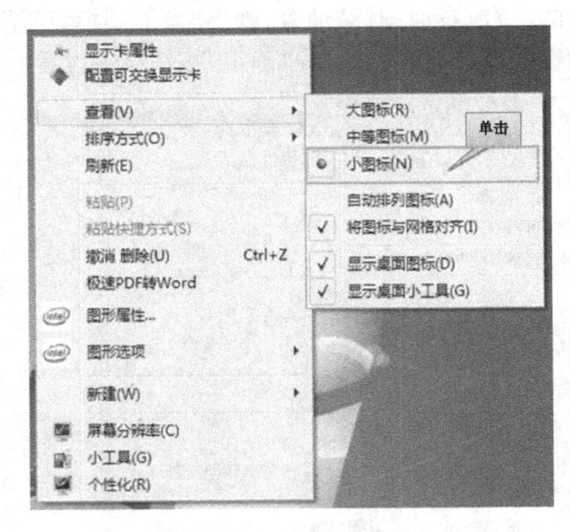

图 2-1-14 选择“小图标”命令

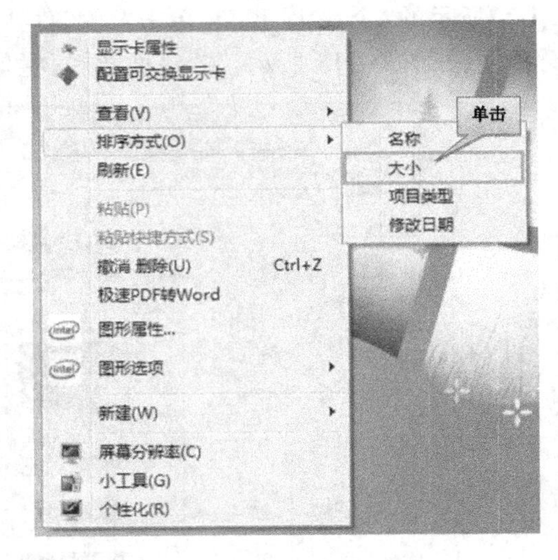

图 2-1-15 按“大小”排序

5. 添加“日历”小工具

在桌面的空白区域单击鼠标右键，在弹出的快捷菜单中选择“小工具”命令，弹出“小工具库”窗口，如图 2-1-16 所示。选择“日历”小工具后右击，在弹出的快捷菜单中选择“添加”命令，这样“日历”小工具就被成功地添加到桌面上，效果如图 2-1-17 所示。

图 2-1-16 “小工具库”窗口

图 2-1-17 添加“日历”小工具

四、相关知识

1. Windows 7 桌面

进入 Windows 7 系统后，用户看到的界面即 Windows 7 的系统桌面。系统桌面包括桌面背景、桌面图标、“开始”按钮、任务栏等，如图 2-1-18 所示。

图 2-1-18 Windows 7 系统桌面

（1）桌面背景

桌面背景一般是 Windows 7 提供的图片、纯色或带有颜色框架的图片，也可以是个人收集的数字图片。Windows 7 操作系统自带了很多漂亮的背景图片，用户可以从中选择自己喜欢的图片来做桌面背景，此外，用户还可以把自己收藏的精美图片设置为桌面背景。

（2）桌面图标

Windows 7 操作系统中，所有文件、文件夹和应用程序等都由相应的图标表示。桌面图标包括系统图标和快捷方式图标两种，常用的系统图标有 5 个，分别是“用户的文件”“计算机”“网络”“回收站”和控制面板。快捷图标在左下角有一小箭头，它又包括文件或文件夹快捷方式图标以及应用程序快捷方式图标，如图 2-1-19 所示。

图 2-1-19 系统图标、应用程序快捷方式图标、文件夹快捷方式图标

（3）“开始”按钮

单击桌面左下角的“开始”按钮或键盘上的【Win】键都可以启动“开始”菜单。它是

操作计算机程序、文件夹和系统设置的主通道,方便用户启动各种程序和文档。“开始”菜单的功能布局如图 2-1-20 所示。

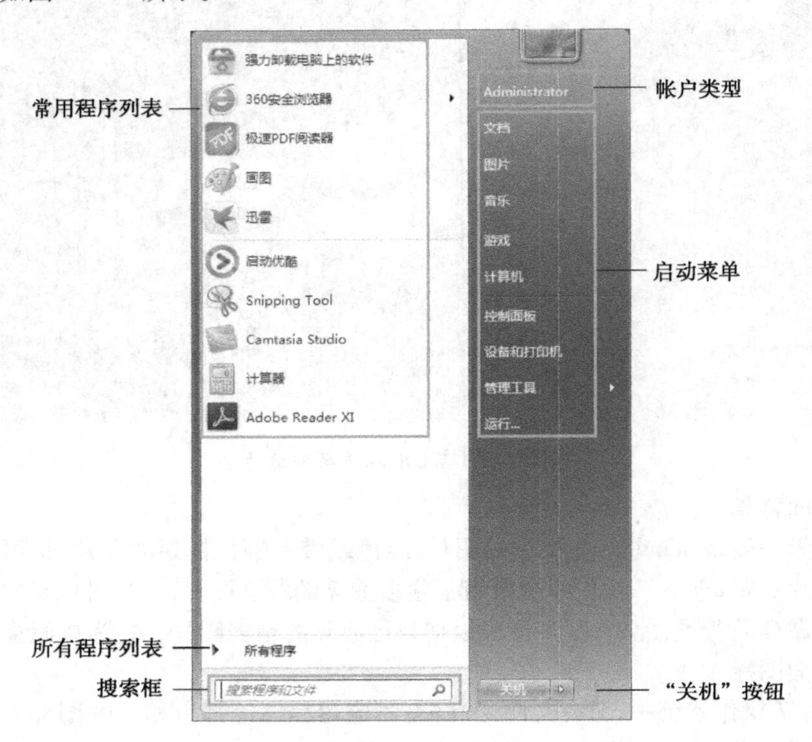

图 2-1-20 “开始”菜单

(4) 任务栏

进入 Windows 7 系统后,在屏幕底部有一狭长条带,称为“任务栏”,如图 2-1-21 所示。它主要由“任务按钮区域”“通知区域”和“显示桌面”按钮组成。表 2-1-1 介绍了任务栏的组成及功能。用户按【Alt】+【Tab】组合键,可以在不同的窗口之间进行切换操作。

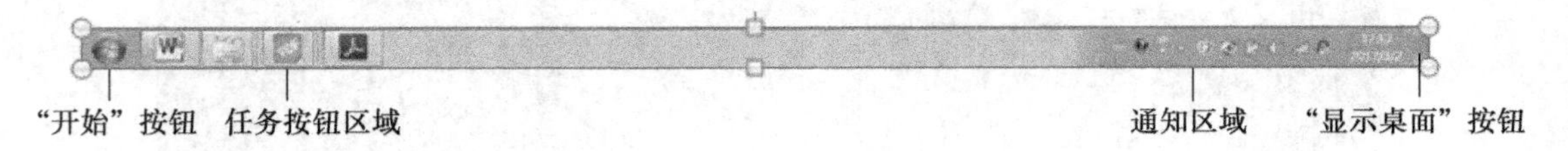

图 2-1-21 任务栏

表 2-1-1 任务栏的组成及其功能

名　　称	功　　能
任务按钮区域	主要放置固定任务栏上的程序以及正打开着的程序和文件的任务按钮,用于快速启动相应的程序,或在应用程序窗口间切换
通知区域	包括“时间和日期”“音量”等系统图标和在后台运行的程序的图标
“显示桌面”按钮	单击该按钮时,所有窗口全部最小化,显示整个桌面,再次单击该按钮,全部窗口还原

在任务栏上单击鼠标右键,在弹出的快捷菜单中选择“属性”命令,弹出“任务栏和「开始」菜单属性”对话框。在“任务栏”选项卡中,勾选或取消勾选“自动隐藏任务栏”复选框,

可以隐藏或取消隐藏任务栏，如图 2-1-22 所示。

2. 控制面板

为了满足用户完成大量日常工作的需求，操作系统不仅需要为用户提供一个很好的交互界面和工作环境，还要为用户提供方便的管理和使用操作系统的相关工具。Windows 7 操作系统为用户及各类应用提供的这些工具集中存放在“控制面板”中。控制面板是 Windows 图形用户界面的一部分，可以通过“开始”菜单访问。它允许用户查看并操作基本的系统设置和控制，用户可以管理帐户，添加/删除程序，设置系统属性，安装、管理和设置硬件设备等。Windows 7 系统控制面板的界面如图 2-1-23 所示。单击“查看方式”按钮，可以查看并切换控制面板的显示方式。

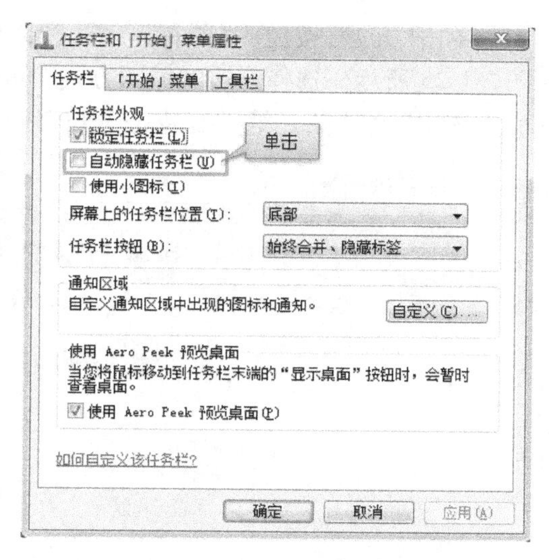

图 2-1-22　**“任务栏和「开始」菜单属性”对话框**

图 2-1-23　**“控制面板”界面**

3. 常用系统小工具

在 Windows 7 操作系统中自带了一些常用的小工具，它们非常实用，如“画图”“截图工具”“计算器”等。

（1）画图

利用画图软件可以用来绘制一些简单的图形，并能对图片进行一些基本的编辑，如任意涂鸦和为图片着色等。

单击“开始”按钮→“所有程序”→“附件”→“画图”命令，即可打开“画图”程序。“画图”程序的窗口由四部分组成，即“画图”按钮、快速访问工具栏、功能区和绘图区域，如图 2-1-24 所示。

（2）截图工具

利用 Windows 7 自带的截图工具，不仅可以帮助用户截取屏幕上的图像，还可以对截取的图片进行一些简单的编辑。

单击“开始”按钮→“所有程序”→“附件”→“截图工具”命令，弹出“截图工具”窗口，如图 2-1-25 所示。选择合适的截图方式即可进行截图操作。截取图片后，在“截图工具”窗口中可选用“笔”“荧光笔”“橡皮擦”等按钮对图片进行基本的编辑操作，如图 2-1-26 所示。

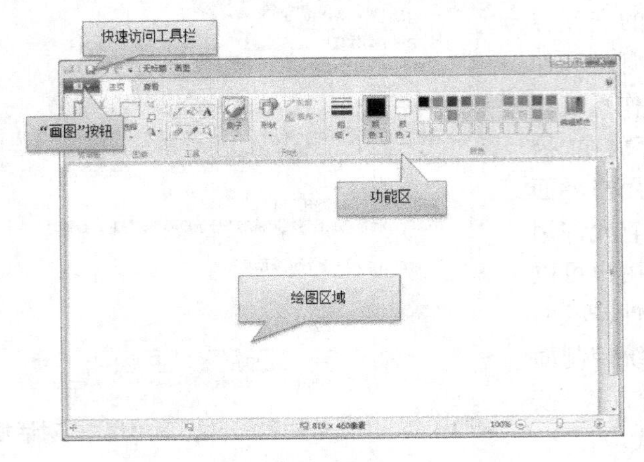

图 2-1-24 “画图”窗口

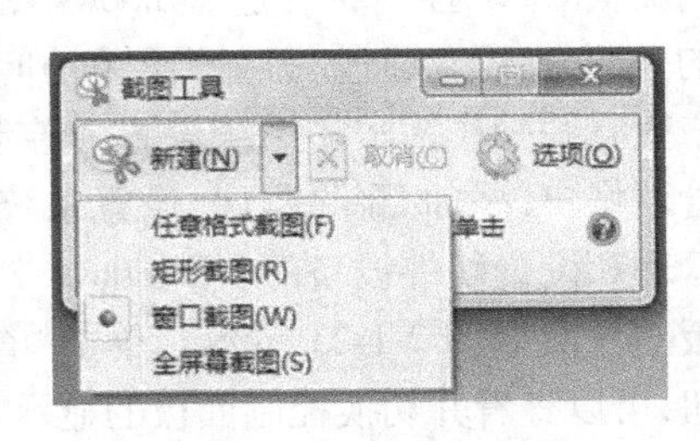

图 2-1-25 “截图工具”窗口

(3) 计算器

Windows 7 自带的计算器程序不仅具有标准计算器功能，而且集成了编程计算器、科学型计算器和统计信息计算器的高级功能。

单击“开始”按钮→“所有程序”→“附件”→“计算器”命令，单击“查看”菜单，可以在“标准型”“科学型”“程序员”“统计信息”这四种类型的计算器之间进行切换，如图 2-1-27 所示。

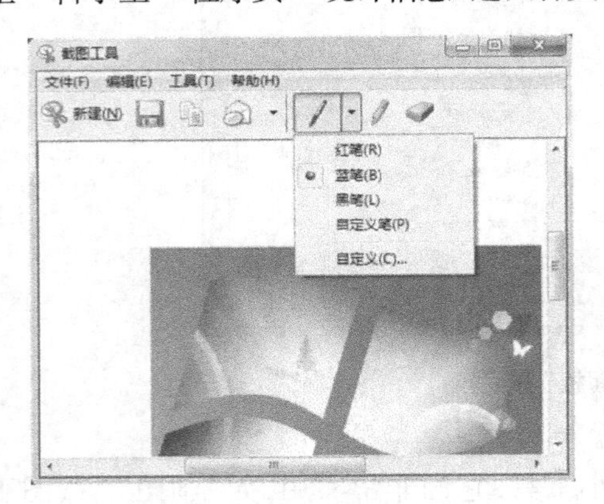

图 2-1-26 对图片进行编辑

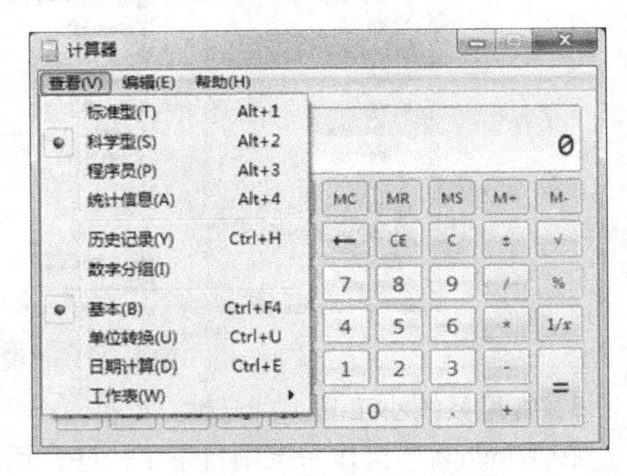

图 2-1-27 “计算机”窗口

任务 2-2 轻松管理计算机资源

一、学习目标

- ◆ 了解 Windows 系统的基本操作对象。
- ◆ 熟悉窗口的组成及基本操作。

◆ 掌握计算机中文件的命名规则。

◆ 熟练掌握文件和文件夹的基本操作。

二、任务描述与分析

计算机中存储了大量的文件资料,如何对它们进行管理?如何快速找到所需要的资料?这就必须充分利用 Windows 软件来构建一个可靠、实用的计算机应用环境。

◆ 在 D 盘新建 A01 文件夹。

◆ 查找 C 盘上所有扩展名为 txt 的文件,任意选择两个文件并复制到 D:\A01 中。

◆ 查找 C 盘上文件名中第二个字符为 A、扩展名为 bmp、文件大小在 10 ~ 100KB 的文件。

◆ 设置 A01 文件夹的显示方式为详细信息。

◆ 设置 A01 文件夹的属性为“隐藏”,并将其显示方式设置为:显示隐藏文件,不隐藏已知文件类型的扩展名。

◆ 将 D:\A01 文件夹包含到库中的文档中。

三、任务实施

1. 新建文件夹

单击“开始”按钮,在弹出的“开始”菜单中选择“计算机”选项,找到 D 盘并双击图标进入 D 盘根目录。在 D 盘根目录空白处单击鼠标右键,在弹出的快捷菜单中选择“新建”命令,在出现的下级菜单中选择“文件夹”命令,此时在 D 盘根目录下就新建了一个名为“新建文件夹”的文件夹,如图 2-2-1 所示。

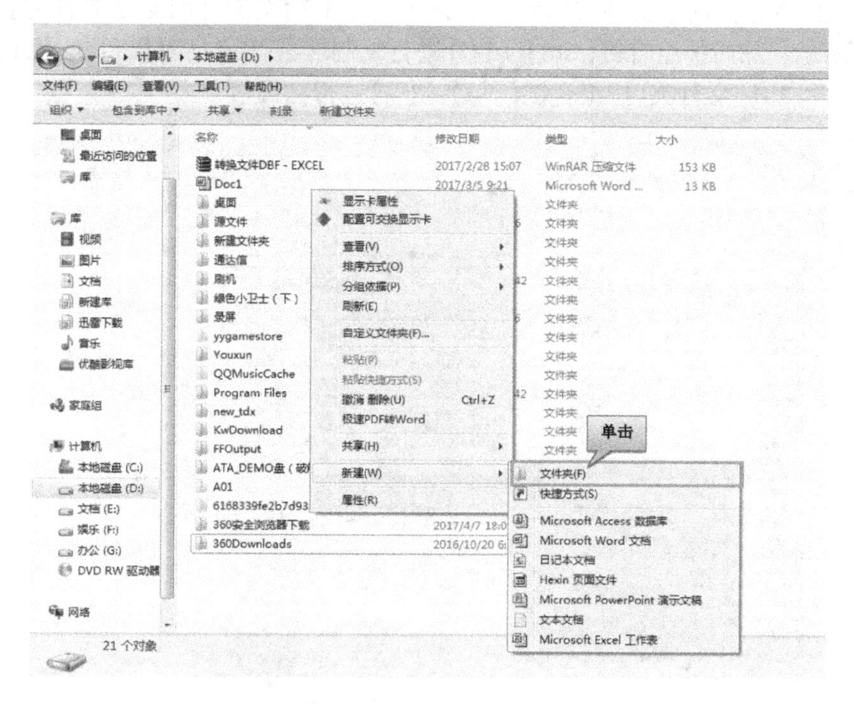

图 2-2-1 创建新文件夹

右击新建的文件夹，在弹出的快捷菜单中选择“重命名”命令（或者单击选中新建的文件夹后再在“新建文件夹”文件名中单击一次），在文件名文本框中将其更名为“A01”，按回车键结束操作，如图2-2-2所示。

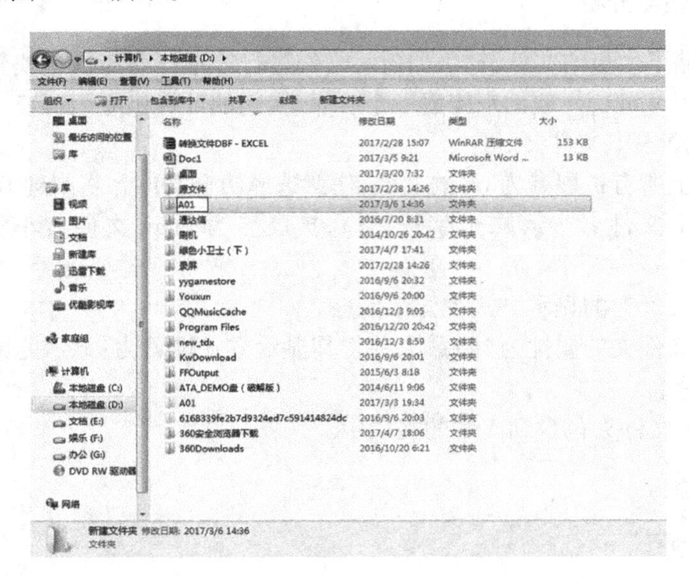

图2-2-2 创建“A01”文件夹

2. 查找并复制文件

打开C盘根目录，在窗口右上角的搜索框中输入“.txt”，系统就会自动地进行搜索。待搜索结束后，任意选择两个文件（注意：要选择不连续的两个文件时必须先按住【Ctrl】键），如图2-2-3所示。然后按组合键【Ctrl】+【C】进行复制。再打开D盘根目录，找到并打开上一题中新建的“A01”文件夹，按组合键【Ctrl】+【V】进行粘贴。

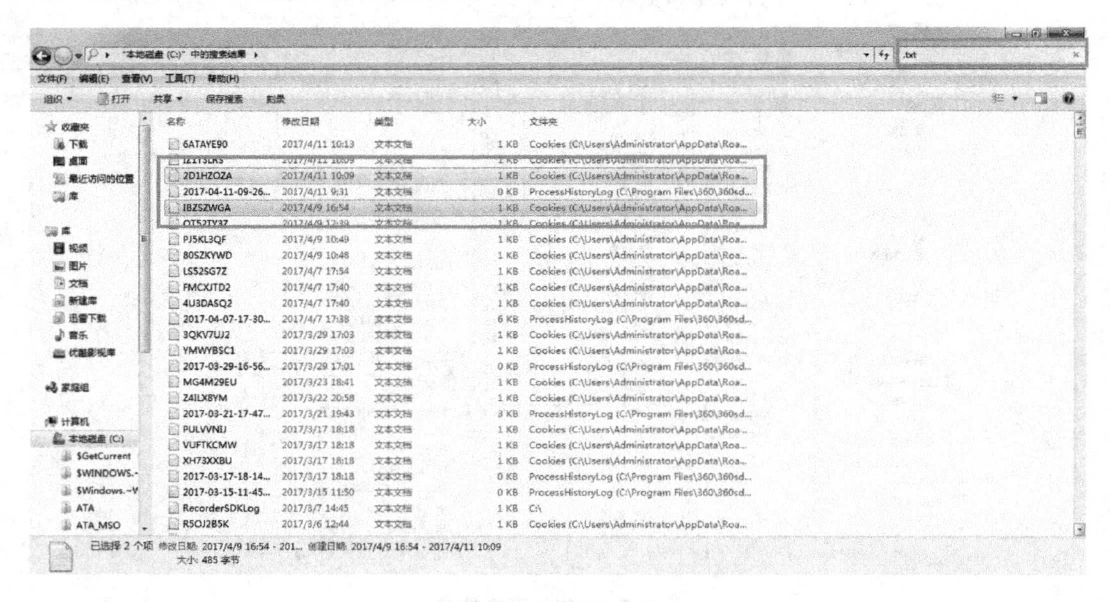

图2-2-3 搜索文件

3. 查找文件

继续打开 C 盘根目录，在窗口右上角的搜索框中输入"？a＊. bmp"（不区分大小写）。在"添加搜索筛选器"选项中单击"大小"按钮，如图 2-2-4 所示，在弹出的菜单中选择"小（10－100KB）"选项即可，如图 2-2-5 所示。

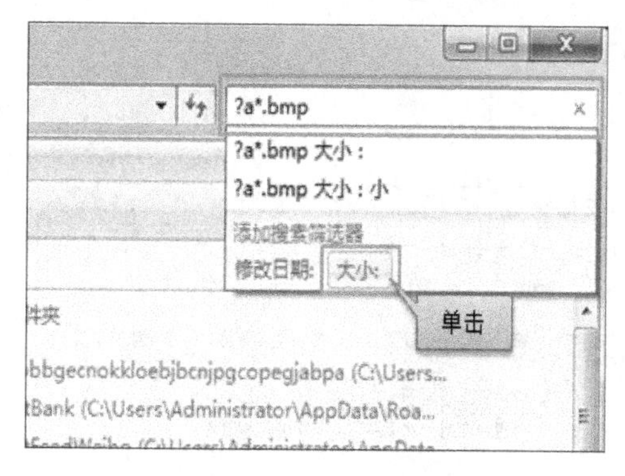

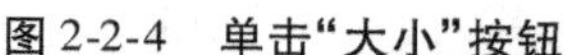
图 2-2-4 单击"大小"按钮

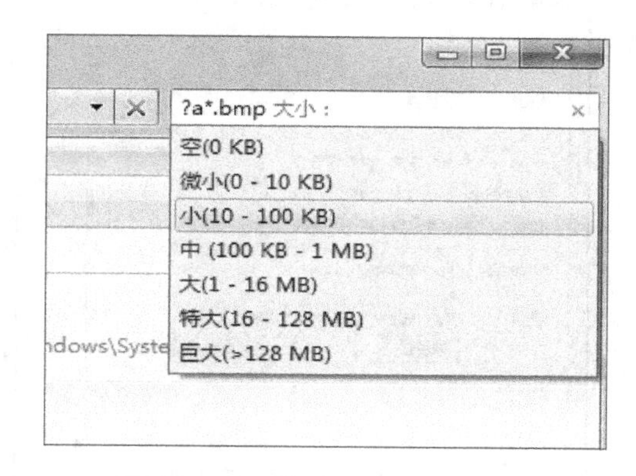

图 2-2-5 设置被查找文件的大小

4. 设置文件夹的显示方式

双击打开"A01"文件夹，在文件夹的空白区域单击鼠标右键，在弹出的快捷菜单中选择"查看"命令，并在其下拉菜单中选择"详细信息"选项，如图 2-2-6 所示。

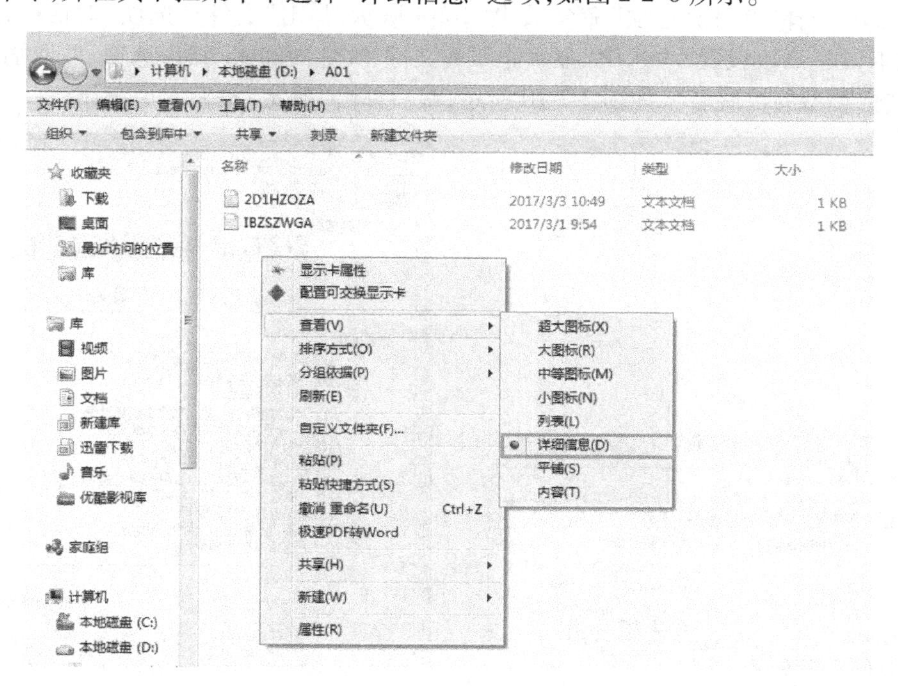

图 2-2-6 选择"详细信息"

5. 设置文件夹的属性和显示方式

进入 D 盘根目录，右击"A01"文件夹，在弹出的快捷菜单中选择"属性"命令，打开"A01 属性"对话框，在"常规"选项卡下的"属性"组中选中"隐藏"复选框，如图 2-2-7 所示。然后单击“确定”按钮，在弹出的“确认属性更改”对话框中，选择“仅将更改应用于此文件夹”单选按钮，如图 2-2-8 所示。最后单击“确定”按钮，即可看到“A01”文件夹被隐藏。

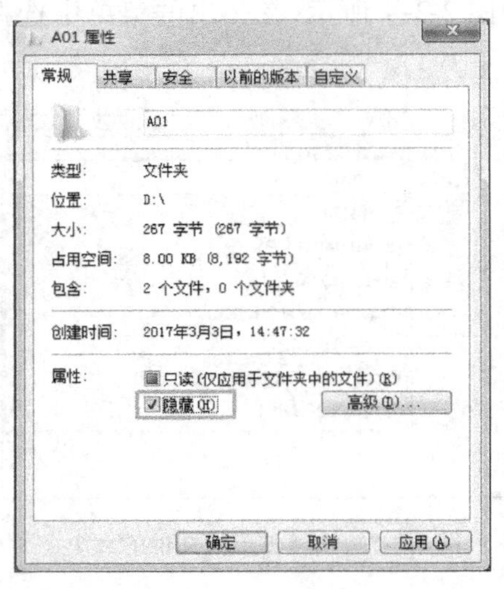

图 2-2-7 “常规”选项卡

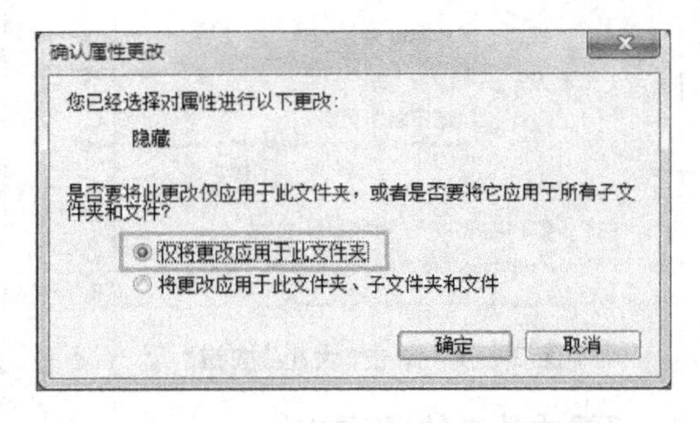

图 2-2-8 “确认属性更改”对话框

单击“开始”按钮，在弹出的“开始”菜单中选择“计算机”选项，在“计算机”窗口中单击“工具”菜单，选择“文件夹选项”命令，如图 2-2-9 所示，弹出“文件夹选项”对话框，选择“查看”选项卡，在“高级设置”中选中“显示隐藏的文件、文件夹和驱动器”选项，并取消选中“隐藏已知文件类型的扩展名”，如图 2-2-10 所示，最后单击“确定”按钮完成操作。

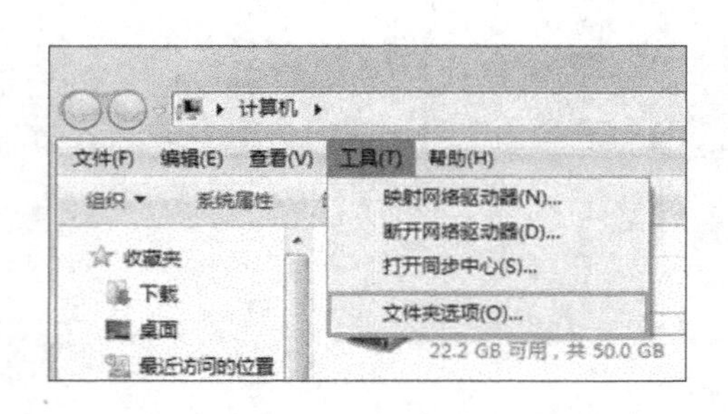

图 2-2-9 选择“文件夹选项”命令

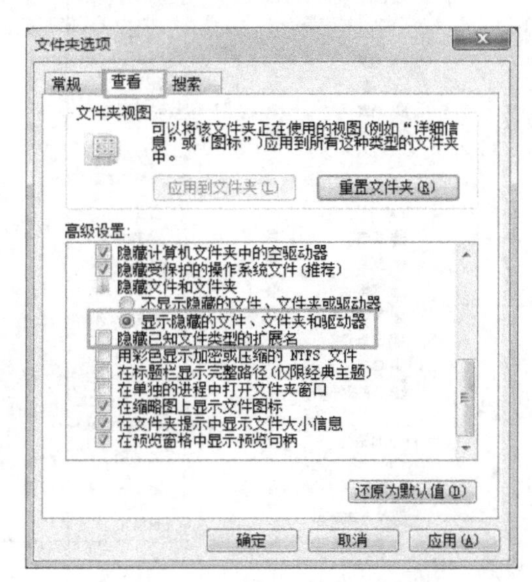

图 2-2-10 “文件夹选项”对话框

6. 把文件夹包含到库中

打开 D 盘，找到并右击“A01”文件夹，在弹出的快捷菜单中选择“包含到库中”命令，并在其子菜单中选择“文档”命令，如图 2-2-11 所示。

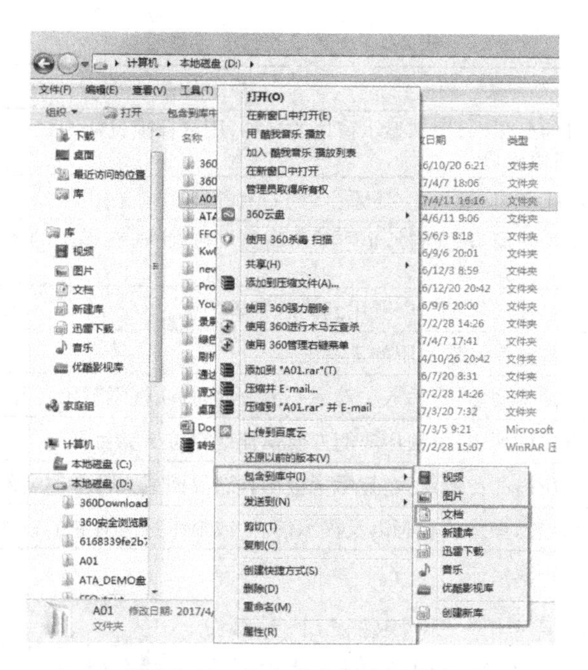

图 2-2-11　将文件夹包含到库中

四、相关知识

1. 系统的基本操作对象

(1) 窗口

当用户打开一个文件或运行一个程序时,系统会开启一个矩形方框,这就是 Windows 环境下的窗口,如图 2-2-12 所示。窗口是 Windows 操作环境中最基本的对象,当用户打开文件、文件夹或启动某个程序时,都会以一个窗口的形式显示在屏幕上,虽然不同的窗口在内容和功能上会有所不同,但大多数窗口都具有很多共同点。窗口的组成与功能见表 2-2-1。

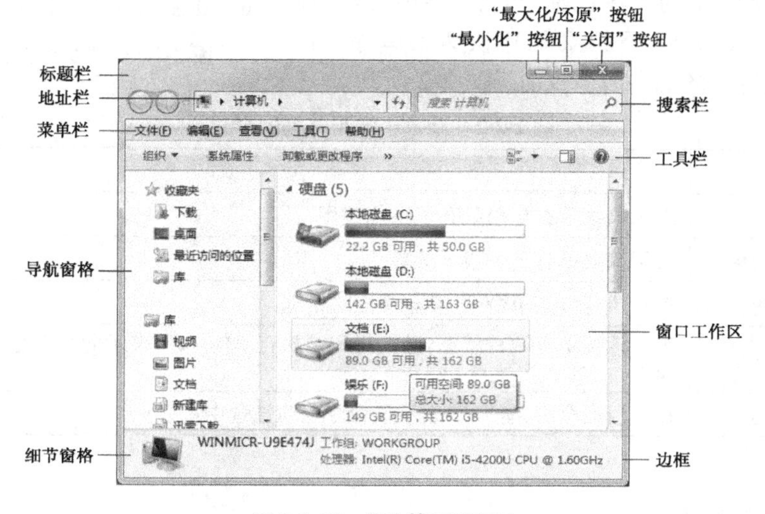

图 2-2-12　"计算机"窗口

表 2-2-1 窗口的组成与功能

名　称	说　明
标题栏	位于窗口的最顶端,用来显示窗口的名称,用鼠标拖曳标题栏可移动窗口,双击标题栏可最大化/还原窗口
窗口控制按钮	能够最小化窗口、最大化/还原窗口、关闭窗口
地址栏	用于显示当前窗口的路径,也可单击右侧下拉箭头,在弹出的下拉列表中选择准备浏览的路径
菜单栏	提供了用户在操作过程中要用到的各菜单项
工具栏	提供了一些窗口操作常用的工具图标
搜索栏	具有动态搜索功能,当输入关键字一部分的时候,搜索就已经开始了
导航窗格	一般提供文件列表,以便用户能方便快捷地定位所需目标
窗口工作区	在窗口中所占的比例最大,显示了应用程序界面或文件中的全部内容
细节窗格	用于显示当前操作的状态以及提示信息,或显示选定对象的一些细节信息

(2) 对话框

对话框是 Windows 系统的一种特殊窗口,是系统与用户"对话"的窗口。它与窗口相像,但实质上是有区别的。对话框没有最小化按钮、最大化/还原按钮,不能改变形状和大小。不同功能的对话框在组成上也会有所不同,但一般情况下对话框包含标题栏、选项卡、命令按钮、下拉列表、单选按钮、复选框等。图 2-2-13 所示为"文件夹选项"对话框。

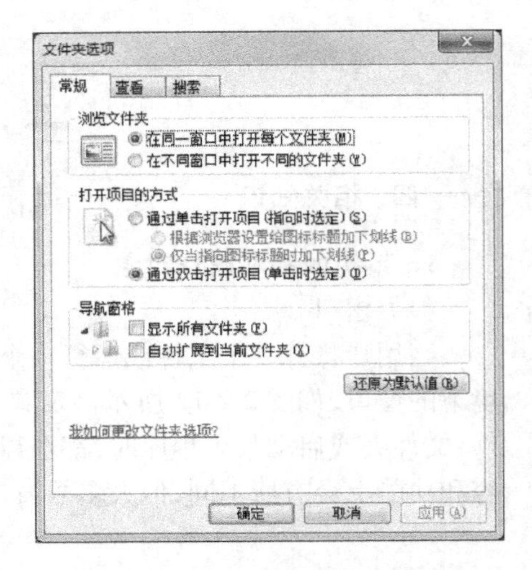

图 2-2-13 "文件夹选项"对话框

(3) 菜单

菜单将命令用列表的形式组织起来,当用户需要执行某种操作时,只要从中选择对应的命令项即可进行操作。Windows 中的菜单包括"开始"菜单、窗口控制菜单、应用程序菜单(下拉菜单)、快捷菜单等。在菜单中常用的符号的名称及含义如表 2-2-2 所示。

表 2-2-2 菜单中常用符号的含义

名　称	含　义
灰色菜单命令	表示该菜单在当前状态下不能使用
菜单命令后的▶	表示该菜单有下一级子菜单
菜单命令后的…	表示执行该菜单命令,将会弹出对话框
菜单命令前的√	表示该菜单有两种状态:已执行和未执行。有"√"表示此命令已执行,反之为未执行
菜单命令前的·	在一组命令中,有"·"表示该命令当前被选中

2. 文件

(1) 文件的概念

计算机中所有的信息(包括文字、数据、图形、图像、声音和视频等)都是以文件形式存放的。文件是一组相关信息的集合,是数据组织的最小单位。

(2) 文件的命名

每个文件都有文件名,文件名是存取文件的依据。文件的名字由文件主名和扩展名(又称后缀名)构成,格式为"文件主名.扩展名"。文件通常以"文件图标+文件主名+扩展名"的形式显示,如图2-2-14所示。我们一般用文件主名来标识文件的内容,用扩展名来标识文件的类型。

图2-2-14　文件的命名规则

① 文件命名规则

- 文件名最多可达255个字符,1个汉字相当于两个字符。
- 文件名可以由26个英文字母、任意中文字符、0~9的阿拉伯数字和一些特殊符号等组成,可以有空格(除开头外)。但不能出现英文输入法中的这九种字符:正斜线(\)、反斜线(/)、竖线(|)、小于号(<)、大于号(>)、冒号(:)、引号(")、问号(?)、星号(*)。
- 文件名不区分大小写字母,如"abc"和"ABC"是同一个文件名。
- 文件名中可以使用多个分隔符,如abc.abcd.exe。

② 通配符

在计算机中,有两个十分重要的符号——星号(*)和问号(?)。这两个符号被称为"通配符",它们可以代替其他任何符号。其中"*"可以代替一个字符或字符串,"?"则只能代替一个字符。例如,*A*.docx,就可以表示所有文件中包含字母A,以docx为扩展名的所有文件;A?.docx,就只能表示以A开头,文件名仅仅由两个字符组成的,扩展名为docx的所有文件。

③ 文件类型

文件的类型由文件扩展名标识,系统对扩展名与文件类型有特殊的约定,常见的文件类型及其扩展名见表2-2-3。

表2-2-3　常见文件类型及其扩展名

文件类型	扩展名	文件简介
文本文件	txt	文本文件,用于存储无格式文字信息
	doc/docx	Word文件,使用Microsoft Office Word创建
	xls/xlsx	Excel电子表格文件,使用Microsoft Office Excel创建
	ppt/pptx	PowerPoint演示文稿文件,使用Microsoft Office PowerPoint创建
压缩文件	rar	通过RAR算法压缩的文件,目前使用较为广泛
文件	zip	使用ZIP算法压缩的文件,是历史比较悠久的压缩格式
图像和照片文件	jpg	广泛使用的压缩图像文件格式,显示文件颜色没有限制,效果好,体积小
	gif	用于互联网的压缩文件格式,只能显示256种颜色,不过可以显示多帧动画
	bmp	位图文件,不压缩的文件格式,显示文件颜色没有限制,效果好,但文件体积较大
	png	能提供长度比GIF小30%的无损压缩图像文件,是网上比较受欢迎的图片格式之一

续表

文件类型	扩展名	文件简介
音频文件	wav	波形声音文件,通常通过直接寻制、采样生成,其体积比较大
	mp3	使用 mp3 格式压缩存储的声音文件,是使用最为广泛的声音文件格式
视频文件	swf	Flash 视频文件,通过 Flash 软件制作并输出的视频文件,用于互联网传播
	avi	使用 MPG4 编码的视频文件,用于存储高质量的视频文件
其他常见文件	exe	可执行文件,可以被计算机直接执行
	ico	图标文件,固定大小和尺寸的图标图片
	html	超文本文件,它是目前网络上应用最为广泛的语言,也是构成网页文档的主要语言

④ 文件的属性

通常文件的属性有三种:只读、隐藏、存档。

- 只读:只能对文件做读操作,不能对文件进行写操作,表示该文件不能被修改。
- 存档:一般意义不大,它表示此文件、文件夹的备份属性,只是提供给备份程序使用。
- 隐藏:表示该文件在系统中是隐藏的,在默认情况下用户不能看见这些文件。

3. **文件夹**

文件夹是用来组织和管理磁盘文件的一种数据结构,是计算机磁盘空间里面为了分类储存文件而建立独立路径的目录,它提供了指向对应磁盘空间的路径地址。

(1) 文件夹的结构

文件夹一般采用多层次(树状结构),在这种结构中每一个磁盘有一个根文件夹,它可包含若干文件和子文件夹。文件夹不但可以包含文件,而且可包含下一级文件夹,但在同一个文件夹中不允许出现相同的文件名。

(2) 文件夹的路径

用户在磁盘上寻找文件时,所历经的文件夹线路称为路径。路径分为绝对路径和相对路径两种。

- 绝对路径:从根文件夹开始的路径,以“\”作为开始。
- 相对路径:从当前文件夹开始的路径。

4. **文件与文件夹的管理**

(1) 选定文件或文件夹

① 选定单个对象

选择单个文件或文件夹,只需用鼠标单击选定的对象即可。

② 选定多个对象

- 连续对象:单击第一个要选择的对象,按住【Shift】键不放,用鼠标单击最后一个要选择的对象,即可选择多个连续对象。
- 非连续对象:单击第一个要选择的对象,按住【Ctrl】键不放,用鼠标单击依次要选择的对象,即可选择多个非连续对象。
- 全部对象:可使用【Ctrl】+【A】快捷键选择全部文件或文件夹。

（2）创建文件或文件夹

例如，要在 D 盘根目录下建立文件夹，在此文件夹下建立文本文件。

首先，双击打开“计算机”窗口，再双击 D 盘图标，进入 D 盘根目录；然后，右击 D 盘根目录空白处，在弹出的快捷菜单中选择“新建”命令下的“文件夹”选项；最后，双击进入“新建文件夹”，在空白处单击鼠标右键，在弹出的快捷菜单中选择“新建”命令下的“文本文档”，此时在“新建文件夹”下就建立了一个名为“新建文本文档. txt”的文本文件，如图 2-2-15 所示。在建立文件或文件夹时，一定要记住保存文件或文件夹的位置，以便以后查阅。

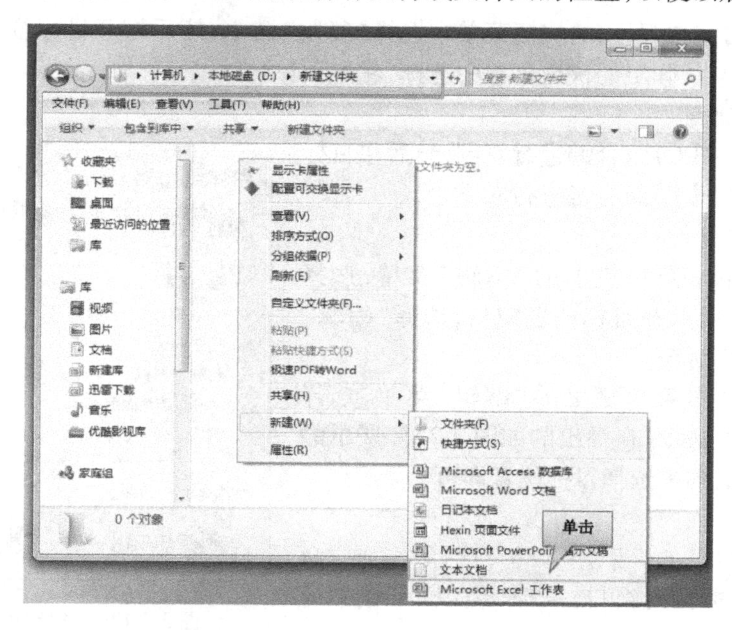

图 2-2-15　**新建文本文档**

（3）重命名文件或文件夹

① 显示扩展名

在默认情况下，Windows 系统会隐藏文件的扩展名，以保护文件的类型。若用户需要查看其扩展名，就要进行相关设置，操作步骤如下：选择“计算机”→“工具”→“文件夹选项”命令，弹出“文件夹选项”对话框，选择“查看”选项卡，在“高级设置”列表中，取消选中“隐藏已知文件类型的扩展名”复选框，单击“确定”按钮，则显示扩展名，如图 2-2-16 所示。

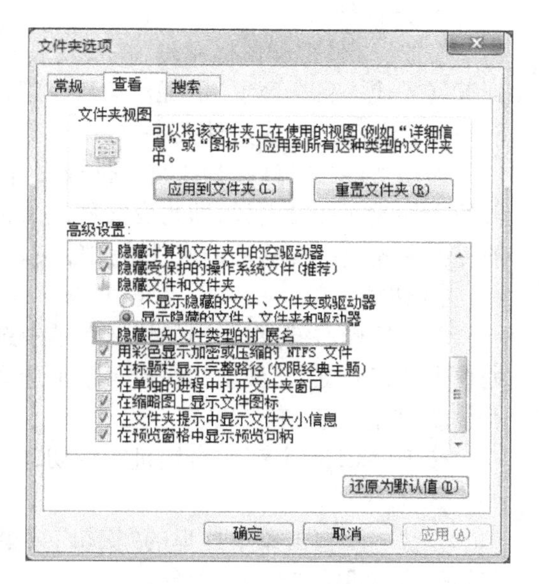

图 2-2-16　**“文件夹选项”对话框**

② 重命名

例如，要将 D 盘根目录下的“新建文件夹”命名为“教学”，将其中的“新建文本文档. txt”命名为“测试. txt”。操作步骤如下：首先，双击“计算机”图标，打开“计算机”窗口，找到 D 盘，再双击进入 D 盘根目录。然后,右击“新建文件夹”,在弹出的快捷菜单中选择“重命名”命令,在文件名文本框中将其更名为“教学”。最后,右击“新建文本文档. txt”,在弹出的快捷菜单中选择“重命名”命令,在文件名文本框中将其更名为“测试. txt”。

(4) 复制文件或文件夹

复制文件或文件夹是指在不删除原文件或文件夹的前提下,在另一个位置存放它的副本。以下几种方法的操作前提都是先选中要复制的文件或文件夹。

① 快捷菜单

单击鼠标右键,在弹出的快捷菜单中选择“复制”命令,然后打开目标位置窗口,在空白处单击鼠标右键,从弹出的快捷菜单中选择“粘贴”命令。

② 组合快捷键

按下【Ctrl】+【C】组合键进行复制,然后在目标位置按下【Ctrl】+【V】组合键进行粘贴。

③ 菜单栏

方法一　单击菜单栏里的“编辑”菜单,选择“复制”命令,然后打开目标位置窗口,选择“编辑”菜单中的“粘贴”命令。

方法二　单击菜单栏里的“编辑”菜单,选择“复制到文件夹”命令,在弹出的如图 2-2-17 所示的“复制项目”对话框中选择目标位置即可。

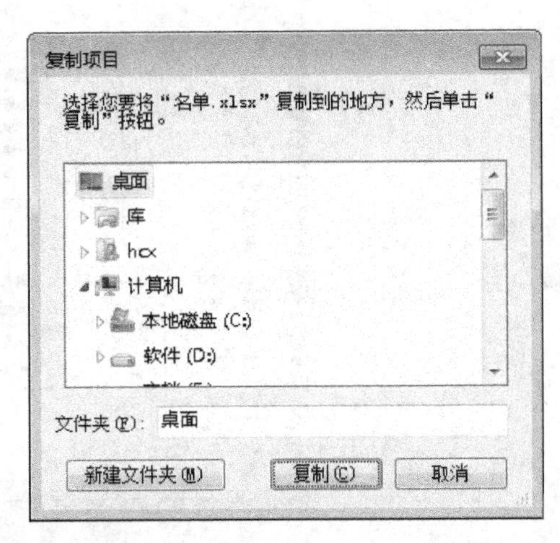

图 2-2-17　“复制项目”对话框

④ 工具栏

单击工具栏里的“组织”菜单,选择“复制”命令,然后打开目标位置窗口,选择“组织”菜单中的“粘贴”命令。

⑤ 鼠标拖动

按住【Ctrl】键和鼠标左键,将要复制的文件或文件夹拖至目标位置,此时会出现“复制到 X”(X 代表目标位置)的提示信息,然后松开鼠标即可。

(5) 移动文件或文件夹

移动文件或文件夹是指将文件或文件夹从原来的位置转移到另一个位置,同时原来位置的文件或文件夹消失,即改变文件或文件夹在磁盘上的存放位置。以下几种方法的操作前提都是先选中要移动的文件或文件夹。

① 快捷菜单

单击鼠标右键,在弹出的快捷菜单中选择“剪切”命令,然后打开目标位置窗口,在空白处单击鼠标右键,从弹出的快捷菜单中选择“粘贴”命令。

② 组合快捷键

按下【Ctrl】+【X】组合键进行剪切,然后在目标位置按下【Ctrl】+【V】组合键进行粘贴。

③ 菜单栏

方法一　单击菜单栏里的“编辑”菜单,选择“剪切”命令,然后打开目标位置窗口,选择“编辑”菜单里的“粘贴”命令。

方法二　单击菜单栏里的“编辑”菜单,选择“移动到文件夹”命令,在弹出的如图 2-2-18

所示的“移动项目”对话框中选择目标位置即可。

④ 工具栏

单击工具栏里的“组织”菜单，选择“剪切”命令，然后打开目标位置窗口，选择“组织”菜单中的“粘贴”命令。

⑤ 鼠标拖动

按住鼠标左键将要复制的文件或文件夹拖至目标位置，此时会出现“移动到 X”（X 代表目标位置）的提示信息，然后松开鼠标左键即可。

注意：如果原位置和目标位置不属于同一驱动器，需要同时按住【Shift】键才可以实现移动操作，否则完成的是复制操作。

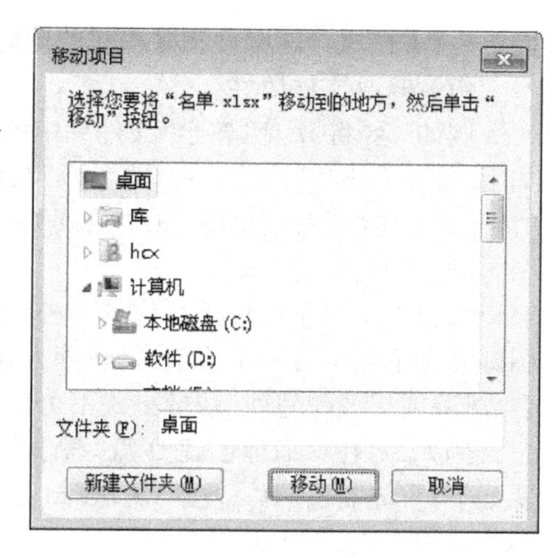

图 2-2-18　“移动项目”对话框

(6) 删除文件或文件夹

为了节省磁盘存储空间，用户可以删除不需要的文件或文件夹。删除操作分为两类：一类是将其暂存到“回收站”中，而“回收站”里的对象可以被还原到原来的位置，也可以被彻底删除；一类是直接彻底删除，被彻底删除的对象不会经过“回收站”，而是永久性地被删除了，所以不可能被还原。

删除文件或文件夹到“回收站”有以下几种方法，操作前提同样都是先选中要删除的文件或文件夹。

① 快捷菜单

单击鼠标右键，在快捷菜单中选择“删除”命令。

②【Del】快捷键

按下【Del】键即可。

③ 菜单栏

方法一　单击菜单栏里的“文件”菜单，选择“删除”命令。

方法二　单击菜单栏里的“编辑”菜单，选择“移动到文件夹”命令，目标位置确定为“回收站”即可。

④ 工具栏

单击工具栏里的“组织”菜单，选择“删除”命令。

⑤ 鼠标拖动

按住鼠标左键将要删除的对象直接拖入“回收站”。

以上前四种方法都会弹出如图2-2-19所示的“删除文件”对话框，提示用户是否真的需要执行“删除”操作。单击“是”按钮，即可将删除对象放入回收站；单击“否”按钮，则撤销删除操作。第五种方法不会出现对话框提示。

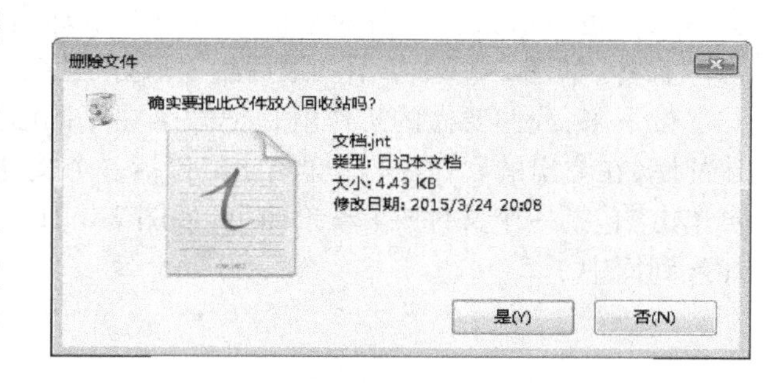

图 2-2-19　“删除文件”对话框

彻底删除文件或文件夹的方法也很

简单,只需在执行前四种删除操作的同时按住【Shift】键即可实现彻底删除。

(7) 修改文件属性

例如 ,要将 D 盘“教学”文件夹中的“测试. txt”文件属性更改为“只读”,具体操作步骤如下:首先右击“D:\教学\测试. txt”,在弹出的快捷菜单中选择“属性”命令,然后在弹击的“测试. txt 属性”对话框中选中“只读”复选框即可。

(8) 创建快捷方式

快捷方式是 Windows 提供的一种快速启动程序、打开文件或文件夹的方法。每个快捷图标的左下角都有一个小箭头,快捷方式仅仅记录文件所在路径,当路径所指向的文件被更名、删除或更改位置时,快捷方式不可使用。

例如,要在桌面上创建 D 盘“教学”文件夹中的“测试. txt”文件的快捷方式,具体操作步骤如下:首先右击“D:\教学\测试. txt”,在弹出的快捷菜单中选择“发送到”命令,然后单击“桌面快捷方式”即可。

(9) 搜索文件或文件夹

搜索即查找。Windows 7 的搜索功能强大,搜索的方式主要有两种:一种是用“开始”菜单中的搜索文本框进行搜索;另一种是使用“计算机”窗口的搜索文本框进行搜索。

例如,要在计算机中查找文件名为三个字符的文本文件,具体操作步骤如下:单击开始菜单按钮,单击“搜索”文本框,接着在弹出的搜索窗口中输入“???. txt”,最后单击“搜索”按钮,即可完成搜索操作。

如果想在某个文件夹下搜索文件,首先进入该文件夹,在搜索框中输入关键字即可。在窗口搜索框内还有“添加搜索筛选器”选项,可以提高搜索精度。“库”窗口的“添加搜索筛选器”最为全面。

5. 库

在 Windows 7 中引入了一个“库”的功能,“库”的全名叫“程序库(Library)”,是指一个可供使用的各种标准程序、子程序、文件以及它们的目录等信息的有序集合。库类似于一个文件夹,也就是说,打开库之后,能看到更多子文件夹。但不同的是,库能同时显示处于不同位置的多个文件夹。而更重要的是,库并不是真正存储文件的地方,准确地讲,库只是个虚拟的文件夹,也可以理解为库只是存放各个文件夹的快捷方式的地方。添加到库中的文件夹首先要被包括在 Windows 7 的索引系统中,否则将无法被添加到库中。

(1) 库的创建

打开“资源管理器”窗口,在导航栏里我们会看到库。既可以直接单击左上角的“新建库”按钮,也可以在右窗格的空白区域单击鼠标右键,在弹出的快捷菜单中选择“新建”→“库”命令,如图 2-2-20 所示。最后给库取好名字,一个新的空白库就创建好了。

接下来,我们要做的工作就是把散落在不同磁盘的文件或文件夹添加到库中。单击新建的库,在弹出的属性窗口里再单击“包括一个文件夹”按钮,找到想添加的文件夹,选中它,再单击“包括一个文件夹”按钮即可,如图 2-2-21 所示。重复这一操作,就可以把很多文件加入到库中了。

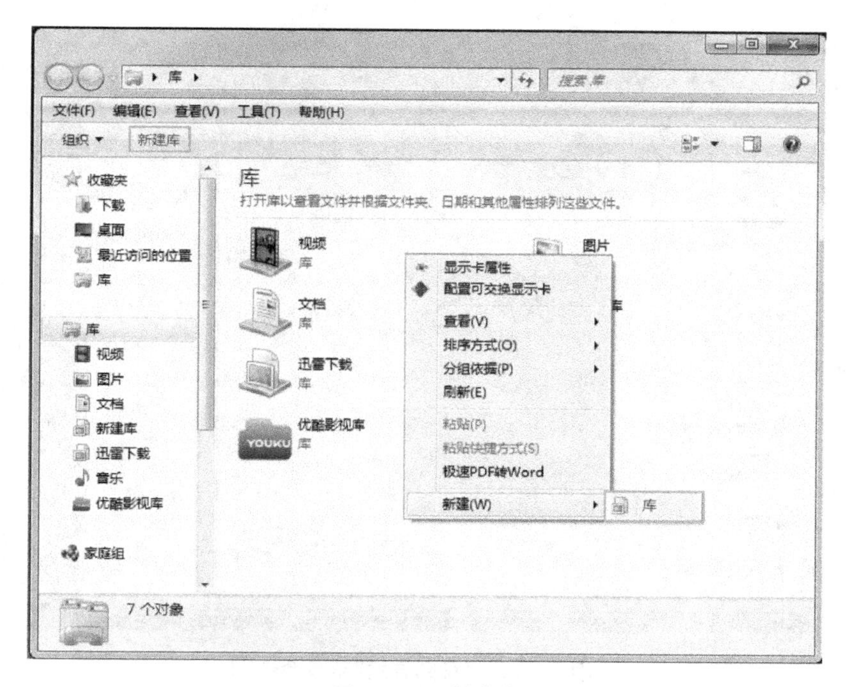

图 2-2-20　新建库

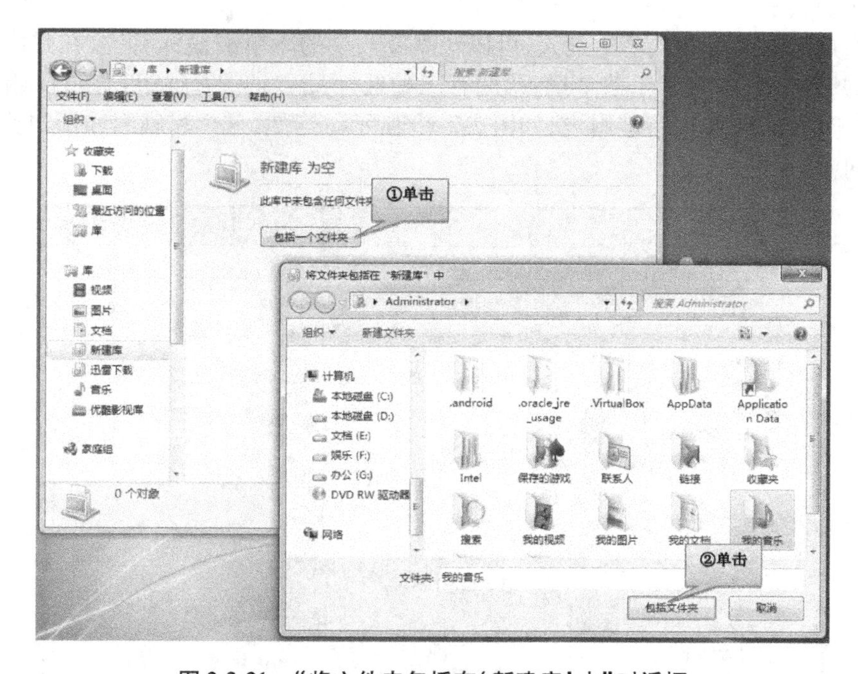

图 2-2-21　“将文件夹包括在‘新建库’中”对话框

（2）库的分类筛选

打开库，在窗口右边找到“排列方式”菜单命令，其下拉菜单里提供了“修改日期”“标记”“类型”和“名称”四种文件夹的排列方式，以帮助我们分类管理文件，如图 2-2-22 所示。若库比较庞大复杂，使用右上角的搜索功能框，可帮助用户在库中快速定位到所需文件。

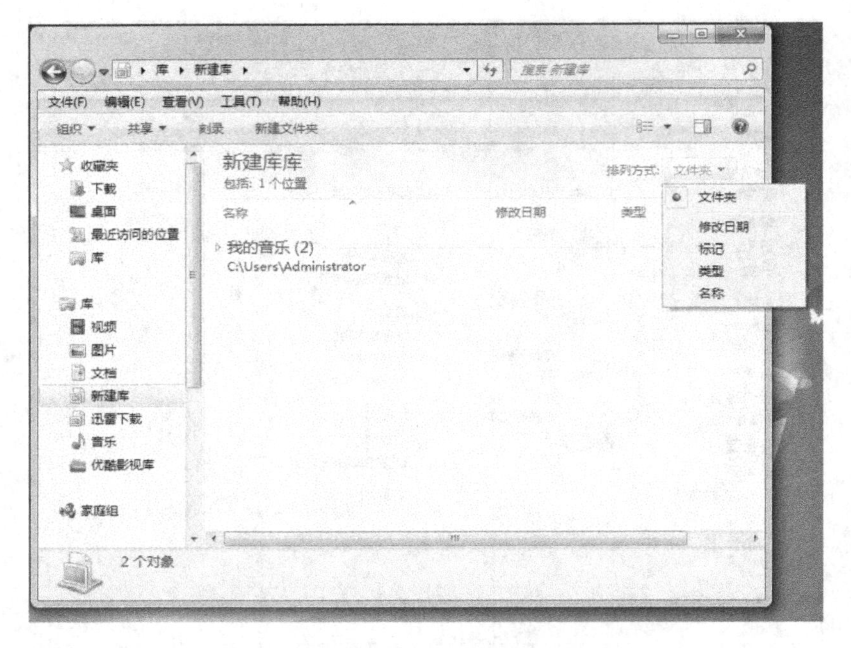

图 2-2-22 “排列方式”菜单命令

(3) 库的共享

若想将自己的某个库共享给别人,可以对需要共享的库单击鼠标右键,在弹出的快捷菜单里找到“共享”命令,在其子菜单里,我们有三种选择:不共享、家庭组(你可以给予该家庭组读取甚至写入的权限)、特定用户,如图 2-2-23 所示。当然,这个家庭组和用户首先应该处于该局域网中。

图 2-2-23 设置库的共享

任务 2-3　典型试题分析

1. 掌握 Windows 7 的启动和退出的方法,查看自己所使用的计算机的常规信息。

操作步骤如下:

开关机时要注意操作的顺序,一般来说,开机时要先开外设(即主机箱以外的其他部分)后开主机,关机时要先关主机后关外设。若想查看计算机的常规信息,有两种常用方法。

方法一　打开“计算机”窗口,单击菜单栏的“系统属性”,如图 2-3-1 所示,在弹出的“系统属性”窗口中可以看到大致的信息,如图 2-3-2 所示。

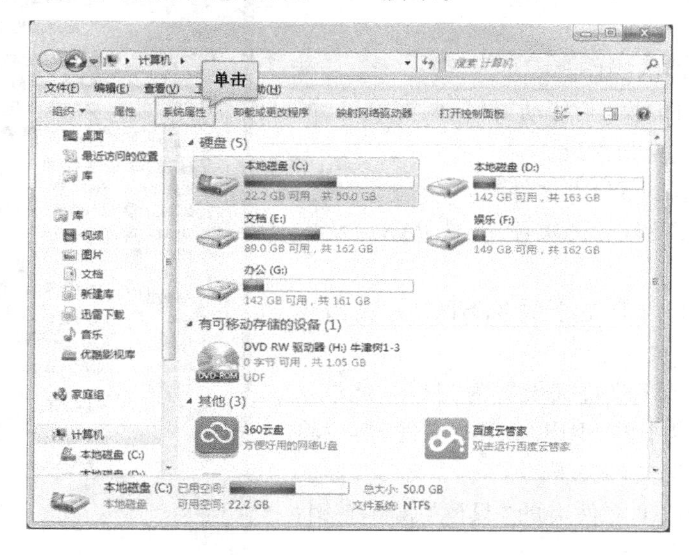

图 2-3-1　“计算机”窗口

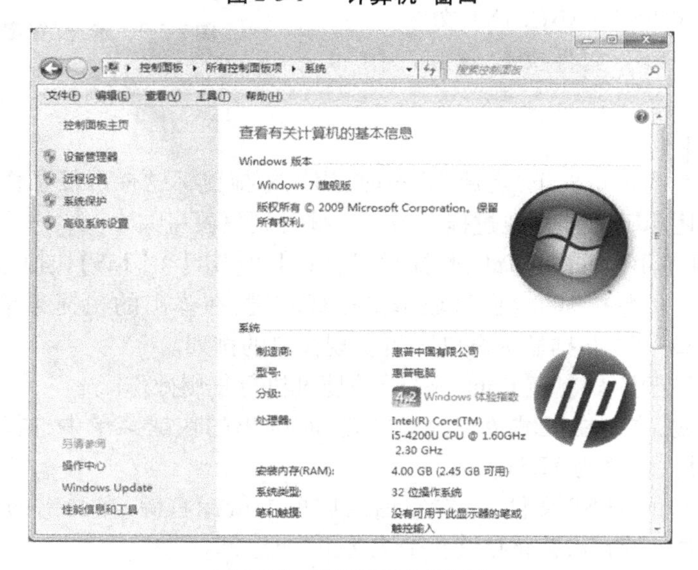

图 2-3-2　“系统属性”窗口

方法二　右击桌面上的“计算机”图标，在弹出的快捷菜单中选择“属性”命令，可了解计算机的信息。

2. 熟悉和使用任务栏。

（1）查看“开始”按钮、快速启动工具栏、程序按钮区、通知区域和“显示桌面”按钮。

（2）将“记事本”程序锁定到任务栏。

操作步骤如下：

（1）略。

（2）依次单击“开始”菜单按钮→“所有程序”→“附件”，找到“记事本”命令并右击，在弹出的快捷菜单中选择“锁定到任务栏”命令即可，如图2-3-3所示。

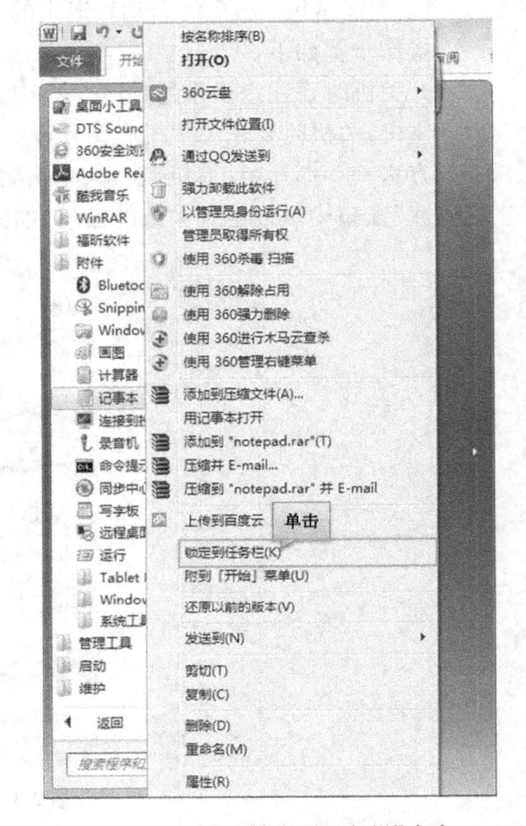

图2-3-3　选择“锁定到任务栏”命令

3. 资源管理器的操作。

（1）掌握窗口的操作：移动窗口、调整窗口、窗口切换、窗口排列、复制窗口。

（2）在D盘新建TEST文件夹。

（3）在D:\TEST文件夹下新建PANG文本文件。

（4）在桌面上为D盘下的TEST文件夹新建快捷方式。

（5）将D:\TEST文件夹设置为“只读”属性。

（6）搜索C盘中的SHELL. DLL文件，然后将其复制在D:\TEST文件夹下。

（7）将D:\TEST文件夹的“只读”属性撤销，并设置为“隐藏”属性。

（8）删除D:\TEST\PANG. TXT文件。

（9）将D:\TEST文件夹包含到库中的文档中。

操作步骤如下：

（1）移动窗口：当窗口处于“还原”状态时，用鼠标拖曳标题栏可任意移动窗口。调整窗口：当窗口处于“还原”状态时，通过拖动窗口边框可调整窗口大小。

窗口切换：可使用【Alt】+【Tab】快捷键或【Ctrl】+【Alt】+【Tab】快捷键进行切换。

窗口排列：在“任务栏”的空白区域单击鼠标右键，在弹出的快捷菜单中选择“层叠窗口”“堆叠显示窗口”及“并排显示窗口”，可实现窗口的排列。

复制窗口：可使用【Alt】+【PrintScreen】快捷键执行复制操作。

（2）进入D盘，在空白区域单击鼠标右键，在弹出的快捷菜单中选择“新建”→“文件夹”命令并将文件夹命名为TEST。

（3）打开D盘的TEST文件夹，在空白区域单击鼠标右键，在弹出的快捷菜单中选择“新建”→“文本文档”命令，并将该文件命名为PANG。

（4）打开D盘找到TEST文件夹，对其单击鼠标右键，在弹出的快捷菜单中选择“发送到”命令,并在弹出的下级菜单中选择“桌面快捷方式”。

(5) 进入D盘,找到TEST文件夹并对其单击鼠标右键,在弹出的快捷菜单中选择“属性”命令,将打开“TEST属性”对话框,选中“只读”复选框。

(6) 打开C盘,在窗口右上角的搜索栏中输入“SHELL. DLL”,将会搜索到文件名中包含SHELL. DLL字符的所有文件,在其中找到需要的文件并将其复制到TEST文件夹中。

(7) 在“TEST属性”对话框中,取消选中“只读”,然后选中“隐藏”选项即可。

(8) 打开TEST文件夹,找到并选中PANG. TXT文件,然后单击键盘上的【Del】键即可。或对PANG. TXT文件单击鼠标右键,在弹出的快捷菜单中选择“删除”命令,也能实现相应的操作。

(9) 对TEST文件夹单击鼠标右键,在弹出的快捷菜单中选择“包含到库中”命令,并在其子菜单中选择“文档”即可。

4. 查找系统提供的应用程序Calc. exe,并在桌面上建立其快捷方式,快捷方式命名为“计算器”。

操作步骤如下:

◆ 双击打开“计算机”窗口,在右上角的搜索栏中输入要搜索的程序名“Calc. exe”。

◆ 对找到的文件单击鼠标右键,在弹出的快捷菜单中选择“发送到”命令,并在其子菜单中选择“桌面快捷方式”命令,如图2-3-4所示。

◆ 将桌面的“Calc”快捷图标改名为“计算器”。

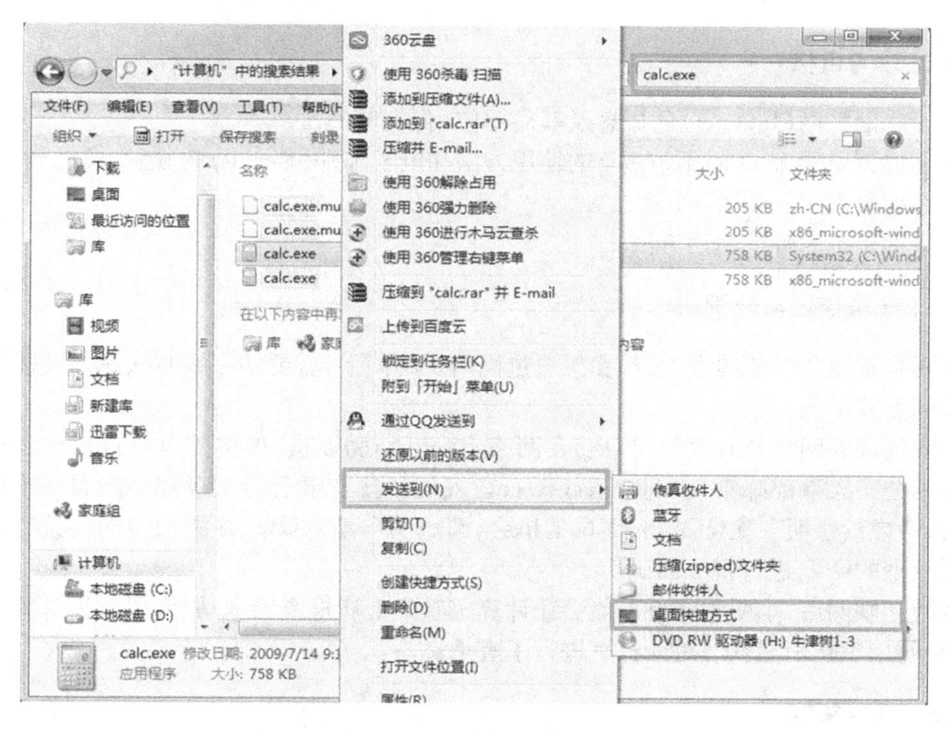

图2-3-4 “桌面快捷方式”命令

项目 3 Internet 应用

现代社会是一个信息飞速发展的社会,网络是信息高速公路上的一列快车,它带着我们奔向一个无限广阔的世界。鼠标轻轻一点,世界尽在眼前。天南海北,奇闻轶事,神奇的网络把我们带进了一个梦幻般的世界,小小银屏拉近了我们与世界的距离。看新闻、听音乐、欣赏动漫,网络让我们的生活变得越来越丰富多彩;网上购物、网上聊天、电子邮件,网络让我们的生活越来越便捷;查资料、网络课堂、信息共享,网络让我们的学习越来越方便。项目三将从网上求职的角度出发,带领大家体验网络给我们带来的快速与便捷。

任务 3-1 畅游 E 空间

一、学习目标

- 了解因特网(Internet)的概念及其简单应用。
- 掌握浏览器 Internet Explorer 的使用方法和电子邮件(E-mail)的收发方法。
- 掌握聊天工具QQ的使用方法。
- 掌握杀毒软件的使用方法。

二、任务描述与分析

小明是某职业学校的学生,现在想通过网络了解一下,需要学习哪些知识与技能才能胜任将来的专业工作。

小明发现安网科技有限公司目前在网络上公开招聘职员,他按要求将自荐信发至安网科技有限公司人事部邮箱: slzhu@ secnet. cn。安网科技有限公司人事部经理看到小明的求职信后,考虑给小明一次QQ视频面试的机会,请小明申请好QQ,并添加安网科技有限公司人事部经理的QQ,进行视频面试。

畅游互联网后,小明觉得有可能会让计算机感染上病毒或者木马,为了保证计算机正常运行,小明用 360 杀毒软件对计算机进行了查杀。

三、任务实施

1. 浏览网页找工作

操作步骤如下:

◆ 启动浏览器。在 Windows 桌面或快速启动栏中，单击图标，启动应用程序 IE9.0。

◆ 输入网页地址(URL)。在 IE 窗口的“地址”栏中输入要浏览页面的统一资源定位器(Uniform Resource Locator,URL)，按【Enter】键，观察 IE 窗口右上角的 IE 标志，等待出现浏览页面的内容。例如，在“地址”栏中输入智联招聘主页的 URL(http://www.zhaopin.com/)，IE 浏览器将打开智联招聘的主页，如图 3-1-1 所示。

图 3-1-1 智联招聘首页

◆ 在“搜工作”按钮左侧的搜索栏中输入与工作相关的关键字，如网络管理员，如图 3-1-2所示，单击“搜工作”按钮。

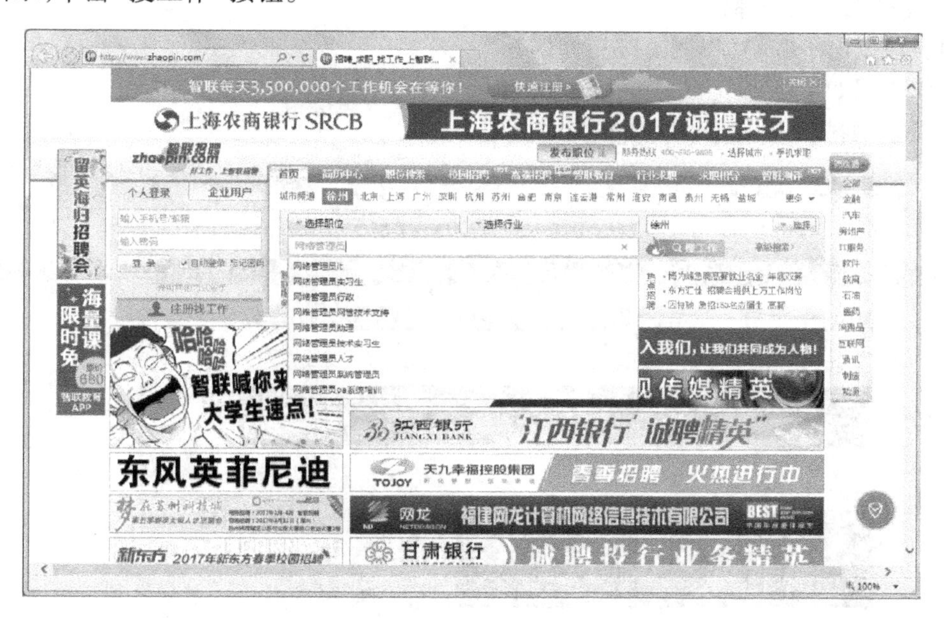

图 3-1-2 搜索工作

◆ 浏览搜索工作结果，如图 3-1-3 所示。

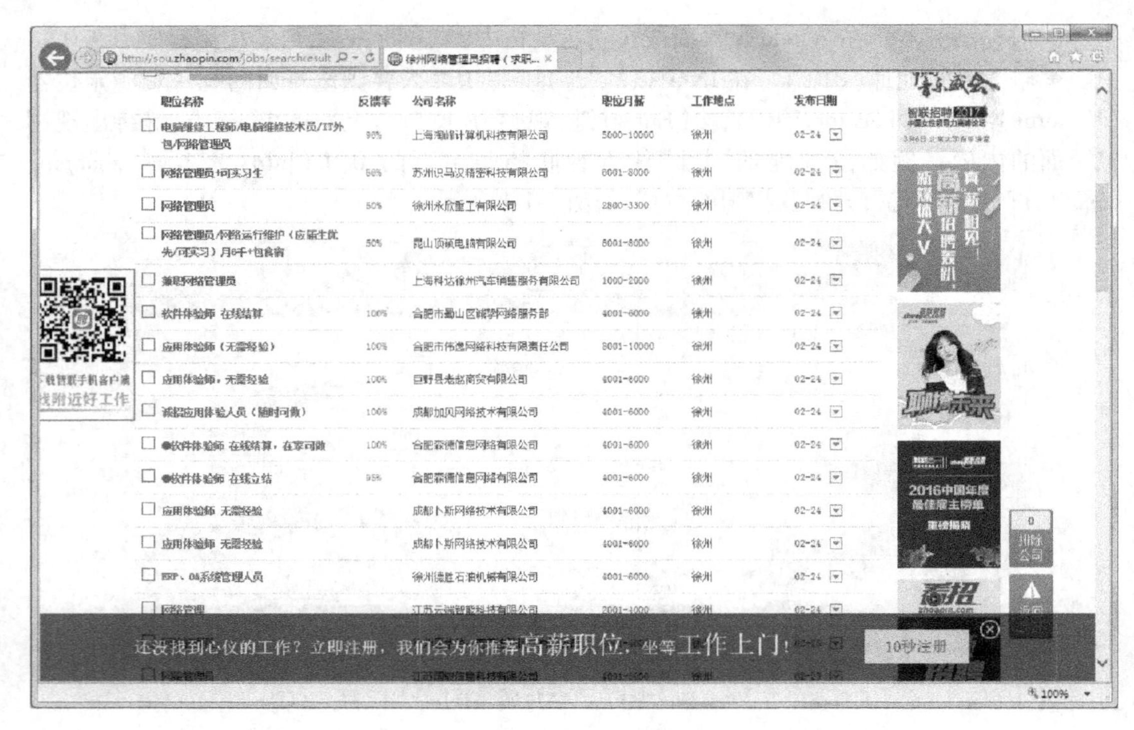

图 3-1-3 搜索结果

2. 发送求职电子邮件

(1) 注册电子邮箱(以网易邮箱为例)

操作步骤如下：

◆ 登录网易的首页，如图 3-1-4 所示。

图 3-1-4 网易首页

◆ 单击网易首页右上角的“注册免费邮箱”按钮，进入注册邮箱页面，填写注册信息，获取手机验证码，填入并单击“立即注册”按钮，如图 3-1-5 所示。

图 3-1-5　注册邮箱页面

◆ 系统跳转页面，提示注册成功，如图 3-1-6 所示。

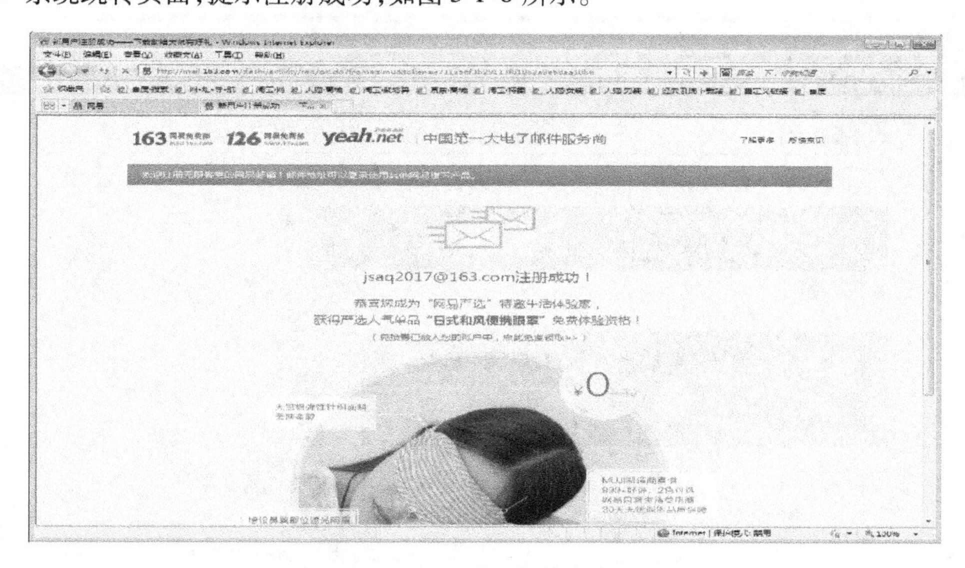

图 3-1-6　注册邮箱成功

（2）发送电子邮件

操作步骤如下：

◆ 重新打开网易首页，登录电子邮箱。将鼠标悬浮于"登录"按钮上（不要单击），在网易通行证里输入用户名和密码，单击"登录"按钮，如图 3-1-7 所示。

图 3-1-7 登录邮箱

◆ 将鼠标光标悬浮于"登录"按钮上的邮箱名字按钮上（图 3-1-8），单击下拉菜单中的"我的邮箱"，进入邮箱界面。

图 3-1-8 进入邮箱界面

◆ 进入邮箱界面,单击“写信”,如图 3-1-9 所示。

图 3-1-9　邮箱界面

◆ 完整填写收件人的邮箱地址(强调完整的邮箱地址,图 3-1-10),同时单击右侧给“自己写一封信”,给自己也发一封信,填写主题(不能空着,主题要与信的正文内容有关),输入信的正文,写完信后单击“发送”按钮。

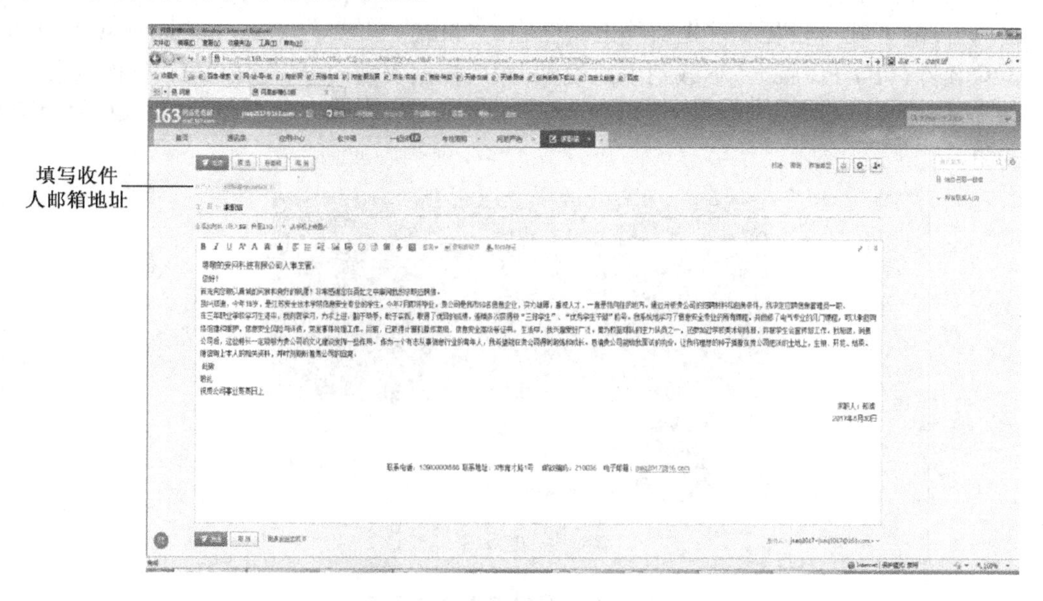

图 3-1-10　写信与发信

(3) 接收电子邮件

操作步骤如下：

◆ 同发送电子邮件，先登录到电子邮箱界面（图 3-1-9）。

◆ 单击“收信”按钮，查看刚才给自己发送的电子邮件（图 3-1-11）。

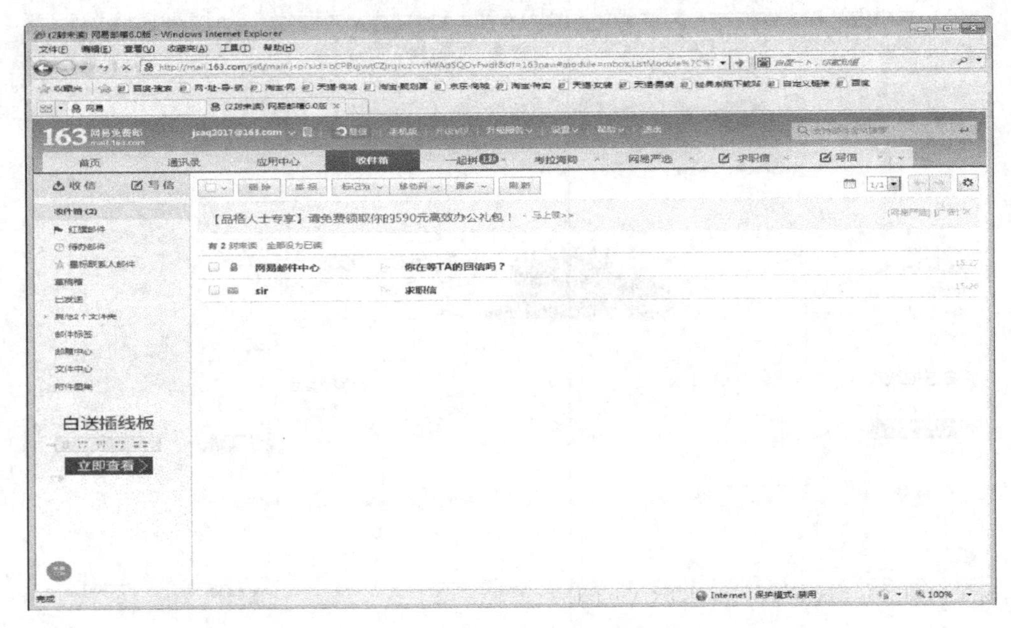

图 3-1-11　**查看收件箱**

◆ 单击收到的信件，打开进行阅读。

3. QQ视频面试

操作步骤如下：

◆ 软件的下载与安装。首先从腾讯软件中心（http://im.qq.com/）或其他 Web 站点将腾讯QQ软件（QQ PC 版本）下载到本地硬盘，然后根据安装向导，完成QQ软件的安装。

◆ 注册帐号。运行QQ软件，会出现QQ用户登录界面，如图 3-1-12 所示，单击“注册帐号”按钮。

图 3-1-12　**QQ用户登录界面**

◆ 在注册帐号页面,填写注册信息,如图 3-1-13 所示,单击“立即注册”按钮。

图 3-1-13 QQ帐号注册页面

◆ 完成验证,系统提示,申请成功,您获得号码: XXXX。

◆ 用户登录。打开QQ,在用户登录界面输入你的QQ帐号和登录密码(图 3-1-14),单击“安全登录”按钮进行登录。也可以勾选“记住密码”和“自动登录”复选框,以及头像右下角的下拉菜单选择“隐身”,以便在 Windows 系统启动后自动登录和隐身登录。

图 3-1-14 QQ登录选项

◆ 添加好友。登录完成以后,将出现QQ使用界面。单击QQ使用界面最下面的“查找”按钮,打开“查找”窗口,可以选择“找人”“找群”“找主播”“找课程”“找服务”等,如图 3-1-15 所示。这里选择“找人”,输入对方的QQ帐号或昵称,单击“查找”按钮,则会显示所有符合条件的QQ用户信息,然后选择需要添加的用户,单击“ + 好友”按钮,完成好友的添加。若要删除好友,只需在QQ使用界面中选择好友的头像并右击,从弹出的下拉菜单中选择“删除好友”命令，即可完成。

图 3-1-15 “查找”窗口

◆ QQ视频面试。在QQ使用界面中双击需要进行聊天的好友头像，即可打开QQ聊天界面。单击 按钮，申请和对方进行视频聊天，等待对方同意后，即可进行视频面试，如图 3-1-16 所示。

图 3-1-16 QQ视频聊天

4. **查杀计算机病毒**

(1) 安装 360 杀毒软件

操作步骤如下：

◆ 请通过 360 杀毒官方网站等下载最新版本的 360 杀毒安装程序。

◆ 下载完成后，用户即可运行下载的安装程序，选择将 360 杀毒软件安装到哪个目录下，建议用户按照默认设置即可。也可以单击“浏览”按钮选择安装目录。然后单击“下一步”按钮，稍等一会，360 杀毒就已经成功地安装到计算机上。

（2）查杀病毒

360 杀毒具有实时病毒防护和手动扫描功能，为系统提供全面的安全防护。实时防护功能在文件被访问时对文件进行扫描，及时拦截活动的病毒。在发现病毒时会通过提示窗口警告用户。

360 杀毒提供了四种手动病毒扫描方式：快速扫描、全盘扫描、指定位置扫描及右键扫描。

- 全盘扫描：扫描所有磁盘。
- 快速扫描：扫描 Windows 系统目录及 Program Files 目录（图 3-1-17）。
- 指定位置扫描：在“功能大全”中有指定位置扫描。
- 右键扫描：在需要扫描的文件或文件夹上右击，就会出现如图 3-1-18 所示的菜单，选择“使用 360 杀毒扫描”命令即可。

图 3-1-17 扫描方式

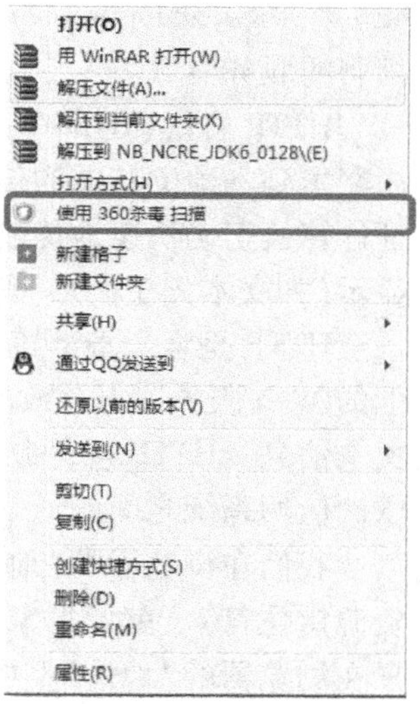

打开(O)
用 WinRAR 打开(W)
解压文件(A)...
解压到当前文件夹(X)
解压到 NB_NCRE_JDK6_0128\(E)
打开方式(H)
使用 360杀毒 扫描
新建格子
新建文件夹
共享(H)
通过QQ发送到
还原以前的版本(V)
发送到(N)
剪切(T)
复制(C)
创建快捷方式(S)
删除(D)
重命名(M)
属性(R)

图 3-1-18 右键扫描

当计算机未发现有明显中毒迹象时，可以使用快速扫描方式进行查杀病毒，单击“快速扫描”按钮，进行关键位置扫描，如果未发现病毒，查杀病毒结束；如果发现病毒，系统会提醒用户进行全盘扫描，此时选择“全盘扫描”即可。

四、相关知识

1. **IE 浏览器（图 3-1-19）**

- 标题栏：显示浏览器当前正在访问网页的标题。
- 菜单栏：包含了在使用浏览器浏览时能选择的各项命令。
- 工具栏：包括一些常用的按钮，如前后翻页键、停止键、刷新键等。
- “地址”栏：输入需要浏览的网页的网址。

图 3-1-19 IE 浏览器界面

网址是通向网站的地址,用访问协议 + 域名的形式表达出来。例如,智联招聘网址为 http://www.zhaopin.com/,其中 http 就是访问网站使用的协议,www.zhaopin.com 就是智联招聘的服务器域名。

HTTP 协议(HyperText Transfer Protocol,超文本传输协议)是用于从 WWW 服务器传输超文本到本地浏览器的传输协议。它可以使浏览器更加高效,使网络传输减少。它不仅保证计算机正确快速地传输超文本文档,还确定传输文档中的哪一部分,以及哪部分内容首先显示(如文本先于图形)等。

HTTP 是客户端浏览器或其他程序与 Web 服务器之间的应用层通信协议。在 Internet 上的 Web 服务器上存放的都是超文本信息,客户机需要通过 HTTP 协议传输所要访问的超文本信息。HTTP 包含命令和传输信息,不仅可用于 Web 访问,也可以用于其他因特网/内联网应用系统之间的通信,从而实现各类应用资源超媒体访问的集成。

我们在浏览器的“地址”栏中输入的网站地址叫做 URL (Uniform Resource Locator,统一资源定位符)。就像每家每户都有一个门牌一样,每个网页也都有一个 Internet 地址。当用户在浏览器的“地址”栏中输入一个 URL 或是单击一个超链接时,URL 就确定了要浏览的地址。浏览器通过超文本传输协议(HTTP),将 Web 服务器上站点的网页代码提取出来,并翻译成漂亮的网页。统一资源定位器 URL(即俗称网址)的完整格式是“协议://IP 地址或域名/路径/文件名”。

- 网页区:显示当前正在访问网页的内容。
- 状态栏:显示浏览器下载网页的实际工作状态。

2. 电子邮件的基本概念

电子邮件的英文名称为 Electronic Mail,简记为 E-mail,它是 Internet 上使用最频繁、应用范围最广(无所不在的)的一种服务。电子邮件是一种软件,它允许用户在 Internet 上的各主机间发送消息,这些消息可多(包含大量数据)可少(只有几行文本数据),也允许用户接收 Internet 上其他用户发来的消息(或称邮件),即利用 E-mail 可以实现邮件的接收和发送。

(1) 电子邮件的优点

E-mail 系统被广泛使用,已成为人们在网络上最重要的交流方式,这源于 E-mail 具有的许多优点:

① 速度快

一般情况下，发送的邮件快则几分钟、慢则几个小时后就会到达对方。如果对方收到邮件后，立即回信，则当天就能收到对方发来的邮件。

② 邮件的异步传输

电话通信是一种同步通信，即通话双方必须同时在电话机旁且电话必须是空闲的。电子邮件则是以一种异步方式进行邮件传送的，也就是说，即使用户发送消息的目的地的用户不在，也可以发送邮件给他。在接收邮件时，用户可以根据自己的工作安排来处理收到的邮件，而不像电话那样时常打断自己的工作。

③ 广域性

由于 E-mail 系统具有开发性，使得许多非 Internet 计算机网络的用户可以通过一些称为网关的计算机与 Internet 网上的用户交换电子邮件。目前，Internet 上 E-mail 提供服务的地理范围远远超出了正式加入 Internet 的国家和地区的地理范围。

④ 费用较低

电子邮件传送信息的费用比其他方法包括传真、电话以及通过邮局传送邮件的费用要低。通过电子邮件，不仅可以传送文本信息，在适当的 E-mail 软件的支持下，还可以传送图像文件、报表和计算机程序。

（2）邮件传输协议

① SMTP 协议

用户连接上邮件服务器之后，要想给它发送一封电子邮件，需要遵循一定的通信规则，SMTP 协议就是用来定义这种通信规则的。因此，我们通常也把处理用户 SMTP 请求（邮件发送请求）的服务器称为 SMTP 服务器（邮件发送服务器）。

② POP3 协议

同样，用户若想从邮件服务器管理的电子邮箱当中接收一封电子邮件的话，它连上邮件服务器后，也要遵循一定的通信格式，POP3 协议就是用来定义这种通信格式的。因此，我们通常也把处理用户 POP3 请求（邮件接收请求）的服务器称为 POP3 服务器（邮件接收服务器）。

（3）邮件地址的格式

标准的邮件地址格式如图 3-1-20 所示，应由“用户名@网站域名地址”组成。

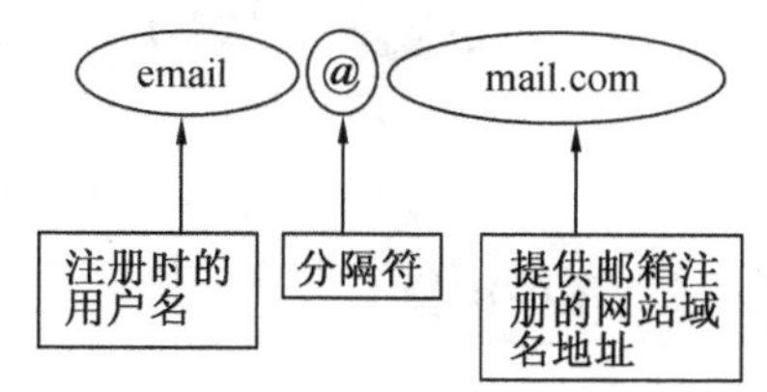

图 3-1-20 标准的邮件地址格式

3. 计算机网络的基本概念

（1）计算机网络的形成与发展

① 计算机网络的产生

1969 年 12 月，Internet 的前身——美国的 ARPA 网（即 ARPANET）投入运行，标志着计算机网络的兴起。

② 网络发展的四个阶段

第一阶段——面向终端，典型的由 1963 年美国空军建立的半自动化地面防空系统（SAGE）。

第二阶段——以通信子网为中心，计算机通信网络在逻辑上可以分为两大部分：通信子网和资源子网。

第三阶段——网络体系结构与协议标准化。

第四阶段——高速化、综合化,主要标志是 Internet 的广泛应用。

(2) 计算机网络的定义

计算机网络是指能够以相互共享资源的方式互连起来的自治计算机系统的集合。

自治的计算机是指计算机之间没有明显的主从关系,一台计算机不能强制地启动、停止或者控制网络中的其他计算机。

计算机网络的基本特征:资源共享。资源主要包括硬件、软件和数据。

任务 3-2 组建局域网

一、学习目标

- 会正确配置小型路由器。
- 能正确配置计算机的 IP 地址。
- 了解计算机网络的分类和拓扑结构。

二、任务描述与分析

需要组建的局域网拓扑结构如图 3-2-1 所示,组建有线/无线混合局域网需要一台无线宽带路由器。此外,对于使用有线连接的计算机,还需要准备网线;对于使用无线连接的计算机,计算机中需要安装有无线网卡(一般笔记本电脑都有内置的无线网卡)。

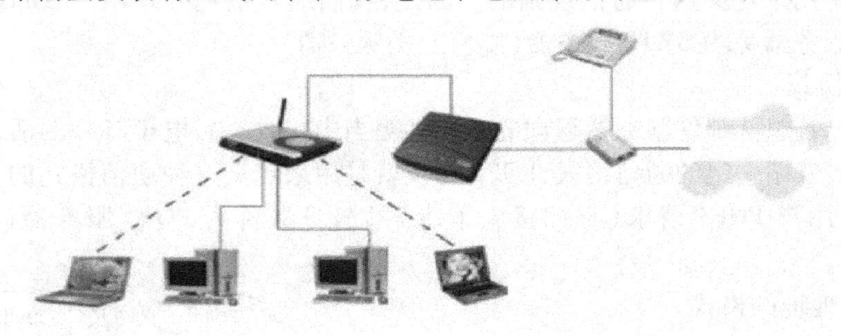

图 3-2-1 局域网拓扑图

三、任务实施

1. 设备连线

图 3-2-2 路由器背面图

有线部分的连接:将网线的一端插入使用有线连接的计算机网络接口,另一端插入无线宽带路由器的普通接口(LAN 接口,图 3-2-2)。将 ADSL Modem 自带的网线一端插入 ADSL Modem 网络接口,另一端插入无线宽带路由器的 Uplink 接口。如果是小区宽带,则将网线一端插入无线宽带路由器的 Uplink 接口,另一端插入宽带服务商提供的网络接口。

2. 更改计算机的属性

操作步骤如下：

◆ 硬件连接好后，还需要为有线/无线局域网中的各计算机设置在网络中的名称和工作组。右击桌面上的“计算机”图标，在弹出的快捷菜单中选择“属性”选项，在打开的“系统”窗口中单击“更改设置”选项，如图 3-2-3 所示。

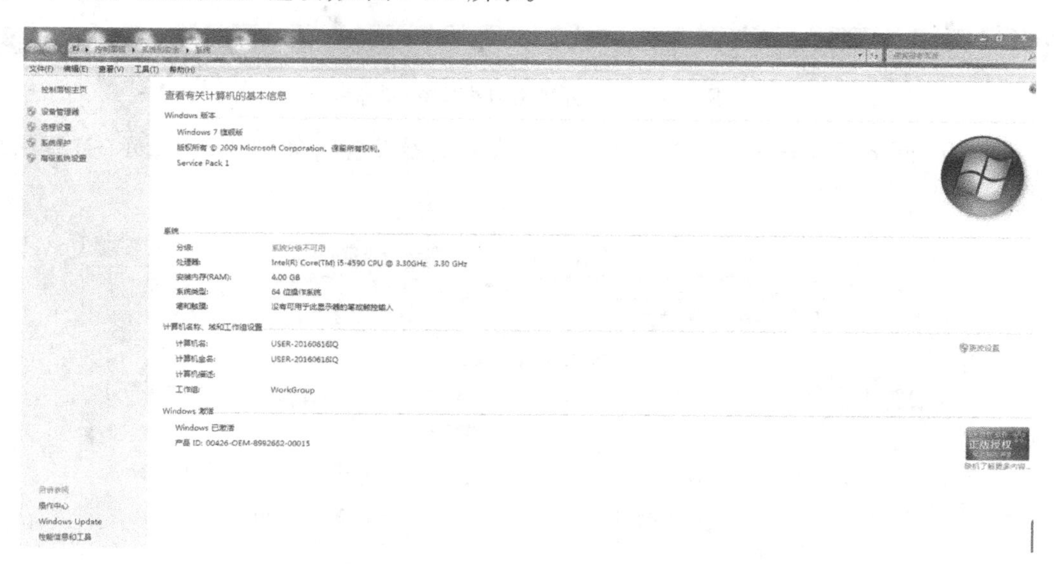

图 3-2-3　计算机属性

◆ 弹出“系统属性”对话框，在“计算机名”选项卡下单击“更改”按钮，如图 3-2-4 所示。

◆ 弹出“计算机名/域更改”对话框（图 3-2-5），在“计算机名”编辑框中输入计算机名称，如输入使用者姓名的拼音（也可以使用汉字），在“工作组”编辑框中输入工作组名称，然后单击“确定”按钮。

◆ 再单击“确定”按钮，弹出是否重启计算机对话框，单击“立即重新启动”按钮，系统会自动重启计算机应用设置。

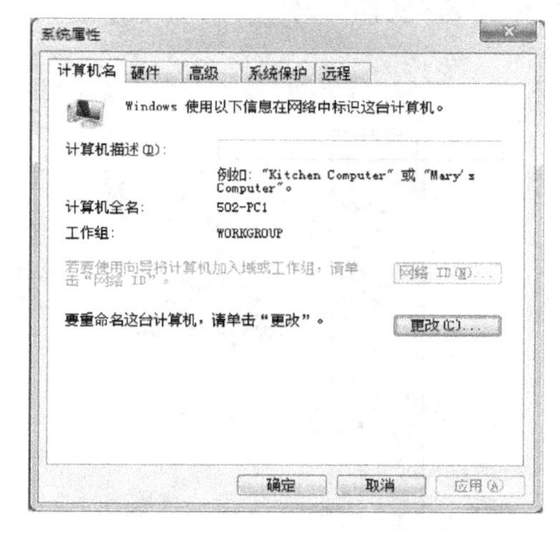

图 3-2-4　“系统属性”对话框

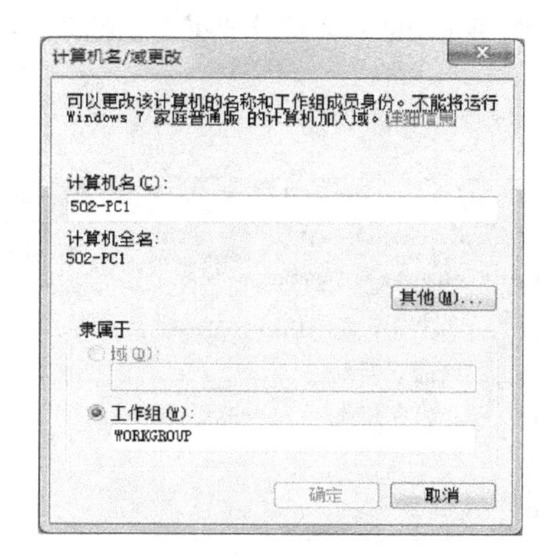

图 3-2-5　“计算机名/域更改”对话框

3．**设置计算机的 IP 地址**

操作步骤如下：

◆ 把鼠标指针移动到计算机右下角的小计算机图标上并右击，在弹出的快捷菜单中选择“打开网络和共享中心”命令，如图 3-2-6 所示。

图 3-2-6 “打开网络和共享中心”命令

◆ 打开“网络和共享中心”窗口，单击“更改适配器设置”，如图 3-2-7 所示，打开网络连接。

图 3-2-7 “网络和共享中心”窗口

◆ 在“网络连接”窗口（图 3-2-8）中，右击“本地连接”，在弹出的快捷菜单中选择“属性”命令，弹出如图 3-2-9 所示的界面。

◆ 单击“Internet 协议版本 4”，如图 3-2-9 所示，单击“属性”按钮。

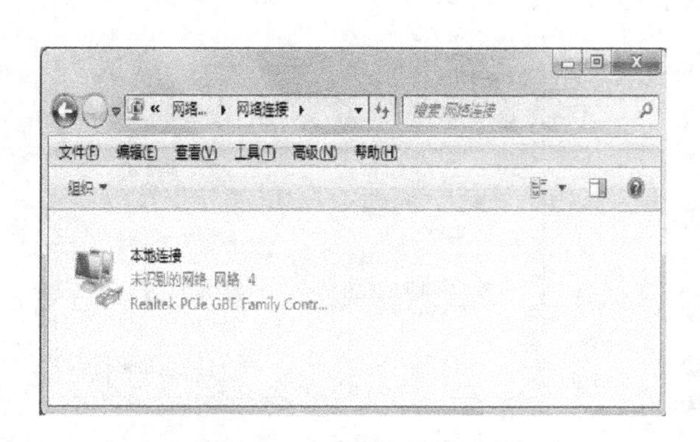

图 3-2-8 “网络连接”窗口

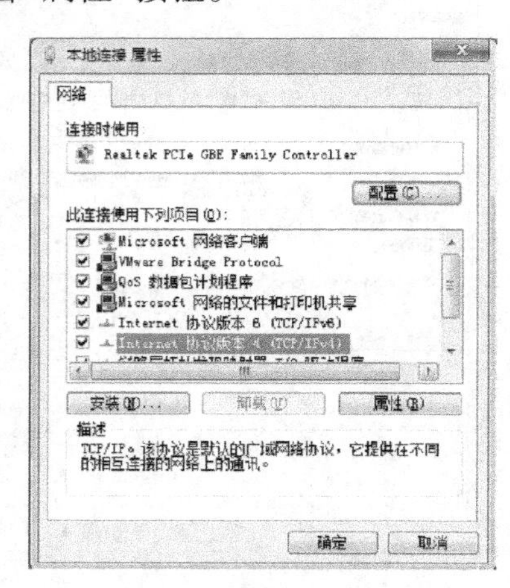

图 3-2-9 “本地连接 属性”对话框

◆ 若路由器为默认设置，那么主机网络参数设置如图3-2-10所示，IP地址：192.168.1.X(2—252)，子网掩码：255.255.255.0，默认网关：192.168.1.1，DNS服务器地址可填192.168.1.1，也可向当地提供服务商咨询服务商DNS服务器网址。

4. 设置路由器

操作步骤如下：

◆ 要使局域网中的计算机能共享上网，还需要对无线宽带路由器进行设置，以将上网帐号和密码“绑定”在宽带路由器中。在使用有线方式连接的任意一台计算机中打开浏览器，在“地址”栏中输入宽带路由器后台管理地址，如192.168.1.1(具体数值请参照产品使用手册)，按【Enter】键。在弹出的登录对话框中输入用户名admin，密码admin(具体值请参照产品使用手册)，然后单击“确定”按钮，如图3-2-11所示。

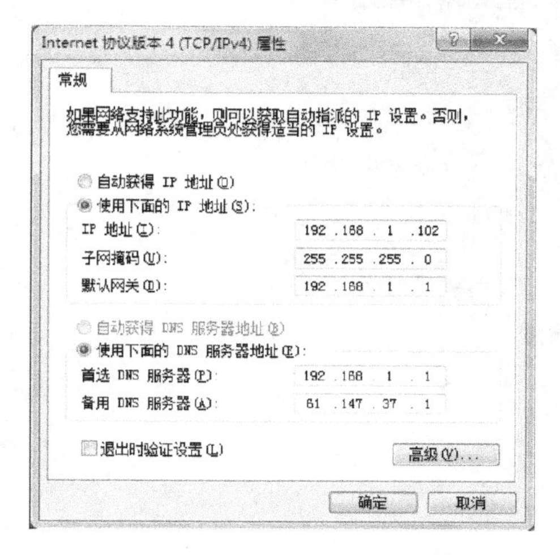

图3-2-10　“Internet协议版本(TCP/IPv4)属性”对话框

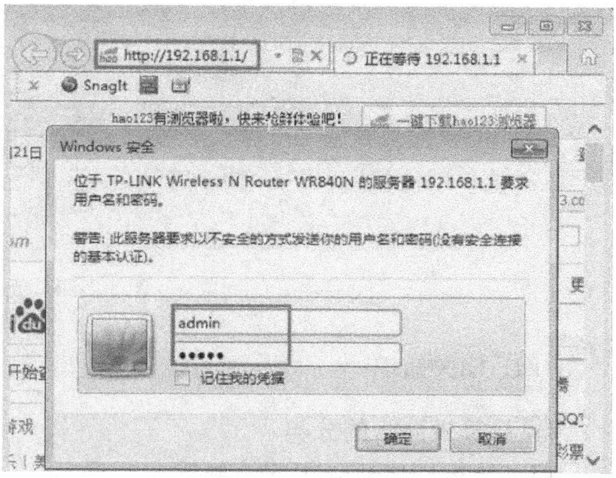

图3-2-11　登录路由器

◆ 在出现选择上网(连接Internet)方式界面时，其中，ADSL和PPPoE拨号认证的小区宽带上网需要选择“PPPoE(ADSL虚拟拨号)”单选按钮，如图3-2-12所示。

◆ 在出现帐号信息画面时，输入网络服务商提供的上网帐号及口令，然后单击“下一步”按钮，如图3-2-13所示。

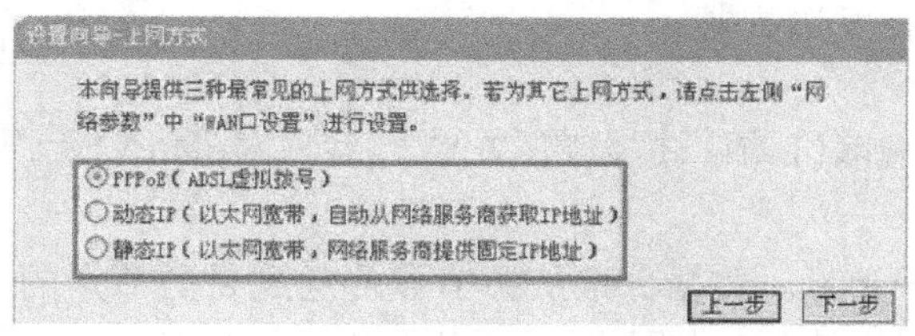
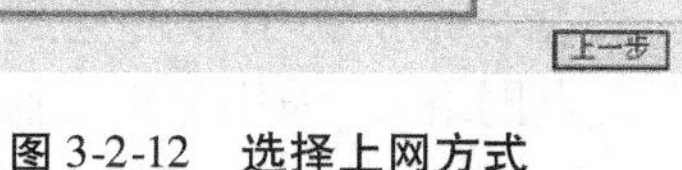

图3-2-12　选择上网方式

图3-2-13　输入上网帐号及口令

◆ 在出现设置无线参数画面时，设置无线网络的基本参数和安全选项。在“无线状态”下拉列表框中选择“开启”，这样才能让安装有无线网卡的计算机使用无线方式连接到无线网络。在“SSID”编辑框中为无线网络取一个名称。在“无线安全选项”设置区选择“WPA-PSK/WPA2-PSK”单选按钮，然后在“PSK密码”文本框中输入无线网络密码(图3-2-14)。

如此一来，安装有无线网卡的计算机需要输入密码才能连接到该无线网络。其他按照默认设置操作即可。

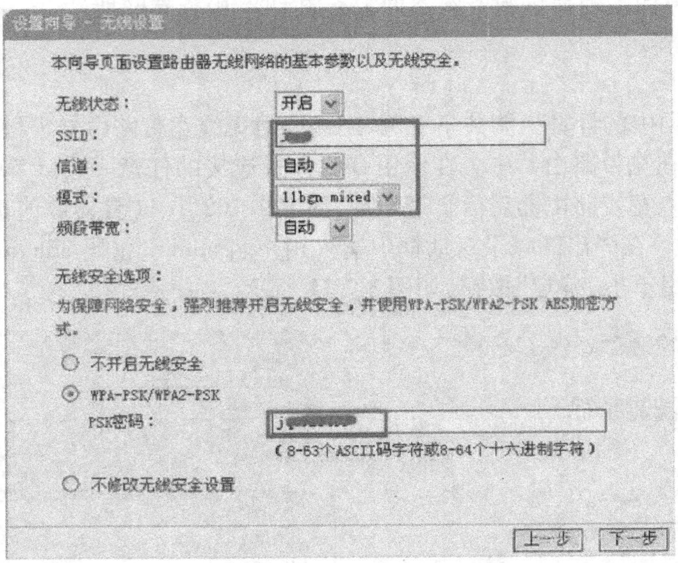

图 3-2-14　无线设置

四、相关知识

1. 计算机网络的分类

(1) 根据网络所采用的传输技术

按照网络所采用的传输技术分为广播式网络、点对点式网络。

① 广播式网络

所有节点仅使用一条通信信道，该信道由网络上的所有站点共享。同一时刻，只能有一台计算机发送数据。

② 点对点式网络

每条物理线路连接一对计算机。采用分组存储转发与路由选择是它与广播式网络的重要区别之一。同一时刻可以有多台计算机并行发送数据。

(2) 按照网络的覆盖地理范围和规模

按照网络的覆盖地理范围和规模分为局域网(LAN)、广域网(WAN)、城域网(MAN)。

① 广域网

也称远程网，覆盖范围从几十千米到几千千米。数据分组从源节点传送到目的节点的过程需要进行路由选择和分组转发(因为采用的是点对点网络)。采用分组交换技术(如X.25，帧中继、异步传输模式(ATM))。ARPANET是第一个分组交换网。其特点是：适应大容量与突发性通信的要求、适应综合业务服务的要求、开放的设备接口与规范化的协议、完善的通信服务与网络管理。

② 局域网

覆盖范围在几公里之内，通常为一个单位所有。其主要技术：以太网、令牌总线、令牌环网。最后以太网占据统治性地位。

③ 城域网

介于局域网和广域网之间，主要是指一个地区内多个局域网的互联。范围在几公里至几十公里。早期的城域网产品主要是光纤分布式数据接口(FDDI)。传输介质以光纤为主。在体系结构上采用三层模式：核心交换层、业务汇聚层、接入层。

(3) 按照通信子网的交换方式

按照通信子网的交换方式分为公用电路交换网、报文交换网、分组交换网、ATM 交换网等。

2. 计算机网络的拓扑结构

计算机网络拓扑是通过网中节点与通信线路之间的几何关系表示网络结构，反映出网络中各实体之间的结构关系。计算机网络拓扑是指通信子网的拓扑构型。它对网络性能、系统可靠性与通信费用都有重大影响。

计算机网络的拓扑结构有总线型、环型、星型、树型、网状型。

(1) 总线型

如图 3-2-15 所示，采用一条单根的通信线路(总线)作为公共的传输通道，所有的节点都通过相应的接口直接连接到总线上，并通过总线进行数据传输。同一时刻只能有一个节点发送数据。特点：简单、灵活，便于广播，负荷重时性能不好，易于安装，费用低，实时性差。

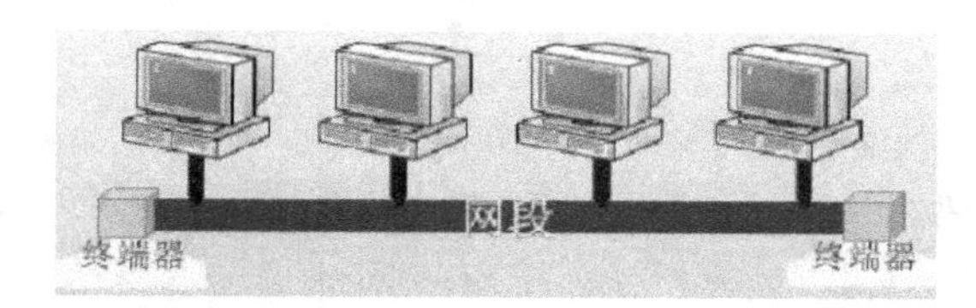

图 3-2-15 总线型结构

(2) 环型

环型结构是各个网络节点通过环接口连在一条首尾相接的闭合环型通信线路中(图 3-2-16)。

图 3-2-16 环型结构

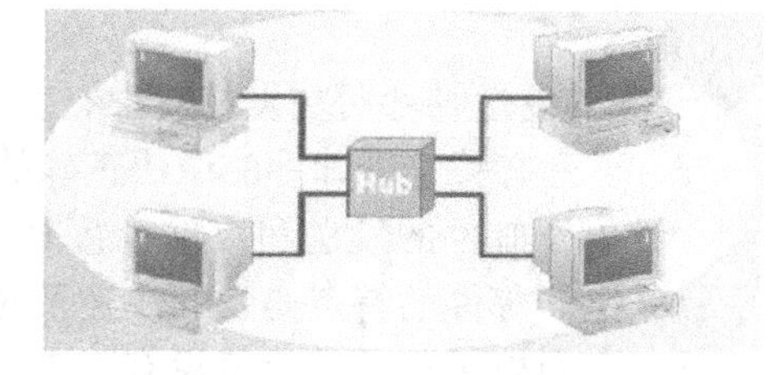

图 3-2-17 星型结构

(3) 星型

星型结构的每个节点都由一条点到点链路与中心节点相连(图 3-2-17)。信息的传输是通过中心节点的转发实现的。特点：结构简单，便于管理和维护，易扩充，易升级；中心节点的可靠性基本上决定了整个网络的可靠性；中心节点负担重，易成为信息传输的瓶颈。

(4) 树型

树型结构对根节点依赖性大。

(5) 网状型

网状结构每个节点至少有两条链路与其他节点相连。特点:可靠性高,线路成本高,适用于大型广域网。

3. IP 地址

IP 地址是指互联网协议地址(Internet Protocol Address,又译为网际协议地址),是 IP Address 的缩写。IP 地址是 IP 协议提供的一种统一的地址格式,它为互联网上的每一个网络和每一台主机分配一个逻辑地址,以此来屏蔽物理地址的差异。

IP 地址是一个 32 位的二进制数,通常被分割为 4 个“8 位二进制数”(也就是 4 个字节)。IP 地址通常用“点分十进制”表示成 a. b. c. d 的形式,其中,a、b、c、d 都是 0 ~ 255 之间的十进制整数。例如,点分十进 IP 地址 100. 4. 5. 6,实际上是 32 位二进制数(01100100. 00000100. 00000101. 00000110)。

IP 地址是一种在 Internet 上给主机编址的方式,也称为网络协议地址。常见的 IP 地址分为 IPv4 与 IPv6 两大类。

任务 3-3 典型试题分析

一、选择题

1. HTTP 是一种( )。

A. 高级程序设计语言　　B. 域名

C. 超文本传输协议　　D. 网址

答案:C

2. 在 Outlook Express 中设置唯一的电子邮件帐号:kao@ sina. com,现发送一电子邮件给 shi@ sina. com,则发送完成后( )。

A. 发件箱中有 kao@ sina. com 邮件　　B. 发件箱中有 shi@ sina. com 邮件

C. 已发件箱中有 kao@ sina. com 邮件　　D. 已发件箱中有 shi@ sina. com 邮件

答案:C

评析:发送邮件后在发件箱中有发去对方的记录。

3. 下列有关电子邮件的说法正确的是( )。

A. 电子邮件的发送和接收遵循 TCP/IP 协议

B. 电子邮件的特点是发送快速及时、经济方便

C. 每封电子邮件的容量没有限制

D. 电子邮件不能脱机撰写

答案:B

评析:电子邮件有如下特点:速度快、邮件的异步传输、广域性、费用较低。

4. 统一资源定位器的英文缩写为( )。

A. HTTP　　B. URL　　C. FTP　　D. USENET

答案：B

评析：HTTP—超文本传输协议，FTP—文件传输协议，USENET—新闻组。

5. 下列不能浏览已访问过的页面的操作是(　　)。

A. 打开“地址”栏的下拉列表，然后选择一个页面

B. 单击工具栏上的“历史”按钮，然后选择一个页面

C. 单击工具栏上的“后退”按钮

D. 在“查看”菜单中选择“刷新”命令

答案：D

评析：选项 D 为刷新当前页面。

6. 下列不属于实时信息交流方式的是(　　)。

A. E-mail　　B. QQ　　C. ICQ　　D. MSN

答案：A

评析：E-mail 为异步传输，不属于实时信息交流。

7. 下列对电子邮件的描述正确的是(　　)。

A. 一封邮件只能发给一个人　　B. 不能给自己发送邮件

C. 一封邮件能发给多个人　　D. 不能将邮件转发给他人

答案：C

评析：电子邮件可以同时发送给多个人，包括自己。

8. IE 是浏览器软件，它的窗口与 Windows 窗口相似，下列说法正确的是(　　)。

A. IE 窗口由标题栏、菜单栏、工具栏、“地址”栏、页面显示区和状态栏组成

B. 不可改变 IE 窗口的大小

C. 同时只能打开一个 IE 窗口大小

D. 不能在 IE 窗口和其他应用程序窗口间进行切换

答案：A

9. Internet 的规范译名是(　　)。

A. 因特网　　B. 万维网　　C. 英特尔网　　D. 以太网

答案：A

评析：WWW—万维网，Ethernet—以太网，没有“英特尔网”说法。

10. 网络论坛是由传统的电子公告系统发展而来，也就是我们常说的(　　)。

A. WWW　　B. BBS　　C. HTTP　　D. E-mail

答案：B

评析：WWW—万维网，HTTP—超文本传输协议，E-mail—电子邮件。

11. 用 IE 浏览网页时，当鼠标移动到某一位置时，鼠标指针变成“小手”，说明该位置一般有(　　)。

A. 超链接　　B. 病毒　　C. 黑客侵入　　D. 错误

答案：A

12. 某电子邮件地址为 chinasd@163.com，其中 chinasd 代表(　　)。

A. 用户名　　B. 主机名　　C. 本机域名　　D. 密码

答案：A

13. 下列文件为网页类型文件的是(　　)。

A. 文件1.doc　　B. 文件2.zip　　C. 文件3.htm　　D. 文件4.txt

答案：C

评析：A为Word文档，B为压缩文件，D为文本文件。

14. 统一资源定位器URL的完整格式是(　　)。

A. 协议：//IP地址或域名/路径/文件名

B. 协议：//路径/文件名

C. TCP/IP协议

D. HTTP协议

答案：A

评析：统一资源定位器URL的完整格式是“协议：//IP地址或域名/路径/文件名”。

15. 电子邮件是世界上使用最广泛的Internet服务之一，下面(　　)是一个正确的电子邮件地址。

A. ping198.105.232.2　　B. public：tasdcn@fox

C. fox@public.ta.sd.cn　　D. fox@public：pt.tj.com

答案：C

评析：标准的邮件地址格式应由“用户名@网站域名地址”组成，用户名一般由数字和英文字母构成，不支持中横线、标点符号等特殊字符。

二、填空题

1. Outlook Express中传送一个图片文件，用________形式来发送。

答案：附件

2. 在登录免费邮箱时，用户需要向服务器提供的是________________。

答案：用户名和密码

3. 电子邮件收发所用的两种主要的协议是________________。

答案：SMTP和POP3

4. 在Web页面中还含有指向其他Web页的网址，称为________。

答案：超链接

5. IP地址的含义为________________，它采用点分十进制的表示方法，把IP地址分为________段，每段最大值为________。

答案：网际协议地址、4、255

6. 计算机网络按覆盖地理范围和规模分为：________、________、________。

答案：局域网(LAN)、广域网(WAN)、城域网(MAN)

项目 4

Word 2010 文字处理应用

Word 2010(以下简称 Word)是由美国 Microsoft 公司推出的一款集文字录入、编辑、排版、制作表格、公式、模板和打印等多功能为一体的高级办公软件。熟练掌握文档的编辑、排版技术是现代职场办公最基本的要求。

任务 4-1　制作自荐信

一、学习目标

◆ 熟悉 Microsoft Word 的窗口界面。
◆ 掌握文档的建立、保存和打开的操作方法。
◆ 掌握文档的基本编辑方法,包括插入、修改、删除、复制、移动等操作。
◆ 掌握字符格式的设置方法。
◆ 掌握段落格式的设置方法。
◆ 掌握页面布局的设置方法。
◆ 熟悉文档打印的方法。

二、任务描述与分析

自荐信是毕业生向用人单位自我推销的书面材料。在当前竞争日益激烈的社会中,一封简洁、引人入胜的自荐信可以为你成功应聘增加更多的机会。

我院将于 4 月 29 日举行校园招聘会,请有意愿的同学带好毕业推荐表和自荐信前去应聘。自荐信制作参考图 4-1-1,要求如下:

◆ 将页面设置为: A4 纸,上、下、左、右页边距均为 2 厘米,每页 40 行,每行 38 个字符。

◆ 设置文中标题字体为楷体、二号、加粗,字符间距为加宽、5 磅,居中对齐;正文字体为楷体、四号;第一段文字加粗。

◆ 正文行间距为固定值 25 磅,除第一段和最后三段外其余段落设置为首行缩进 2 字符。

◆ 最后两段落为右对齐。

◆ 打印自荐信。

自荐信

尊敬的领导：

您好！

首先感谢您在百忙之中垂阅我的求职材料，请允许我做一下简单的自我介绍。

我叫***，现年**岁，来自江苏省，是***学校***专业**届毕业生。大学三年，通过师长的关怀和个人的努力，我认真地学习了各门基础课程和专业课程。"一分耕耘，一分收获"，所学的课程全部一次性考核通过，同时为了扩展知识面，掌握更多的知识，我利用课余时间阅读了大量的书籍，使自己得到了充实与完善，综合素质得以提高，这一切都为我走上工作岗位奠定了坚实的基础。

通过不断的学习和实践工作，树立了科学的世界观、人生观和价值观，形成了积极进取、奋发向上的生活态度；培养了团结合作、开拓拼搏的工作精神。

经过学校的教育和自我的学习，我已初步具备社会所需的有专业技能和人格品质的人才的基本条件。当然能力的提高，人格的完善是人生的永恒追求，大学仅仅是一个起点。

如果有幸加入贵单位，我将与全体员工齐心协力，推进我们共同的事业！

谨祝贵单位事业蒸蒸日上！

此致

敬礼

自荐人：XXXXXX

2017年1月

图 4-1-1　自荐信样稿

三、任务实施

1. 输入正文内容并设置日期自动更新

◆ 选择"开始"→"所有程序"→"Microsoft Office"→"Microsoft Word 2010"选项，打开Word窗口，如图4-1-2所示。

◆ 在页面视图下，选择一种中文输入方法，如搜狗输入法，在编辑区输入如图4-1-1所示的内容，或打开素材文件夹中的"自荐信. docx"文件。

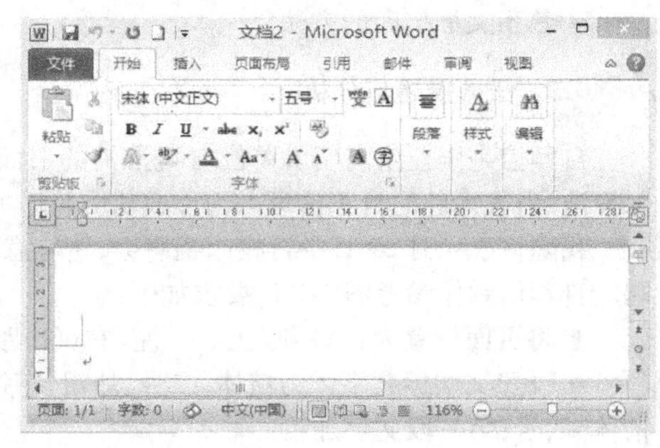

图 4-1-2　Word 2010 窗口

◆ 将鼠标光标置于最后一段，单击"插入"选项卡的"文本"组中的"日期和时间"按钮，打开"日期和时间"对话框，在"语言(国家/地区)"列表框中选择"中文(中国)"，在"可用格式"列表中选择合适的日期或时间格式，选中"自动更新"复选框，可实现每次打开Word文档时自动更新日期和时间，如图4-1-3所示，设置完毕后单击"确定"按钮即可。

◆ 单击"文件"选项卡下的"保存"命令，打开"另存为"对话框，如图4-1-4所示，在对话框中选择保存的位置、保存类型，并输入文件名。在文档的编辑过程中，也要及时保存文件，保存文件的快捷键为【Ctrl】+【S】。

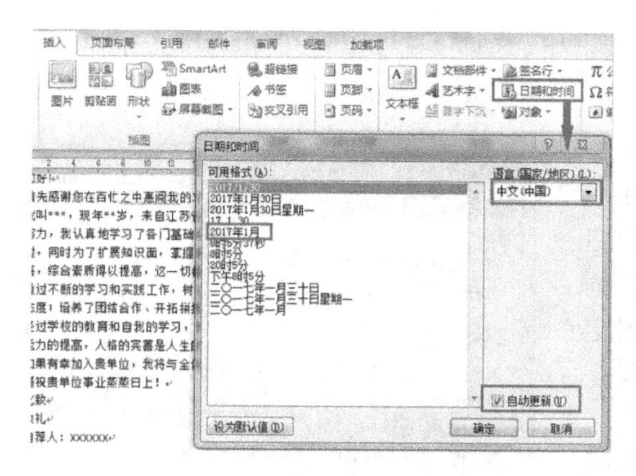

图 4-1-3 “日期和时间”对话框

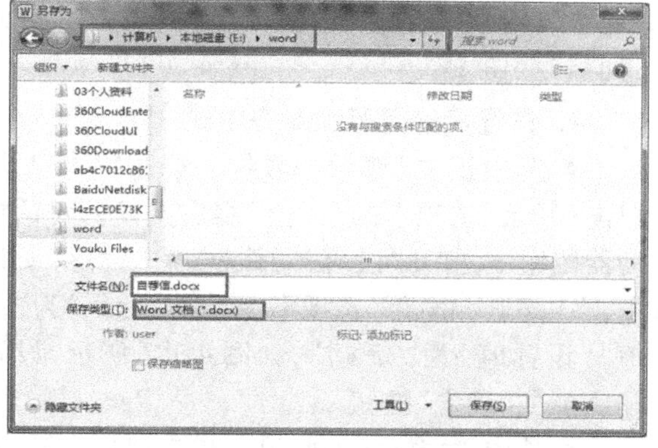

图 4-1-4 “另存为”对话框

2. 设置页面

单击“页面布局”选项卡的“页面设置”组中的“纸张大小”按钮，选择“A4”，单击“页边距”按钮，选择“自定义边距”，打开“页面设置”对话框，如图 4-1-5 所示，将“页边距”选项卡中的“上”“下”“左”和“右”微调框都设置为“2 厘米”；单击“文档网格”选项卡，选中“指定行和字符网格”单选按钮，设置每行 38 字、每页 40 行，设置完毕后单击“确定”按钮。

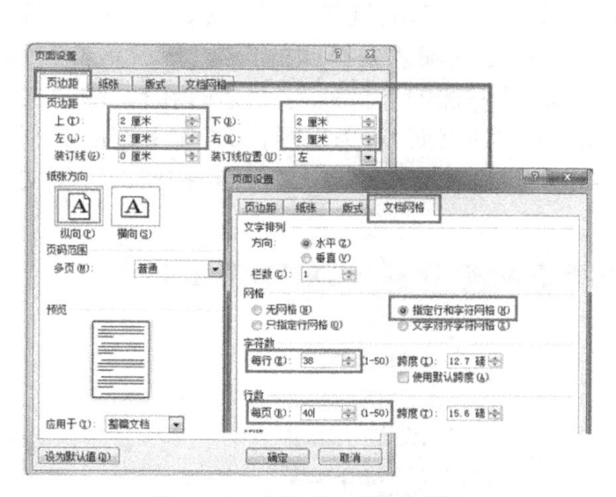

图 4-1-5 “页面设置”对话框

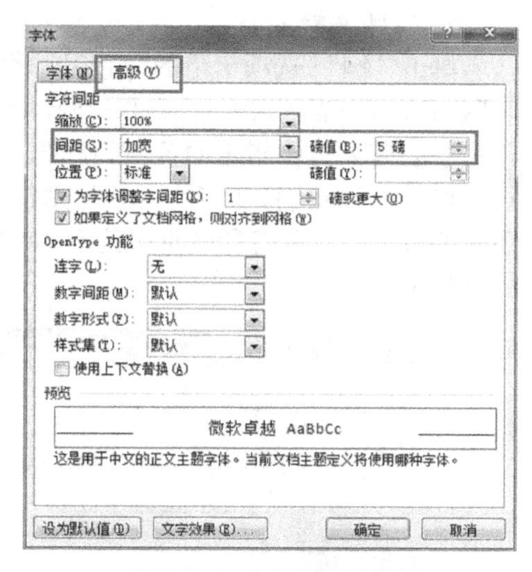

图 4-1-6 “字体”对话框

3. 设置字体

◆ 选中标题“自荐信”，单击“开始”选项卡的“字体”组中的“字体”下拉列表框，选择“楷体”，在“字号”下拉列表框中选择“二号”，单击“加粗”按钮 **B**；单击“开始”选项卡的“字体”组右下角的对话框启动器按钮，打开“字体”对话框，在对话框中单击“高级”选项卡，在“间距”栏中选择“加宽”，在“磅值”微调框中设置为“5 磅”，如图 4-1-6 所示，设置完毕后单击“确定”按钮。

◆ 选中标题，单击“开始”选项卡的“段落”组中的“居中”按钮，使标题居中对齐。

◆ 选中正文“尊敬的领导……2017 年 1 月”，单击“开始”选项卡的“字体”组中的“字体”下拉列表框，选择“楷体”，在“字号”下拉列表框中，选择“四号”；选中第一段文字，单击“加粗”按钮 **B** 。

4. 设置段落间距和对齐方式

◆ 选中正文“尊敬的领导……2017 年 1 月”，单击“开始”选项卡的“段落”组右下角的对话框启动器按钮，打开“段落”对话框，在“段落”对话框中，在“缩进和间距”选项卡中设置“行距”为“固定值”“设置值”为“25 磅”，如图 4-1-7 所示，设置完毕后单击“确定”按钮。

◆ 选中 “您好……此致”，单击鼠标右键，在弹出的快捷菜单中选择“段落”命令，打开“段落”对话框，选择“缩进和间距”选项卡，选择“特殊格式”下拉列表中的“首行缩进”，将“磅值”微调框设置为“2 字符”，设置完毕后单击“确定”按钮。

◆ 选中最后两段内容，单击“开始”选项卡的“段落”组中的“右对齐”按钮。

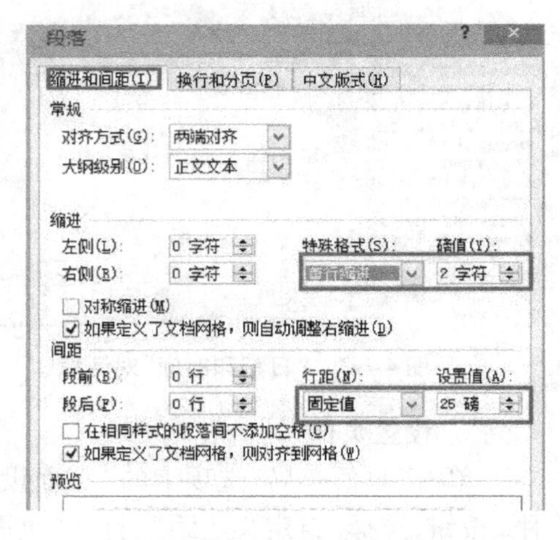

图 4-1-7 “段落”对话框

5. 打印文档

单击“文件”选项卡下的“打印”命令，打开 “打印”窗口，若选择打印一份，直接单击“打印”按钮即可；若需要打印多份文档，则应在“份数”框中输入要打印的份数，然后单击“打印”按钮；若要打印指定的页，则应单击“打印所有页”右侧的下拉列表框按钮，在打开的“文档”选项中，选定“打印当前页面”，则打印插入点所在的页面，若选定“打印自定义范围”，则还需要进一步设置打印的页码范围，如图 4-1-8 所示；设置完毕后单击“打印”按钮即可将文档打印出来。

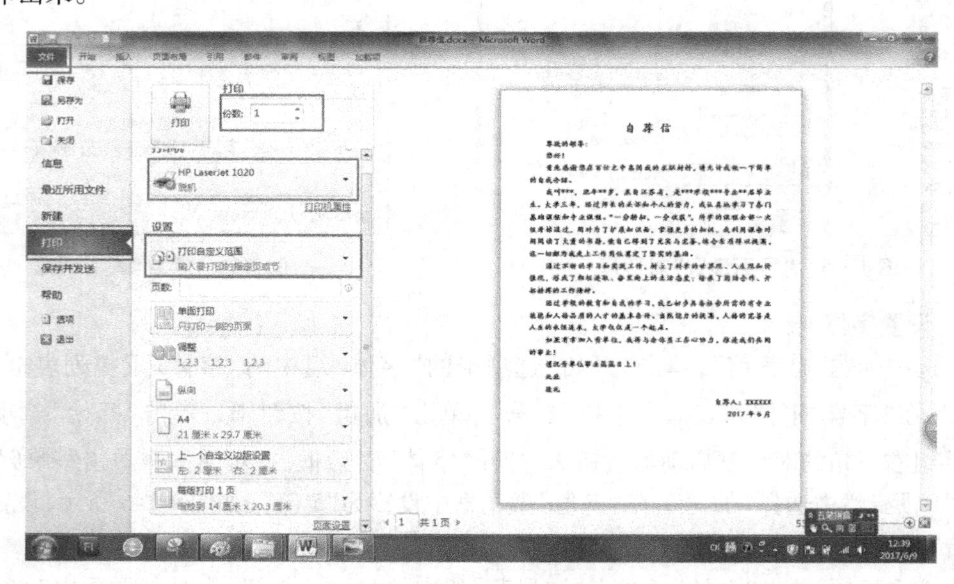

图 4-1-8 “打印”窗口

四、相关知识

1. **Word 2010 的启动和退出**

(1) Word 的启动

启动 Word 和启动其他应用软件基本相同,常用的有以下几种方法:

方法一 单击 Windows 任务栏左侧的"开始"→"所有程序"→"Microsoft Office"→"Microsoft Word 2010"命令。

方法二 双击桌面上 Word 应用程序的快捷方式图标。

快捷方式图标也是一种链接,双击同样可以打开其所对应的应用程序。

方法三 如果 Word 是最近经常使用的应用程序之一,则在 Windows 7 操作系统下,单击屏幕左下角的"开始"菜单按钮后,Microsoft Word 2010 会出现在"开始"菜单中,直接单击它即可。

使用以上三种方法,系统都会在启动 Word 的同时,自动生成一个名为"文档 1"的空白文档。

方法四 若已经存在用户创建的 Word 文件(扩展名为 docx),直接双击它即可启动运行 Word 应用程序,同时会打开该文档。

需要注意的是,Word 2010 具有兼容的功能,也就是说,使用 Word 2010 可以打开以前版本(如 Word 2007/2003 等)所创建的各种文档文件。

(2) Word 的退出

退出 Word 和退出其他应用软件的方法基本相同,常用的有以下几种方法:

方法一 单击 Word 窗口右上角的"关闭"按钮。

方法二 单击 Word 窗口左上角的W按钮,在其弹出的下拉菜单中选择"关闭"选项。

方法三 单击"文件"菜单下的"退出"或者"关闭"命令,不同的是若选择"关闭"命令,只关闭当前打开的文档,而不是退出 Word 2010。

方法四 使用组合键【Alt】+【F4】。

2. **Word 2010 窗口**

(1) 标题栏

标题栏位于 Word 应用程序窗口的最上方,顾名思义,标题栏就是用于标注文档的标题名称。标题栏左侧是"快速访问工具栏"(可选),最右侧为控制窗口的三个按钮,分别为"最小化"按钮、"最大化"/"还原"按钮和"关闭"按钮。

(2) "文件"选项卡

"文件"选项卡位于窗口的左上角,可实现打开、保存、打印、新建和关闭等功能。

(3) 功能区

传统的菜单和工具栏被功能区所代替。功能区是一个全新的设计,它以选项卡的方式对命令进行分组和显示。Word 默认的基本选项卡有"开始""插入""页面布局""引用""邮件""审阅"和"视图"。选项卡主要用来切换功能区,其数量和名称会根据设置以及选择对象的不同有所变化,部分选项卡只有在选定特定目标时才会出现。

(4) 标尺

Word 有两个标尺,即水平标尺和垂直标尺,在"视图"选项卡的"显示"组中勾选或取消勾选“标尺”，可以显示或隐藏标尺。标尺有很多作用，主要用于显示 Word 文档的页边距、段落缩进、制表符等。

(5) 工作区

位于窗口中部的是 Word 的工作区，可以在其中输入文字、制作表格或绘图等。在工作区中不停闪烁的 I 形竖直线，叫做编辑光标（或插入点），用来为输入的字符定位标记。工作区中的段落标记可用于表明一个段落的结束。在 Word 中，按【Enter】键可以开始一个新的段落。

(6) 状态栏

位于 Word 窗口的底部。状态栏可显示当前文档的信息选项多达 20 余项。默认情况下状态栏显示了页码、字数统计、语言、插入（改写）、视图快捷方式、显示比例和缩放滑块等图标。右击状态栏，还可以在其菜单中选择显示更多的选项。如果熟悉并了解状态栏各部分的含义和功能，将会为编辑文档带来很大的便利。

(7) Word 的视图方式

在编辑文档时，需要随时查看文档的内容、格式、段落及排版效果。Word 提供了“页面视图”“阅读版式视图”“Web 版式视图”“大纲视图”和“草稿”五种视图方式。用户可以根据不同的需求选择合适的视图界面，以方便文档的浏览和编辑工作。

提示： 选择“视图”选项卡的“文档视图”组中的按钮，或单击状态栏上的“视图快捷方式”，都可以快速地进行视图方式的切换，如图 4-1-9 所示。

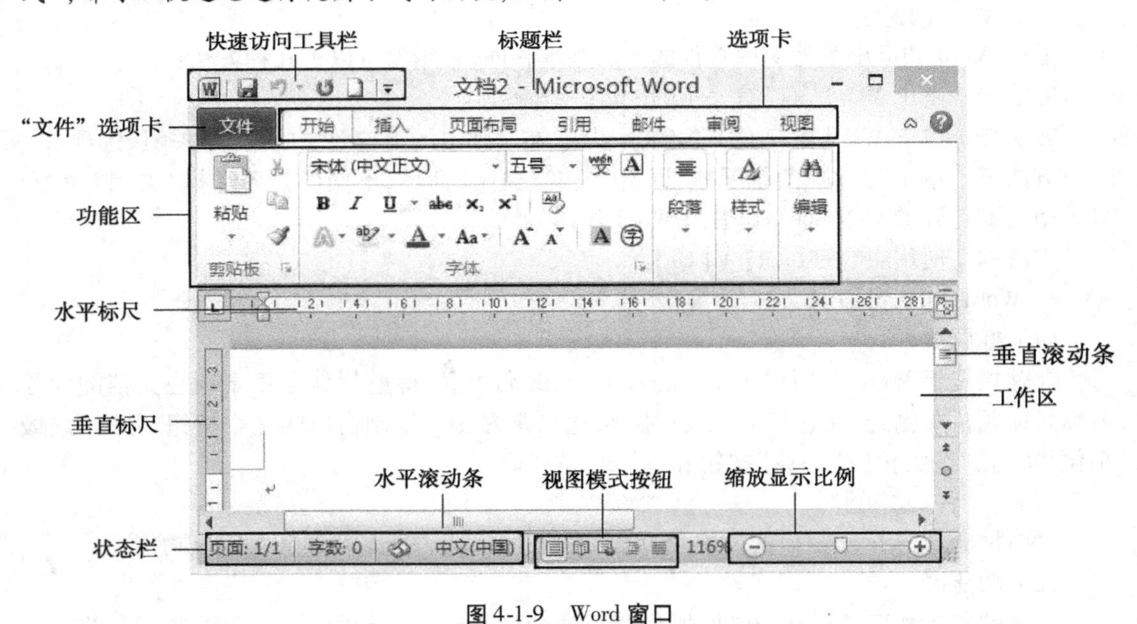

图 4-1-9 Word 窗口

3. 文本输入与编辑

(1) 输入文本

在 Word 中输入文本比较简单，只要按键盘上的某一键，就会有相对应的字母或符号显示在屏幕上，若要输入中文，可以按【Ctrl】+空格组合键切换成中文输入法。

当输入的文本到达文档编辑区边界，而内容输入又未结束时，将会自动换行。若要另起一段，只需按键盘上的【Enter】键（回车键），这时段尾显示一个符号，称为硬回车符，又称段落标记。如果按【Shift】+【Enter】组合键，则表示文字将换行但不换段；如果在文档中按【Ctrl】+【Enter】组合键，则会换行、换段，并且开始新的一页。

（2）输入特殊符号

在输入文本的过程中，我们经常会遇到一些键盘不能直接输入的文字或符号，如节编号§、版权所有符号© 等。具体操作步骤如下：

◆ 在文档中单击鼠标，将插入点定位到要插入特殊符号的位置。

◆ 切换到“插入”选项卡，单击“符号”组中的“符号”命令按钮，在如图 4-1-10 所示的符号列表框中单击需要插入的符号，Word 即在插入点处插入该符号。

如果要插入的符号不在列表中，可以选择“其他符号”命令，打开如图 4-1-10 所示的“符号”对话框，找到相应的符号，然后单击“插入”按钮即可。如果插入的符号比较特别，单击“特殊字符”选项卡，在其中进行查找并插入。

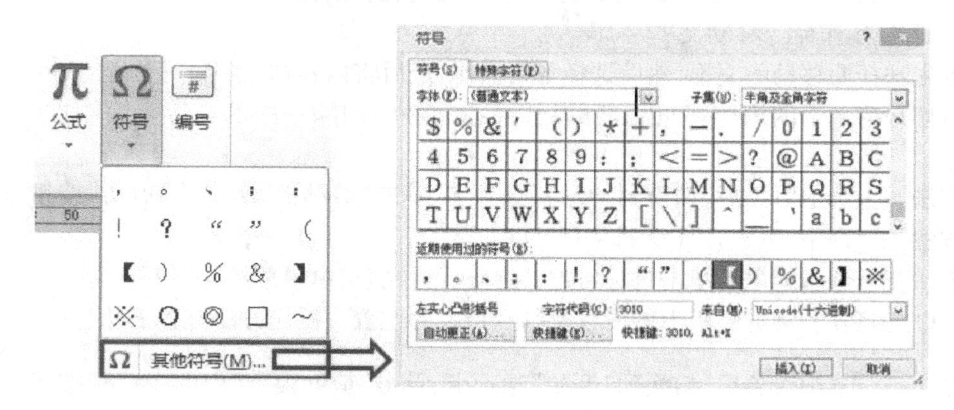

图 4-1-10　“符号”命令按钮和“符号”对话框

（3）选定文本

对文本内容进行格式设置和更多操作之前，需要先选定文本。熟练掌握文本选定的方法，将有助于提高工作效率。

使用鼠标选择文本很方便，要选取连续的几个字符，只需在要选的文字左侧按住鼠标左键不放，然后拖动光标至要选择文字的右侧，可以看到光标经过的文字已经变为反白显示（黑底白字），这时文字就已被选中。其他详细选择方法见表 4-1-1。

表 4-1-1　用鼠标选择文件

被选对象	选择方法
一行	将鼠标移至行首，指针变为右向上箭头时单击
一段	（1）将鼠标移至该段左侧，指针变为右向上箭头后双击 （2）段中三击
整个文件	（1）按【Ctrl】+【A】组合键 （2）在任一行首三击
长距离选择	移动插入点到开头，按住【Shift】键，单击结尾
一竖块文字（表格单元格中除外）	按住【Alt】键拖动

当你要选择一幅图形时，只需用鼠标单击图中任何一处，这时图形周围会出现 8 个小方块的方框，表示图形被选中。

(4) 移动文本

在编辑文档的过程中，如果发现某段已输入的文字放在其他位置会更合适，这时就需要移动文本。

① 通过鼠标拖动移动文本

移动文本最简便的方法就是用鼠标拖动，操作步骤如下：

◆ 选择要移动的文本。

◆ 将鼠标指针放在被选定的文本上，当鼠标指针变成一个空心箭头时，按住鼠标左键，鼠标箭头的旁边会有竖线，该竖线显示了文本移动后的位置，同时鼠标箭头的下面会有一个小方框。拖动竖线到新的需要插入文本的位置。

◆ 释放鼠标左键，被选取的文本就会被移动到新的位置。

② 通过操作命令移动文本

首先选择要移动的文本，然后选择剪切操作，最后将内容粘贴到目标位置。

剪切是将选中的内容拷贝到剪贴板，并在文件中删除选中的内容。操作方法有以下几种：

方法一　选中对象后，切换到“开始”选项卡，单击“剪贴板”组中的“剪切”按钮 剪切 。

方法二　选中对象后按【Ctrl】+【X】键。

方法三　选中对象后单击鼠标右键，在弹出的快捷菜单中选择“剪切”命令。

粘贴是将复制到剪贴板上的内容复制到指定的位置。操作方法有以下几种：

方法一　选中对象后，切换到“开始”选项卡，单击“剪贴板”组中的“粘贴”按钮  。

方法二　选定位置后按【Ctrl】+【V】键。

方法三　选定位置后单击鼠标右键，在弹出的快捷菜单中选择“粘贴”命令。

(5) 复制与粘贴文本

在编辑文档的过程中，往往会应用许多相同的内容。如果一次次地重复输入将会浪费大量的时间，同时还有可能在输入过程中出现错误。使用复制功能可以很好地解决这一问题，既提升效率又提高准确性。复制文本就是将原有的文本变为多份的文本。首先选择要复制的对象，然后将内容复制到目标位置。

复制是将选中的内容拷贝到剪贴板，并在文件中保留选中的内容。操作方法有以下几种：

方法一　选中对象后，切换到“开始”选项卡，单击“剪贴板”组中的“复制”按钮 复制 。

方法二　选中对象后按【Ctrl】+【C】键。

方法三　选中对象后单击鼠标右键，在弹出的快捷菜单中选择“复制”命令。

方法四　选中对象后切换到“开始”选项卡，单击“剪贴板”组中的“格式刷”按钮 格式刷 ，在“格式刷”按钮上双击鼠标，则可以重复复制某一格式。

执行复制操作后，再按照前面介绍的方法执行粘贴操作。

Word 中还有一种简单的方法进行文本的复制：用鼠标选中文本后将光标移动到反白的

区域，在拖动鼠标的过程中按下【Ctrl】键，当光标变为箭头并带有加号时拖动文本至目的位置后释放，文本即被复制到目标位置。

如果在粘贴时，只要粘贴这个数据的其中部分格式，此时就可以使用选择性粘贴操作。使用选择性粘贴的方法如下：在“开始”选项卡的“剪贴板”组中单击“粘贴”按钮下面的三角形按钮，在弹出的菜单中选择“选择性粘贴”命令，打开“选择性粘贴”对话框，如图4-1-11所示。选中“粘贴”单选按钮，在“形式”列表框中选中一种粘贴格式，单击“确定”按钮。

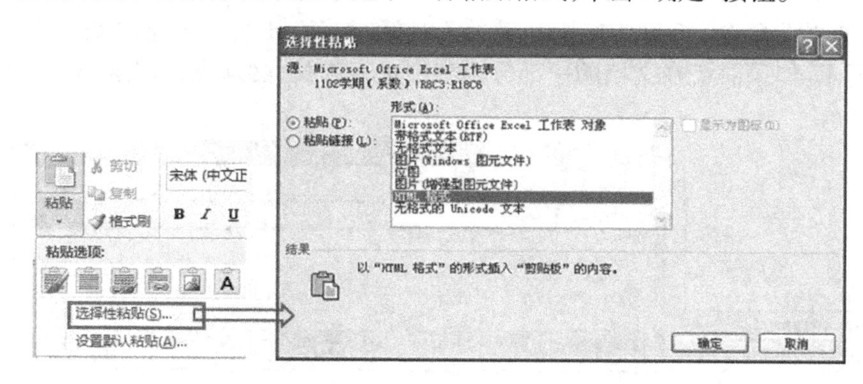

图 4-1-11 “选择性粘贴”命令和“选择性粘贴”对话框

（6）删除文本

Word 可以使用下列任何一种方法来删除文本：

方法一　按一次【Del】键，删除插入点右边的一个字符。

方法二　按一次【Backspace】键，删除插入点左边的一个字符。

方法三　选中文本后，按【Del】键或【Backspace】键删除。

（7）插入与改写文本

插入文本状态是指输入文本占据了插入点的位置而插入点右端原有的文字全部向右移动这种文本编辑状态。Word 初始默认为插入状态。

改写文本状态是指输入文本占据了光标的位置而光标右端原有的文字被覆盖消失的文本编辑状态。

单击状态栏的插入/改写切换按钮 插入 ，或使用【Insert】键，可在插入/改写模式之间切换。

（8）撤销与重复

对文字处理时，可能会不小心把有用的文字给删除了，补救的方法是立即单击快速访问工具栏中的“撤销键入”按钮 ，或者按【Ctrl】+【Z】键，就可以撤销前面的误操作。另外，单击“撤销键入”按钮旁的向下小箭头，会弹出一个列表框，从中可以选择多步撤销操作。

如果要重复前一次的操作，可以按【Ctrl】+【Y】键或单击快速访问工具栏中的“重复键入”按钮 ，则可以选择重复前面的多个操作。

（9）查找与替换文本

在编辑文档的过程中，可能会发现某个词语输入错误或使用不够妥当，这时，如果在整篇文档中通过人工逐行搜索该词语，然后手工逐个地改正过来，则将是一件极其浪费时间和精力的事，而且也不能确保万无一失。

Word 为此提供了强大的查找和替换功能，可以帮助使用者从烦琐的人工修改中解放出来，从而实现高效率的查找和替换操作。

① 查找文本

利用查找文本功能，可以帮助用户快速找到指定的文本以及这个文本所在的位置，同时也能帮助核对该文本是否存在。具体操作步骤如下：

◆ 在“开始”选项卡上，单击“编辑”组中的“查找”按钮 旁边的黑色三角箭头，选择“高级查找”命令，打开“查找和替换”对话框，Word 自动选择“查找”选项卡，如图 4-1-12 所示。如果需要在文档的一部分内容中进行查找，必须先选定这部分内容，然后进行查找工作。

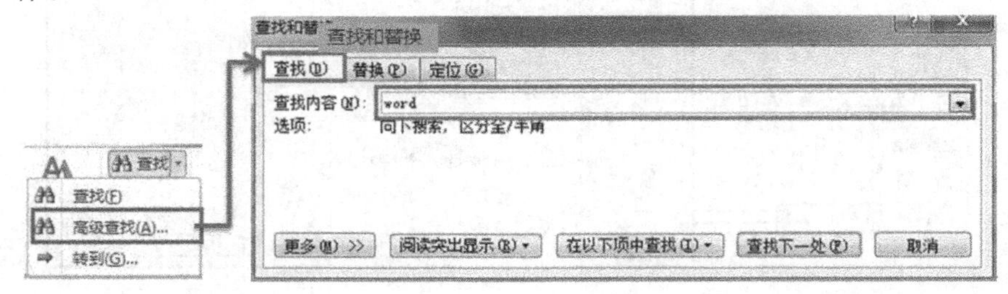

图 4-1-12 “查找和替换”对话框中的“查找”选项卡

◆ 在“查找内容”文本框中输入要查找的文本。

◆ 单击“查找下一处”按钮，Word 就开始查找。可以不断地单击这个按钮，直到查找完整篇文档为止。

② 在文档中定位

除了查找文本中的关键字词外，还可以通过查找特殊对象在文档中定位，具体操作步骤如下：

◆ 在“开始”选项卡的“编辑”组中单击“查找”按钮 旁边的黑色三角箭头。

◆ 从下拉列表中选择“转到”命令，打开“查找和替换”对话框，如图 4-1-13 所示。

◆ 在“定位目标”列表框中选择用于定位的对象。

◆ 在右边的文本框中输入或选择定位对象的具体内容，如页码、书签名称等。

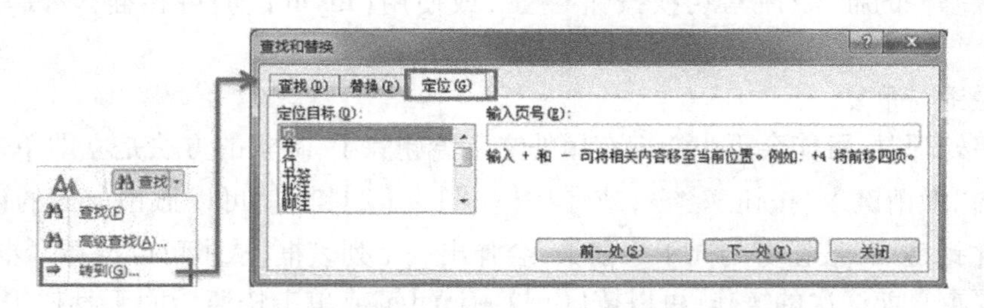

图 4-1-13 “查找和替换”对话框中的“定位”选项卡

提示： 单击“插入”选择卡的“链接”组中的“书签”按钮，可以在文档中插入用于定位的书签。这在审阅长文档时非常有用。

③ 替换文本

使用“查找”功能，可以迅速找到特定文本或格式的位置。若要将查找到的目标进行替换，则使用“替换”命令。具体操作步骤如下：

◆ 单击“开始”选项卡的“编辑”组中的“替换”按钮或按【Ctrl】+【H】键，出现“查找和替换”对话框，如图 4-1-14 所示，并自动选定“替换”选项卡。

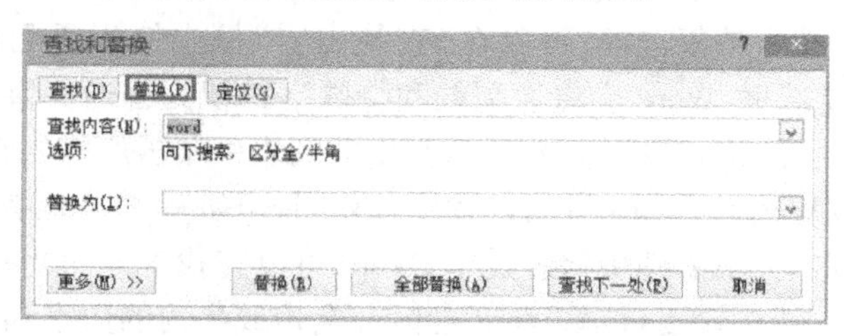

图 4-1-14　“查找和替换”对话框中的“替换”选项卡

◆ 在“查找内容”文本框中输入要查找的文本，在“替换为”文本框中输入用来替换的新文本。

◆ 如果需要，可以单击“更多”按钮，进行高级设置。

◆ 单击“查找下一处”按钮，然后单击“替换”按钮进行一次替换，也可以单击“全部替换”按钮，同时完成所有的替换。

◆ 单击“关闭”按钮，关闭对话框。

④ 高级替换

在“查找和替换”对话框中单击“更多”按钮，如图 4-1-15 所示。

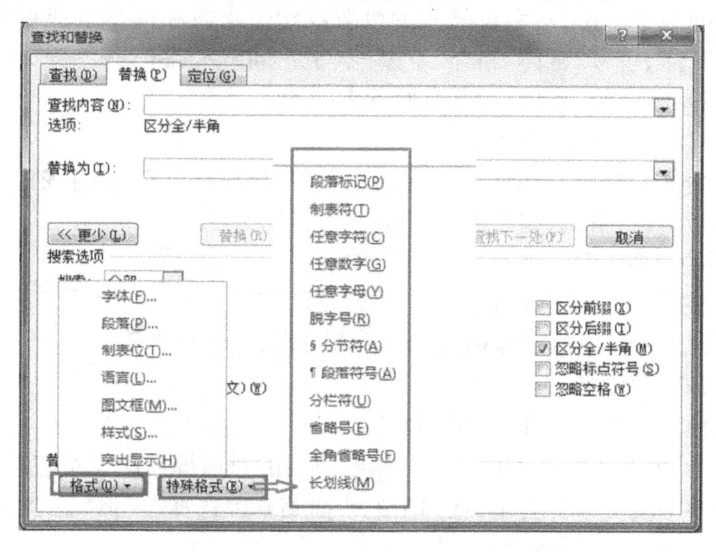

图 4-1-15　高级的“查找和替换”对话框

a. 在“搜索”列表框中可以指定搜索的方向，其中包括以下三个选项。

● 全部：在整个文档中搜索用户指定的查找内容，它是指从插入点处搜索到文档末尾后，再继续从文档开始处搜索到插入点位置。

● 向上：从插入点位置向文档头部进行搜索。

● 向下：从插入点位置向文档尾部进行搜索。

b. “搜索选项”还包括以下复选框。

- 区分大小写：选中该复选框，Word只能搜索到与在“查找内容”框中输入文本的大、小写完全匹配的字符。
- 全字匹配：选中该复选框，Word仅查找整个单词，而不是较长单词的一部分。
- 使用通配符：选中该复选框，可以在“查找内容”框中使用通配符、特殊字符或特殊操作符；若不选中该复选框，Word会将通配符和特殊字符视为普通文字。通配符、特殊字符的添加方法是，单击“特殊格式”按钮，然后从弹出的列表中单击所需的符号（图4-1-15）。
- 同音：选中该复选框，Word可以查找发音相同、但拼写不同的单词。
- 查找单词的所有形式：选中该复选框，Word可以查找单词的所有形式。
- 区分全/半角：选中该复选框，Word会区分全角或半角的数字和英文字母。

c. 在对话框的底部有三个按钮。

- 格式：单击该按钮，会出现一个菜单让你选择所需的命令，设置“查找内容”文本框与“替换为”文本框中内容的字符格式、段落格式以及样式等。
- 特殊格式：在“查找内容”文本框与“替换为”文本框中插入一些特殊字符，如段落标记和制表符等。
- 不限定格式：用于取消“查找内容”文本框与“替换为”文本框中指定的格式。只有利用“格式”按钮设置格式之后，“不限定格式”按钮才变为可选。

4. 设置字符格式

在Word中，字符是指作为文本输入的汉字、字母、数字、标点符号以及特殊符号等。字符是文档格式化的最小单位，对字符格式的设置决定了字符在屏幕上或打印时的形式。字符格式主要包括字体、字号、粗体、斜体、下划线、字符间距和字体颜色等。合理地设置字符格式，可以使文档主题突出、条理清楚、方便读者阅读。

（1）利用“字体”组中的按钮设置

打开Word文档，切换到“开始”选项卡，使用功能区中的“字体”组按钮可以方便地设置文本、数字等文档元素的格式，如图4-1-16所示。

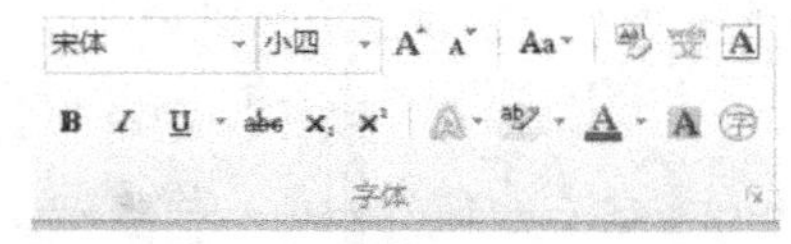

图4-1-16 “字体”组

（2）利用“字体”对话框设置

在Word中，使用“字体”组只能设置一些简单的字符格式，如果要设置一些特殊的字体格式，如设置阴影、空心效果等，就必须通过“字体”对话框才能完成。

使用以下三种方法可以打开“字体”对话框：

方法一　单击“开始”选项卡的“字体”组右下角的对话框启动器按钮。

方法二　选中一段文字并右击，在弹出的快捷菜单中选择“字体”命令。

方法三　按【Ctrl】+【D】组合键。

“字体”对话框中有两个选项卡，分别是“字体”选项卡和“高级”选项卡，如图4-1-17所示。在“字体”选项卡中，可以对字符进行复杂的设置，方法非常简单，只需要进行相应的选择或选中相应的复选框即可。

单击“高级”选项卡，如图4-1-18所示，用户可以通过设置字符的缩放比例或字符的间距来区别于其他文本。缩放比例大于100%，字体就宽扁；缩放比例小于100%，字体就瘦长。

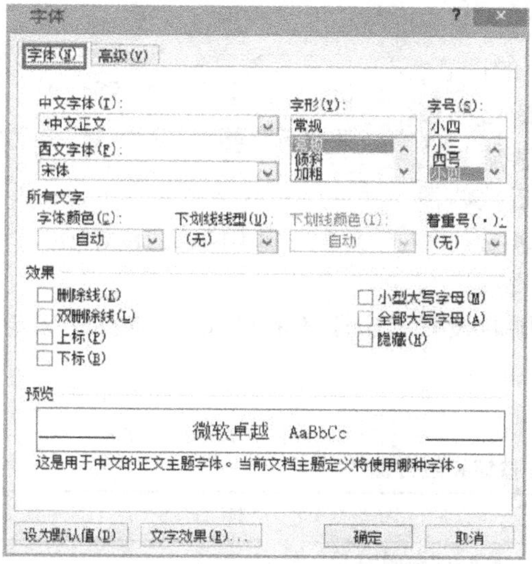

图 4-1-17 “字体”选项卡

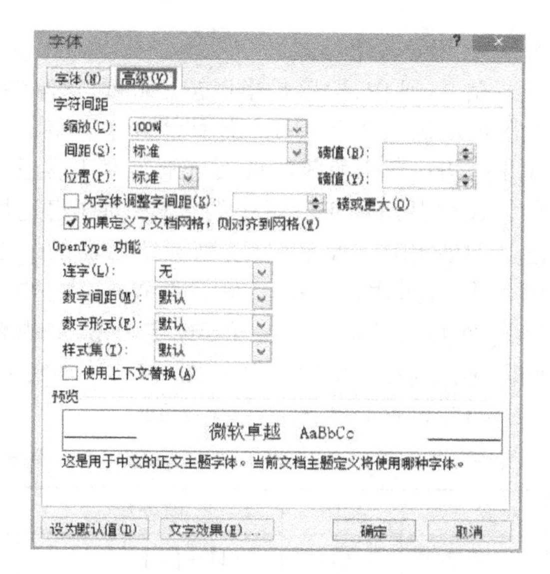

图 4-1-18 “高级”选项卡

设置缩放比例后，该段文本就像被增大或缩小字号一样放大或缩小了许多，这对于比较特殊的排版要求是非常有用的。此外，利用缩放字符功能，也可以改变字符的大小，但是与改变字号不同，它只是对文字在水平方向上进行缩小或放大，而字号是对整个字符进行整体的调整。

缩放字符只能在水平方向上进行缩小或放大。用户可以根据需要，利用“位置”下拉列表“提升”或“降低”字符的垂直位置。

（3）利用快捷键设置

在编辑文档时使用键盘快捷键，用户的手无须离开键盘去移动鼠标，可以节省时间。以前 Word 版本中的快捷键在 Word 2010 中同样适用，常用快捷键如表 4-1-2 所示。

表 4-1-2 常用快捷键

命　令	快捷键	命　令	快捷键
打开“字体”对话框	【Ctrl】+【Shift】+【F】	逐磅减小字号	【Ctrl】+【[】
增大字号	【Ctrl】+【Shift】+【>】	打开“字体”对话框	【Ctrl】+【D】
减小字号	【Ctrl】+【Shift】+【<】	更改字母大小写	【Shift】+【F3】
逐磅增大字号	【Ctrl】+【]】	将所有小写字母设为大写字母	【Ctrl】+【Shift】+【A】
加粗	【Ctrl】+【B】	将字母倾斜	【Ctrl】+【I】
加下划线	【Ctrl】+【U】	将所有大写字母设为小写字母	【Ctrl】+【Shift】+【K】
加波浪线	【Ctrl】+【Shift】+【W】	下标	【Ctrl】+【=】
加双下划线	【Ctrl】+【Shift】+【D】	上标	【Ctrl】+【Shift】+【+】
隐藏文字	【Ctrl】+【Shift】+【H】	删除手动设置的字符格式	【Ctrl】+空格键

5. 设置段落格式

在 Word 中,段落是指以按【Enter】键来结束的内容。段落可以包括文字、图片、各种特殊字符等。对段落的格式化是指在一个段落的页面范围内对内容进行排版。这种格式化既适用于段落中的字符,同样也适用于整体段落。如果删除了段落标记,则标记后面的一段将与前一段合并,并采用该段的间距。在 Word 中,要对段落进行格式化,可直接将插入点置于选定段落,如果要同时设置多个段落的格式,则应首先选定这些段落,然后通过“段落”组(图 4-1-19)来实现。

图 4-1-19 “段落”组

(1) 设置对齐方式(表 4-1-3)

表 4-1-3 段落对齐按钮和组合键

对齐方式	按钮	组合键	说明
左对齐		【Ctrl】+【L】	文本与左页边距对齐,右边可不齐
居中对齐		【Ctrl】+【E】	文本居于左、右页边距的正中,左右都不对齐
右对齐		【Ctrl】+【R】	文本与右页边距对齐,左边可不齐
两端对齐		【Ctrl】+【J】	通过在词与词之间增加空格,使文本与左、右页边距均对齐
分散对齐		【Ctrl】+【Shift】+【D】	除了在段落的最后一行也保持文本与左、右页边距均对齐外,其余同两端对齐一样

(2) 设置段落缩进

段落缩进是指文档中的段落与页面左、右页边距之间的距离。段落缩进包括:

- 左(右)缩进:整个段落中所有行的左(右)边界向右(左)缩进,左缩进和右缩进合用可产生嵌套段落。
- 首行缩进:只将整个段落中的首行向右缩进。
- 悬挂缩进:将整个段落中除了首行外的所有行的左边界向右缩进。

这些段落缩进技术可以用多种方式来实现,如使用【Tab】键、标尺、工具按钮或“段落”对话框等。

① 使用“段落”组中的工具按钮设置缩进

选择需要缩进的段落,单击“开始”选项卡的“段落”组中的“减少缩进量”按钮 或“增加缩进量”按钮 ,使所选段落减少或增加一个汉字的缩进量。

注意:*“减少缩进量”按钮 和“增加缩进量”按钮 只能生成左缩进,而不能生成首行缩进或悬挂缩进。*

② 用标尺设置缩进

在标尺上移动缩进标尺可以方便地对文本进行左缩进、右缩进、首行缩进、悬挂缩进等操作。这些缩进标记的意义如下。

- 首行缩进标记 :拖动此标记,可改变段落第一行第一个字符的起始位置。
- 悬挂缩进标记 :拖动此标记,可改变段落中除第一行以外的其他各行起始位置。
- 左缩进标记 :拖动此标记,可控制整个段落左边界的位置。

- 右缩进标记 ：拖动此标记，可控制整个段落右边界的位置。

提示：将插入点定位到要缩进的段落或行，按【Alt】键的同时拖动水平标尺上的缩进滑块，标尺上会出现精确的数指示(单位：字符)。以这种方式拖动，可以实现微小的缩进设置。

③ 用“段落”对话框设置缩进

要想精确地设置任何形式的缩进，可在“段落”对话框的“缩进和间距”选项卡中的“缩进”组中来完成。

将插入点定位到段落中，单击“开始”选项卡的“段落”组右下角的对话框启动器按钮 ，打开“段落”对话框，切换到“缩进和间距”选项卡，在“缩进”选项组中可以精确地设置段落缩进量，如图4-1-20所示。

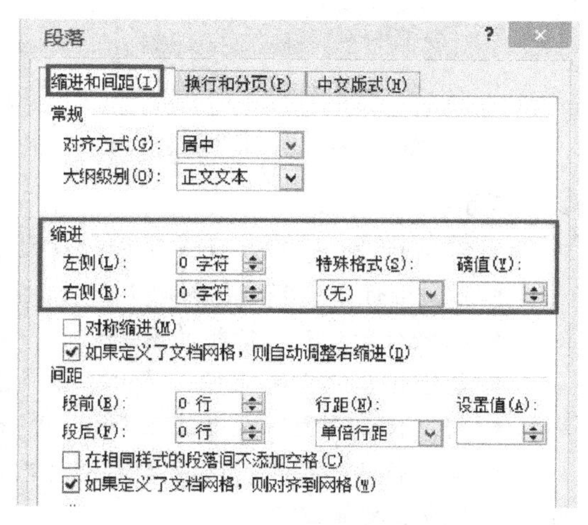

图4-1-20 在“缩进”选项组中可以精确地设置段落缩进量

其中，在“左侧”框中可以设置段落与左页边距的距离。输入一个正值表示向右缩进，输入一个负值表示向左缩进。在“右侧”框中可以设置段落与右页边距的距离。在“特殊格式”列表框中可以选择“首行缩进”或“悬挂缩进”，然后在“磅值”框中指定其缩进值。

提示：段落缩进的设置还可以在“页面布局”选项卡的“段落”组中进行设置，如图4-1-21所示。

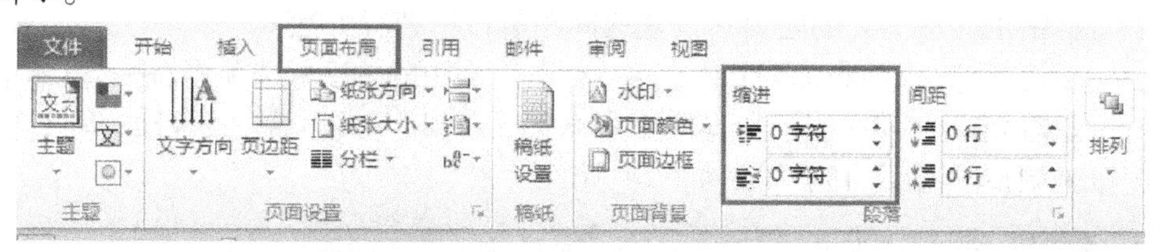

图4-1-21 “页面布局”选项卡中的“段落”组

(3) 设置段间距和行间距

段间距和行间距是指文档中段落与段落之间、行与行之间的距离。

① 设置行间距

默认情况下，Word文档中行与行之间的距离是以标准间距显示的，这样的字符间距适用于绝大多数文本，但有时为了创建一些特殊的文本效果，需要将行间距扩大或缩小。

设置行间距有以下几种方法：

方法一 单击“段落”对话框中的“行距”下拉列表框，如果选择“最小值”“固定值”或“多倍行距”，则可以在其后的“设置值”中直接输入数值。设置完后，单击“确定”按钮，执行设置的选项。如果单击“取消”按钮，则保留上一次执行的设置选项。

方法二 切换到“开始”选项卡，单击“段落”组中的“行和段落间距”按钮 ，打开如图4-1-22所示的下拉列表，在列表中选择并设置行距。选择“行距选项”命令，打开“段落”对话框,在“行距”项中可以进行更精确的行距设置(图 4-1-23)。

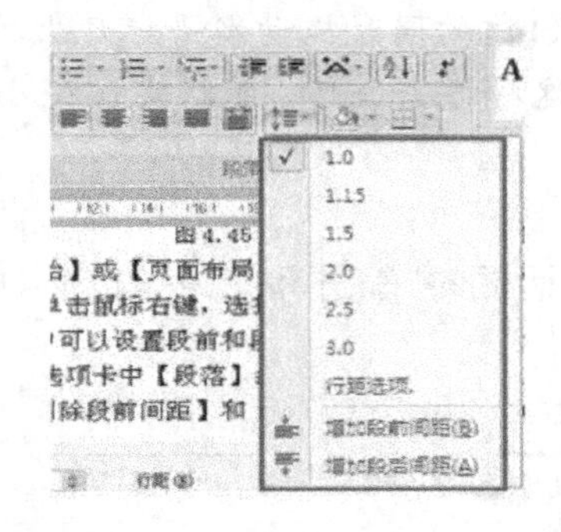

图 4-1-22 “行距”命令菜单

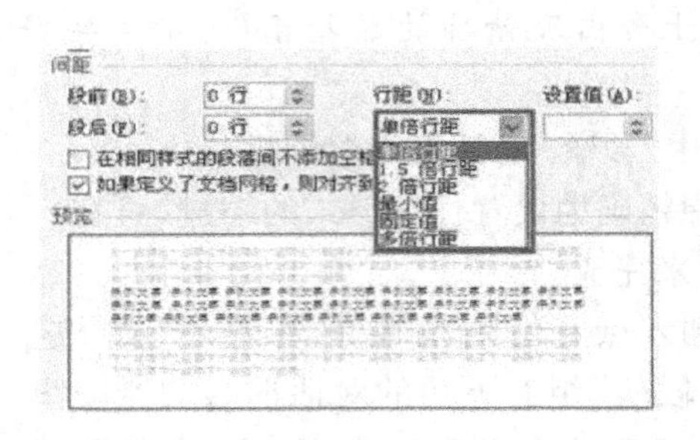

图 4-1-23 “段落”对话框中的“行距”选项

提示:

- 单倍行距:将行距设置为该行最大字体的高度加上一小段额外间距。
- 1.5 倍行距:单倍行距的 1.5 倍。
- 双倍行距:单倍行距的两倍。
- 最小值:设置适应行上最大字体或图形所需的最小行距。
- 固定值:设置固定行距且 Office Word 不会自动调整行距。
- 多倍行距:按指定的百分比增大或减小行距。例如,将行距设置为 1.2,就会在单倍行距的基础上增加 20% 。

② 设置段间距

调整段间距可以有效地改善版面的外观效果,如文档的标题与后面文本之间的距离常常要大于文档中正文段落间的距离。设置段间距有以下两种方法:

方法一 切换到“页面布局”选项卡,在“段落”组中的“间距”选项中,输入段落前(当前段落与前一段落)和段落后(当前段落和后一段落)的间距数值[单位:行或磅],还可以使用微调按钮来调整段间距的值,如图 4-1-24 所示。

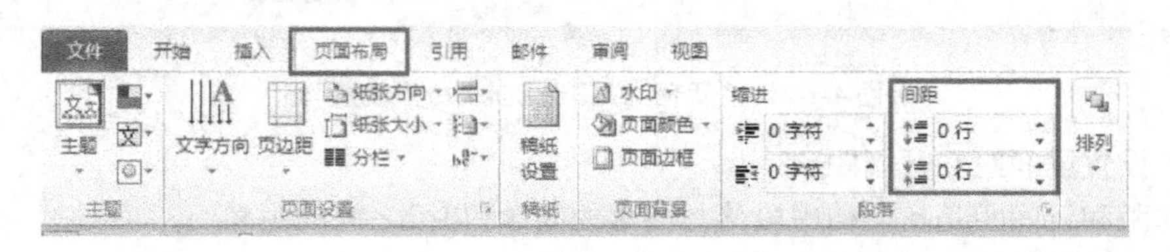

图 4-1-24 在“页面布局”选项卡中设置段间距

方法二 单击“开始”或“页面布局”选项卡中“段落”选项组右下角的对话框启动器按钮 ,或者在要设置的段落中单击鼠标右键,选择快捷菜单中的“段落”命令,打开“段落”对话框,在“段落”对话框中的“间距”区域中可以设置段前和段后间距,如图 4-1-25 所示。

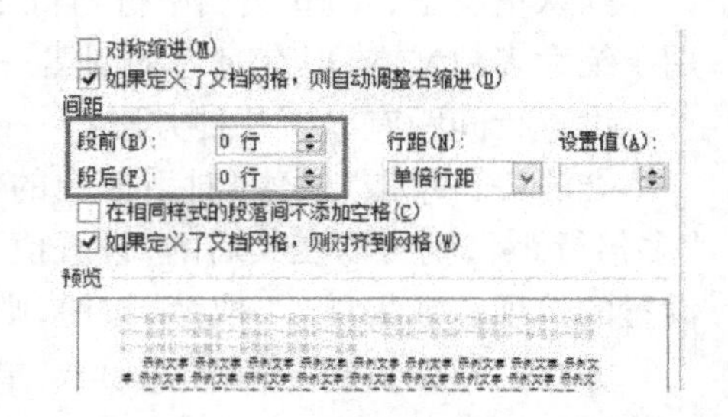

图 4-1-25 在“段落”对话框中设置段间距

单击“开始”选项卡的“段落”组中的“行和段落间距”按钮 ,打开下拉列表,选择列表底部的

“删除段前间距”和“删除段后间距”命令可以清除已设置的段间距。

（4）复制格式

在 Word 中可以方便地查看某个段落或字符的格式，利用“格式刷”还可以快速地将设置好的格式复制到其他的段落或文本中。对一个已经设置好格式的段落，我们称之为样本段落，Word 允许用户把样本段落的格式复制到其他段落，我们称之为目标段落。操作步骤如下：

◆ 选中作为样本段落（包括其段落标记）的对象。

◆ 单击“开始”选项卡的“剪贴板”组中的“格式刷”按钮 格式刷 ，这时鼠标变成一个刷子形状。

◆ 移动鼠标指针到需要复制格式的目标段落，单击鼠标左键，则将样本段落的格式应用到目标段落。

◆ 若要将选中的样本段落格式复制到多个段落，可双击“格式刷”按钮，然后重复操作上一步骤，再次单击“格式刷”按钮（或按【Esc】键）可结束复制操作。

提示：格式刷操作中复制格式的快捷键是【Ctrl】+【Shift】+【C】，粘贴格式的快捷键是【Ctrl】+【Shift】+【V】。

6. 调整页面布局

利用 Word 所提供的页面设置功能可以轻松地完成对“页边距”“纸张大小”“纸张方向”“文字排列”等诸多选项的设置工作。

（1）设置页边距

通过指定页边距，可以满足不同的文档版面要求。设置页边距的操作步骤如下：

◆ 打开“页面布局”选项卡，单击“页面设置”组中的“页边距”按钮。

◆ 从弹出的下拉列表中选择合适的页边距，如图 4-1-26（a）所示。

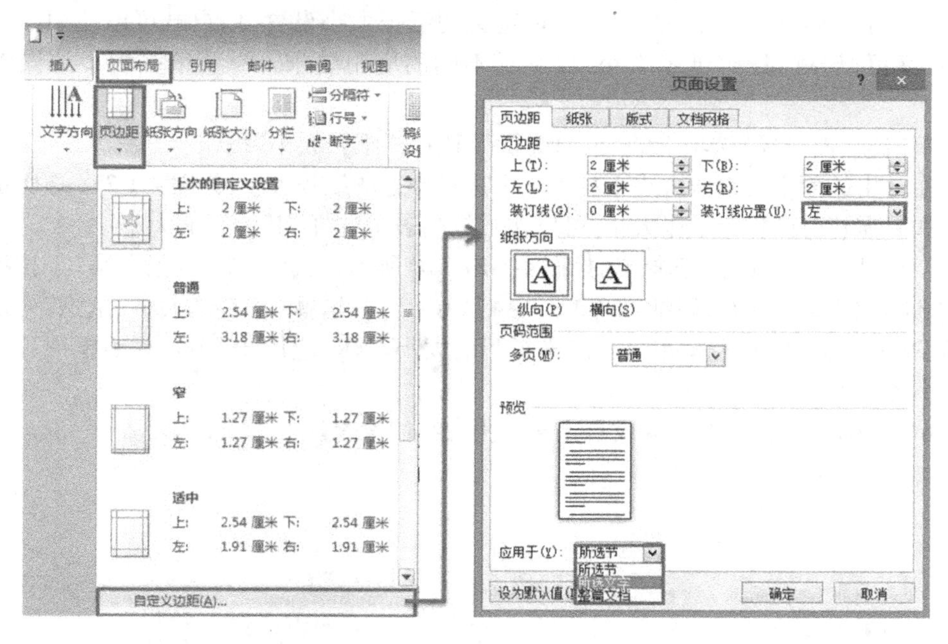

(a) 选择“自定义边距”　　(b)“页面设置”对话框中的“页边距”选项卡

图 4-1-26　设置页边距

◆ 如果需要自己指定页边距,可以在下拉列表中执行“自定义边距”命令,打开“页面设置”对话框中的“页边距”选项卡,如图 4-1-26(b)所示。其中,在“页边距”选项区域中,可以通过单击微调按钮调整“上”“下”“左”“右”四个页边距的大小,在“装订线位置”下拉列表框中选择“左”和“右”选项。在“应用于”下拉列表中可指定页边距设置的应用范围,可指定应用于整篇文档、选定的文本或指定的节(如果文档已分节)。

◆ 单击“确定”按钮,即可完成自定义页边距的设置。

提示:还可以在“页面设置”对话框的“页边距”选项卡中指定不同的“页码范围”,如“对称页边距”,这时,左右页边距的名称将变为“内侧”和“外侧”,以与页码范围选项相适应。不同的页码范围选项将会产生不同的输出效果。

(2) 设置纸张大小和方向

纸张的大小和方向决定了排版页面所采用的布局方式。设置恰当的纸张大小和方向可以令文档的完成效果更加美观、实用。

① 设置纸张方向

Word 提供了纵向(垂直)和横向(水平)两种布局以供选择。更改文档的纸张方向的操作步骤如下:

◆ 单击“页面布局”选项卡的“页面设置”组中的“纸张方向”按钮,在弹出的下拉列表中选择“纵向”或“横向”;或者在“页面设置”对话框中的“纸张方向”选项区域中选择“横向”或“纵向”。

◆ 如需同时指定纸张方向的应用范围,则应在“页面设置”对话框的“页边距”选项卡中,从“应用于”下拉列表中选择某一范围。

② 设置纸张大小

同页边距一样,Word 为用户提供了预定义的纸张大小设置,用户既可以使用默认的纸张大小,又可以自己设定纸张大小,以满足不同的应用要求。设置纸张大小的操作步骤如下:

◆ 单击“页面布局”选项卡的“页面设置”组中的“纸张大小”按钮。

◆ 在弹出的预定义纸张大小下拉列表中选择合适的纸张大小,如图 4-1-27(a)所示。

◆ 如果需要自己指定纸张大小,可以在下拉列表中选择“其他页面大小”命令,打开“页面设置”对话框中的“纸张”选择卡,如图 4-1-27 (b)所示。其中,在“纸张大小”下拉列表框中,可以选择不同型号的打印纸,如“A3”“A4”“16 开”。选择“自定义大小”纸型,可以在下面的“宽度”和“高度”微调框中自己定义纸张的大小。在“应用于”下拉列表框中可以指定纸张大小的应用范围。

◆ 单击“确定”按钮,即可完成自定义纸张大小的设置。

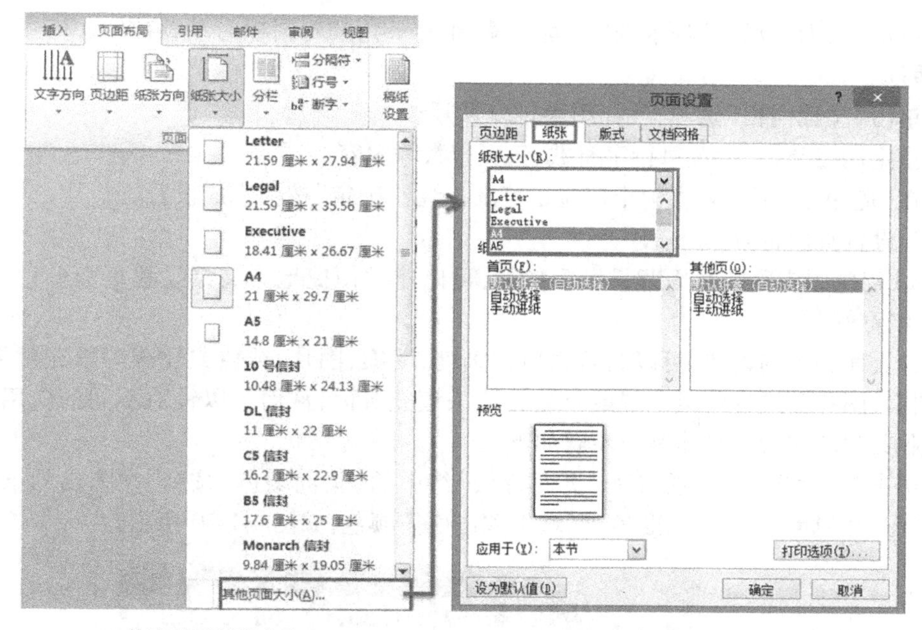

(a) 快速设置纸张大小　　　　(b) “页面设置”对话框中的“纸张”选项卡

图 4-1-27　设置纸张大小

（3）设置版式

设置节、页眉和页脚在文档中的位置和编排，还有页面垂直对齐方式等内容，设置界面如图 4-1-28 所示。

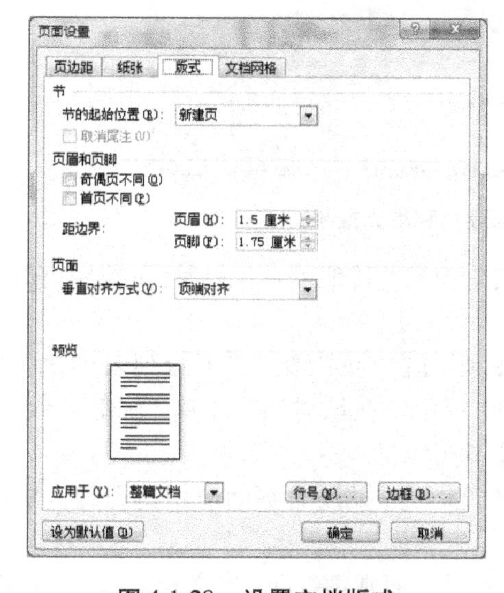

图 4-1-28　设置文档版式

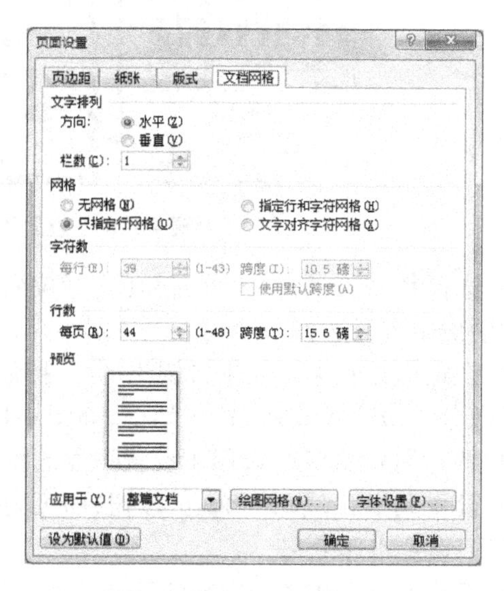

图 4-1-29　设置文档网格

（4）设置文档网格

在很多中文文档中，要求每页有固定的行数，这就需要进行文档网格的设置。具体操作步骤如下：

◆ 单击“页面布局”选项卡的“页面设置”组右下角的对话框启动器按钮，打开“页面设置”对话框。

◆ 单击“文档网格”选项卡，如图 4-1-29 所示。

◆ 指定网格类型，设置每行字符数、每页行数等内容。

◆ 在“应用于”下拉列表中指定应用范围，单击“确定”按钮完成设置。

（5）设置页面背景

Word 提供了丰富的页面背景设置功能，可以非常便捷地为文档设置页面颜色、页面背景和水印等效果。

通过页面颜色的设置，可以为背景应用渐变、图案、图片、纯色或纹理等填充效果，其中渐变、图案、图片和纹理将经平铺或重复方式来填充页面，从而可以针对不同的应用场景而制作专业美观的文档。具体操作步骤如下：

◆ 单击“页面布局”选项卡下“页面背景”组中的“页面颜色”按钮，在弹出的下拉列表中，可以在“主题颜色”或“标准色”区域中单击所需颜色，如图 4-1-30 所示。

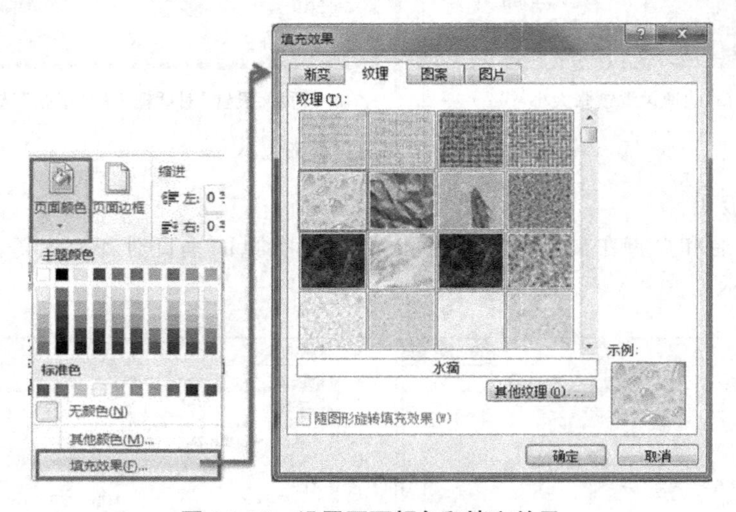

图 4-1-30 设置页面颜色和填充效果

◆ 选择其他颜色。在“页面颜色”下拉列表中执行“其他颜色”命令，在随后打开的“颜色”对话框中进行选择。

◆ 设定填充效果。如果希望添加特殊效果，则可在“页面颜色”下拉列表中执行“填充效果”命令，打开“填充效果”对话框，如图 4-1-30 所示。在该对话框中有“渐变”“纹理”“图案”和“图片”四个选项卡，用于设置页面的特殊填充效果。

◆ 设置完毕后，单击“确定”按钮，即可为整个文档中的所有页面应用美观的背景。

（6）设置水印效果

水印效果用于在文档内容的底层显示虚影效果。通常情况下，当文档有保密、版权保护等特殊操作要求时，可添加水印效果。水印效果可以是文字，也可以是图片。具体操作步骤如下：

◆ 单击“页面布局”选项卡的“页面背景”组中的“水印”按钮，在弹出的下拉菜单中可以选择一个预定义水印效果，如图 4-1-31(a)所示。

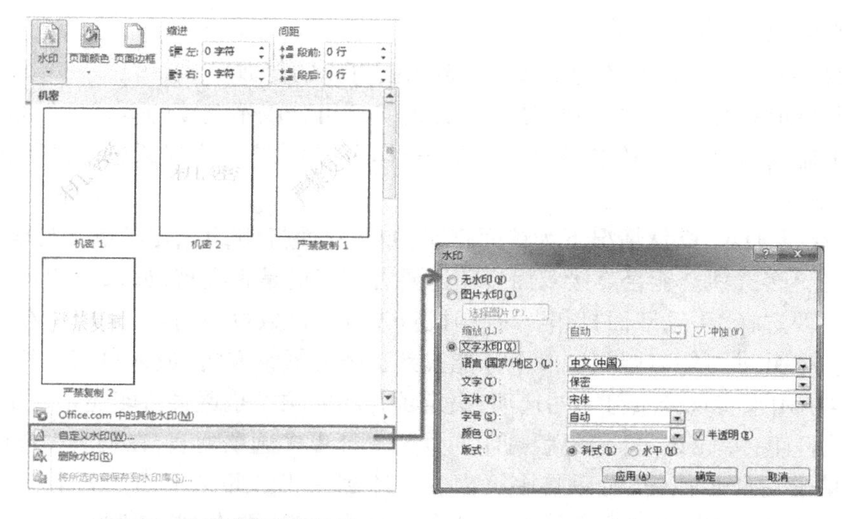

(a) 选择一个预定义水印效果　　　　(b) “水印”对话框

图 4-1-31　设置水印效果

◆ 选择“自定义水印”命令，打开“水印”对话框，在该对话框中可指定图片或文字作为文档的水印，如图 4-1-31(b) 所示。

◆ 设置完毕后单击“确定”按钮。

7. 打印文档

(1) 打印预览

单击“文件”选项卡，展开命令列表，选择“打印”命令，这时在命令的右侧将显示打印的设置选项和打印预览的效果，如图 4-1-32 所示。

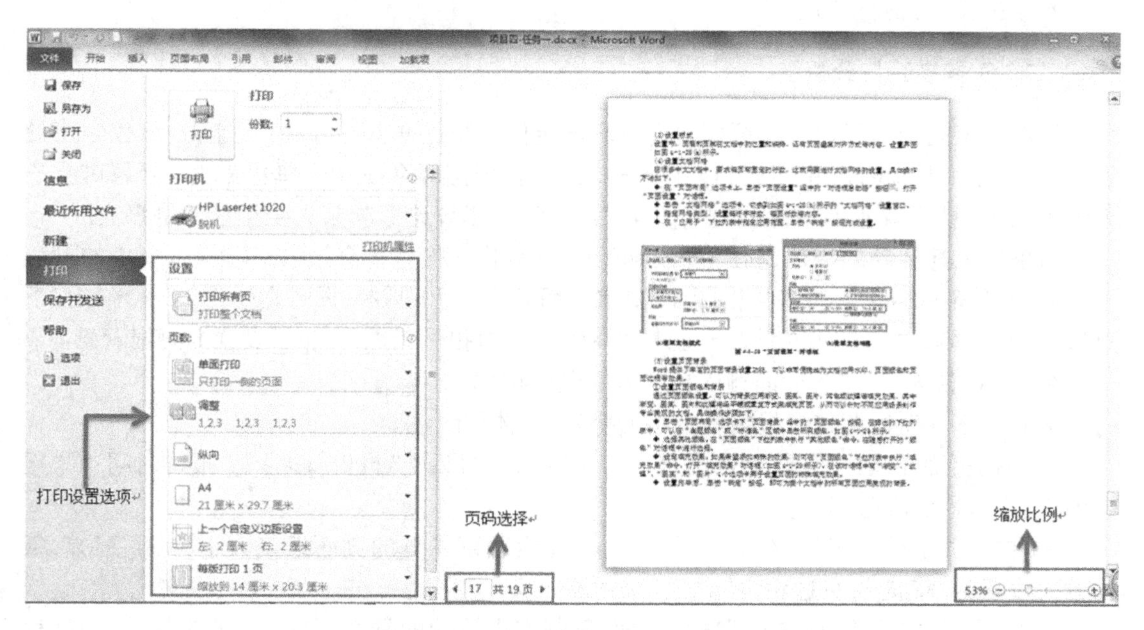

图 4-1-32　打印设置及打印预览效果

（2）打印设置

● 份数：在“打印”按钮旁的份数处可输入要打印的份数。

● 打印指定的页面：在“页数”处填入页数，“，”可分隔不连续的页，“-”表示连续打印多页。例如，输入“2,5-”，其中“2”的意思是打印第二页，“5-”的意思是打印第5页到最后一页的所有页。

● 单、双面打印：默认情况下为单面打印，如要双面打印，可单击“单面打印”右边的向下箭头，展开更多选项。能否直接双面打印还要看打印机是否支持，如果打印机不支持直接双面打印，则要选择“手动双面打印”。打印机将先打印奇数页的内容，完成奇数页的打印后将纸张反过来（此处可能需要测试一下才能找到正确的纸张方向）放入打印机打印偶数页。

● 调整：用来实现分页打印的选项，决定了打印的顺序是逐页打印还是逐份打印。

● 缩放打印：单击最下面“每版打印1页”，展开更多选项列表，在列表中选中每版打印的页数，并单击“打印”按钮，可以将多页内容打印到一张打印纸上面。如果在列表中指向“缩放至纸张大小”选项，在纸张列表中选择某个纸型，然后单击“打印”按钮，则可以将当前文档使用此处设置的纸张大小进行缩放打印。

任务4-2 制作电子宣传海报

一、学习目标

◆ 掌握图片的插入方法。

◆ 掌握图片的编辑方法。

◆ 掌握图文混排的方法。

二、任务描述与分析

江苏省某高校为了使学生更好地进行职场定位和职业准备，提高就业能力，该校学工处将于2017年4月28日（星期五）13：30—15：30在校国际会议中心举办题为“领慧讲堂—大学生人生规划”就业讲座，特别邀请资深媒体人、艺术评论家郭某先生担任演讲嘉宾。

请根据上述活动的描述，利用Microsoft Word制作一份宣传海报（图4-2-1），要求如下：

◆ 打开Word.docx，调整文档版面，要求页面高度为30厘米，页面宽度为24厘米，上、下页边距为5厘米，左、右页边距为3厘米，并将图片“海报背景图片.jpg”设置为海报背景。

◆ 在“报告人：”位置后面输入报告人姓名（郭某）。

◆ 根据图4-2-1，调整海报内容文字的字号、字体和颜色。

◆ 根据页面布局的需要，调整海报内容中“报告题目：”“报告日期：”“报告时间：”“报告地点：”信息的段落间距。

◆ 在“主办：校学工处”位置后另起一页，并设置第二页的页面纸张大小为A4篇幅，纸张方向设置为“横向”，页边距为“普通”页边距定义。

◆ 在新页面的“日期安排：”段落下面，复制本次活动的日期安排表（请参考“活动日程安排表.docx”文件）。

◆ 在新页面的“报名流程：”段落下面，利用 SmartArt，制作本次活动的报名流程（学工处报名、确认座席、领取资料、领取门票）。

◆ 设置“报告人介绍：”段落下面的文字排版布局为参考示例文件中所示的样式。

◆ 插入 Pic2. jpg 照片，调整图片在文档中的大小，并放至适当位置，不要遮挡文档中的文字内容。

◆ 调整所插入图片的颜色和图片样式，尽可能与图 4-2-1 所示的样稿一致。

图 4-2-1　宣传海报样稿

三、任务实施

1. 设置文档版面

操作步骤如下：

◆ 打开素材文件夹下的 Word. docx，单击“页面布局”选项卡的“页面设置”组中的“页面设置”按钮，打开“页面设置”对话框，在“纸张”选项卡中的“高度”和“宽度”微调框中分别输入“30 厘米”和“24 厘米”，如图 4-2-2(a)所示。

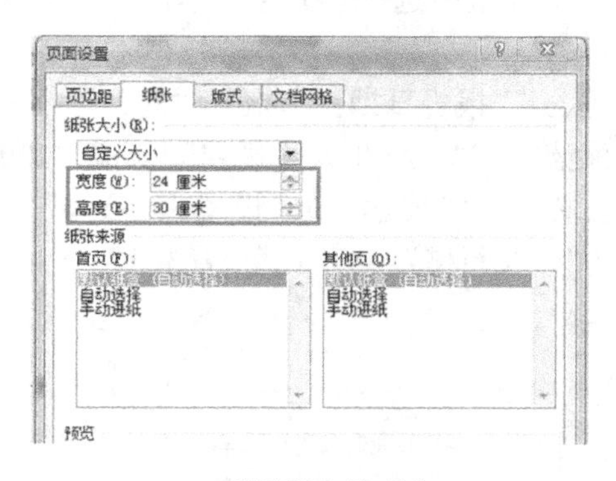

(a)“纸张”选项卡

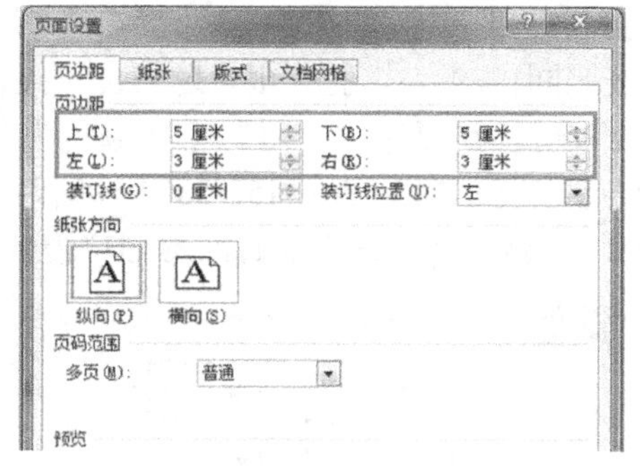

(b)“页边距”选项卡

图 4-2-2　“页面设置”对话框

◆ 选择“页面设置”对话框中的“页边距”选项卡，在“上”和“下”微调框中都输入“5 厘米”，在“左”和“右”微调框中都输入“3 厘米”，如图 4-2-2(b)所示，设置完毕后单击“确定”按钮。

2．**插入图片**

操作步骤如下：

◆ 单击“页面布局”选项卡的“页面背景”组中的“页面颜色”按钮，在弹出的下拉列表中选择“填充效果”命令，打开“填充效果”对话框。

◆ 切换至“图片”选项卡，单击“选择图片”按钮，打开“选择图片”对话框，从素材文件夹中选择“海报背景图片.jpg”（图 4-2-3），设置完毕后单击“确定”按钮。

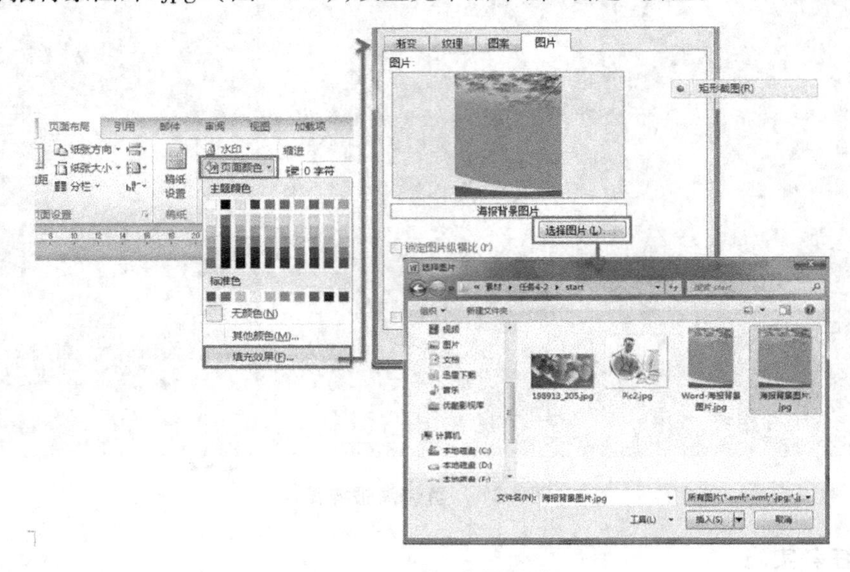

图 4-2-3 插入背景图片

3．**设置文字的字体、字号和颜色**

操作步骤如下：

◆ 根据图 4-2-1 所示，在“报告人：”位置后面输入报告人“郭某”；选中标题“‘领慧讲堂’就业讲座”，单击“开始”选项卡的“字体”组中的“字体”下拉按钮，选择“微软雅黑”，在“字号”下拉按钮中选择“48”，在“字体颜色”下拉按钮中选择“红色”，单击“段落”组中的“居中”按钮使其居中，如图 4-2-4 所示。

◆ 按照同样的方式，把“报告题目：”“报告人：”“报告日期：”“报告时间：”“报告地点：”“主办：”设置为“黑体”“一号”，字体颜色为“深蓝”，把“大学生人生规划”“郭某”“2017 年 4 月 28 日(星期五)”“13：30—15：30”“校国际会议中心”“校学工处”设置为“黑体”“22”“白色，背景 1”，最后把“欢迎大家踊跃参加!”设置为“华文行楷”“48”“白色，背景 1”。

图 4-2-4 “开始”选项卡的“字体”组和“段落”组

4. 设置段落行距

操作步骤如下：

选中“报告题目：”“报告人：”“报告日期：”“报告时间：”“报告地点：”“欢迎大家踊跃参加！”“主办：”所在的段落信息，单击“开始”选项卡的“段落”组右下角的对话框启动器按钮，打开“段落”对话框，在“缩进和间距”选项卡的“间距”选项区域中，单击“行距”下拉列表，选择“单倍行距”，在“段前”和“段后”微调框中都输入“1 行”，如图 4-2-5 所示，设置完毕后单击“确定”按钮。

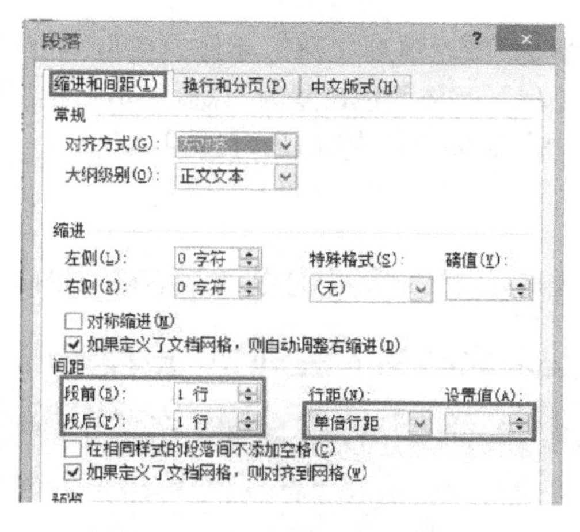

图 4-2-5 “段落”对话框

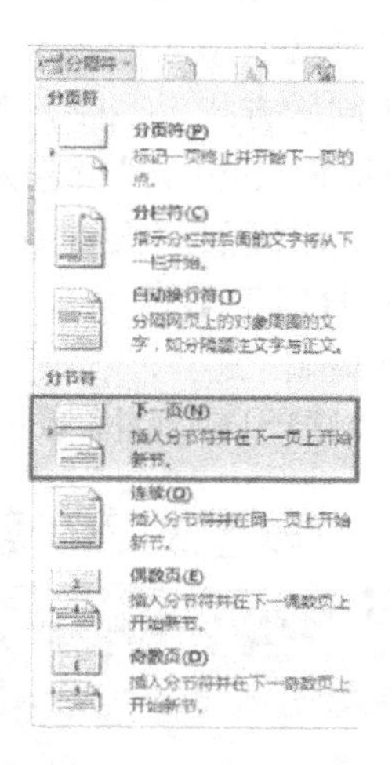

图 4-2-6 插入分页符

5. 设置第二页的版面

操作步骤如下：

◆ 将鼠标光标置于“主办：校学工处”位置后面，单击“页面布局”选项卡的“页面设置”组中的“分隔符”按钮左侧的向下箭头，选择“分节符”中的“下一页”命令即可另起一页，如图 4-2-6 所示。

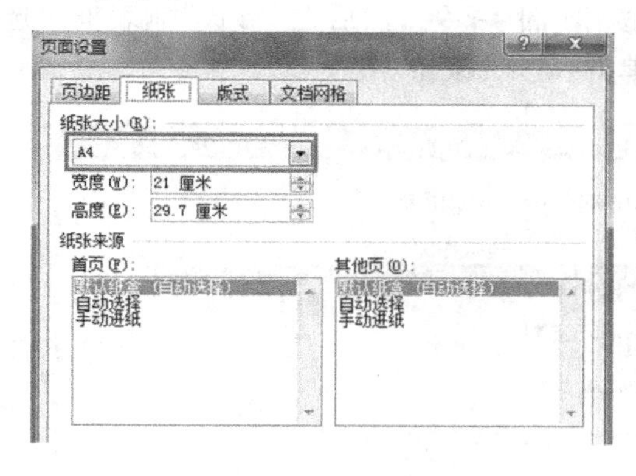

(a) “纸张” 选项卡

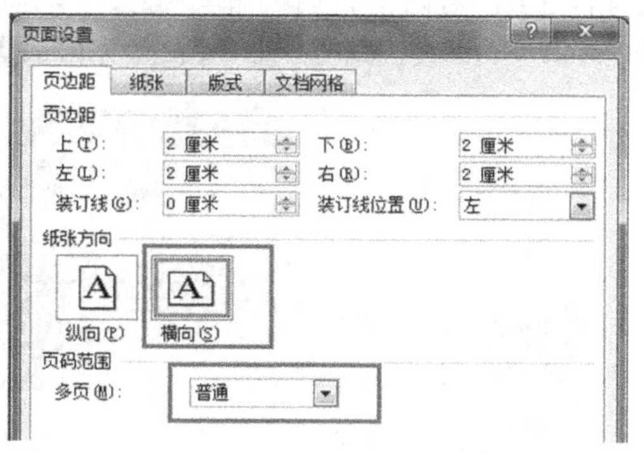

(b) “页边距” 选项卡

图 4-2-7 “页面设置”对话框

◆ 选择第二页，单击“页面布局”选项卡的“页面设置”组右下角的对话框启动器按钮，打开“页面设置”对话框，切换至“纸张”选项卡，选择“纸张大小”选项中的“A4”，如图 4-2-7

(a)所示，然后切换至“页边距”选项卡，选择“纸张方向”选项下的“横向”，如图4-2-7(b)所示，设置完毕后单击“确定”按钮。

◆ 单击“页面设置”组中的“页边距”按钮，在弹出的下拉列表中选择“普通”命令。

6. 设置第二页文字的字体、字号和颜色

操作步骤如下：

◆ 选中“‘领慧讲堂’就业讲座之大学生人生规划”，单击“开始”选项卡的“字体”组中的“字体”下拉按钮，选择“微软雅黑”，在“字号”下拉列表中选择“20”，在“字体颜色”下拉列表中选择“深红”。

◆ 按照同样方式，把“活动细则”设置为“微软雅黑”“28”，字体颜色为“红色”，把“日程安排：……报告人介绍：”设置为“黑体”“14”，字体颜色设置为“深蓝”，最后把“郭先生是资深媒体人……书画展。”设置为“宋体”“14”，字体颜色为“白色，背景1”。

7. 插入日期安排表

操作步骤如下：

◆ 打开“活动日程安排.docx”，选中表格后按【Ctrl】+【C】键，复制表格，如图4-2-8所示。

“领慧讲堂”就业讲座之大学生人生规划 日程安排

时间	主题	报告人
13:30 - 14:00	签到	
14:00 - 14:20	大学生职场定位和职业准备	张老师
14:20 - 15:10	大学生人生规划	特约专家
15:10 - 15:30	现场提问	张老师

图4-2-8 “活动日程安排.docx”中的“表格”

◆ 切换到Word.docx中，单击“开始”选项卡的“粘贴”组中的“选择性粘贴”按钮，打开“选择性粘贴”对话框，选择“粘贴链接”单选按钮(图4-2-9)，然后在“形式”制表框中选择“Microsoft Word文档对象”命令，设置完毕后单击“确定”按钮。

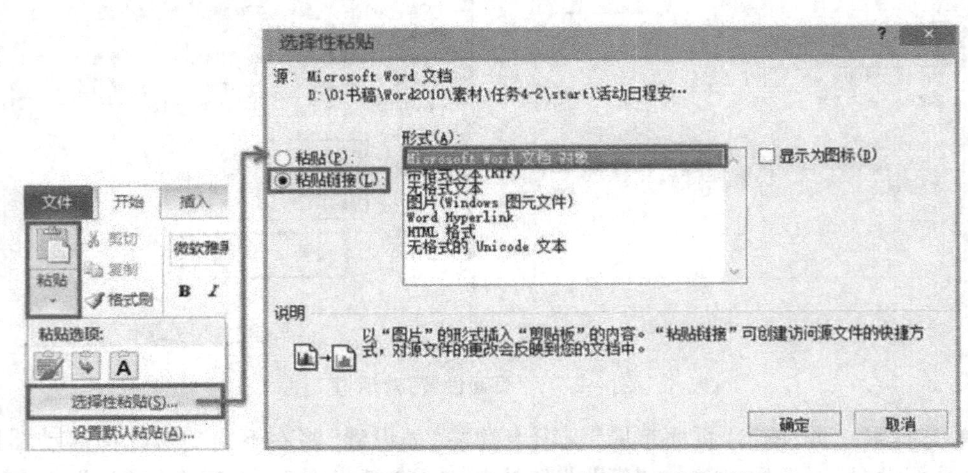

图4-2-9 “选择性粘贴”选项和“选择性粘贴”对话框

8. **设置流程图**

操作步骤如下：

◆ 单击“插入”选项卡的“插图”组中的“SmartArt”按钮，打开“选择 SmartArt 图形”对话框，选择“流程”中的“基本流程”，单击“确定”按钮，如图 4-2-10 所示。

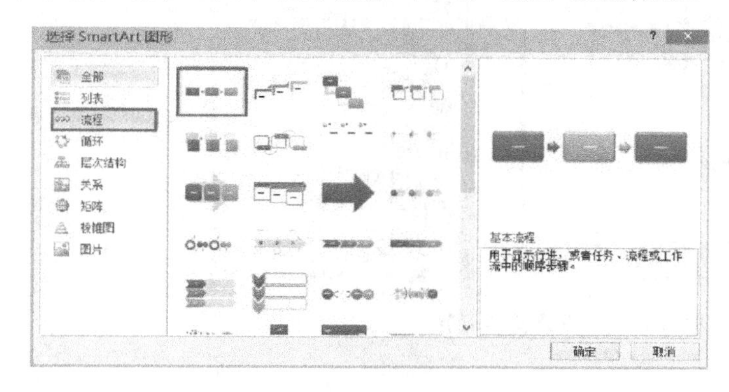

图 4-2-10 “选择 SmartArt 图形”对话框

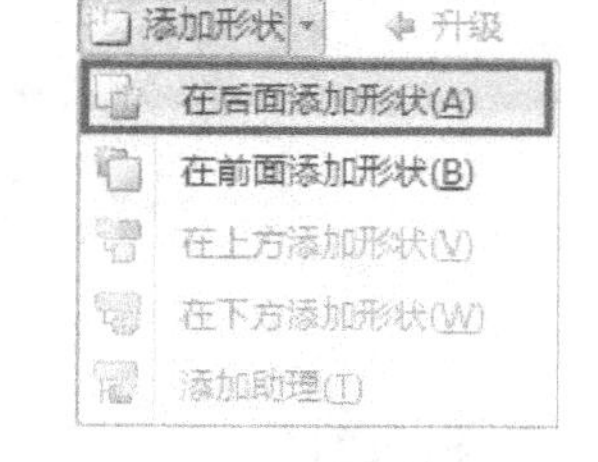

图 4-2-11 “添加形状”下拉列表

◆ 默认有三组图形，选择最后一组图形，在“SmartArt 工具/设计”选项卡下，单击“创建图形”组中的“添加形状”按钮，在弹出的下拉列表中选择“在后面添加形状”，如图 4-2-11 所示，将在最后一幅图形的右侧添加一幅新的图形，这样就变成了 4 组图形。

◆ 参照图 4-2-1，单击第一个矩形框，输入“学工处报名”，按同样方法在右边的矩形框中分别输入“确认座席”“领取资料”和“领取门票”。

◆ 选中 SmartArt 图形，单击“SmartArt 工具/设计”选项卡的“更改颜色”下拉按钮（图 4-2-12），在弹出的下拉列表中选择“彩色－强调文字颜色”，并在“SmartArt 样式”中选择“强烈效果”。

◆ 选中 SmartArt 图形，适当调整它的位置和大小。

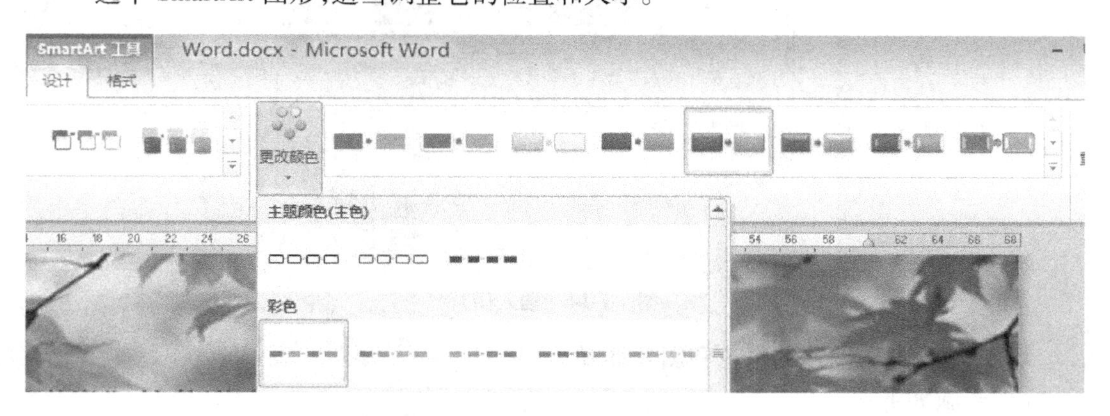

图 4-2-12 设置 SmartArt 图形

9. **设置首字下沉**

操作步骤如下：

将光标置于“郭先生是资深媒体人……”段落中，单击“插入”选项卡的“文本”组中的“首字下沉”按钮，在弹出的下拉列表中选择“首字下沉选项”，打开“首字下沉”对话框，在

"位置"选项中选择"下沉",单击"选项"选项中的"字体"下拉箭头,在下拉列表中选择" + 中文正文"选项,在"下沉行数"微调框中输入"3",如图 4-2-13 所示,设置完成后单击"确定"按钮。

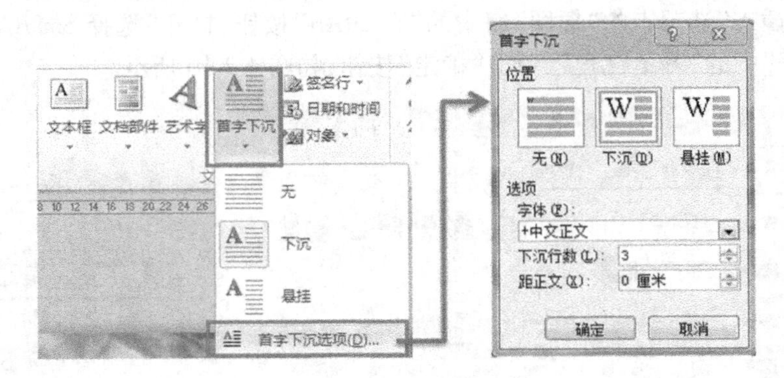

图 4-2-13　设置首字下沉

10. **插入图片**

操作步骤如下:

将光标置于文档末尾,单击"插入"选项卡的"插图"组中的"图片"按钮,打开"插入图片"对话框,从素材文件夹中选择"Pic2. jpg",如图 4-2-14 所示,单击"插入"按钮。

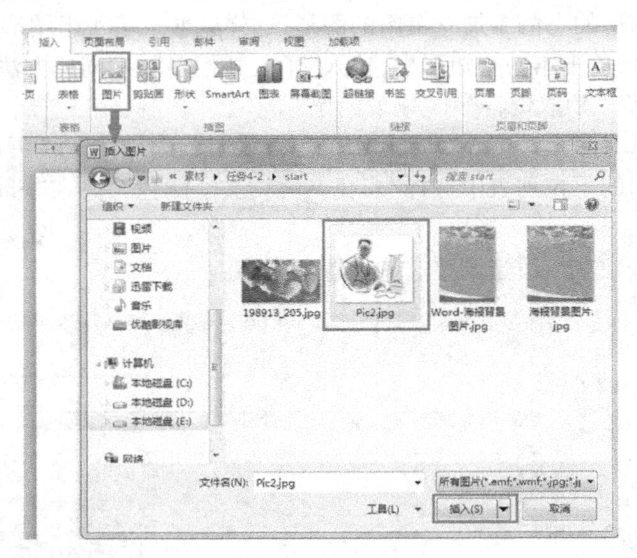

图 4-2-14　插入图片

11. **设置所插入图片的颜色和图片样式**

操作步骤如下:

◆ 选中图片,切换到"格式"选项卡,在"自动换行"下拉列表中选择"四周型环绕",如图 4-2-15 所示。

◆ 将图片放置到最后一段的最右端(注意不要遮挡文档中的文字内容)。

◆ 选中图片,在"格式"选项卡的"调整"组中,单击"颜色"下拉按钮,在下拉列表中选择"颜色饱和度"为"0%",其他为默认设置,如图 4-2-16 所示。

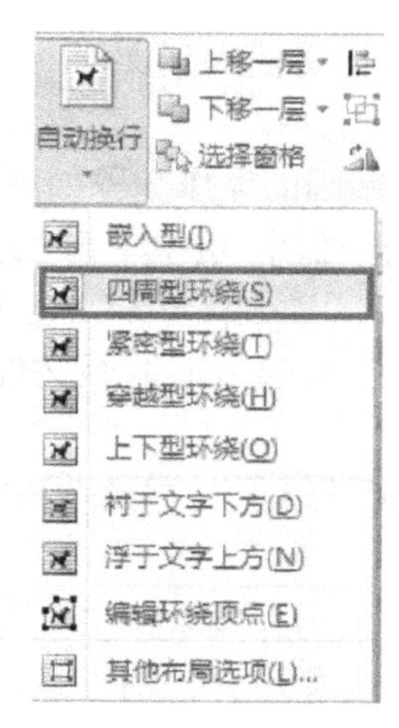

图 4-2-15 “自动换行”下拉列表

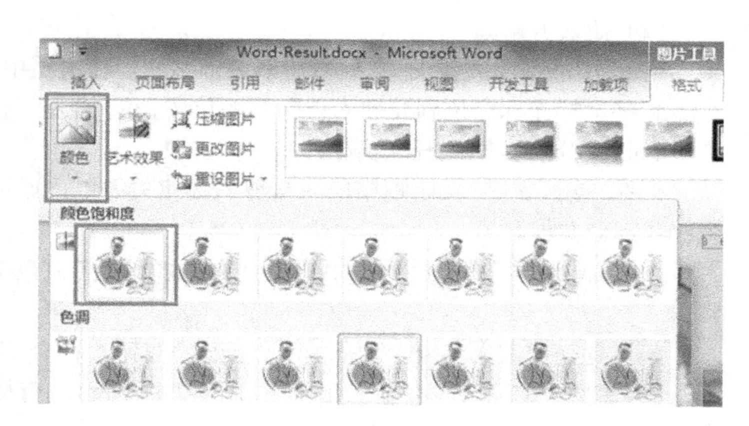

图 4-2-16 图片“颜色”下拉列表

◆ 在“图片工具/格式”选项卡的“图片样式”组中，单击下拉按钮，选择“金属椭圆”，如图 4-2-17 所示。

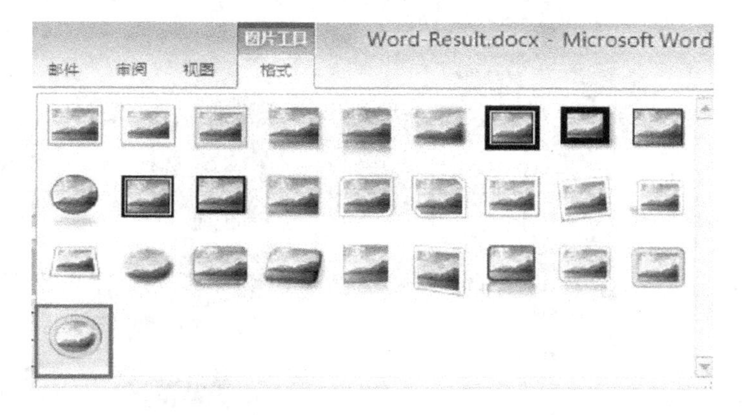

图 4-2-17 调整图片样式

12. **保存文件**

单击“文件”选项卡下的“另存为”命令，打开“另存为”对话框，将本次的宣传海报设计以名“Word-Result”保存。

四、相关知识

1. **插入图片**

Word 中的图片、剪贴画、形状、SmartArt 图形、公式、艺术字和图表等都具有图形的属性，可以像图形一样插入、设置格式，并对之排列组合等。

(1) 插入来自文件的图片

在 Word 文档中可以插入各类格式的图片文件，操作步骤如下：

◆ 将鼠标光标定位在要插入图片的位置。

◆ 在“插入”选项卡的“插图”组中单击“图片”按钮，打开“插入图片”对话框。

◆ 在指定文件夹下选择所需图片,单击“插入”按钮,即可将所选图片插入到文档中。

(2) 插入剪贴画

Word 中准备了大量的剪贴画,用来装饰文档。在文档中插入剪贴画的操作步骤如下:

◆ 将鼠标光标定位到要插入剪贴画的位置,在“插入”选项卡的“插图”组中单击“剪贴画”按钮,打开“剪贴画”任务窗格。

◆ 在“搜索文字”文本框中输入与剪贴画相关的单词或词组描述,或输入剪贴画文件的全部或部分文件名。

◆ 在“结果类型”下拉列表中选择剪贴画类型,其中包括“插图”“照片”“视频”和“音频”。

◆ 设置完搜索文字、类型后,单击“搜索”按钮。符合搜索条件的剪贴画将会在“剪贴画”任务窗格中的列表框中显示出来,如图 4-2-18 所示。直接单击“搜索”按钮,则可显示所有剪贴画。

◆ 将鼠标光标指向某一剪贴画,单击其右侧的向下三角箭头按钮,在弹出的下拉列表中执行“插入”命令,即可将所选剪贴画插入到文档中。

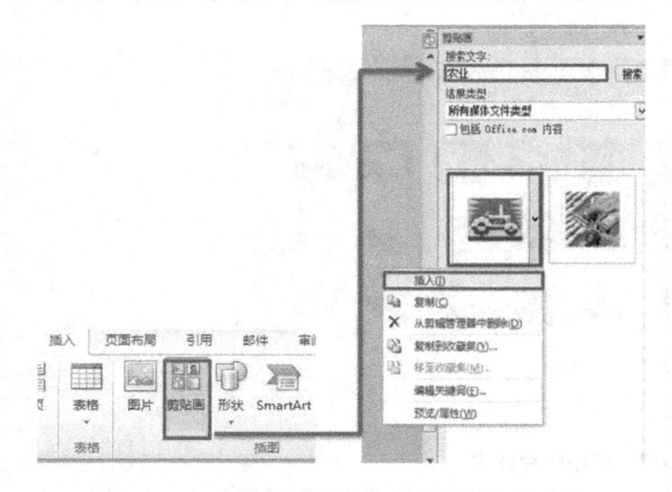

图 4-2-18 “剪贴画”按钮和搜索并插入剪贴画

图 4-2-19 插入屏幕截图

(3) 截取屏幕图片

Office 2010 增加了屏幕图片捕获能力,可以方便地在文档中直接插入已经在计算机中开启的屏幕画面,并且可以按照选定的范围截取屏幕内容。操作步骤如下:

◆ 将鼠标光标定位在要插入图片的位置。

◆ 在“插入”选项卡的“插图”组中单击“屏幕截图”按钮,打开“可用 视窗”列表,如图 4-2-19 所示。

◆ 在“可用 视窗”列表中显示目前在计算机中开启的应用程序屏幕画面,单击选择某一图片缩略图,将其作为图片插入文档中。

◆ 如果需要截取窗口的一部分,可以单击下拉列表中的“屏幕剪辑”命令,然后在屏幕上用鼠标拖动某一屏幕区域作为图片插入到文档中。

2. 编辑图片

在文档中插入图片并选中图片后,功能区中将自动出现“图片工具/格式”选项卡,如图

4-2-20 所示。通过该选项卡,可以对图片的大小、格式等进行设置。

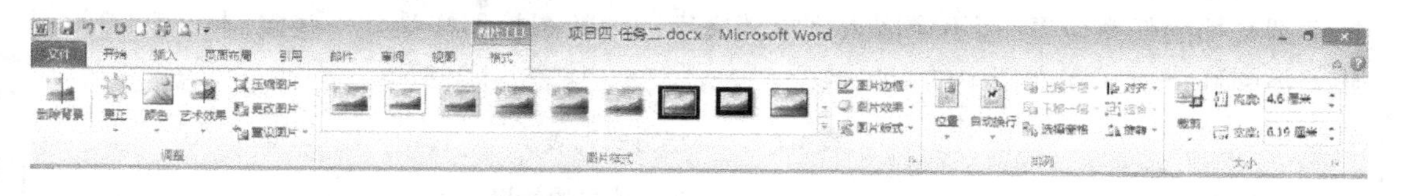

图 4-2-20　“图片工具/格式”选项卡

（1）调整图片的样式

- 应用预定义的图片样式：单击“图片工具/格式”选项卡的“图片样式”组中的“其他”按钮,在展开的“图片样式库”中列出了许多图片样式。单击选择其中的某一类型,即可将相应样式快速应用到当前图片上。
- 自定义图片样式：如果认为“图片样式库”中内置的图片样式不能满足实际需求,可以分别通过“图片样式”组中的“图片版式”“图片边框”和“图片效果”三个命令按钮进行多方面的图片属性设置。
- 进一步调整格式：在“图片工具/格式”选项卡上,通过“调整”组中的“更正”“颜色”和“艺术效果”按钮可以自由地调节图片的亮度、对比度、清晰度以及艺术效果。

（2）设置图片的文字环绕方式

环绕方式决定了图形之间以及图形与文字之间的交互方式。操作步骤如下：

◆ 选中要进行设置的图片,单击“图片工具/格式”选项卡的“排列”组中的“自动换行”命令,在展开的下拉列表中选择某一种环绕方式,如图 4-2-21(a)所示。

◆ 也可以在“自动换行”下拉列表中单击“其他布局选项”命令,打开“布局”对话框,如图 4-2-21(b)所示。在“文字环绕”选项卡中根据需要可设置“环绕方式”“自动换行”“距正文”。

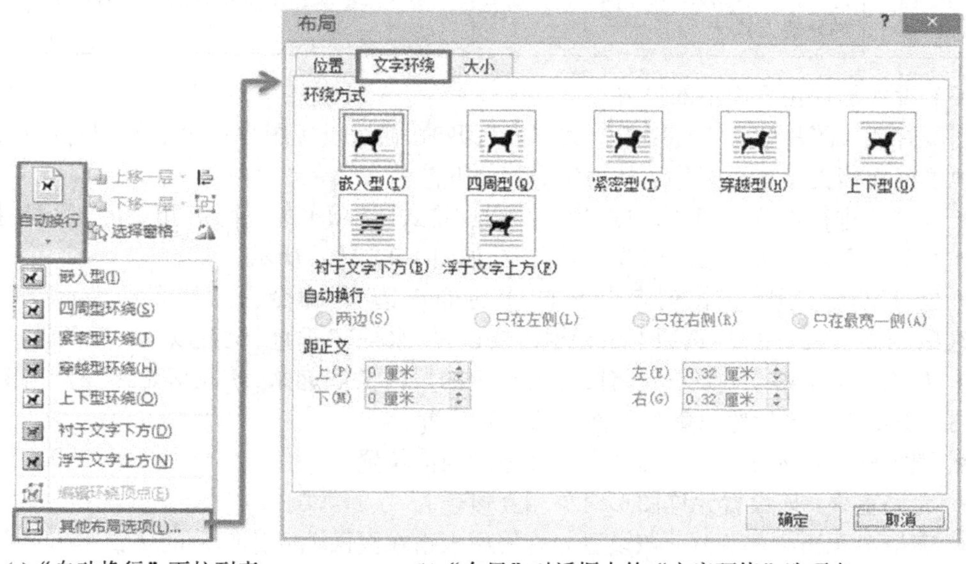

(a)“自动换行”下拉列表　　(b)“布局”对话框中的“文字环绕”选项卡

图 4-2-21　选择文字环绕方式

环绕有两种基本形式：嵌入（在文字层中）和浮动（在图形层）中。浮动意味着可将图片拖动到文档的任意位置，而不像嵌入到文档文字层中的图片那样受到一些限制。表 4-2-1 描述了不同环绕方式在文档中的布局效果。

表 4-2-1　环绕方式列表

环绕设置	在文档中的效果
嵌入型	插入到文字层。可以拖动图形，但只能从一个段落标记移动到另一个段落标记中。通常用在简单文档和正式报告中
四周型	文本中放置图形的位置会出现一个方形的“洞”，文字会环绕在图形周围，使文字和图形之间产生间隙，可将图形拖到文档中的任意位置。通常用在带有大片空白的新闻稿和传单中
紧密型	实际上在文本中放置图形的地方创建了一个形状与图形轮廓相同的“洞”，使文字环绕在图形周围。可以通过环绕顶点改变文字环绕的“洞”的形状，可将图形拖到文档中的任何位置。通常用在纸张空间很宝贵且可以接受不规则形状（甚至希望使用不规则形状）的出版物中
衬于文字下方	嵌入在文档底部或下方的绘制层，可将图形拖动到文档的任何位置。通常用作水印或页面背景图片，文字位于图形上方
浮于文字上方	嵌入在文档上方的绘制层，可将图形拖动到文档的任何位置，文字位于图形下方。通常用在有意用某种方式来遮盖文字，以实现某种特殊效果
穿越型	文字围绕着图形的环绕顶点（环绕顶点可以调整），这种环绕样式产生的效果和表现出的行为与“紧密型”环绕相同
上下型	实际上创建了一个与页边距等宽的矩形，文字位于图形的上方或下方，但不会在图形旁边，可将图形拖动到文档的任何位置。当图形处于文档中最重要的地方时通常会使用这种环绕方式

（3）设置图片在页面上的位置

当所有插入图片的文字环绕方式为非嵌入型时，通过设置图片在页面的相对位置，可以合理地根据文档类型布局图片。其操作步骤如下：

◆ 选中要进行设置的图片，单击“图片工具/格式”选项卡的“排列”组中的“位置”按钮，在展开的下拉列表中选择某一位置布局方式，如图 4-2-22（a）所示。

◆ 也可以在“位置”下拉列表中单击“其他布局选项”命令，打开“布局”对话框，如图 4-2-22（b）所示。在“位置”选项卡中根据需要设置“水平”“垂直”位置以及相关的选项。

- 对象随文字移动：该设置将图片与特定的段落关联起来，使段落始终保持与图片显示在同一页面上。该设置只影响页面上的垂直位置。
- 锁定标记：该设置锁定图片在页面上的当前位置。
- 允许重叠：该设置允许图形对象相互覆盖。
- 表格单元格中的版式：该设置允许使用表格在页面上安排图片的位置。

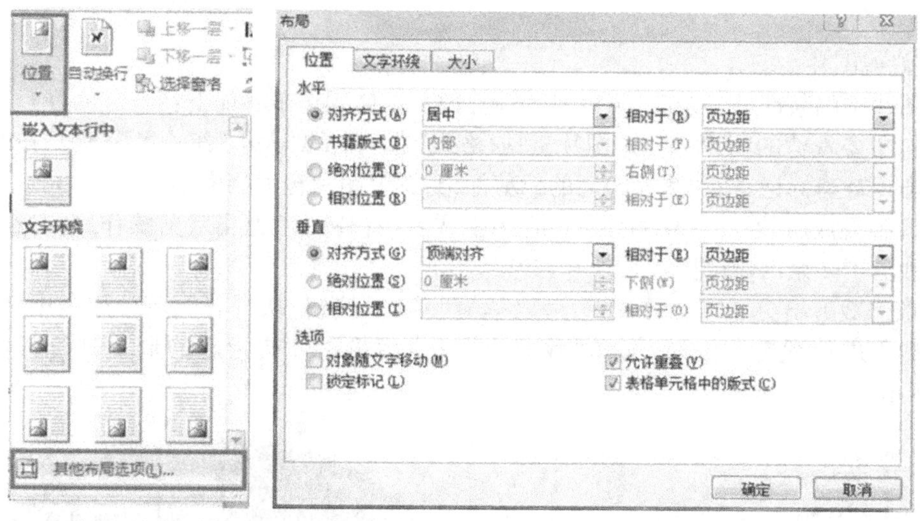

(a) “位置” 下拉列表　　　　(b) “布局” 对话框

图 4-2-22　设置图片在页面上的位置

（4）删除图片背景

插入到文档中的图片可能会影响阅读和输出效果，此时可以去除图片背景。具体操作步骤如下：

◆ 选中要进行设置的图片，单击“图片工具/格式”选项卡的“调整”组中的“删除背景”命令，此时在图片上出现遮幅区域。

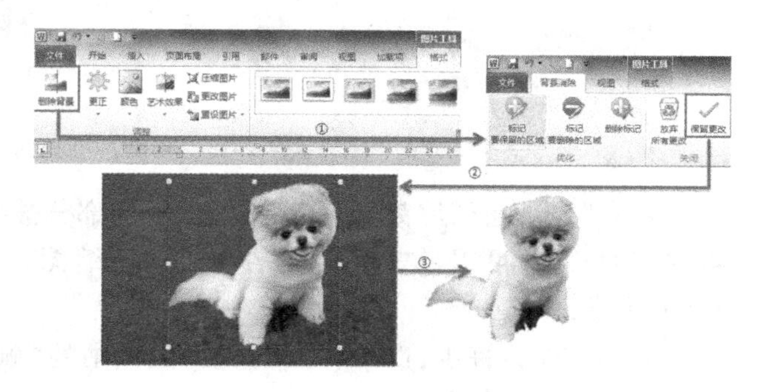

图 4-2-23　消除图片的背景

◆ 在图片上调整选择区域四周的控制柄，使要保留的图片内容浮现出来。调整完成后，在“背景消除”选项卡中单击“保留更改”按钮，指定图片的背景即被删除，如图 4-2-23 所示。

（5）调整图片大小与裁剪图片

插入到文档中的图片大小可能不符合要求，这时需要对图片的大小进行处理。

① 缩放图片

选中所插入的图片，图片周围即出现控制柄，用鼠标拖动图片边框上的控制柄可以快速调整其大小。如需对图片进行精确缩放，可以单击“图片工具/格式”选项卡的“大小”组右下角的对话框启动器按钮，打开“布局”对话框，如图 4-2-24 所示。在“缩放”选项区域中，选中“锁定纵横比”复选框，然后设置“高度”和“宽度”的百分比，即可更改图

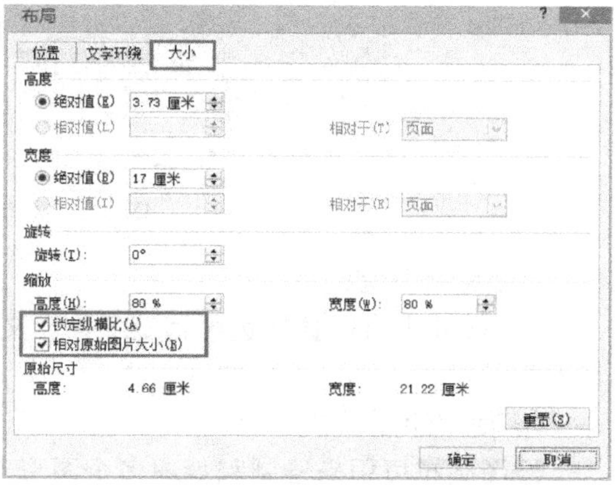

图 4-2-24　调整图片大小

片的大小。

② 裁剪图片

当图片中的某部分多余时，可以将其裁剪掉。具体操作步骤如下：

◆ 选中要裁剪的图片，单击“图片工具/格式”选项卡的“大小”组中的“裁剪”按钮，图片周围即出现裁剪标记，拖动图片四周的裁剪标记，调整图片至适当大小。

◆ 调整完成后，在图片外的任意位置单击或者按【Esc】键退出裁剪操作，此时在文档中只保留裁剪了多余区域的图片。

◆ 如需裁剪出更加丰富的效果，可以单击“裁剪”按钮，从打开的下拉列表中选择合适的命令后再进行裁剪。例如，选择“裁剪为形状”后将图片按指定的形状进行裁剪，如图4-2-25所示。

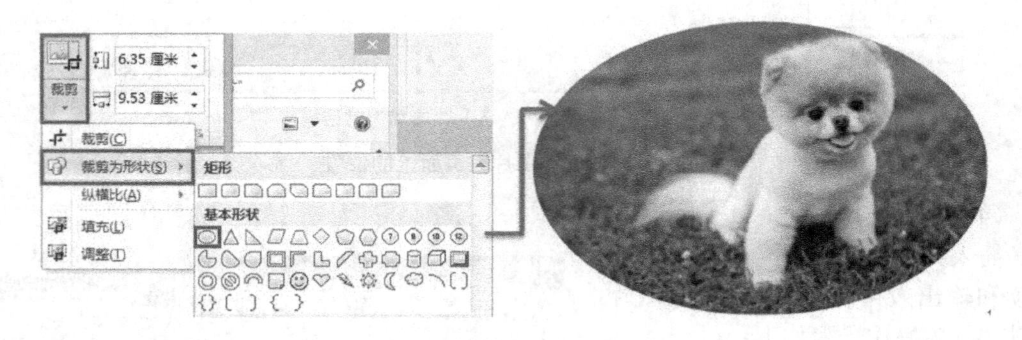

图 4-2-25 将图片裁剪为指定的形状

◆ 实际上，在图片裁剪完成后，被裁剪的部分被隐藏起来了。如果希望彻底删除图片中被裁剪的部分，可以单击“调整”组中的“压缩图片”按钮，打开“压缩图片”对话框，如图4-2-26所示。

◆ 在该对话框中，选中“压缩选项”区域中的“删除图片的剪裁区域”复选框，然后单击“确定”按钮完成操作。

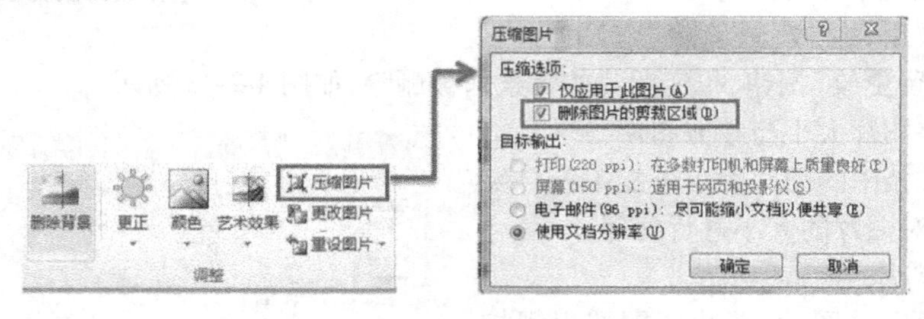

图 4-2-26 “压缩图片”对话框

(6) 绘制图形

在 Word 中可以直接选用相应工具在文档中绘制图形，并通过颜色、边框或其他效果对其进行设置。

① 使用绘图画布

绘图画布可用来绘制和管理多个图形对象。使用绘图画布，可以将多个图形对象作为一个整体，在文档中移动、调整大小或设置文字绕排方式。也可以对其中的单个图形对象进行格式化操作，且不影响绘图画布。绘图画布内可以放置自选图形、文本框、图片、艺术字等多种不同的图形。

插入绘图画布的操作步骤如下：

◆ 将鼠标光标定位在要插入绘图画布的位置。

◆ 在“插入”选项卡的“插图”组中单击“形状”按钮。

◆ 在弹出的下拉列表中执行“新建绘图画布”命令，将在文档中插入一幅绘图画布。

插入绘图画布或绘制图形后，功能区中将自动出现“绘图工具/格式”选项卡，通过该选项卡可以对绘图画布以及图形进行格式设置。

② 绘制自选图形

图形可以绘制在插入的绘图画布中，也可以直接绘制在文档中指定的位置。绘制图形的基本步骤如下：

◆ 单击“插入”选项卡的“插图”组中的“形状”按钮，打开下拉列表。

◆ 在该列表中单击选择需要的图形形状。

◆ 在文档的绘图画布中或其他合适的位置拖动鼠标即可绘制图形。

◆ 通过“绘图工具/格式”选项卡上的各个选项组中的功能，可以对选中的图形进行格式设置。例如，图形的大小、排列方式、颜色和形状以及在文本中的位置等，还可以对多个图形进行组合。

◆ 如果需要删除整个绘图或部分绘图，可以选中绘图画布或要删除的图形对象，然后按【Del】键。

提示：在线条的绘制(拖动鼠标)过程中，按下控制键可以实现不同的绘制效果。

• Shift：绘制水平或垂直线条，或者在水平与垂直之间以150为间隔绘制倾斜线条。在绘制圆形、矩形时，能绘制出正圆和正方形。对于其他形状，绘制出的图形才能保持原始形状不变。

• Ctrl：以鼠标拖动的起始位置为中心，向四周绘图，多用于绘制指定中心点的圆。

按【Tab】键可切换选定的对象。

(7) 使用智能图形 SmartArt

在 Word 中，利用 SmartArt 智能图形功能可以使单调乏味的文字以美轮美奂的效果呈现在读者面前，令人印象深刻。添加 SmartArt 智能图形的基本方法如下：

◆ 将光标定位在要插入 SmartArt 图形的位置。

◆ 在“插入”选项卡的“插图”组中单击“SmartArt”按钮，打开“选择 SmartArt 图形”对话框。在该对话框中列出了所有 SmartArt 图形的分类，以及每个 SmartArt 图形的外观预览效果和详细的使用说明信息。

◆ 选择“基本流程”，单击“确定”按钮，将 SmartArt 图形插入到文档中。同时，功能区中显示“SmartArt 工具”下的“设计”和“格式”两个选项卡。此时的 SmartArt 图形还没有具体的信息，只是个显示点位符文本(如“[文本]”)的框架，如图 4-2-27 所示。

◆ 在 SmartArt 图形中各形状上的文字编辑区域内直接输入所需信息替代点位符文本，也可以在左侧的“文本”窗格中输入所需内容。在“文本”窗格中添加和编辑内容时，SmartArt 图形会自动更新，即根据“文本”窗格中的内容自动添加或删除形状。

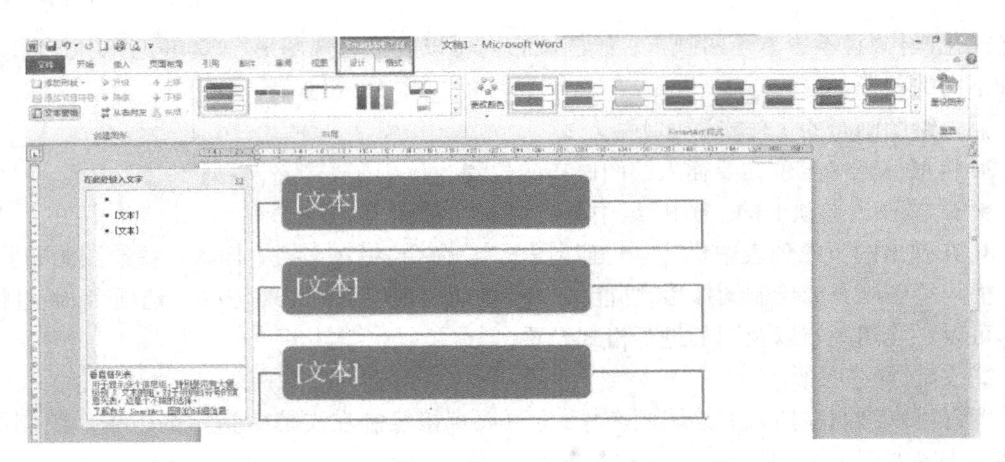

图 4-2-27 “SmartArt 工具”功能区和插入到文档中的 SmartArt 图形框架

提示：如果看不到“文本”窗格，则可以在“SmartArt 工具/设计”选项卡中单击“创建图形”组中的“文本窗格”按钮，以显示出该窗格。或者，单击 SmartArt 图形左侧的“文本”窗格控件将该空格显示出来。

◆ 通过“SmartArt 工具/设计”和“SmartArt 工具/格式”两个选项卡，可以对插入的 SmartArt 图形的布局、样式、颜色、排列等进行设置。

(8) 使用文本框

文本框是一种可移动位置、可调整大小的文字或图形容器。使用文本框，可以在一页上放置多个文字块内容，或使文字按照与文档中其他文字不同的方式排布。在文档中插入文本框的操作步骤如下：

◆ 单击“插入”选项卡的“文本”组中的“文本框”按钮，弹出可选文本框类型下拉列表。

◆ 从列表的“内置”文本框样式中选择合适的文本框类型，所选文本框即插入到文档中的指定位置。如果需要自由定制文本框，可选择其中的“绘制文本框”或“绘制竖排文本框”命令，然后在文档中合适的位置拖动鼠标绘制一个文本框。

◆ 可直接在文本框中输入内容并进行编辑。

◆ 利用“绘图工具/格式”选项卡上的各类工具，可对文本框及其中的内容进行设置。其中，利用“文本”组中的“创建链接”按钮，可在两个文本框之间建立链接关系，使得文本在其间自动传递。

(9) 插入文档封面

专业的文档要配以漂亮的封面才会更加完美，Word 内置的“封面库”提供了充足的选择空间。为文档添加专业封面的操作步骤如下：

◆ 单击“插入”选项卡的“页”组中的“封面”按钮，打开“封面库”列表。

◆ 单击其中某一封面类型，如“运动型”，所选封面自动插入到当前文档的第一页中，现有的文档内容会自动后移。

◆ 单击封面中的内容控件框，在其中输入或修改相应的文字信息并进行格式化，一个漂亮的封面就制作完成了。

若要删除已插入的封面，可以在“插入”选项卡的“页”组中单击“封面”按钮，然后在弹出的下拉列表中执行“删除当前封面”命令。

如果自行设计了符合特定需求的封面，也可以通过单击“插入”选项卡的“页”组中的“封面”按钮，在弹出的下拉列表中执行“将所选内容保存到封面库”命令，将其保存到“封面库”中以备下次使用。

（10）插入艺术字

以艺术字的效果呈现文本，可以有更加亮丽的视觉效果。在文档中插入艺术字的操作步骤如下：

◆ 将光标定位于需要插入艺术字的位置。

◆ 单击“插入”选项卡的“文本”组中的“艺术字”按钮，打开艺术字样式列表。

◆ 从列表中选择一个艺术字样式，即可在当前位置插入艺术字文本框。

◆ 在艺术字文本框中编辑或输入文本，如图 4-2-28 所示。通过“绘图工具/格式”选项卡上的各项工具，可对艺术字的形状、样式、颜色、位置及大小进行设置。

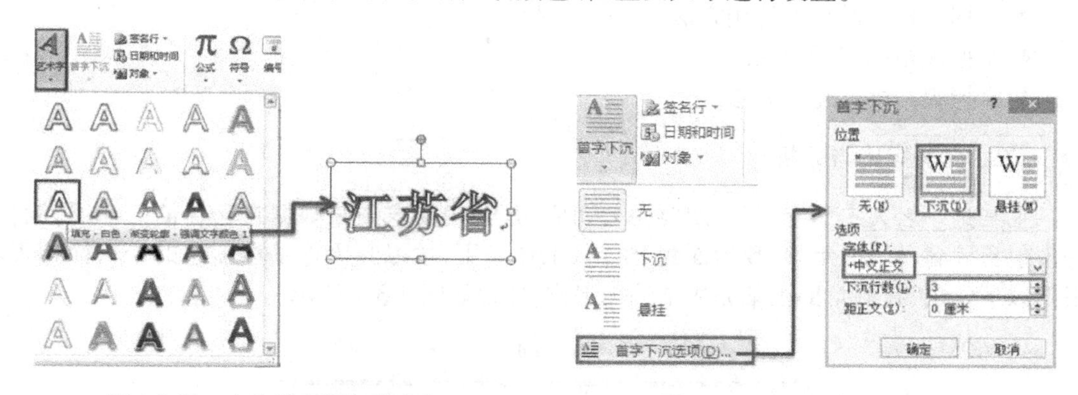

图 4-2-28　在文档中插入艺术字　　　图 4-2-29　设置首字下沉效果

（11）设置首字下沉

可以设置文档段落的首字呈现下沉效果，以起到突出显示的作用。被设置成首字下沉的文字实际上已成为文本框中的一个独立段落，可以像对其他段落一样给它加上边框或底纹，而且只有在页面视图方式下才可以查看所设置的效果。

① 创建首字下沉

首字下沉又被称为“花式首字母”，创建首字下沉的操作步骤如下：

◆ 切换到页面视图方式下。

◆ 将插入符置于要设置首字下沉的段落中，或选中段落开头的内容。

◆ 单击“插入”选项卡的“文本”组中的“首字下沉”按钮，在弹出的下拉列表中选择“首字下沉选项”命令，打开“首字下沉”对话框，如图 4-2-29 所示。

◆ 在“位置”选项区选择一种首字下沉的方式。

◆ 在“字体”下拉列表中选择首字下沉的字体。

◆ 在“下沉行数”微调框中指定首字下沉后下拉的行数（缺省值为 3 行），在“距正文”框中设置首字与右侧正文的距离（缺省值为 0 厘米）。

◆ 单击“确定”按钮。

② 取消首字下沉

取消首字下沉的操作步骤如下：

◆ 选中设置为首字下沉的文字。

◆ 单击“插入”选项卡的“文本”组中的“首字下沉”按钮，在弹出的下拉列表中选择“首字下沉选项”命令，打开“首字下沉”对话框。

◆ 在对话框的“位置”选项区选择“无”。

◆ 单击“确定”按钮，则可取消所设置的首字下沉式样。

任务 4-3　制作个人简历表

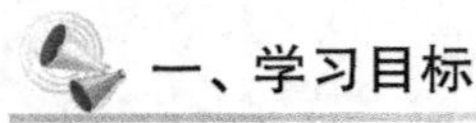

一、学习目标

◆ 掌握 Word 表格的建立方法。

◆ 掌握表格工具栏的使用方法。

◆ 掌握表格的编辑方法。

◆ 掌握表格格式化的方法。

二、任务描述与分析

王某是一名大三学生，下学期要去公司实习，公司要求王某根据自己目前的情况，制作一份包含姓名、性别、年龄、政治面貌、学历、工作经历、学习经历等基本信息的个人简历表。根据以下要求，我们帮助王某完成了编辑工作，样表如图 4-3-1 所示。

个　人　简　历

<table>
<tr><td>姓名</td><td></td><td>性别</td><td></td><td>出生年月</td><td></td><td rowspan="4">照片</td></tr>
<tr><td>籍贯</td><td></td><td>民族</td><td></td><td>身高</td><td></td></tr>
<tr><td>专业</td><td></td><td>健康状况</td><td></td><td>政治面貌</td><td></td></tr>
<tr><td>毕业学校</td><td colspan="3"></td><td>学历</td><td></td></tr>
<tr><td>通信地址</td><td colspan="3"></td><td>邮政编码</td><td colspan="2"></td></tr>
<tr><td>教育情况</td><td colspan="6"></td></tr>
<tr><td>专业特长</td><td colspan="6"></td></tr>
<tr><td>奖惩情况</td><td colspan="6"></td></tr>
<tr><td>期望月薪</td><td colspan="6"></td></tr>
<tr><td>联系方式</td><td colspan="6"></td></tr>
</table>

图 4-3-1　个人简历表的样表

制作个人简历表的具体要求如下：

◆ 将页面设置为：A4 纸，上、下、左、右页边距均为 2.5 厘米。

◆ 在第一行输入“个人简历”，格式设置为居中、黑体、小一号，字符间距为加宽 10 磅，设置段后间距为 1 行。

◆ 建立一个 7 列、10 行的表格，输入相关表头内容，格式为宋体、小四、分散对齐。

◆ 将前 5 行的行高设置为 1 厘米。

◆ 将第 6 行“教育情况”的行高设置为 2 厘米。

◆ 将第 7 行和第 8 行 “专业特长”和“奖惩情况”的行高设置为 6 厘米。

◆ 将第 9 行“期望月薪”的行高设置为 1 厘米。

◆ 将第 10 行“联系方式”的行高设置为 2 厘米。

◆ 合并相关单元格。

◆ 将表格外边框设置为双实线边框，内部为细实线。整个表格居中。

三、任务实施

1. 设置页面

操作步骤如下：

◆ 打开 Word 新文档，单击“页面布局”选项卡的“页面设置”组右下角的对话框启动器按钮，打开“页面设置”对话框，选择“纸张”选项卡，将“纸张大小”设置为“A4”。

◆ 选择“页边距”选项卡，将“上”“下”“左”“右”微调框中数值设置为“2.5 厘米”。

◆ 按【Ctrl】+【S】键，打开“另存为”对话框，在“文件名”中输入“个人简历”，单击“保存”按钮。

2. 输入表格标题

操作步骤如下：

◆ 在文档的第一行输入表格标题“个人简历”并按回车键。

◆ 选中表格标题“个人简历”，单击“开始”选项卡，在“字体”组中将“字体”设置为“黑体”，“字号”设置为“小一号”，单击“段落”组中的“居中”按钮。

◆ 单击“开始”选项卡中“字体”组右下角的对话框启动器按钮，打开“字体”对话框，选择“高级”选项卡，在“字符间距”选项区设置“间距”为“加宽”，“磅值”为“5 磅”，单击“确定”按钮。

3. 插入表格

操作步骤如下：

◆ 单击“插入”选项卡的“表格”组中的“表格”按钮，在下拉列表中选择“插入表格”，打开“插入表格”对话框，将“表格尺寸”选项区中的“列数”微调框中数值设置为“7”，“行数”微调框数值设置为“10”，单击“确定”按钮，如图 4-3-2所示。

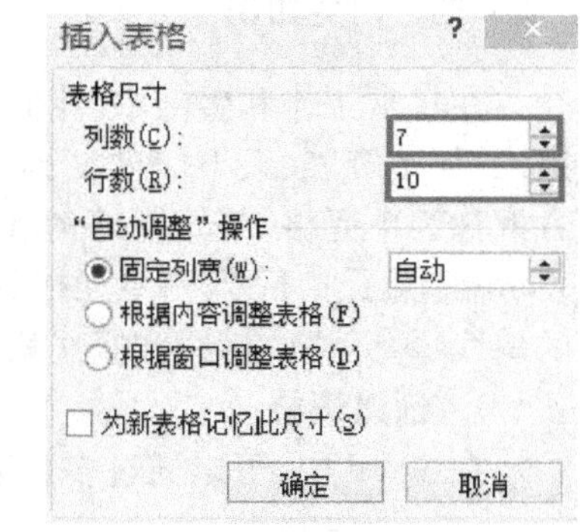

图 4-3-2　“插入表格”对话框

◆ 移动鼠标光标到表格第一行的左边，当指针变为向右指向的空心箭头时拖动鼠标至第 5 行，将“表格工具/布局”选项卡的“单元格大小”组中的“高度”微调框中的数值设置为“1 厘米”;按照同样的方法设置第 6 行的行高为“2 厘米”,第 7、8 行的行高为“6 厘米”,第 9 行的行高为“1 厘米”,第 10 行的行高为“2 厘米”。

◆ 根据图 4-3-1 所示,将光标置于表格的第 7 列第 1 行(即 G1),向下拖动鼠标选中 G1、G2、G3 和 G4 四个单元格,单击“表格工具/布局”选项卡的“合并”组中的“合并单元格”按钮,将表格第 7 列四个单元格合并为一个单元格;按照同样的方法,将 B4 ~ D4 合并为一个单元格,B5 ~ D5 合并为一个单元格,F5 ~ G5 合并为一个单元格,B6 ~ G6 合并为一个单元格,B7 ~ G7 合并为一个单元格,B8 ~ G8 合并为一个单元格,B9 ~ G9 合并为一个单元格,B10 ~ G10 合并为一个单元格。

◆ 选中整张表格,单击“表格工具/布局”选项卡的“对齐方式”组中的“水平居中”按钮,单击“开始”选项卡的“字体”组的“字体”下拉按钮,将字体设置为“宋体”,单击“字号”下拉按钮,将“字号”设置为“小四号”。

◆ 选中 A7 和 A8,单击鼠标右键,从弹出的快捷菜单中选择“文字方向”命令,打开“文字方向”对话框,在“方向”选项区选择“竖排”,单击“确定”按钮,如图 4-3-3 所示。

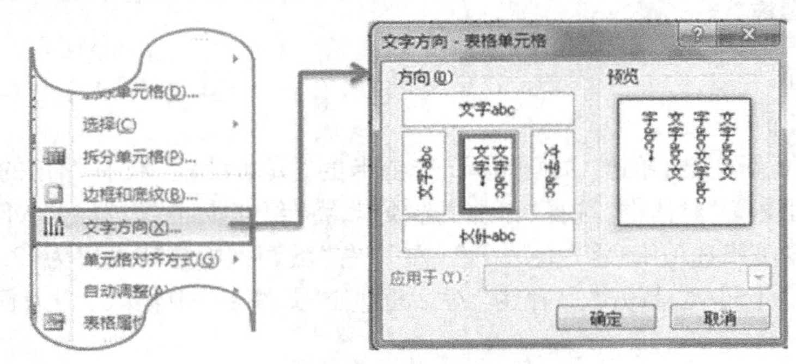

图 4-3-3 设置文字方向

◆ 单击表格左上角的全部选中按钮,选中整个表格,单击“开始”选项卡的“段落”组中的“居中”按钮;单击“表格工具/设计”选项卡的“绘图边框”组中的“笔样式”下拉按钮,选择“双实线”,单击“表格样式”组中的“边框”下拉按钮,选择“外侧框线”;单击“笔样式”下拉按钮,选择“细实线”,再次单击“表格样式”组中的“边框”下拉按钮,选择“内部框线”。

◆ 按照图 4-3-1 的样表在单元格里输入内容,并把“专业特长”和“奖惩情况”的字符间距调整为“加宽、5 磅”,最后单击“保存”按钮保存文档。

四、相关知识

在日常工作和生活中,我们经常采用表格的形式,将一些数据分门别类,有条理地表现出来,如工资表、人事信息表、学生成绩表等。一个表可以认为是由若干个方框组成的,每个方框称为单元格,单元格是表格的基本单元。我们可以向单元格中填充文字、数字、图形等。Word 提供了上下、左右单元格的合并,可以方便地进行单元格内容的上、中、下对齐。表格的斜线、单元格的横线和竖线均可方便地添加和删除。

1. 创建表格

在 Word 中,可以通过多种途径来创建精美别致的表格。

(1) 快速制作表格

利用“表格”下拉列表插入表格的方法既简单又直观,并且可以即时预览到表格在文档中的效果。其操作步骤如下：

◆ 将鼠标光标定位在要插入表格的文档位置。

◆ 单击“插入”选项卡的“表格”组中的“表格”按钮，在弹出的下拉列表的插入表格区域，以滑动鼠标的方式指定表格的行数和列数，同时文档编辑区也出现表格并实时发生变化，如图4-3-4所示。

◆ 单击鼠标左键即可在插入点光标处插入表格。

提示：使用以上这种方法只可以插入一张最大为8行10列的表格，要插入超过8行10列的表格需要使用“插入表格”命令。

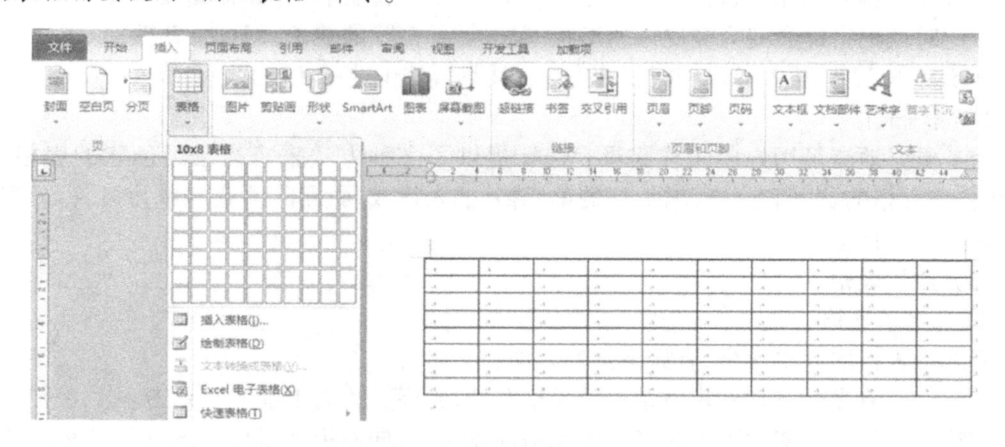

图4-3-4 插入并预览表格

(2) 用“插入表格”命令创建表格

通过“插入表格”命令创建表格时，可以在将表格插入文档之前选择表格尺寸和格式，操作步骤如下：

◆ 将鼠标光标定位到要插入表格的文档位置。

◆ 单击“插入”选项卡的“表格”组中的“表格”按钮，在弹出的下拉列表中执行“插入表格”命令，打开“插入表格”对话框，如图4-3-5所示。

◆ 在“表格尺寸”选项区分别指定表格的列数和行数。

◆ 在“‘自动调整’操作”区根据实际需要调整表格尺寸。

◆ 设置完毕后，单击“确定”按钮，即可将表格插入到文档中。同样可以在“表格工具/设计”选项卡上进一步设置表格的外观和属性。

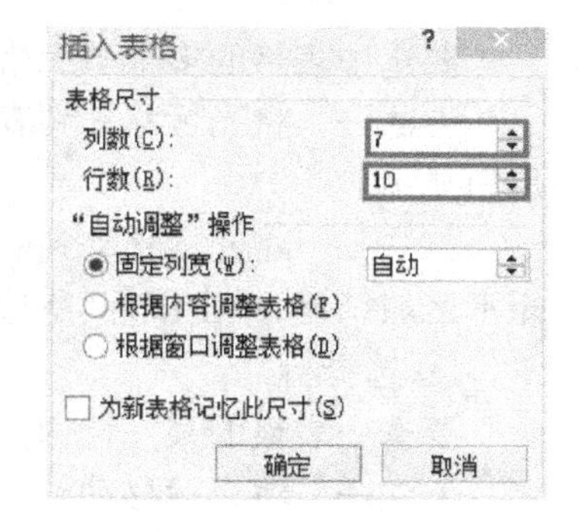

图4-3-5 “插入表格”对话框

提示：

a. “自动调整”操作里的选项。

● 固定列宽：指定表格中各列的宽度，默认为自动，可以手动输入列宽，也可以使用输入框后的微调按钮进行细微调整。

● 根据内容调整表格：根据表格中内容的多少自动调整表格的列宽。

● 根据窗口调整表格：根据创建表格的窗口自动调整表格的宽度。

b. 如果选中了“为新表格记忆此尺寸”复选框，那么下次打开“插入表格”对话框时，就会默认保持此次的表格设置。

(3) 手动绘制表格

如果要创建不规则的复杂表格,则可以采用手动绘制表格的方法,此方法使创建表格操作更具灵活性。操作步骤如下:

◆ 将鼠标光标定位到要插入表格的文档位置。

◆ 单击“插入”选项卡的“表格”组中的“表格”按钮,在弹出的下拉列表中执行“绘制表格”命令。

◆ 此时,鼠标指针会变为铅笔,在文档中拖动鼠标即可自由绘制表格。

◆ 如果要擦除某条线,可以单击“表格工具/设计”选项卡的“绘制边框”组中的“擦除”按钮。此时鼠标指针会变为橡皮擦的形状,单击需要擦除的线条,即可将其擦除。

◆ 擦除线条后,再次单击“擦除”按钮,使其不再处于选中状态。

2. 编辑表格

为了更好地满足用户的工作需要,Word 提供了多种方法来修改已经创建的表格。例如,调整单元格的宽度和高度,增加新的单元格,插入行或列,删除多余的单元格、行或列,合并或拆分单元格等。

(1) 选择表格

① 选择单元格

要选中表格的某单元格,有如下两种方法:

方法一 将光标移动到表格某一单元格左端,光标变为右上箭头时单击。

方法二 将光标移动到表格某一单元格任意位置,向右拖动鼠标至该单元格反白显示。

② 选择多个单元格

要选中表格的多个单元格,有如下两种方法:

方法一 将光标移动到表格某一单元格,向左、右、上、下拖动,直至所要的单元格全部反白显示。

方法二 将光标移动到所选矩形区域文字开头字符的左侧,按下【Shift】键,将光标移至矩形区域结尾,单击鼠标,所选区域反白显示。

③ 选择行

要选中表格的某一行,有如下两种方法:

方法一 将光标移动到表格某一行左端,光标变为右上箭头时单击。

方法二 将光标移动到表格某一行中,单击“表格工具/布局”选项卡的“表”组中的“选择”按钮,在弹出的下拉列表中选择“选择行”命令。

④ 选择列

要选中表格的某一列,有如下三种方法:

方法一 将光标移动到表格第一列上端,光标变为向下箭头时单击。

方法二 将光标移动到表格某一行中,单击“表格工具/布局”选项卡的“表”组中的“选择”按钮,在弹出的下拉列表中选择“选择列”命令。

方法三 将光标移动到表格某一列顶端单元格任意位置,向下拖动鼠标至该列反白显示。

⑤ 选择表格

要选中全部表格,有如下四种方法:

方法一 将光标移动到表格第一行左端，光标变为右上箭头后向下拖曳至最后一行。

方法二 将光标移动到表格第一列上端，光标变为向下的箭头后向右拖曳，至最后一列释放。

方法三 将光标移动到表格某一行中，单击“表格工具/布局”选项卡的“表”组中的“选择”按钮，在弹出的下拉列表中选择“选择表格”命令。

方法四 单击表格左上角的按钮。

表格中文字的选择方法与一般文本相同，这里不做详细介绍。

(2) 行、列和单元格的编辑

① 插入和删除行

• 插入行：将光标移动到要插入行的任意单元格中，单击“表格工具/布局”选项卡的“行和列”组中的“在上方插入”按钮或“在下方插入”按钮。

• 删除行：选中要删除的表格行，单击“表格工具/布局”选项卡的“行和列”组中的“删除”按钮，在弹出的下拉列表中选择“删除行”命令。

② 插入和删除列

• 插入列：将光标移动到要插入列的任一单元格中，单击“表格工具/布局”选项卡的“行和列”组中的“在左侧插入”按钮或“在右侧插入”按钮。

• 删除列：将光标移动到要删除列的任一单元格中，单击“表格工具/布局”选项卡的“行和列”组中的“删除”按钮，在弹出的下拉列表中选择“删除列”命令。

③ 插入与删除单元格

• 插入单元格：选中单元格，单击“表格工具/布局”选项卡的“行和列”组右下角的对话框启动器按钮，打开“插入单元格”对话框，选择一种插入方式，单击“确定”按钮。

• 删除单元格：将光标移动到要删除的单元格中，单击“表格工具/布局”选项卡的“行和列”组中的“删除”按钮，在弹出的下拉列表中选择“删除单元格”命令，打开“删除单元格”对话框，选择一种删除方式，单击“确定”按钮。

(3) 合并和拆分

① 合并单元格

合并单元格是指将 m 行 × n 列个单元格合并成一个单元格。先选中多个单元格，单击“表格工具/布局”选项卡的“合并”组中的“合并单元格”按钮。

② 拆分单元格

拆分单元格是指将一个单元格分出 m 行 × n 列个单元格。先选中单元格，单击“表格工具/布局”选项卡的“合并”组中的“拆分单元格”按钮，这时会弹出“拆分单元格”对话框，输入列数和行数后单击“确定”按钮。

③ 合并与拆分表格

Word 还支持将一个表格拆分成多个表格（从行拆分，不能从列拆分），以适应文档编辑的需要。

• 拆分表格：将光标定位到要拆分表格的分界行中的任意单元格，单击“表格工具/布局”选项卡的“合并”组中的“拆分表格”按钮，Word 自动在该行与上一行之间插入一个段落结束符。

• 合并表格：就是将两张表格合成一张表格。删除两表之间的段落结束符，两表自动合并。

(4) 改变表格的行高和列宽

① 调整行高

调整行高有如下两种方法:

方法一　鼠标拖动调整。将光标箭头对准表格横线,当光标变为一个垂直分割箭头时,上下拖动虚线到合适位置即可。

方法二　精确调整。将光标移动到要调整行的任一单元格或选中某行,在“表格工具/布局”选项卡的“单元格大小”组中的“高度”微调框中输入数值,或使用微调按钮进行调整。或者单击“表格工具/布局”选项卡的“单元格大小”组右下角的对话框启动器按钮,打开“表格属性”对话框,单击“行”选项卡,如图4-3-6所示,选中“指定高度”复选框,在框内输入精确值。单击“上一行”“下一行”按钮,可以依次改变表中各行的高度。单击“确定”按钮,关闭对话框。

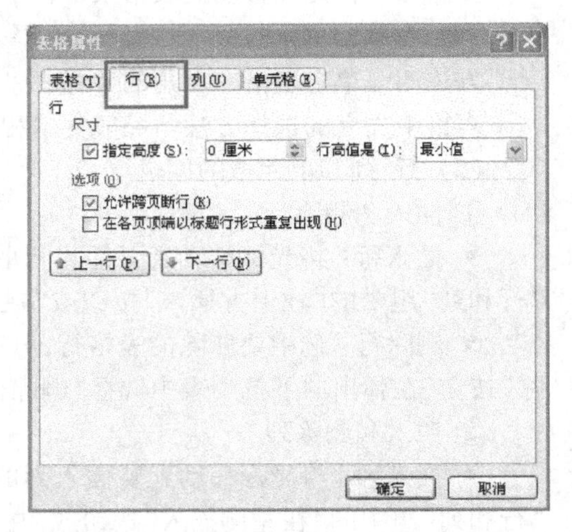

图4-3-6　“表格属性”对话框中的“行”选项卡

② 调整列宽

调整列宽有如下三种方法:

方法一　鼠标拖动调整。将光标移动到表格竖线上,光标将变为一个水平分隔箭头,拖动虚线至合适位置。

方法二　自动调整。选中某列或将光标移动到该列的任一单元格中,单击“表格工具/布局”选项卡的“单元格大小”组中的“自动调整”按钮,使用下拉列表中的命令可以自动调整表格的大小。

方法三　精确调整。将光标移动到要调整列的任一单元格中,在“表格工具/布局”选项卡的“单元格大小”组中的“宽度”微调框中输入数值,或使用微调按钮进行调整。或者单击“表格工具/布局”选项卡的“单元格大小”组右下角的对话框启动器按钮,打开“表格属性”对话框,单击“列”选项卡,如图4-3-7所示,选中“指定宽度”复选框,在框内输入精确值。单

图4-3-7　“表格属性”对话框中的“列”选项卡

图4-3-8　“表格属性”对话框中的“表格”选项卡

击“前一列”“后一列”按钮，可以依次改变表中各列。单击“确定”按钮，关闭对话框。

（5）控制表格的水平位置和文字环绕方式

用户可以通过改变表格的对齐方式控制表格的水平放置。例如，可以把表格置于页面中间，甚至可以设置表格的文字环绕方式。

① 设置表格的水平位置，操作步骤如下：选中表格，单击“表格工具/布局”选项卡的“单元格大小”组右下角的对话框启动器按钮，打开“表格属性”对话框，然后单击“表格”选项卡，如图 4-3-8 所示，选择“对齐方式”下的某一图标，单击“确定”按钮。

② 设置文字环绕方式，操作步骤如下：选中表格，打开“表格属性”对话框，单击“表格”选项卡，单击“文字环绕”下的“环绕”图标，单击“确定”按钮。

（6）设置单元格内容对齐方式

默认情况下，单元格中输入的文本内容为底端左对齐，用户可以根据需要调整文本的对齐方式。当对一个或多个单元格中的文本设置对齐方式时，首先要选中这些单元格，在“表格工具/布局”选项卡的“对齐方式”组中单击某一种对齐式（图 4-3-9）；还可以使用快捷菜单，先选中单元格，再单击鼠标右键，在弹出的快捷菜单中选择“单元格对齐方式”命令，再在级联菜单中选择某一种对齐格式。

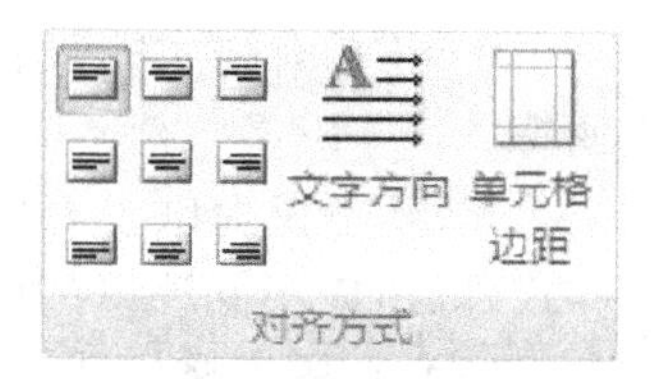

图 4-3-9　“对齐方式”组

3. **文本和表格之间的转换**

（1）把文本转换成表格

将文本转化为表格必须在每项之间插入分隔符，所谓分隔符，是指逗号、制表符、空格等符号，这些符号用来区分将成为表格各列的文本，如图 4-3-10 所示。转换前应注意检查分隔符。

赵→95
钱→84
孙→80

(a) 以制表符分割的文本

赵	95
钱	84
孙	80

(b) 转换后的表格

图 4-3-10　将文本转换为表格实例

选中要进行转换的文本，单击“插入”选项卡的“表格”组中的“表格”按钮，在弹出的下拉列表中选择“文本转换成表格”命令，打开“将文字转换成表格”对话框，如图 4-3-11 所示。设置自动调整和分隔符等选项，单击“确定”按钮，即可将文本转换成表格。

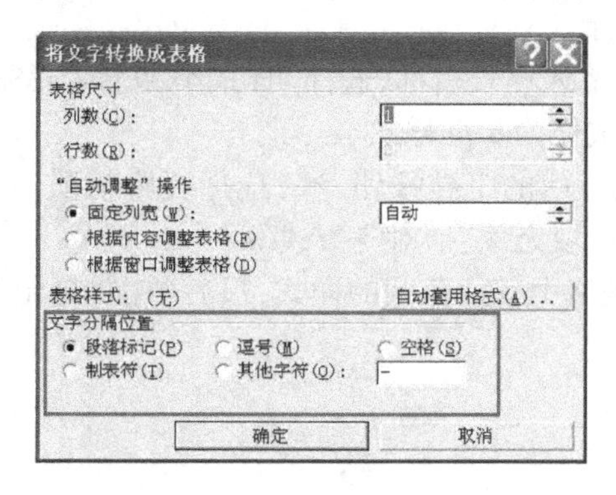

图 4-3-11　“将文字转换成表格”对话框

(2) 把表格转换成文本

选定要转换成段落的表格,单击"表格工具/布局"选项卡的"数据"组的"转换为文本"按钮,打开"表格转换成文本"对话框,选择一种文字分隔符(如果存在嵌套表格,还可以选中"转换嵌套表格"复选框)后单击"确定"按钮,如图 4-3-12 所示。

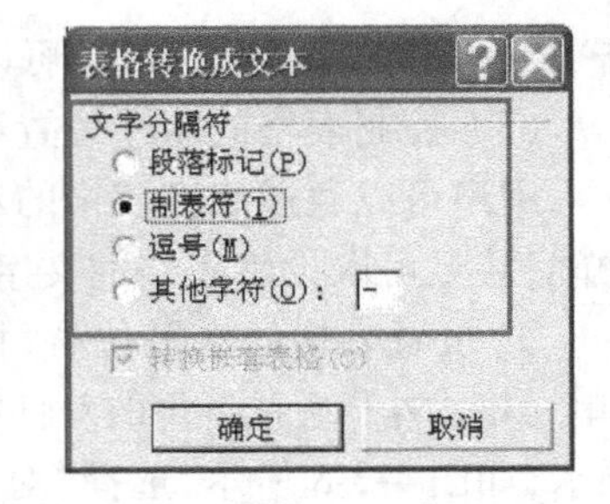

图 4-3-12 "表格转换成文本"对话框

提示:可以自己定义文本分隔符,选择"其他字符"项后在文本框中输入即可。

4. 修饰表格

Word 具有强大的表格功能,操作起来更加快捷、人性化,制作出来的表格更加新颖、独特。

Word 不仅提供了 100 多种表格样式,同时还允许用户套用表格格式,定制自己的表格样式,以适应不同环境的应用。

(1) 套用表格样式

将插入点移动到表格中,在"表格工具/设计"选项卡的"表格样式"组的样式库中选择一种表格格式,如图 4-3-13 所示,单击即可将它应用到表格中。

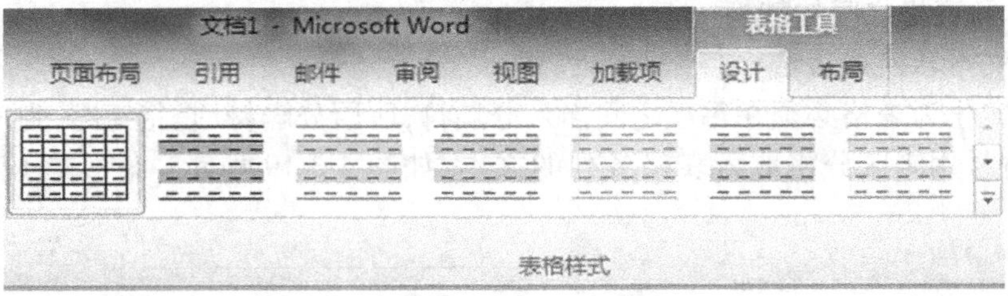

图 4-3-13 "表格样式"组

单击"其他"按钮,可以展开表格样式库,有更多的表格样式供用户选择使用。

(2) 自定义和修改表格样式

在 Word 中,用户可以自定义和修改表格样式。操作步骤如下:

◆ 将插入点定位到表格中,单击"表格工具/设计"选项卡的"表格样式"组中的样式库右侧的"其他"按钮,选择下拉列表中的"新建表样式"命令,打开"根据格式设置创建新样式"对话框,如图 4-3-14 所示。

◆ 在"名称"文本框中输入样式名称,选择"样式类型"为"表格",单击"样式基准"后的下拉按钮 ,选择一种样式作为基准样式。

◆ 单击"将格式应用于"后的下拉按钮 ,选择表格范围,并设置该范围中的格式,如字体、字号、颜色、边框颜色、填充颜色、对齐方式等。

◆ 重复上一步,设置表格中其他范围的样式,最后单击"确定"按钮,完成表格样式的自定义工作。

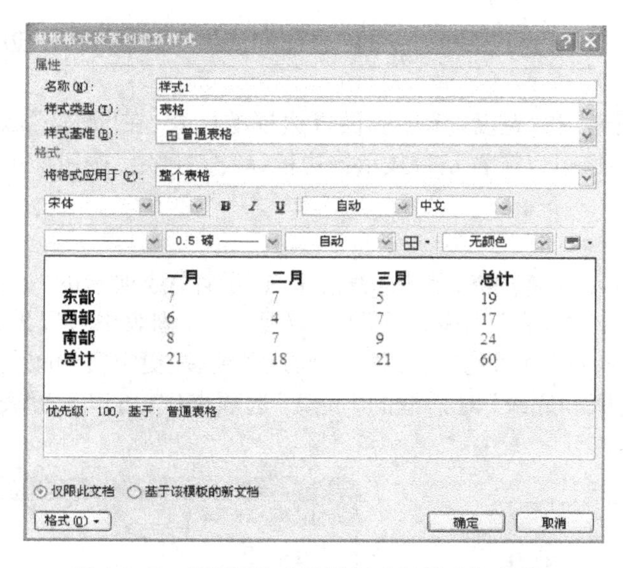

图 4-3-14　“根据格式设置创建新样式”对话框

(3) 设置边框和底纹

在 Word 中可以为文档中的表格添加、设置各式各样的边框和底纹。

① 设置边框

有如下两种方法：

方法一　选中需要设置边框的单元格或表格，单击“表格工具/设计”选项卡的“表格样式”组中的“边框”按钮右侧的下拉按钮，弹出“边框”下拉列表，如图 4-3-15 所示。选择(按钮呈按下状态)其中的某个命令，即可显示表格的对应按钮。取消边框线选择按钮，可以隐藏对应的边框线。

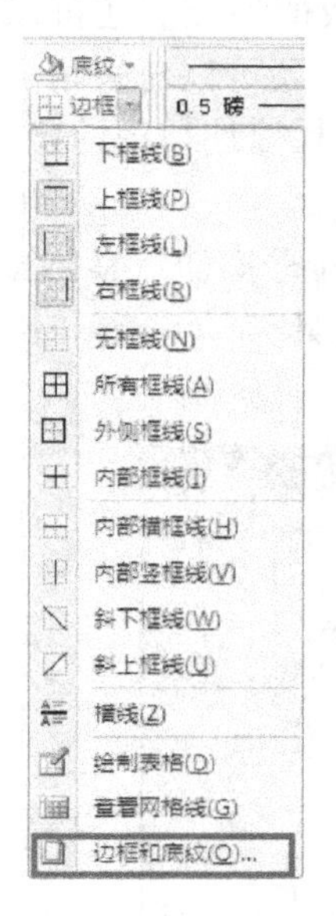

图 4-3-15　“边框”下拉列表

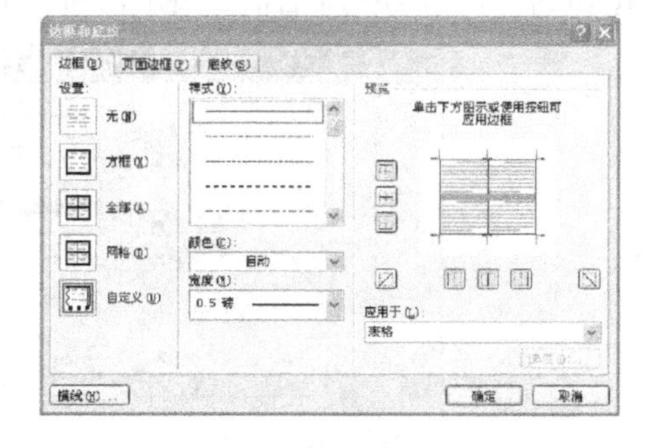

图 4-3-16　“边框和底纹”对话框

方法二　使用“边框和底纹”对话框设置，具体操作步骤如下：

◆ 选择如图 4-3-15 所示下拉列表中的“边框和底纹”命令，打开“边框和底纹”对话框，如图 4-3-16 所示。

◆ 在“样式”“颜色”和“宽度”选项区设置边框的样式，在“预览”区可以实时预览边框效果。在“设置”选项区可以设置是否显示该边框，单击“确定”按钮即可应用设置。

② 设置底纹

有如下两种方法：

方法一　选中单元格或表格，单击“表格工具/设计”选项卡的“表格样式”组中的“底纹”下拉按钮，打开“主题颜色”列表，如图 4-3-17 所示，在列表中可以设置表格的纯色底纹。选择“其他颜色”命令，打开“颜色”对话框，从而选择更多、更丰富的颜色。

方法二　在“边框和底纹”对话框的“底纹”选项卡中，可以设置表格的底纹及底纹颜色，如图 4-3-18 所示。

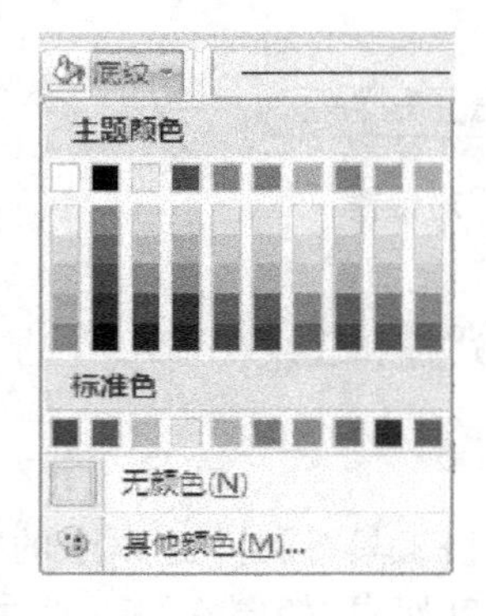

图 4-3-17　“主题颜色”列表

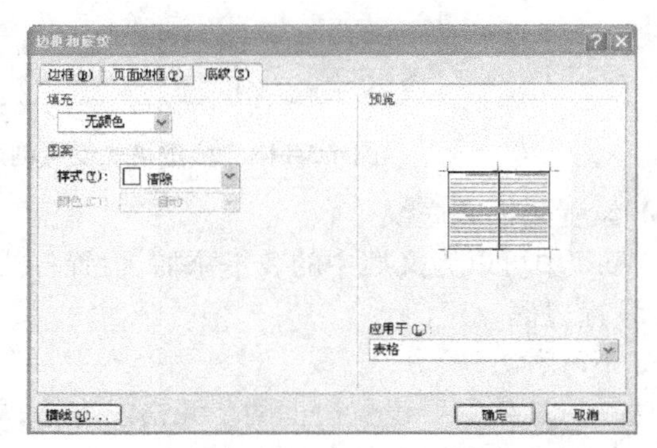

图 4-3-18　“底纹”选项卡

5．表格的排序与计算

在 Word 的表格中，可以依照某列对表格进行排序，对数值型数据还可以按从小到大或从大到小的不同方式排列顺序。此外，利用表格的计算功能，还可以对表格中的数据执行一些简单的运算，如求和、求平均值、求最大值等，并可以方便、快捷地得到计算结果。

(1) 排序

在 Word 中可以对表格中的数字、文字和日期数据进行排序操作。具体操作步骤如下：

◆ 将插入符置于需要进行排序的表格中，单击“表格工具/布局”选项卡的“数据”组中的“排序”按钮，打开“排序”对话框，如图 4-3-19 所示。

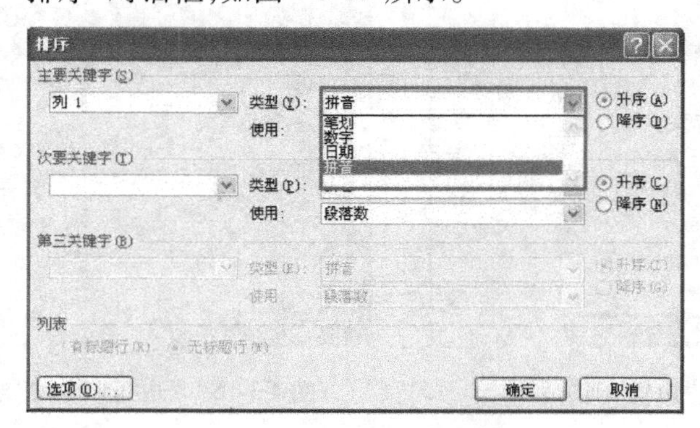

图 4-3-19　“排序”对话框

◆ 在“主要关键字”区域类型后的下拉列表中选择参与排序的列名，在旁边的类型列表中选择排序的数据类型（有“笔划”“拼音”“数字”或“日期”），选中“升序”或“降序”单选按钮，设置排序的类型，如图 4-3-19 所示。

提示：选中“有标题行”单选按钮，则 Word 表格中的标题也会参与排序。

◆ 如果需要，还可以继续设置次要关键字和第三关键字，方法如上一步骤所述，设置完毕后单击“确定”按钮即可。

（2）表格中数据的计算

在 Word 中，可以轻松地对表格中的数据进行简单计算。

① 单元格参数的表示方法

在表格中，排序或计算都是以单元格为单位进行的，为了方便在单元格之间进行计算，我们使用了一些参数来代表单元格、行或列。表格的列用字母表示，表格的行用数字表示，每一个单元格的名字由它所在的列和行的编号组合而成。例如，一个 2 行 5 列的表格中所有单元格的名字如表 4-3-1 所示。

表 4-3-1　表格中单元格地址的编址方法

A1	B1	C1	D1	E1
A2	B2	C2	D2	E2

② 数据计算

对表格中的数据进行简单计算的操作步骤如下：

◆ 单击要放置计算结果的单元格。

◆ 单击“表格工具/布局”选项卡的“数据”组中的“公式”按钮，打开“公式”对话框，如图 4-3-20 所示。

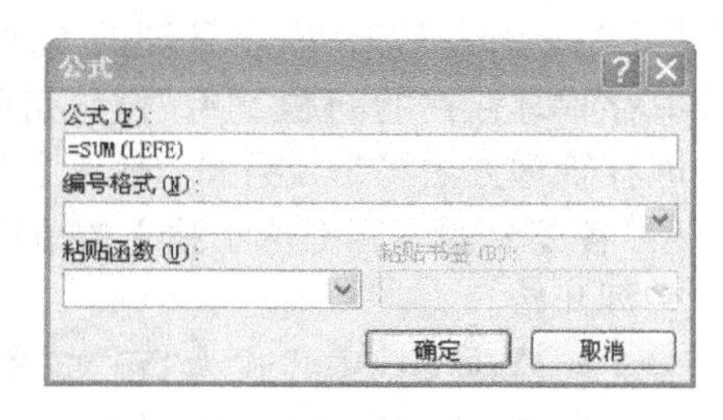

图 4-3-20　“公式”对话框

◆ 如果所选单元格位于数字列底部，Word 会建议用“=SUM(ABOVE)”公式，即对该插入符上方各单元格中的数值求和；如果所选单元格位于数字行右边，Word 会建议用“=SUM(LEFT)”公式，即对该插入符左边各单元格中的数值求和。如果不想用 Word 建议的公式，可以进行以下操作：删除“公式”框中等号（=）以后的内容，键入自己的运算公式；或从“粘贴函数”列表中选择一个函数，并在圆括号内输入要运算的参数值。

◆ 如果要设置计算结果的数字格式，单击“编号格式”列表框中的下拉按钮，从弹出的列表中选择自己所需的数字格式。

◆ 单击“确定”按钮。

任务 4-4　编排论文

一、学习目标

◆ 理解样式的概念，掌握样式的创建、修改和应用。

◆ 掌握项目编号和项目符号的设置方法。

◆ 掌握分节符、分页符的使用方法。
◆ 掌握页眉、页脚、页码的设置方法。
◆ 掌握目录的制作和更新方法。
◆ 掌握添加脚注和尾注的方法。

二、任务描述与分析

2013 级企业管理专业的郭靖同学选修了“供应链管理”课程，撰写了题为“供应链中的库存管理研究”的论文并保存为 Word. docx，论文的排版和参考文献还需要进一步修改。根据以下要求，试帮助郭靖对论文进行完善（整体效果参照“Word 样稿. docx”）：

◆ 将文档“Word 素材. docx”另存为“郭靖论文. docx”。

◆ 为论文创建封面，将论文题目、作者姓名和作者专业放置在文本框中，并居中对齐；文本框的环绕方式为四周型，在页面中的对齐方式为左右居中。在页面的下侧插入图片“图片 1. jpg”，环绕方式为四周型，并应用一种映像效果。其整体效果如图 4-4-1 所示或参考文件“封面效果. docx”。

图 4-4-1 封面效果

◆ 对文档内容进行分节，使得“封面”“目录”“摘要”“1. 引言”“2. 库存管理的原理和方法”“3. 传统库存管理存在的问题”“4. 供应链管理环境下的常用库存管理方法”“5. 结论”“参考书目”和“专业词汇索引”各部分的内容都位于独立的节中，且每节都从新的一页开始。

◆ 修改文档中样式为“正文”的文本，使其首行缩进 2 字符，段前和段后间距为 0.5 行；修改“标题 1”样式，将其自动编号的样式修改为“第 1 章，第 2 章，第 3 章……”；修改标题 2.1.2 下方的编号列表，使用自动编号，样式为“1）、2）、3）”。

◆ 在文档的页脚正中插入页码，要求封面页无页码，目录和摘要部分使用“Ⅰ，Ⅱ，Ⅲ，…”格式，正文以及“参考书目”和“专业词汇索引”部分使用“1，2，3，…”格式。

◆ 在“目录”节中插入“流行”格式的目录，替换“请在此插入目录！”文字；目录中需包含各级标题和“摘要”“参考书目”以及“专业词汇索引”，其中“摘要”“参考书目”和“专业词汇索引”在目录中须和标题 1 同级别。

◆ 删除文档中所有空行。
◆ 为引用的资料添加脚注。
◆ 双面打印编排好的论文。

三、任务实施

1. 另存文件

操作步骤如下：

◆ 打开“Word. docx”文件。

◆ 单击“文件”选项卡下的“另存为”命令，弹出“另存为”对话框，在该对话框中将“文件名”设为“郭靖论文. docx”，单击“保存”按钮。

2. 设置论文封面

操作步骤如下：

◆ 打开“郭靖论文. docx”，把光标定位到“目录”前面，单击“页面布局”选项卡的“页面设置”组中的“分隔符”按钮，在弹出的下拉列表中选择“分节符”→“下一页”命令，在文件首页新增一空白页。

◆ 将光标置于第 1 页中，单击“插入”选项卡的“文本”组中的“文本框”按钮，在下拉列表框中选择“简单文本框”，在新插入的空白页页面中绘制一个文本框，输入文本“供应链中的库存管理研究”，按回车键，输入“郭靖”，按回车键，输入“2013 级企业管理专业”，再按回车键。

◆ 参照图 4-4-1，选中“供应链中的库存管理研究”文本，在“开始”选项卡的“字体”组中，将字体设置为“黑体”，字号设置为“小初”，单击“加粗”按钮；同理，选中“郭靖”和“2013 级企业管理专业”文本，将字体设置为“黑体”，字号设置为“小三”。选中文本框中的文本文字，单击“开始”选项卡的“段落”组中的“居中”按钮。将光标置于文字“郭靖”前，按下键盘上的【Enter】键，增加一个空段落。

◆ 选中文本框控件，单击鼠标右键，在弹出的快捷菜单中选择“设置形状格式”命令，打开“设置形状格式”对话框，在此对话框中选择左侧的“线条颜色”选项，选中右侧的“无线条”单选按钮，然后单击“关闭”按钮，如图 4-4-2 所示。

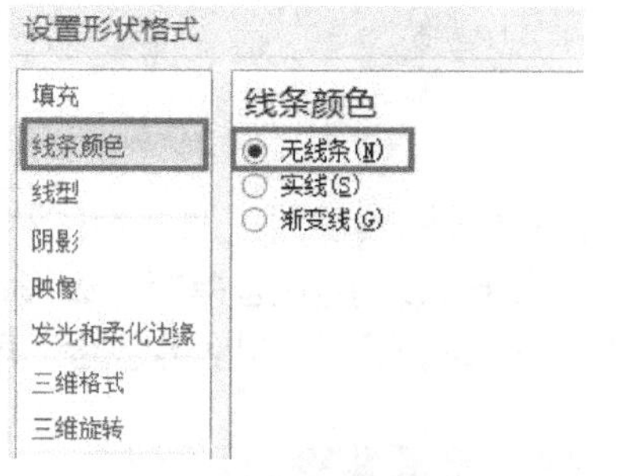

图 4-4-2 设置文本框无线条

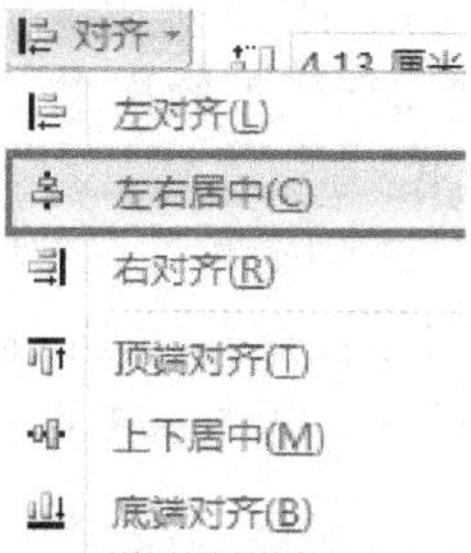

图 4-4-3 设置文本框的对齐方式

◆ 选中文本框，单击鼠标右键，在弹出的快捷菜单中选择“自动换行”命令，从右侧的级联菜单中选择“四周型环绕”。再次选中文本框，单击“绘图工具/格式”选项卡的“排列”组中的“对齐”下拉箭头，从下拉列表中选择“左右居中”命令，如图 4-4-3 所示。

◆ 把光标定位到文本框下方，单击“插入”选项卡的“插图”组中的“图片”按钮，打开“插入图片”对话框，打开图片路径，选择图片文件“图片 1. jpg”，单击“插入”按钮。

◆ 选中图片，单击鼠标右键，在弹出的快捷菜单中选择“自动换行”→“四周型环绕”命令。再次右击鼠标，在弹出的快捷菜单中选择“设置图片格式”命令，打开“设置图片格式”对话框，选择左侧列表框中的“映像”，在右侧的映像属性设置框中单击“预设”选项右侧的下拉箭头，选择“紧密映像，接触”，单击“关闭”按钮，如图 4-4-4 所示。适当调整图片的大小和位置。

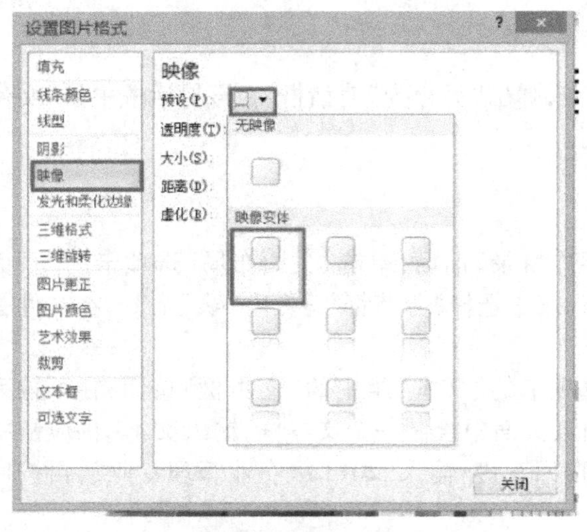

图 4-4-4 “设置图片格式”对话框

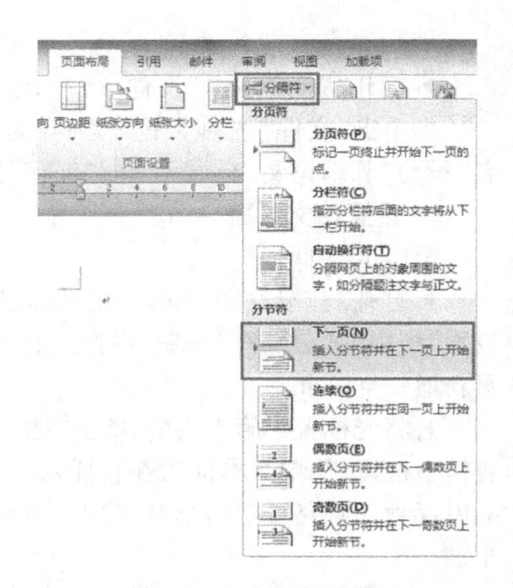

图 4-4-5 插入分节符

3. **对文档分节**

操作步骤如下：

◆ 将光标置于“摘要”的前面，单击“页面布局”选项卡的“页面设置”组中的“分隔符”按钮，在弹出的下拉列表中选择“分节符”→“下一页”，使各部分都位于独立的节中，如图4-4-5所示。

◆ 使用同样的方式，分别使“1. 引言”“2. 库存管理的原理和方法”“3. 传统库存管理存在的问题”“4. 供应链管理环境下的常用库存管理方法”“5. 结论”“参考书目”和“专业词汇索引”各部分的内容都位于独立的节中。

4. **修改正文和标题 1 的样式**

操作步骤如下：

◆ 在“开始”选项卡的“样式”组中单击右下角的对话框启动器按钮，打开“样式”任务窗格，将鼠标指向“正文”样式，单击右侧的下拉按钮，在下拉列表中选择“修改”命令，随后弹出“修改样式”对话框，如图 4-4-6 所示，单击“格式”按钮，在下拉列表中选择“段落”命令，

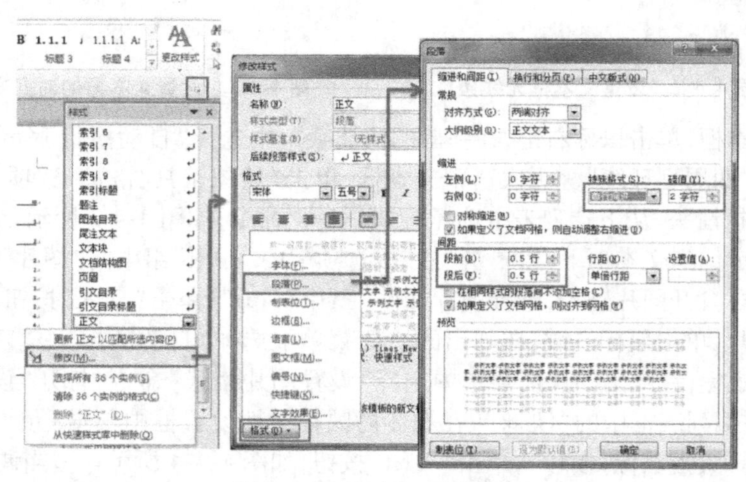

图 4-4-6 修改“正文”样式

打开“段落”对话框，在“缩进和间距”选项卡中设置“特殊格式”为“首行缩进”、“磅值”微调框为“2 字符”、“段前”为“0.5 行”、“段后”为“0.5 行”，单击“确定”按钮，如图 4-4-6 所示。

◆ 在“开始”选项卡的“样式”组中右击“标题 1”，在弹出的快捷菜单中选择“修改”命令，打开“修改样式”对话框，单击“格式”按钮，在下拉列表中选择“编号”命令，打开“编号和项目符号”对话框，选择“编号”选项卡，单击“定义新编号格式”按钮，弹出“定义新编号格式”对话框，在“编号格式”中的“1”前面输入“第”，在“1”后面输入“章”，并删除“.”符号，设置完毕后单击“确定”按钮，如图 4-4-7 所示。

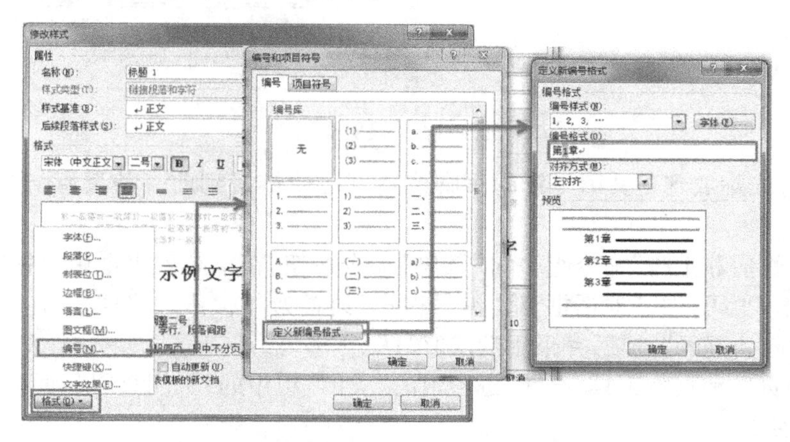

图 4-4-7　修改“标题 1”样式编号

◆ 选中标题 2.1.2 下方的编号列表，单击“开始”选项卡的“段落”组中的“编号”按钮，在弹出的列表中选择“编号库”中的“1）、2）、3）”样式的编号。

5. 插入页码

操作步骤如下：

◆ 单击“插入”选项卡的“页眉和页脚”选项组中的“页脚”按钮，在下拉列表中选择“空白”命令。

◆ 双击封面页页脚位置，勾选“页眉和页脚工具/设计”选项卡的“选项”组中的“首页不同”复选框。

◆ 将鼠标光标放到“目录”页的页脚位置，单击“链接到前一条页眉”选项，取消其选中状态，如图 4-4-8 所示。

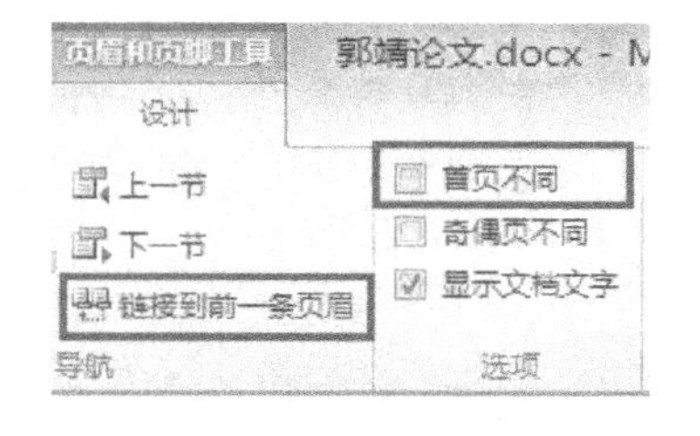

图 4-4-8　设置“首页不同”与取消选中“链接到前一条页眉”

◆ 单击“页眉和页脚”组中的“页码”命令按钮，在下拉列表框中选择“设置页码格式”命令，弹出“页码格式”对话框，将“编号格式”设置为“Ⅰ，Ⅱ，Ⅲ，…”样式，在“页码编号”选项区勾选“起始页码”单选按钮，并采用值“Ⅰ”，单击“确定”按钮，如图 4-4-9 所示，关闭“页码格式”对话框。再次单击“页码”选项，在下拉列表中选择“页面底端”，在弹出的级联菜单中选择“普通数字 2”。

◆ 将鼠标光标放到“摘要”页的页脚位置，单击“插入”选项卡的“页眉和页脚”组中的“页码”命令按钮，在下拉列表框中选择“设置页码格式”命令，弹出“页码格式”对话框，将“编号格式”设置为“Ⅰ，Ⅱ，Ⅲ，…”样式，在“页码编号”选项组中勾选“续前节”选项，单击“确定”按钮。再次单击“页码”选项，在下拉列表中选择“页面底端”，在弹出的级联菜单中选择“普通数字 2”。

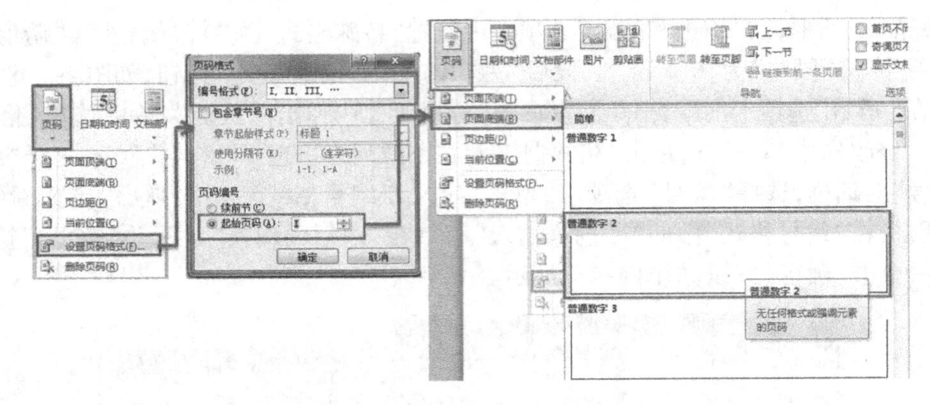

图 4-4-9　设置页码

◆ 将鼠标光标放到正文第一章的页脚位置，单击“链接到前一条页眉”选项，取消其选中状态。

◆ 单击“页眉和页脚”命令组中的“页码”命令按钮，在下拉列表框中选择“设置页码格式”命令，弹出“页码格式”对话框，将“编号格式”设置为“1，2，3，…”样式，在“页码编号”选项组中勾选“起始页码”选项，并采用默认值“1”。

◆ 单击“页眉和页脚工具/设计”选项卡的“关闭”组中的“关闭页眉和页脚”按钮。

6. 插入目录

操作步骤如下：

◆ 选中“摘要”标题，单击“开始”选项卡的“样式”组中样式列表中的“标题 1”样式，出现“第 1 章 摘要”，选中编号“第 1 章”，右击鼠标，在弹击的快捷菜单中选择“编号”→“无”。

◆ 分别选中“参考书目”标题和“专业词汇索引”标题，按照上述同样的方法，将该标题段落应用“标题 1”样式，并去除自动出现的项目编号。

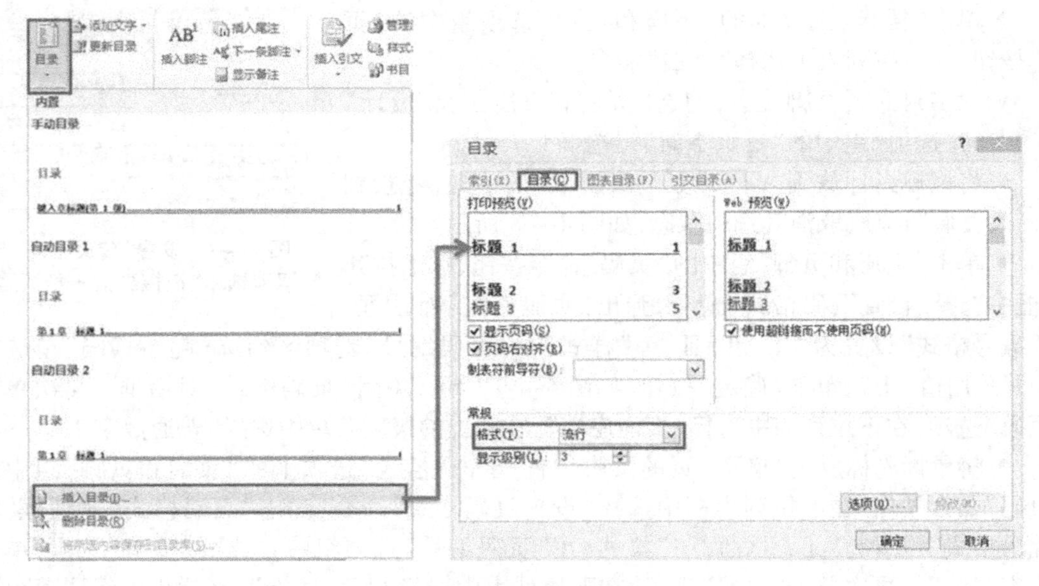

图 4-4-10　插入目录设置

◆ 在目录页中将光标置于“请在此输入目录!”文字之前,单击“引用”选项卡的“目录”组中的“目录”按钮,在弹出的下拉列表中选择“插入目录”,打开“目录”对话框,在“常规”区域的“格式”列表框中选择“流行”样式,如图4-4-10所示,单击“确定”按钮。插入目录后,将黄底文字“请在此插入目录!”删除。

7. 删除文档中的空行

操作步骤如下:

◆ 单击“开始”选项卡的“编辑”组中的“替换”按钮,弹出“查找和替换”对话框,将光标置于“查找内容”列表框中,单击“更多”按钮,单击“特殊格式”按钮,在弹出的级联菜单中选择“段落标记”,继续单击“特殊格式”按钮,再次选择“段落标记”,如图4-4-11所示。

◆ 将光标置于“替换为”列表框中,单击“特殊格式”按钮,在弹出的级联菜单中选择“段落标记”,单击“全部替换”按钮,在弹出的对话框中选择“确定”按钮。

◆ 返回到“查找和替换”对话框,单击“关闭”按钮。

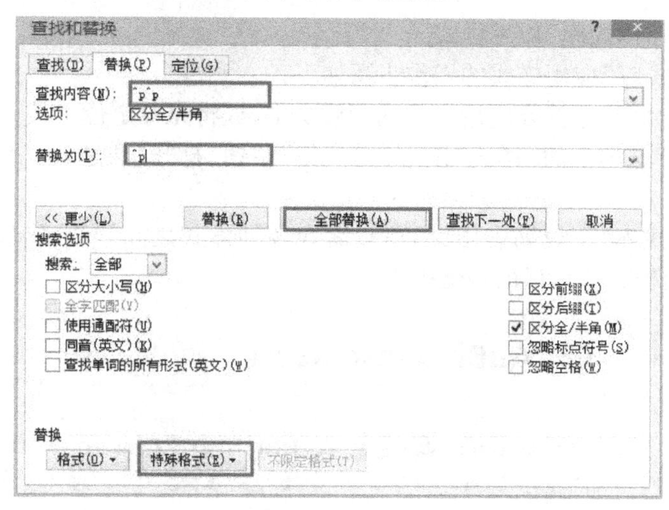

图4-4-11 “查找和替换”对话框

8. 添加脚注

操作步骤如下:

◆ 将光标定位在正文第1页“2000年发生在飞利浦(Philips)公司……从此一蹶不振。”后,单击“引用”选项卡的“脚注”组中的“插入脚注”按钮,如图4-4-12所示,在刚刚选定的位置上会出现一个上标的序号“1”,在页面底端也会出现一个序号“1”,且光标在序号“1”后闪烁,直接在页面底端的序号“1”后输入具体的脚注信息,脚注就添加好了。

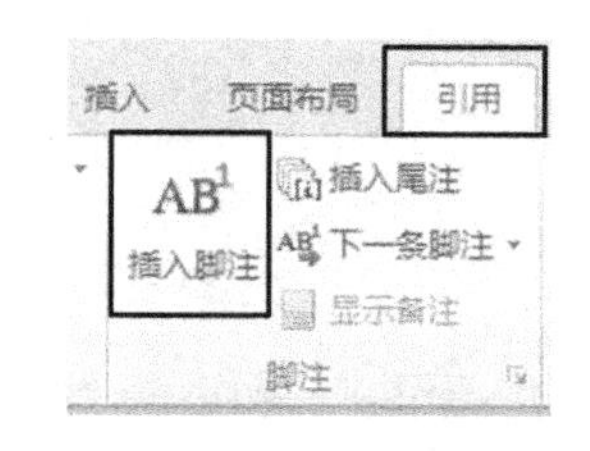

图4-4-12 添加脚注

◆ 按此方法,将文章中所有的脚注添加完毕。

9. 打印文档

单击“文件”选项卡,展开命令列表,选择“打印”命令,这时在命令的右侧将显示打印的设置选项和打印预览的效果,在打印选项中确认“打印机”,单击“单面打印”选项,不同的打印机会有“双面打印”或“手动双面打印”等选项,按需求选择。最后,单击最上方的“打印”

图标，即可开始打印。

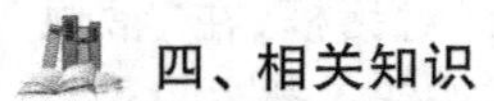

四、相关知识

制作专业的文档，除了使用常规的页面内容和美化操作外，还需要注重文档的结构以及排版方式。Word 提供了诸多简便的功能，使长文档的编辑、排版、阅读和管理更加轻松自如。

1. 使用样式

样式是指一组已经命名的字符和段落格式。它规定了文档中标题、正文以及要点等各个文本元素的格式。用户可以将一种样式应用于某个选定的段落或字符，以使所选定的段落或字符具有这种样式所定义的格式。

在 Word 中提供了“快速样式库”，用户可以从中进行选择以便为文本快速应用某种样式。

(1) 利用“快速样式库”应用样式

利用“快速样式库”应用样式的操作步骤如下：

◆ 在 Word 文档中，选择要应用样式的标题文本，或将光标定位于某一段落中。

◆ 单击“开始”选项卡的“样式”组中的“其他”按钮，打开“快速样式库”下拉列表，如图 4-4-13 所示。

◆ 在“快速样式库”下拉列表中，用户只需在各种样式之间轻松滑动鼠标，标题文本就会自动呈现出当前样式应用后的视觉效果。

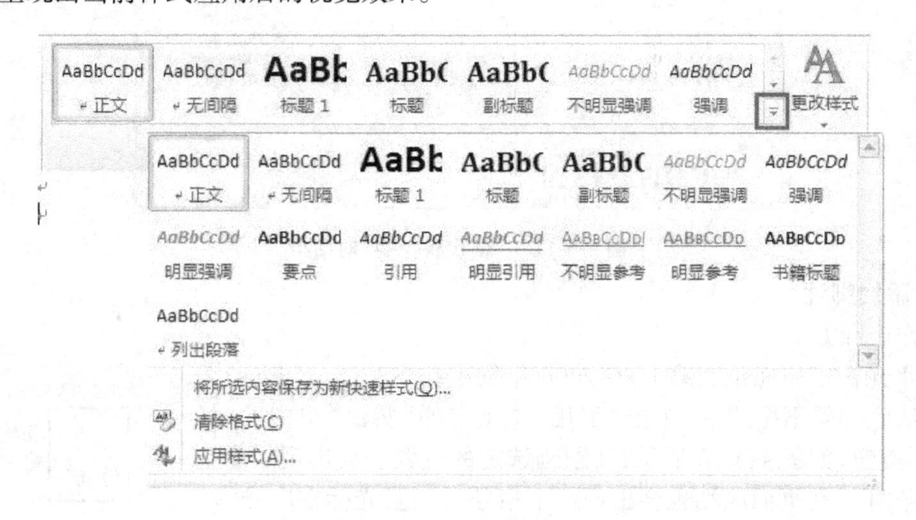

图 4-4-13　快速样式库

(2) 利用“样式”任务窗格应用样式

通过使用“样式”任务窗格，也可以将样式应用于选中的文本段落，操作步骤如下：

◆ 在 Word 文档中，选择要应用样式的标题文本，或将光标定位于某一段落中。

◆ 单击“开始”选项卡的“样式”组右下角的对话框启动器按钮，打开“样式”任务窗格，如图 4-4-14 所示。

◆ 在“样式”任务窗格的列表框中选择某一种样式，即可将该样式应用到当前段落中。

◆ 在“样式”任务窗格中选中下方的“显示预览”复选框，可看到样式的预览效果，否则所有样式只以文字描述的形式列举出来。

（3）利用“样式集”应用样式

除了单独为选定的文本或段落设置样式外，Word 内置了许多经过专业设计的样式集，而每个样式集都包含了一整套可应用于整篇文档的样式组合。只要选择了某个样式集，其中的样式组合就会自动应用于整篇文档，从而实现一次性完成文档中的所有样式设置。应用样式集的操作步骤如下：

◆ 首先对文档中的文本应用 Word 内置样式，如标题文本应用内置标题样式。

◆ 单击“开始”选项卡的“样式”组中的“更改样式”按钮。

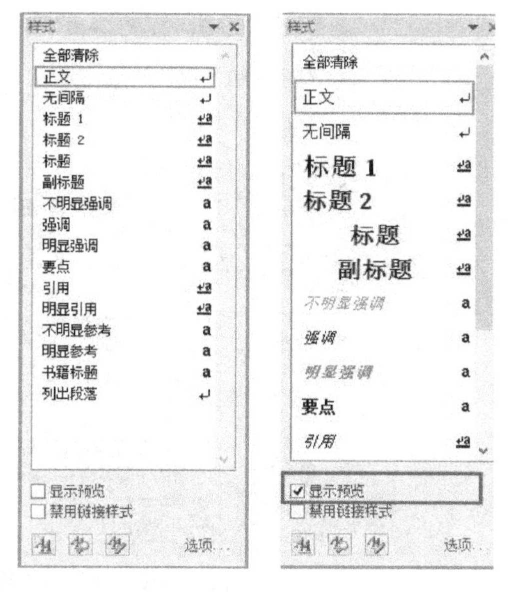

图 4-4-14 “样式”任务窗格

◆ 从下拉列表中选择“样式集”命令，打开样式集列表，如图 4-4-15 所示，从中单击选择某一样式集，如“流行”，该样式集中包含的样式设置就会应用于当前文档中已应用了内置标题样式、正文样式的文本。

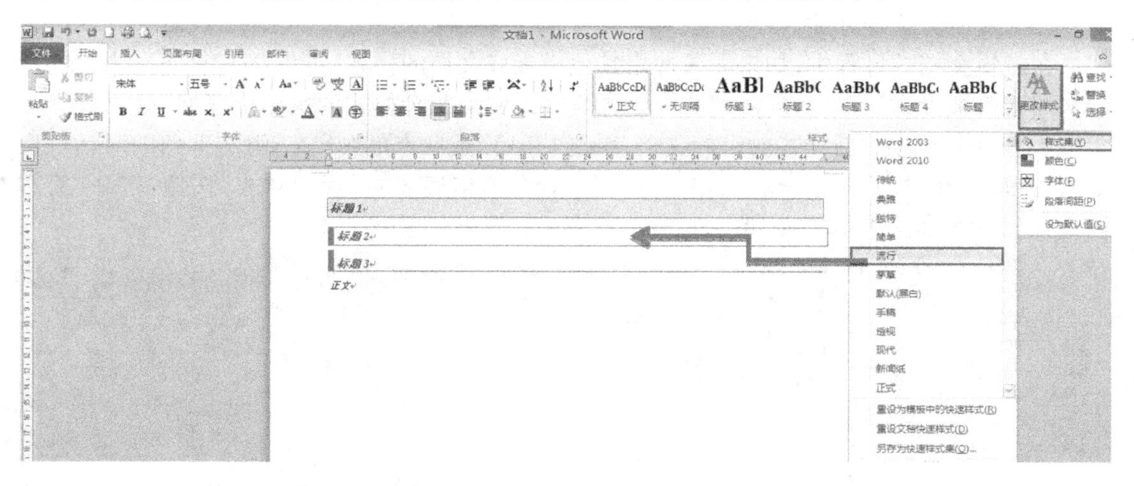

图 4-4-15 应用样式集

（4）创建新样式

可依据现在的文本格式创建新样式，也可以直接定义新样式。依据已有文本格式创建一个全新的自定义样式的操作步骤如下：

◆ 首先对文档中某一文本或段落进行格式设置。

◆ 选中已经完成格式定义的文本或段落，并右击所选内容，在弹出的快捷菜单中执行“样式”→“将所选内容保存为新快速样式”命令，打开“根据格式设置创建新样式”对话框，在“名称”文本框中输入新样式的名称，如“一级标题”，如图 4-4-16 所示。

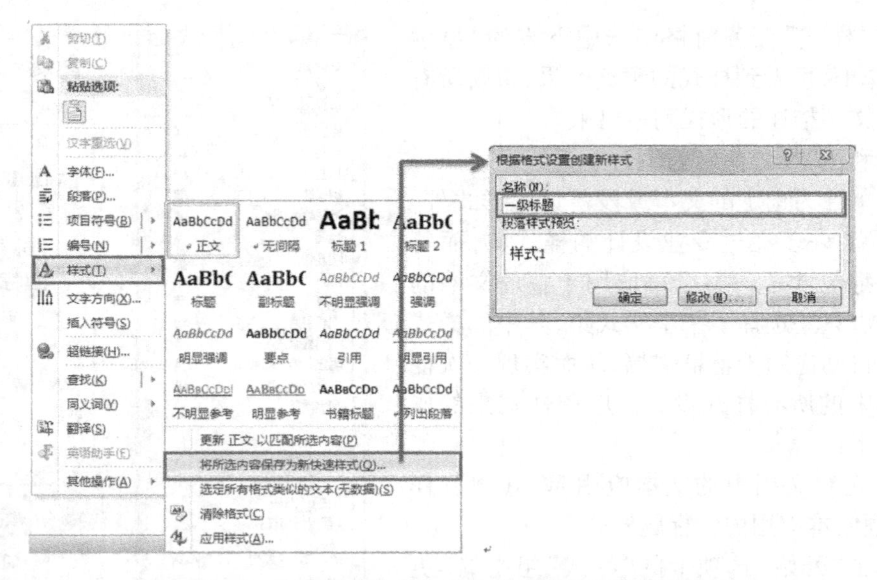

图 4-4-16　将所选内容中包含的格式保存为新快速样式

◆ 如果在定义新样式的同时,还希望针对该样式进行进一步定义,单击“修改”按钮。

◆ 单击“确定”按钮,新定义的样式将出现在快速样式库中以备调用。

提示:单击“样式”任务窗格左下角的“新建样式”按钮,可以直接创建新样式。

(5) 复制并管理样式

在编辑文档的过程中,如果需要使用其他模板或文档的样式,可以将其复制到当前的活动文档或模板中,而不必重复创建相同的样式。复制与管理样式的操作步骤如下:

◆ 打开需要接收新样式的目标文档,单击“开始”选项卡的“样式”组右下角的对话框启动器按钮,打开“样式”任务窗格,单击“样式” 任务窗格底部的“管理样式”按钮,打开“管理样式”对话框,如图 4-4-17 所示。

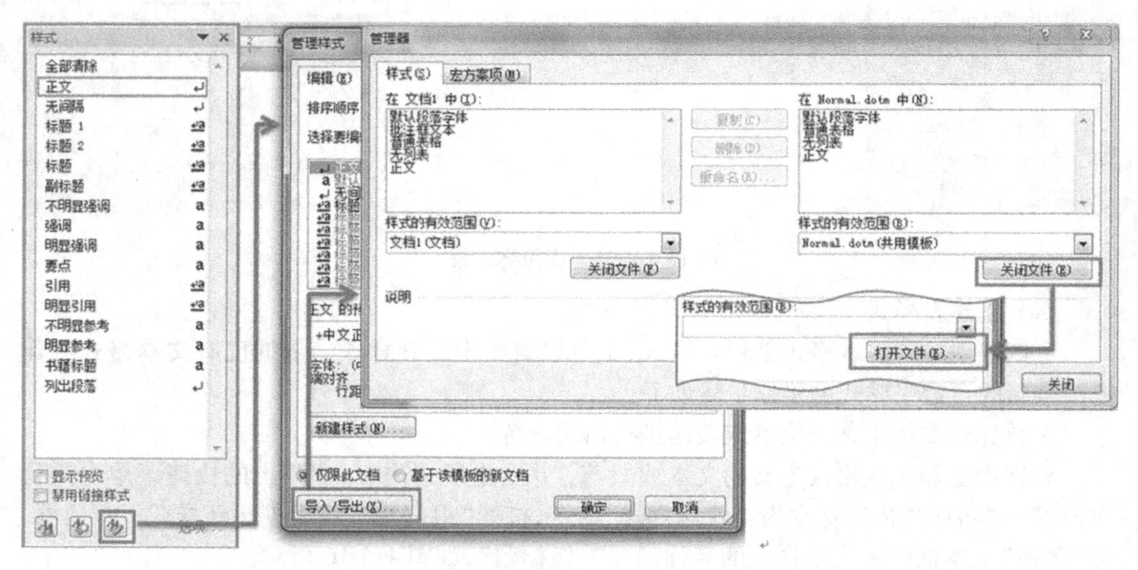

图 4-4-17　“管理样式”对话框和“管理器”对话框

◆ 单击左下角的"导入/导出"按钮,打开"管理器"对话框。在该对话框中,左侧区域显示的是当前文档中所包含的样式列表,右侧显示区域显示的是 Word 默认文档模板中所包含的样式。

◆ 这时,可以看到在右边的"样式的有效范围"下拉列表框中显示的是"Normal. dotm(共用模板)",而不是用户所要复制样式的目标文档。为了改变源文档,单击右侧的"关闭文件"按钮,原来的"关闭文件"按钮就会变成"打开文件"按钮。

◆ 单击"打开文件"按钮,弹出"打开"对话框,在"文件类型"下拉列表中选择"所有 Word 文档",通过"查找范围"找到目标文件所在的路径,然后选中已经包含了特定样式的文档。

◆ 单击"打开"按钮,打开源文档,此时在"管理器"对话框的右侧将显示出包含在打开文档中的可选样式列表,这些样式均可以被复制到其他文档中。

◆ 选中右侧样式列表中所需要的样式类型, 然后单击"复制"按钮,即可将选中的样式复制到新的文档中。

◆ 单击"关闭"按钮,结束操作。此时就可以在当前文档的"样式"任务窗格中看到已添加的新样式了。

(6) 修改样式

可以根据需要对样式进行修改,对样式的修改会反映在所有应用该样式的段落中。

① 在文本中修改

首先在文档中修改已应用了某个样式的文本的格式,其具体操作步骤如下:选中该文本段落,在其上单击鼠标右键,从弹击的快捷菜单中选择"样式"→"更新 XX 以匹配所选内容"命令,其中"XX"为样式名称。新格式将会应用到当前样式中。

② 在样式中修改

操作步骤如下:

◆ 单击"开始"选项卡的"样式"组中的对话框启动器按钮,打开"样式"任务窗格。

◆ 将光标指向"样式"任务窗格中需要修改的样式名称,单击其右侧的向下三角箭头按钮。

◆ 从弹出的下拉列表中选择"修改"命令,打开"修改样式"对话框,如图 4-4-18 所示。

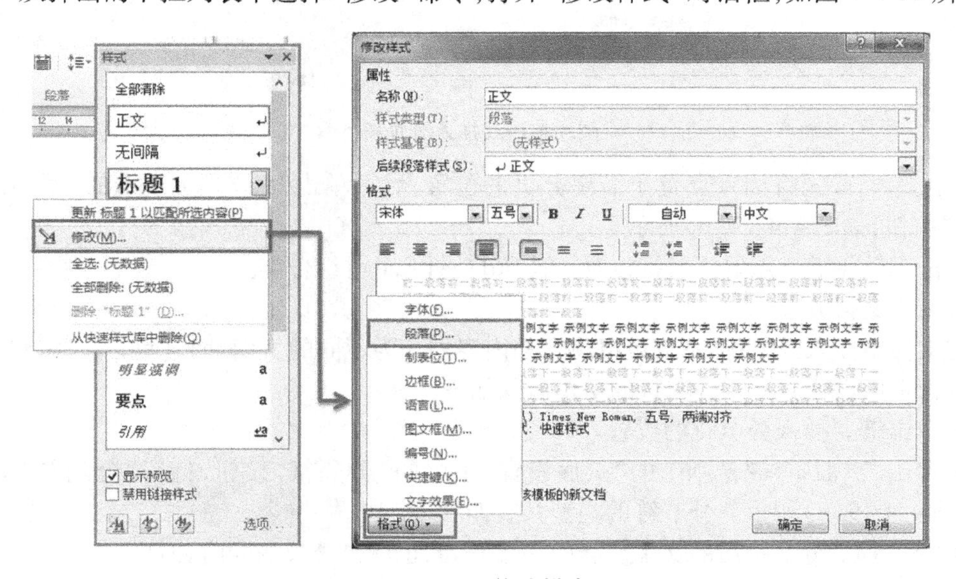

图 4-4-18 修改样式

◆ 在该对话框中，可重新定义样式基准和后续段落样式。单击左下角的“格式”按钮，可分别对该样式的字体、段落、边框、编号、文字效果、快捷键等进行重新设置。

◆ 修改完毕，单击“确定”按钮。对样式的修改将会立即反映到所有应用该样式的文本段落中。

2. 文档分页、分节与分栏

使用分栏和分节技术，可以在一个文档中设置多种不同的版式。给文档添加页眉和页脚，合理设置页面布局，可使文档获得更具吸引力的外观效果。

(1) 手动分页

通常情况下，用户在编辑文档时，系统会自动分页。但是，用户也可通过插入分页符在指定位置强制分页。

分页符主要用于在文档的任意位置强制分页，使得分页符前后文档始终处于两个不同的页面中，且不会随着字体、版式的改变合并为一页。插入分页符有如下三种方法：

方法一　首先将插入点置于需要分页的位置，然后单击“页面布局”选项卡的“页面设置”组中的“分隔符”按钮，选择下拉列表中的“分页符”命令，如图 4-4-19(a)所示。

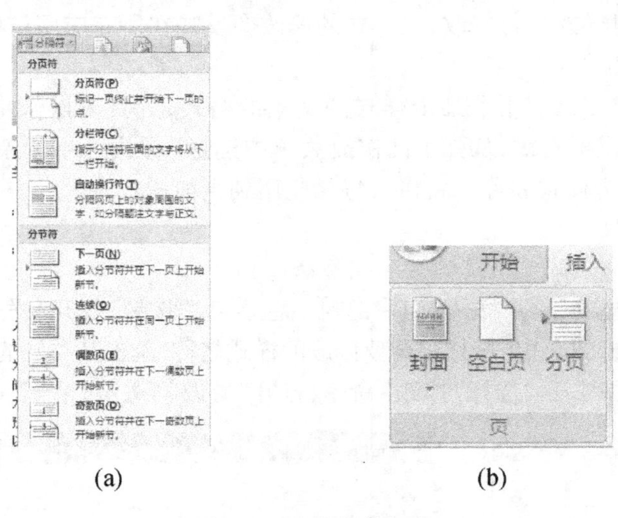

(a)　　(b)

图 4-4-19　插入分页符

方法二　首先将插入点置于需要分页的位置，然后单击“插入”选项卡的“页”组中的“分页”按钮，如图 4-4-19(b)所示。

方法三　将插入点置于目标位置，按【Ctrl】+【Enter】组合键。

(2) 给文档分节

在文档中插入分节符，不仅可以将文档内容划分为不同的页面，而且可以分别针对不同的节进行页面设置。插入分节符的操作步骤如下：

◆ 单击需要插入分节符的位置。

◆ 单击“页面布局”选项卡的“页面设置”组中的“分隔符”按钮，打开“分隔符”下拉列表，如图 4-4-19(a)所示。分节符的类型共有四种，其中，

- 下一页：分节符后的文本从新的一页开始，也就是分节的同时分页。
- 连续：新节与其前面一节同处于当前页中，也就是只分节不分页，两节处于同一

页中。

● 偶数页：分节符后面的内容转入下一页偶数页，也就是分节的同时分页，且下一页从偶数页开始。

● 奇数页：分节符后面的内容转入下一页奇数页，也就是分节的同时分页，且下一页从奇数页开始。

◆ 单击选择其中的一类分节后，在当前光标位置处插入一个分节符。

(3) 分栏处理

有时候会觉得文档一行中的文字太长，不便于阅读，此时就可以利用分栏功能将文本分为多栏排列，使版面的呈现更加生动。在文档中为内容创建多栏的操作步骤如下：

◆ 选中要设置分栏或要修改分栏选项的文本。

◆ 单击“页面布局”选项卡的“页面设置”组中的“分栏”按钮，弹出“分栏”下拉列表，如图 4-4-20(a)所示。

◆ 预览并选择合适的分栏样式，单击就可以应用到选择的文本上，还可以选择“更多分栏”命令，打开“分栏”对话框，如图 4-4-20(b)所示。

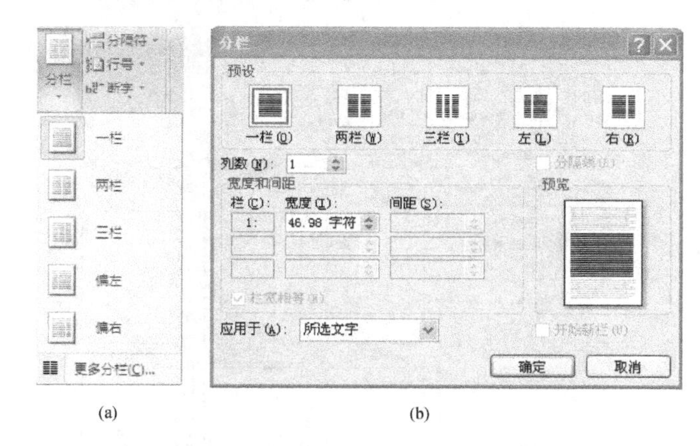

(a)　　　　　　　　(b)

图 4-4-20　“分栏”下拉列表和“分栏”对话框

可以设置以下选项：

● 取消分栏。在“预设”选项区中选择“一栏”，可以将已经分为多栏的文本恢复成单栏版式。

● 确定栏数。选择“预设”选项区中的“两栏”“三栏”选项，当栏数大于 3 时，在“栏数”框中选择或输入栏数。

● 设置栏宽相等。选中“栏宽相等”复选框，可将所有的栏设置为等宽栏。

● 设置栏宽不相等。在“预设”框中选择“左”或“右”选项。如果要设置三栏以上的不相等栏宽，必须取消选中“栏宽相等”复选框，并在“宽度和间距”列表框中分别设置或修改每一栏的栏宽以及栏间距。

● 设置分隔线。选中“分隔线”复选框，可在栏与栏之间设置分隔线，使栏间的界限更加明显。

◆ 在“应用于”列表框中可以有以下选择：

● 选中“整篇文档”，将整篇文档设为多栏版式。

● 选中“插入点之后”，将插入点之后的文本设为多栏版式。

● 选中“所选文字”，只将选中的文本设为多栏版式，该选项只在打开对话框之前已经选中了文本时才会出现。

● 选中“所选节”，将选中的节设成多栏版式。该选项只有在文档中已经插入了分节符时才会出现。

3. 设置页眉、页脚与页码

页眉和页脚分别位于文档页面的顶部或底部的页边距中，常常用来插入标题、页码、日期等文本，或公司徽标等图形、符号。

（1）插入页码

页码是一种内容最简单，但使用最多的页眉或页脚。由于页码通常被放在页眉区或页脚区，因此，只要在文档中设置页码，实际上就是在文档中加入了页眉或页脚。

① 插入预设页码

◆ 单击“插入”选项卡的“页眉和页脚”组中的“页码”按钮，打开可选位置下拉列表。

◆ 将光标指向希望页码出现的位置，如“页边距”，右侧出现预置页码格式列表，如图4-4-21所示。

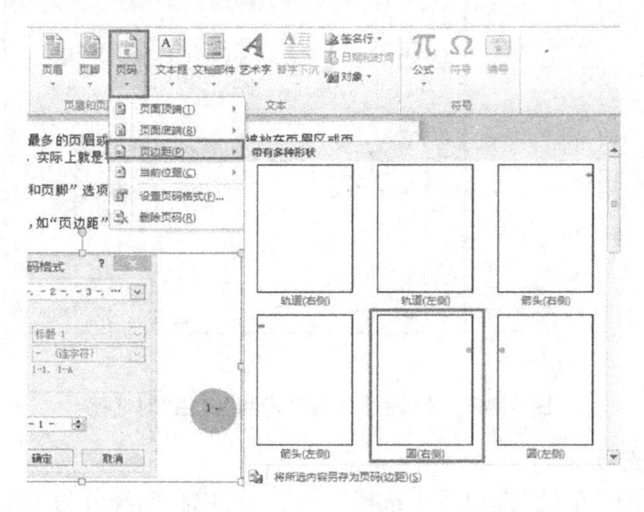

图 4-4-21 插入页码

◆ 从中选择某一种页码格式，页码即可以按指定格式插入指定位置。

② 自定义页码格式

◆ 首先在文档中插入页码，将光标定位到需要修改页码格式的节中。

◆ 单击“插入”选项卡的“页眉和页脚”组中的“页码”按钮，打开下拉列表。

◆ 单击其中的“设置页码格式”命令，打开“页码格式”对话框，如图 4-4-22 所示。

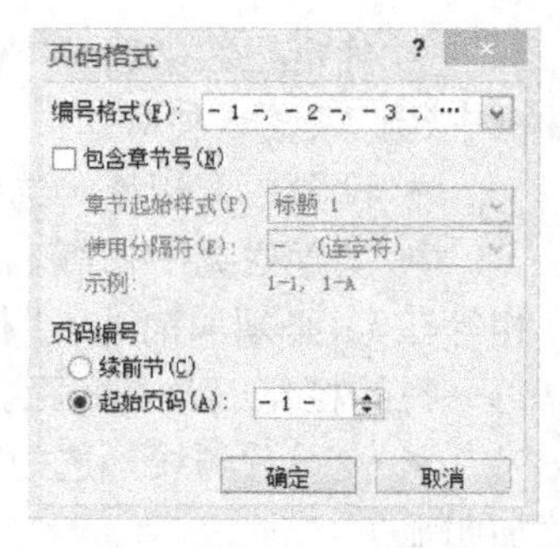

图 4-4-22 “页码格式”对话框

◆ 在“编号格式”下拉列表中更改页码的格式，在“页码编号”选项组中可以修改某一节的起始页码。

◆ 设置完毕后单击“确定”按钮。

(2) 插入页眉或页脚

在 Word 中,不仅可以在文档中轻松地插入、修改预设的页眉或页脚样式,还可以创建自定义外观的页眉或页脚,并将新的页眉或页脚保存到样式库中以便在其他文档中使用。

① 插入页眉

在整篇文档中插入预设的页眉或页脚的操作方法十分相似,操作步骤如下:

◆ 单击“插入”选项卡的“页眉和页脚”组中的“页眉”按钮。

◆ 在打开的列表中以图示的方式罗列出许多内置的页眉样式,如图 4-4-23 所示。从中选择一个合适的页眉样式,如“瓷砖型”,所选页眉样式就被应用到文档中的每一页。

◆ 在页眉位置输入相关内容并进行格式化,如插入页码、图形、图片等。

② 插入页脚

同样,在“插入”选项卡的“页眉和页脚”组中单击“页脚”按钮,在打开的内置列表中选择合适的页脚设计,即可将其插入到整个文档中。

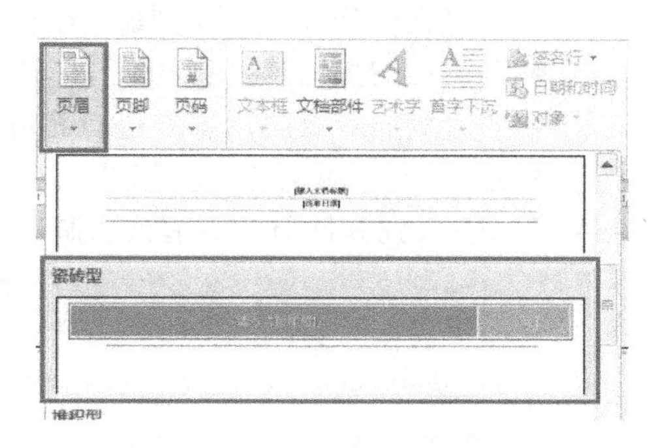

图 4-4-23 插入预设的页眉

在文档中插入页眉或页脚后,自动出现“页眉和页脚工具/设计”选项卡,通过该选项卡可对页眉或页脚进行编辑和修改。单击“关闭”组中的“关闭页眉和页脚”按钮,即可退出页眉和页脚编辑状态。

在页眉或页脚区域中双击鼠标,即可快速进入到页眉和页脚的编辑状态。

③ 创建首页不同的页眉和页脚

如果希望将文档首页的页眉和页脚设置得与众不同,可以按照如下方法操作:

◆ 双击文档中的页眉或页脚区域,功能区自动出现“页眉和页脚工具/设计”选项卡,如图 4-4-24 所示。

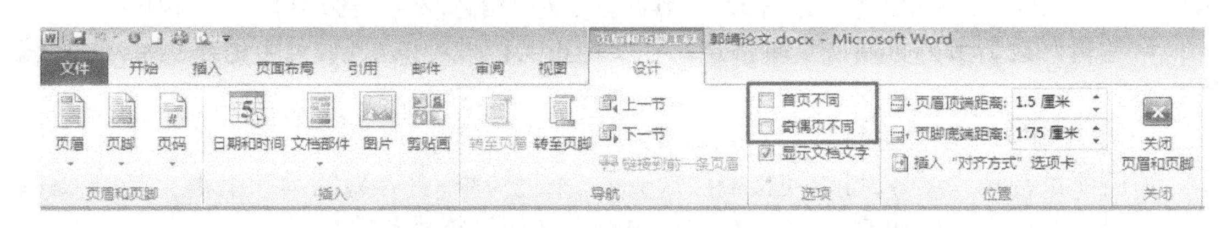

图 4-4-24 “页眉和页脚工具/设计”选项卡

◆ 在“选项”组中选中“首页不同”复选框,此时文档首页中原先定义的页眉和页脚就被删除了,可以根据需要另行设置首页的页眉或页脚。

④ 为奇偶页创建不同的页眉或页脚

有时文档中的奇偶页上需要使用不同的页眉或页脚。例如,在制作书籍资料时可选择在奇数页上显示书籍名称,而在偶数页上显示章节标题。

令奇偶页具有不同的页眉或页脚的操作步骤如下:

◆ 双击文档中的页眉或页脚区域,功能区自动出现“页眉和页脚工具/设计”选项卡,在“选项”组中选中“奇偶页不同”复选框。

◆ 分别在奇数页和偶数页的页眉或页脚上输入内容并格式化,以创建不同的页眉或页脚。

(3) 为文档各节创建不同的页眉或页脚

当文档分为若干节时,可以为文档的各节创建不同的页眉或页脚。例如,可以在一个长篇文档的“目录”与“内容”两部分应用不同的页脚样式。为不同节创建不同的页眉或页脚的操作步骤如下:

◆ 先将文档分节,然后将鼠标光标定位在某一节中的某一页上。

◆ 在该页的页眉或页脚区域中双击鼠标,进入页眉和页脚编辑状态。

◆ 插入页眉或页脚内容并进行相应的格式化。

◆ 在“页眉和页脚工具/设计”选项卡的“导航”组中单击“上一节”或“下一节”按钮(图4-4-25),进入到其他节的页眉或页脚中。

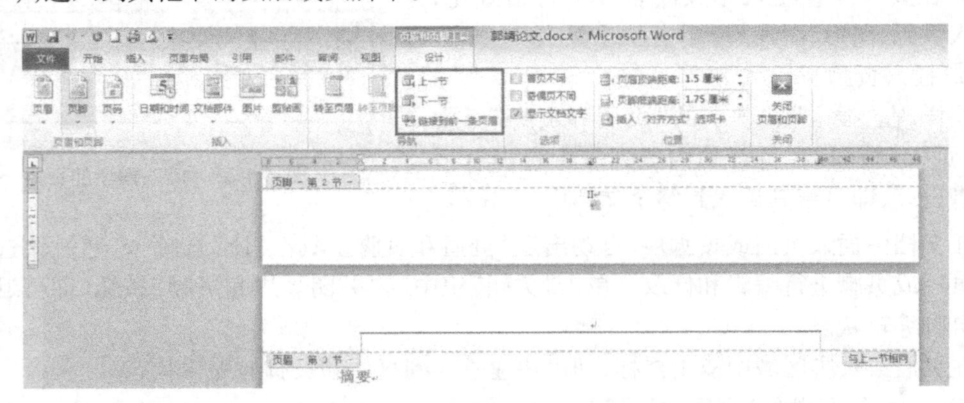

图 4-4-25 页眉/页脚在文档不同节中的显示

◆ 默认情况下,下一节自动接受上一节的页眉/页脚信息。在“导航”组中单击“链接到前一条页眉”按钮,可以断开当前节与前一节中的页眉(或页脚)之间的链接,页眉和页脚区域将不显示“与上一节相同”的提示信息,此时修改本节页眉和页脚信息,不会再影响前一节的内容。

◆ 编辑修改新节的页眉或页脚信息。在文档正文区域中双击鼠标,可退出页眉/页脚编辑状态。

4. 使用项目符号和编号

利用项目符号和编号,可以使文档层次分明、条理清晰,更容易阅读和编辑。Word 提供了七种标准的项目符号和编号,并且允许用户自定义项目符号和编号。

提示: 自动编号和设置项目符号可以在输入文档之前进行,也可以在文档编辑完成后进行。Word 还允许用户在设定完成后,对编号和项目符号进行修改。

(1) 使用项目符号

项目符号是在段落前面添加一个符号,一般用于对同一类事物进行说明的同类项之中。用户既可以在输入时自动产生带项目符号的列表,也可以在输入文本之后再进行该项工作。

① 设置项目符号

设置项目符号的具体操作步骤为:把光标定位到要设置的段落中或选择已输入文本的

段落,单击“开始”选项卡的“段落”组中的“项目符号”右侧的下拉按钮(图4-4-26),从弹出的“项目符号库”下拉列表中选择一个用于当前文本。

输入文字按回车键产生新段落时,新的段落将继续保持原先设置的项目符号。如果不输入文字直接按回车键,将取消项目符号。另外,不输入任何文字,按退格键,也可以删除项目符号。

提示: 默认情况下,单击“项目符号”按钮会添加一个黑色圆点作为项目符号。单击“项目符号”右侧的下拉按钮 ,可以打开如图4-5-26所示的“项目符号库”,用户可以从中选择需要的项目符号。

② 自定义项目符号

虽然Word提供了多种项目符号,但用户也可以根据需要定义项目符号,以使文档显得与众不同,具体操作步骤如下:

◆ 把光标定位到要设置的段落中或选择已输入文本的段落,单击“开始”选项卡的“段落”组中的“项目符号”右侧的下拉按钮,在弹出的下拉列表中执行“定义新项目符号”命令,打开“定义新项目符号”对话框,如图4-4-27所示。

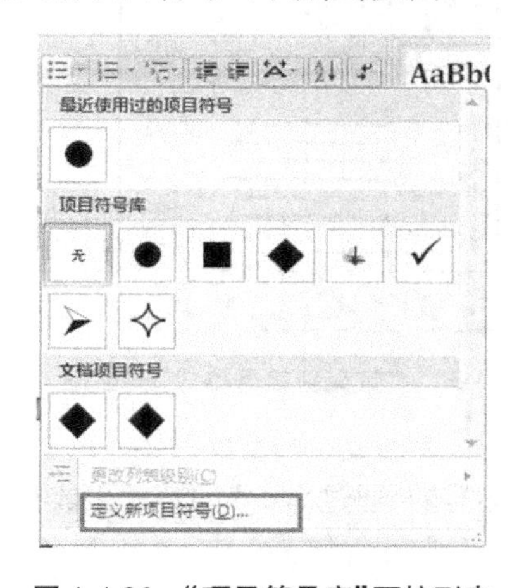

图4-4-26　“项目符号库”下拉列表

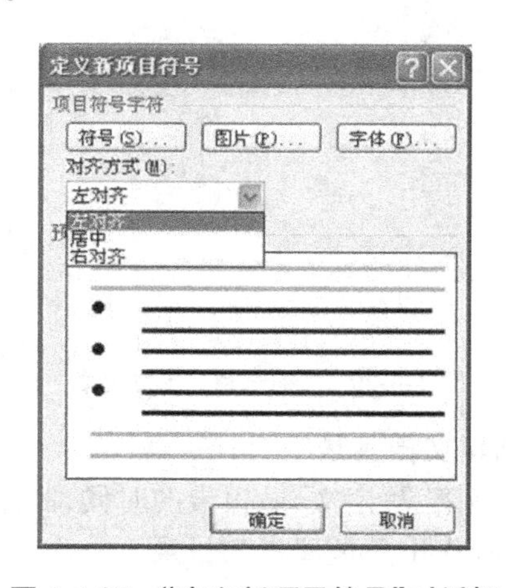

图4-4-27　“定义新项目符号”对话框

提示: 在“定义新项目符号”对话框中,在“对齐方式”下拉列表中选择项目符号的对齐方式。

◆ 单击“符号”按钮,打开“符号”对话框(图4-4-28),用户可以从中选择要使用的符号,单击“确定”按钮,即可将新的项目符号添加到“项目符号库”中。

(2) 使用编号

使用Word不仅可以为文档添加项目符号,而且可以为文档自动编号,从而以不同形式的多项列表来表现标题或段落的层次。

把光标定位到要设置的段落中或选择

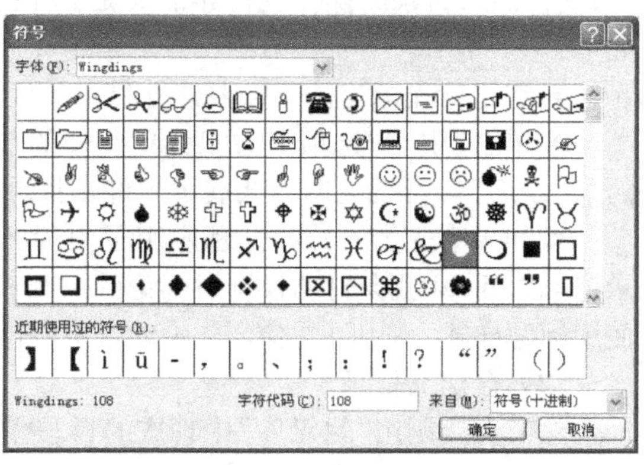

图4-4-28　“符号”对话框

已输入文本的段落,单击“开始”选项卡的“段落”组中的“编号”右侧的下拉按钮,从弹出的“编号库”下拉列表中选择一类编号应用于当前文本,如图 4-4-29 所示。如需修改编号格式,应在“编号库”下拉列表中选择“定义新编号格式”命令,打开“定义新编号格式”对话框(图 4-4-30),Word 将自动以 1,2,3,…的形式为选定的段落添加编号。

提示:在以“1.”“(1)”“a”等字符开始的段落中按回车键,下一个新段落开始处将会自动出现“2.”“(2)”“b”等自动编号。

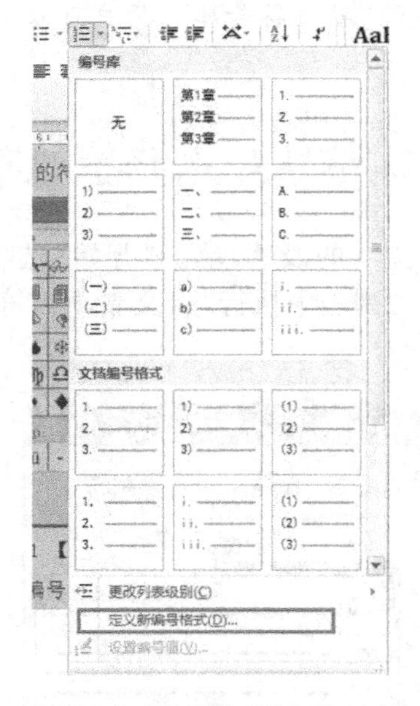

图 4-4-29 “编号库”下拉列表

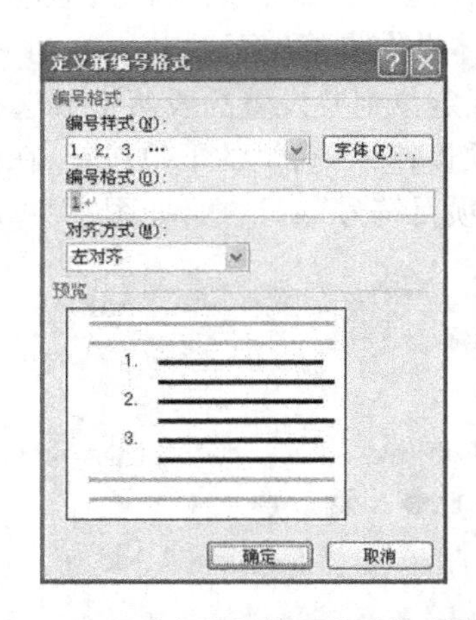

图 4-4-30 “定义新编号格式”对话框

5. 创建文档目录

制作书籍、写论文、做报告的时候,制作目录是必需的,通过 Word 的自动生成目录功能,我们可以制作出条理清晰的目录。

(1) 利用“目录库”样式创建目录

Word 提供的内置“目录库”中包含多种目录样式可供选择,可代替编制者完成大部分工作,使得插入目录的操作变得异常快捷、简便。在文档中使用“目录库”创建目录的操作步骤如下:

◆ 将鼠标光标定位于需要建立目录的位置,通常是文档的最前面。

◆ 单击“引用”选项卡的“目录”组中的“目录”按钮,打开“目录库”下拉列表,系统内置的“目录库”以可视化的方式展示了许多目录的编排方式和显示效果。

◆ 如果事先为文档的标题应用了内置的标题样式,则可从列表中选择某一种“自动目录”样式,Word 就会自动根据所标记的标题在指定位置创建目录,如图 4-4-31 所示。如果未使用标题样式 ,则可通过单击“手动目录”样式,然后自行填写目录内容。

(2) 自定义目录

除了直接调用“目录库”中现成的目录样式外,还可以自定义目录格式,特别是在文档标题应用了自定义后,自定义目录变得更加重要。自定义目录格式的操作步骤如下:

◆ 将鼠标光标定位于需要建立目录的位置,通常是文档的最前面。

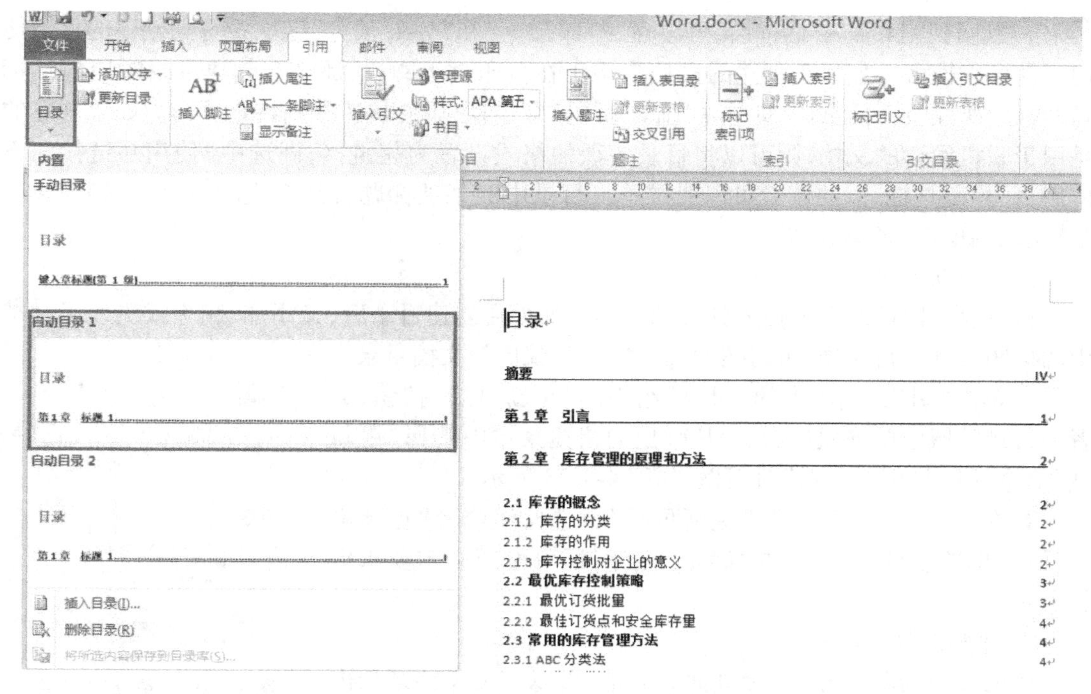

图 4-4-31 通过“目录库”在文档中插入目录

◆ 单击“引用”选项卡的“目录”组中的“目录”按钮，在弹出的下拉列表中选择“插入目录”命令，打开“目录”对话框，如图 4-4-32(a)所示，在该对话框中可以设置页码格式、目录格式以及目录中的标题显示级别，默认显示 3 级标题。

◆ 单击“目录”选项卡，单击“选项”按钮，打开“目录选项”对话框[图 4-4-32(b)]，在“有效样式”区域中列出了文档中使用的样式，包括内置样式和自定义样式。在样式名称旁边的“目录级别”文本框中输入目录的级别(可以输入 1 ~ 9 中的一个数字)，以指定样式代表有目录级别。如果希望仅使用自定义样式，则可删除内置样式的目录级别数字，如删除“标题 1”“标题 2”和“标题 3”样式名称旁边的代表目录级别的数字。

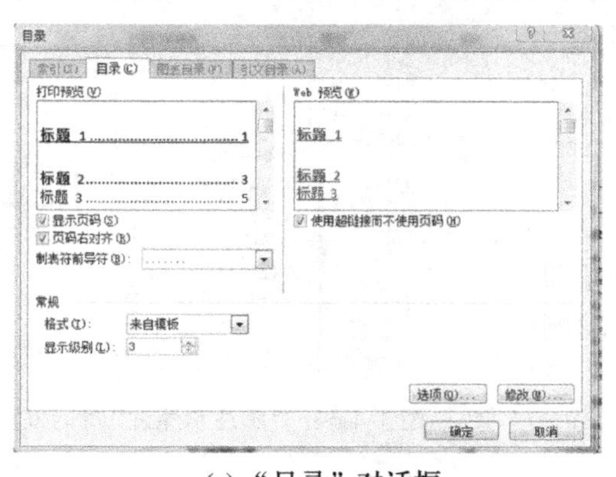

(a) “目录”对话框

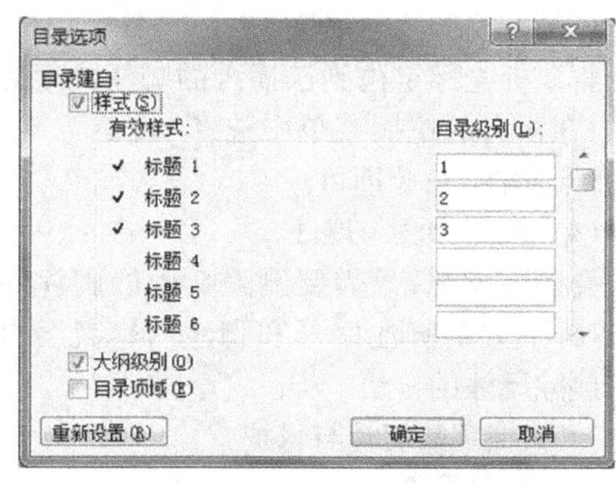

(b) “目录选项”对话框

图 4-4-32 自定义目录项

◆ 当有效样式和目录级别设置完成后，单击“确定”按钮，关闭“目录选项”对话框。

◆ 返回到“目录”对话框后,可以在“打印预览”和“Web 预览”区域中看到创建的目录使用了新样式设置。如果正创建的文档将用于在打印页上阅读,那么在创建目录时应包括标题和标题所在页面的页码,即选中“显示页码”复选框,以便快速翻到特定页面。如果创建的是用于联机阅读的文档,则可以将目录各项的格式设置为超链接,即选中“使用超链接而不使用页码”复选框,以便读者可以通过单击目录中的某项标题转到对应的内容。最后,单击“确定”按钮完成所有设置。

(3) 更新目录

目录也是以域的方式插入到文档中的。如果在创建目录后,又添加、删除或更改了文档中的标题或其他目录项,可以按照如下操作步骤更新文档目录:

◆ 单击“引用”选项卡的“目录”组中的“更新目录”按钮;或者在目录区域中单击鼠标右键,从弹出的快捷菜单中选择“更新域”命令,打开“更新目录”对话框,如图 4-4-33 所示。

◆ 在该对话框中选中“只更新页码”单选按钮或者“更新整个目录”单选按钮,然后单击“确定”按钮,即可按照指定要求更新目录。

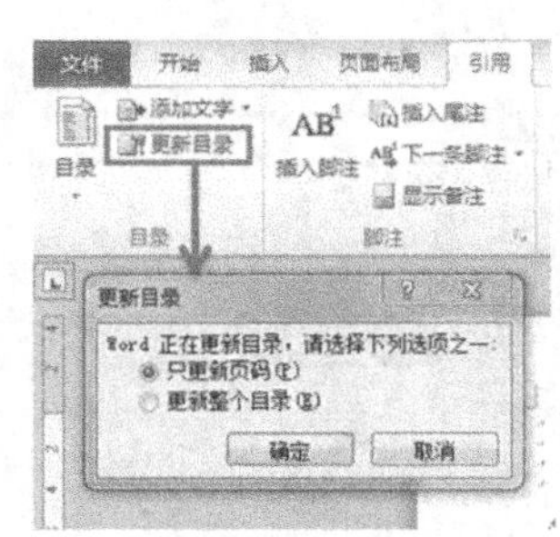

图 4-4-33 更新文档目录

6. 添加脚注、尾注

在论文中,脚注一般位于页面的底部,可以作为文档某处内容的注释;尾注一般位于文档的末尾,列出引文的出处等。

(1) 插入脚注、尾注

单击“引用”选项卡的“脚注”组中的“插入脚注”或“插入尾注”按钮,光标即可跳转到脚注或尾注的位置,直接输入脚注或尾注的内容。

(2) 设置脚注、尾注的格式

单击“引用”选项卡的“脚注”组右下角的对话框启动器按钮,打开如图 4-4-34 所示的“脚注和尾注”对话框,在其中可对脚注或尾注的编辑格式、符号(序号)格式、起始编号等进行进一步设置。

(3) 互换脚注与尾注

将鼠标光标定位到已插入的脚注或尾注上并右击,在弹出的快捷菜单中选择“转换至尾注”或“转换至脚注”命令即可。

(4) 删除脚注与尾注

要删除脚注,只需要删除文中的脚注序号即可,这样下方的脚注序号和脚注内容就会自动删除。删除尾注的方法一样。

图 4-4-34 “脚注和尾注”对话框

7. 文档字数统计与保护

(1) 统计字数

在编写论文的过程中,我们可能对文章的字数很关心,Word 提供了多种字数统计方法。

方法一　在 Word 窗口状态栏里,实时显示了文档的部分信息,如图 4-4-35 所示。

图 4-4-35 状态栏中实时显示字数

方法二 若要查看更详细的统计信息或对某一部分内容进行统计,可使用“审阅”选项卡的“校对”组中的“字数统计”按钮,打开“字数统计”对话框,勾选“包括文本框、脚注和尾注”复选框,如图 4-4-36 所示。

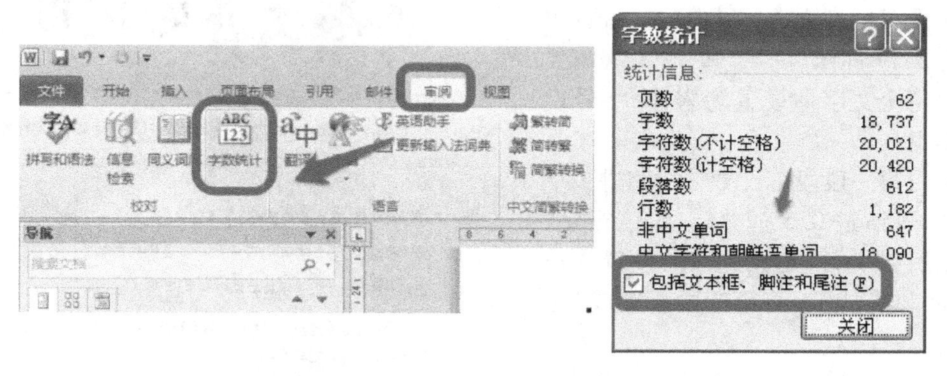

图 4-4-36 使用“字数统计”对话框统计字数

(2)给文档加密

文档编辑好后,我们希望能把自己的文档进行加密,或者只允许指定的用户查看文档内容。方法为:选择“文件”→“信息”→“保护文档”命令,如图 4-4-37 所示,共有五种保护措施。

图 4-4-37 文档保护设置

如要给文档加密，选择“用密码进行加密”，在弹出的对话框中输入密码，弹出第二个对话框，再次确认输入的密码，单击“确定”按钮，即可完成文档加密的设置。

任务 4-5　典型试题分析

一、任务要求

调入“Word 素材. docx”，参考样张（图 4-5-1），按下列要求进行操作：

◆ 设置纸型为 A4、纵向，左、右页边距均为 3.17 厘米。

◆ 将全文字体设置为宋体，字号设置为小四。

◆ 将第一段段落设置首行缩进 2 字符、左右各缩进 0.5 厘米、1.5 倍行距、段前段后各 1 行，定义此段落设置的样式为“考试样式”。将第四段设置成“考试样式”。

◆ 将正文第一段设置为首字下沉，将其字体设置为“华文行楷”，下沉行数为“2”。

◆ 把所有“图型”两字替换为“图形”，设置“图形”两字格式为粗体、小三、蓝色并加双下划线。

◆ 将第四段按样张分栏，栏间距为 2 字符，加紫色文字底纹，字体颜色为白色；在此段落最前面插入一个基本形状为“空心弧”的自选图形，设置图形边框为红色。

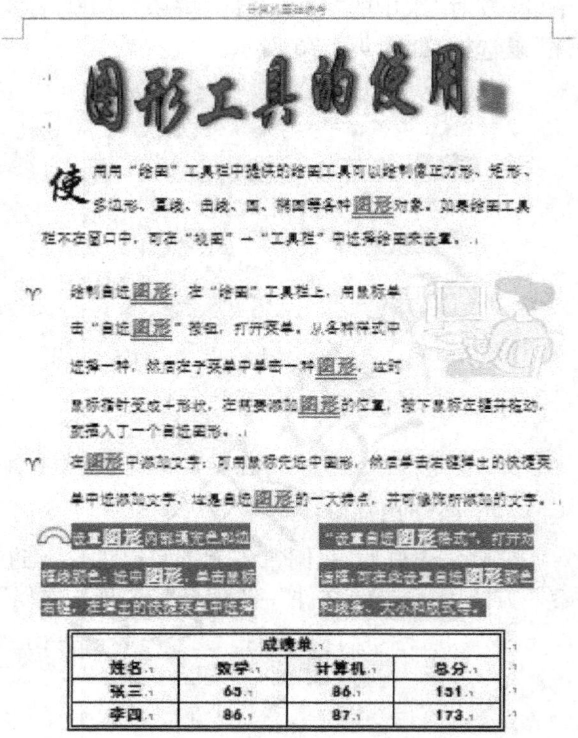
图形工具的使用

使用“绘图”工具栏中提供的绘图工具可以绘制像正方形、矩形、多边形、直线、曲线、圆、椭圆等各种图形对象。如果绘图工具栏不在窗口中，可在“视图”→“工具栏”中选择绘图来设置。

绘制自选图形：在“绘图”工具栏上，用鼠标单击“自选图形”按钮，打开菜单。从各种样式中选择一种，然后在子菜单中单击一种图形，这时鼠标指针变成十形状，在需要添加图形的位置，按下鼠标左键并拖动，就插入了一个自选图形。

在图形中添加文字：可用鼠标先选中图形，然后单击右键弹出的快捷菜单中选添加文字，这是自选图形的一大特点，并可修饰所添加的文字。

设置图形内部填充色和边框线颜色：选中图形，单击鼠标右键，在弹出的快捷菜单中选择“设置自选图形格式”，打开对话框，可在此设置自选图形颜色和线条、大小和版式等。

成绩单			
姓名	数学	计算机	总分
张三	65	86	151
李四	86	87	173

图 4-5-1　样张

◆ 按样张插入项目符号；插入任意一张剪贴画，设置剪贴画的高度为 3 厘米、宽度为 4 厘米，四周环绕右对齐，设置图片控制格式为冲蚀。

◆ 按样张插入艺术字标题，设置其字体为华文行楷、样式为“填充-白色，轮廓-强调文字颜色 1”，字内填充红色，设置艺术字高度为 3 厘米、宽度为 12 厘米、“波形 2”形状，阴影向右偏移。

◆ 插入页眉/页脚，页眉为“计算机基础统考”，设置页眉为小五号字、宋体、居中，在页脚中插入页码。

◆ 为文档添加文字为“内部资料”的水印背景。

◆ 在文本后面加入表格，完成下面操作：

- 按样张插入一张表格，填入数据，用公式计算“总分”。

- 表格中的文字为粗黑体、五号，表格中内容及表格均居中。
- 将表格外框线改为1.5磅双实线，内框线改为0.75磅单实线。

◆ 保存文件为“Word. docx”。

二、任务实施

1. 设置页面

操作步骤如下：

◆ 打开“Word素材. docx”，单击“页面布局”选项卡的“页面设置”组右下角的对话框启动器按钮，打开“页面设置”对话框，在“纸张”选项卡中单击“纸张大小”下拉按钮，选择“A4”(图4-5-2)。

◆ 选择“页边距”选项卡，将“左”和“右”微调框的数值都设置为“3.17厘米”，在“纸张方向”选项区选择“纵向”(图4-5-3)，设置完毕后单击“确定”按钮。

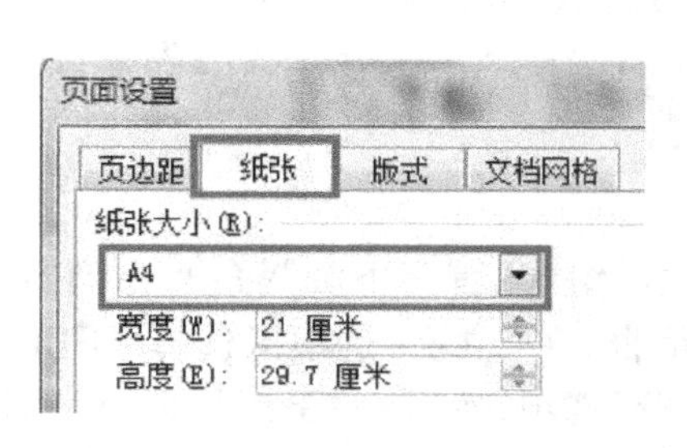

图4-5-2 “纸张”选项卡

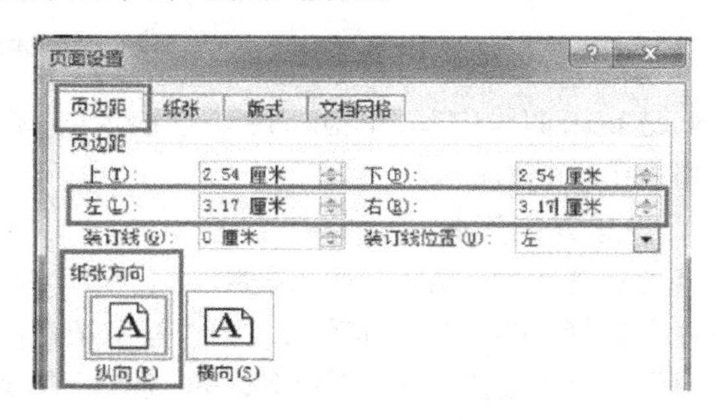

图4-5-3 “页边距”选项卡

2. 设置字体

按【Ctrl】+【A】快捷键，选定文档全部内容，单击“开始”选项卡的“字体”组中的“字体”下拉按钮，选择“宋体”，在“字号”下拉按钮中选择“小四”。

3. 设置段落格式

操作步骤如下：

◆ 选定第一段内容，单击“开始”选项卡的“段落”组右下角的对话框启动器按钮，弹出“段落”对话框，将“特殊格式”设置为“首行缩进”，“磅值”为“2字符”；在“缩进”选项的“左侧”和“右侧”微调框中均输入“0.5厘米”；将“行距”设置为“1.5倍行距”(图4-5-4)。

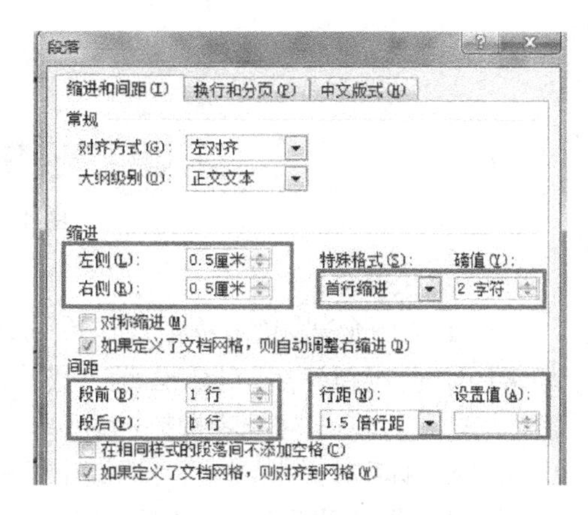

图4-5-4 “段落”对话框

◆ 选定第一段内容，单击“开始”选项卡的“样式”组中的“其他”按钮，打开“快速样式库”下拉列表，选择“将所选内容保存为新快速样式”命令，打开“根据格式设置创建新样式”对话框，在“名称”文本框中输入“考试样式”(图4-5-5)，单击“确定”按钮。

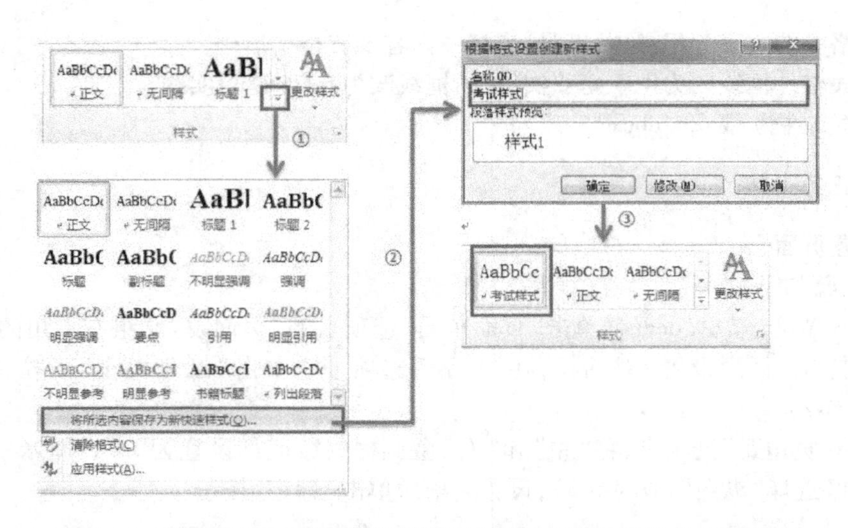

图 4-5-5 “快速样式库”下拉列表和“根据格式设置创建新样式”对话框

◆ 选定第四段内容，单击“开始”选项卡的“样式”组中的“其他”按钮，从“快速样式库”下拉列表中选择“考试样式”。

4. **设置首字下沉**

将光标置于第一段中，单击“插入”选项卡的“文本”组中“首字下沉”按钮，在弹出的下拉列表中选择“首字下沉选项”，打开“首字下沉”对话框，在“位置”选项区选择“下沉”，单击“选项”选项区的“字体”下拉列表框，选择“华文行楷”选项，然后将“下沉行数”微调框中的数值设置为“2”（图 4-5-6），设置完成后单击“确定”按钮。

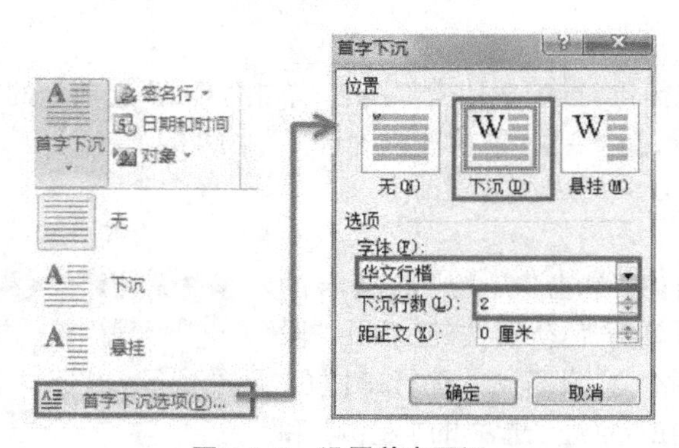

图 4-5-6 设置首字下沉

5. **替换文本**

选定文档全部内容，单击 “开始”选项卡的“编辑”组中的“替换”命令或按【Ctrl】+【H】键，打开“查找和替换”对话框，在“查找内容”文本框中输入“图型”，在“替换为”文本框中输入“图形”，单击“更多”按钮，然后单击“格式”按钮，在弹出的列表中选择“字体”命令，弹出“替换字体”对话框，在该对话框中设置“字形”为“加粗”“字号”为“小三”“字体颜色”为“蓝色”“下划线线型”为“双下划线”，单击“确定”按钮后，返回到“查找和替换”对话框，单击“全部替换”按钮（图 4-5-7），则完成替换任务。

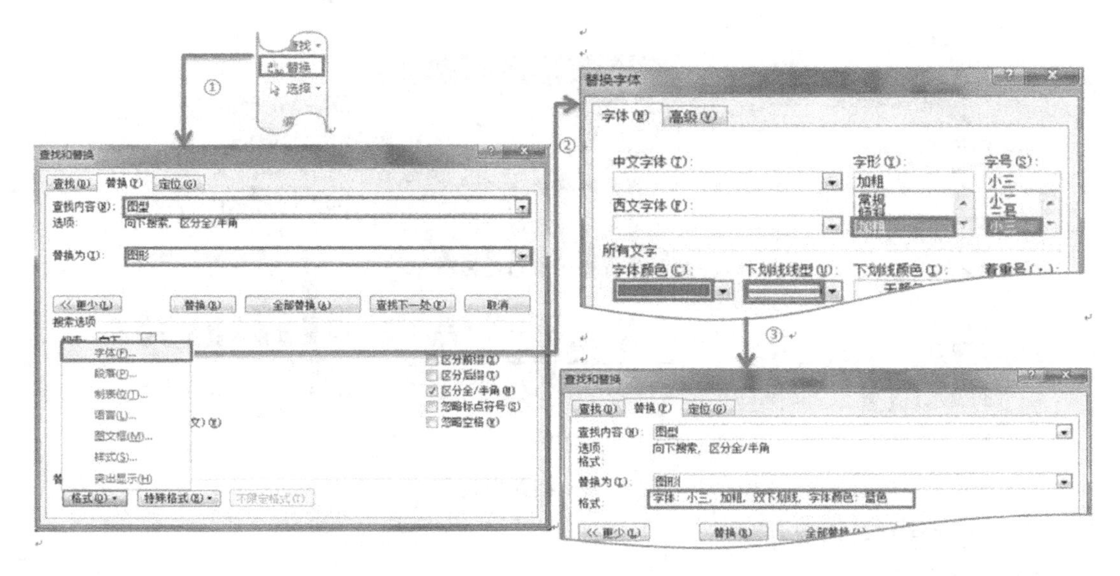

图 4-5-7 查找和替换

6. 执行分栏操作并插入自选图形

操作步骤如下：

◆ 选定第四段内容(注意：不包括段落标记)，单击"页面布局"选项卡的"页面设置"组中的"分栏"按钮，弹出"分栏"下拉列表，选择"更多分栏"命令，打开"分栏"对话框，选择"预设"选项区的"两栏"，将"间距"微调框中的数值设置为"2 字符"(图 4-5-8)，单击"确定"按钮。

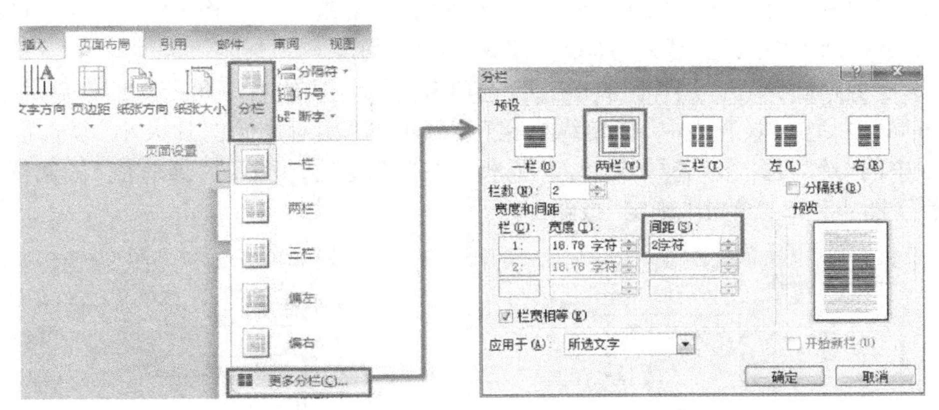

图 4-5-8 执行分栏操作

◆ 选定第四段内容(注意：不包括段落标记)，单击"开始"选项卡的"段落"组中的"底纹"下拉按钮，选择"紫色"，单击"字体"组中的"字体颜色"下拉按钮，选择"白色，背景 1"。

◆ 单击"插入"选项卡的"插图"组中的"形状"按钮，打开"形状库"列表，在该列表中单击"空心弧"[图 4-5-9(a)]，在第四段最前面拖动鼠标绘制"空心弧"，然后单击"绘图工具/格式"选项卡的"形状样式"组中的"形状填充"下拉按钮，单击"无填充颜色"选项命令[图 4-5-9(b)]，再次单击"形状轮廓"下拉按钮，选择"红色"选项[图 4-5-9(c)]。

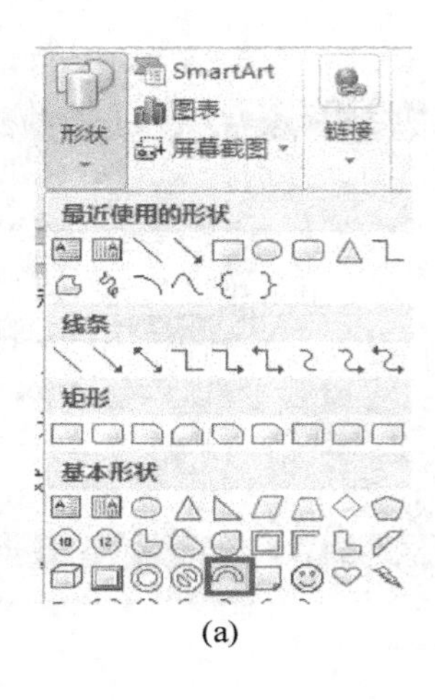

(a)

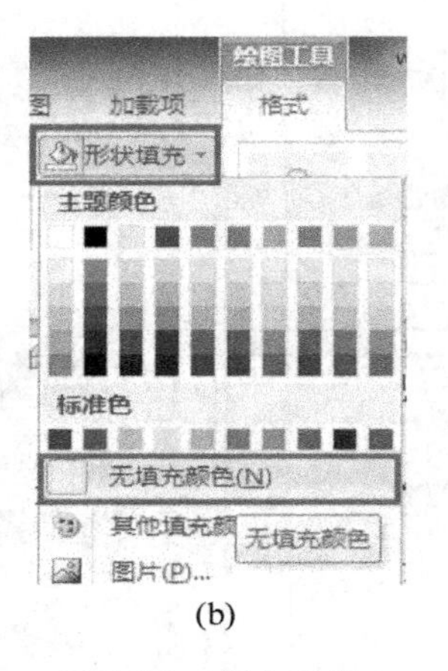

(b)

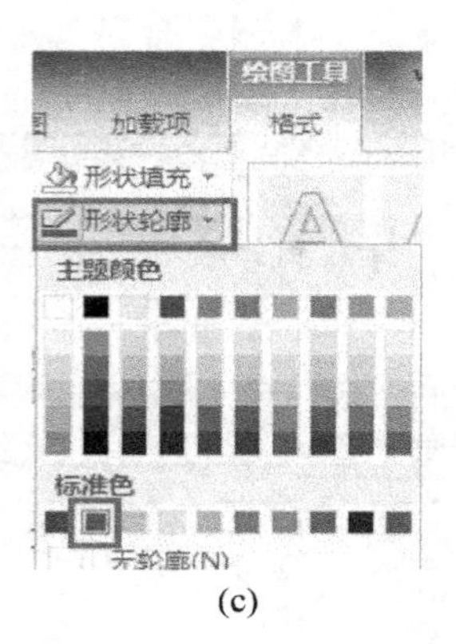

(c)

图 4-5-9 插入形状

7. **插入项目符号和剪贴画**

操作步骤如下：

◆ 选定第二、三段内容（“绘制自选……并可修饰所添加的文字。”），单击“开始”选项卡的“段落”组中的“项目符号”下拉按钮，选择“♈”符号，如图 4-5-10 所示。

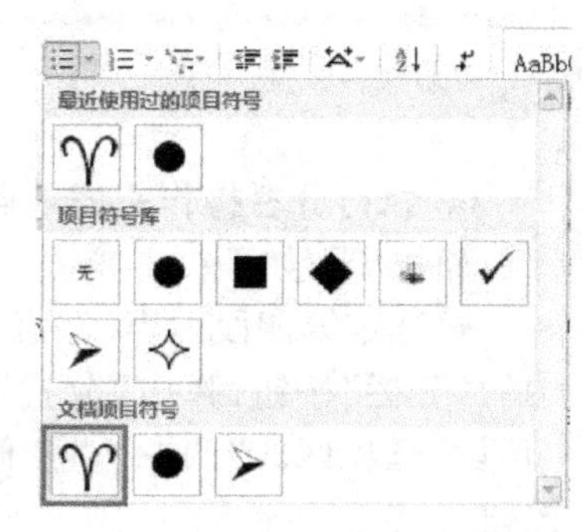

图 4-5-10 插入项目符号

◆ 将鼠标光标定位到第二段文字的结尾，在“插入”选项卡的“插图”组中单击“剪贴画”按钮，打开“剪贴画”任务窗格，在“搜索文字”文本框中输入“计算机”，然后单击“搜索”按钮，将鼠标光标指向剪贴画，单击其右侧的下拉按钮，在弹出的下拉列表中执行“插入”命令，如图 4-5-11 所示。

◆ 选定剪贴画，单击“图片工具/格式”选项卡的“大小”组右下角的对话框启动器按钮，打开“布局”对话框，取消选中“锁定纵横比”复选框和“相对原始图片大小”复选框，在“高度”选项中的“绝对值”微调框中输入“3 厘米”，在“宽度”选项中的“绝对值”微调框中输入“4 厘米”（图 4-5-12），单击“确定”按钮。

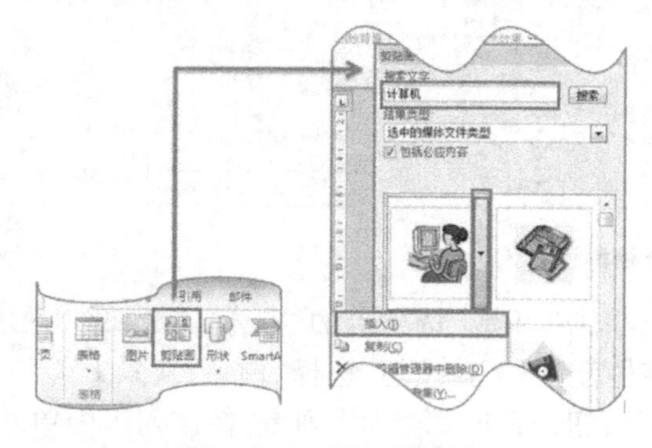

图 4-5-11 插入剪贴画

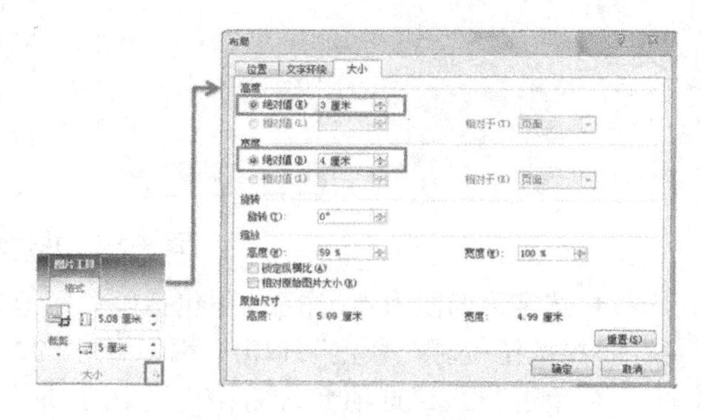

图 4-5-12 设置剪贴画的大小

◆ 选定剪贴画，单击“图片工具/格式”选项卡的“排列”组中的“位置”按钮，在展开的下拉列表中选择“中间居右，四周型文字环绕”（图 4-5-13），然后参照样张适当调整剪贴画的位置。

◆ 选定剪贴画，单击“图片工具/格式”选项卡，在“调整”选项组中的“颜色”下拉列表中单击“冲蚀”选项（图4-5-14）。

8. **插入艺术字**

操作步骤如下：

◆ 将光标定位于文档的开始处，单击“插入”选项卡的“文本”组中的“艺术字”按钮，打开艺术字样式列表，从列表中选择“填充－白色，轮廓–强调文字颜色 1”艺术字样式，在当前位置插入艺术字文本框，在艺术字文本框中输入文本“图形工具的使用”（图 4-5-15）。

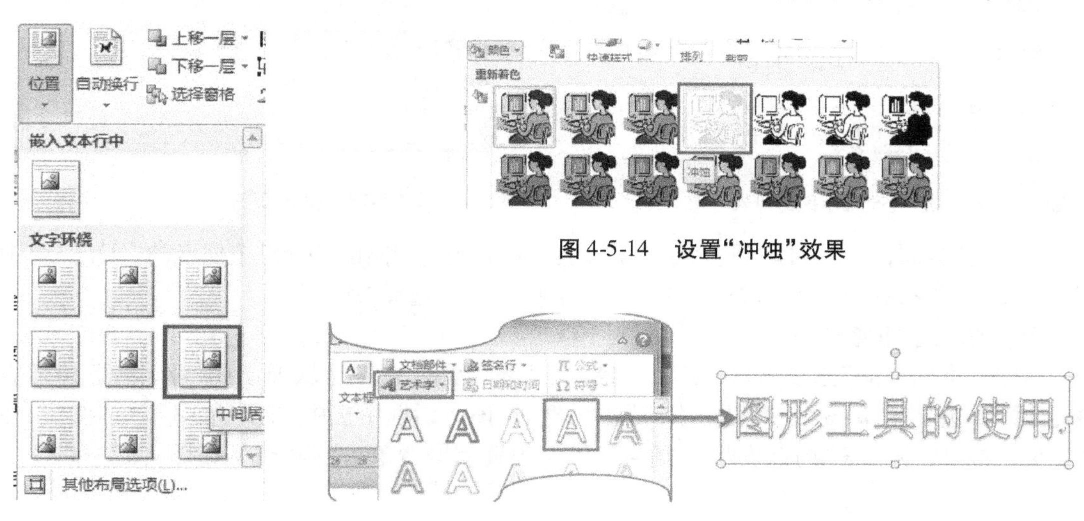

图 4-5-14 设置“冲蚀”效果

图4-5-13 “位置”下拉列表

图 4-5-15 插入艺术字

◆ 选中艺术字内容“图形工具的使用”，单击“开始”选项卡的“字体”组中的“字体”下拉按钮，选择“华文行楷”；单击“绘图工具/格式”选项卡的“艺术字样式”组中的“文本填充”下拉按钮，选择“红色”，再次单击“文本轮廓”下拉按钮，选择“黑色，文字 1”，最后单击“文本效果”下拉按钮，选择“转换”→“弯曲”→“波形 2”，如图 4-5-16 所示。

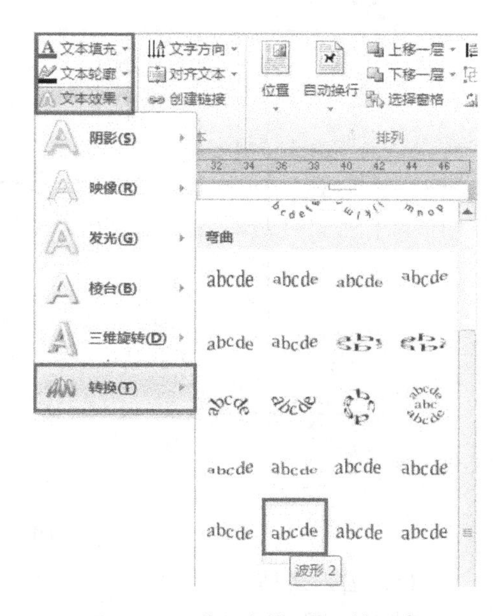

图 4-5-16 “文本效果”下拉列表

◆ 选中艺术字编辑框，单击“绘图工具/格式”选项卡的“形状样式”组中的“形状效果”下拉按钮，选择“阴影”→“外部”→“向右偏移”（图 4-5-17）；再次将“大小”组中的“高度”和“宽度”微调框中的数值分别设置为“3 厘米”和“12 厘米”。

9. **插入页眉/页脚**

操作步骤如下：

◆ 单击“插入”选项卡的“页眉和页脚”组中的“页码”按钮，打开可选位置下拉列表，选择“页面底端”→“普通数字 2”（图 4-5-18）。

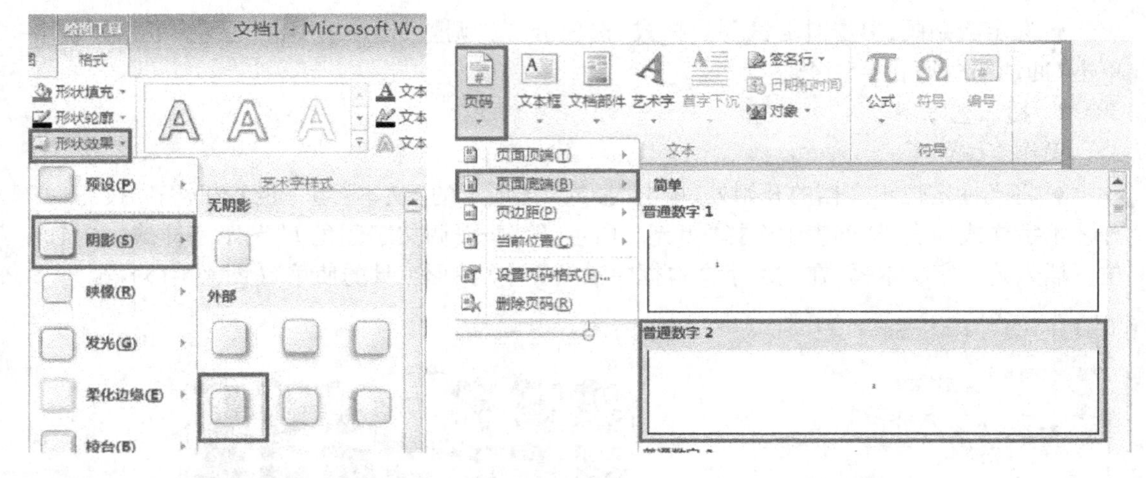

图 4-5-17 “形状效果”下拉列表　　图 4-5-18 插入页码

◆ 单击页眉，输入“计算机基础统考”，选中页眉内容，单击“开始”选项卡的“字体”组中的“字体”下拉按钮，选择“宋体”，在“字号”下拉按钮中选择“小五”。

10. **添加水印背景**

单击“页面布局”选项卡的“页面背景”组中的“水印”按钮，从弹出的“水印”下拉列表中选择“自定义水印”命令，打开“水印”对话框，在该对话框中选中“文字水印”单选按钮，在“文字”文本框中输入“内部资料”（图 4-5-19），设置完毕后单击“确定”按钮即可。

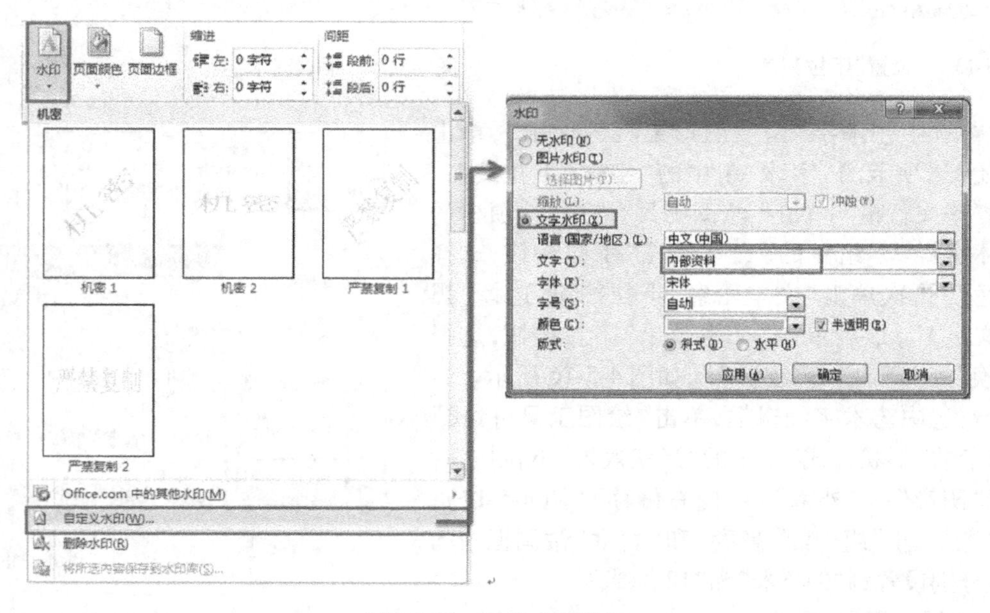

图 4-5-19 设置水印效果

11. **插入表格**

操作步骤如下：

◆ 将插入点置于文档末尾，单击“插入”选项卡的“表格”组中的“表格”按钮，在下拉列表中选择“插入表格”命令，打开“插入表格”对话框，将“表格尺寸”选项区中的“列数”微调框中数值设置为“4”,“行数”微调框数值设置为“4”,“固定列宽”微调框数值设置为“3 厘米”,单击“确定”按钮,如图 4-5-20 所示。

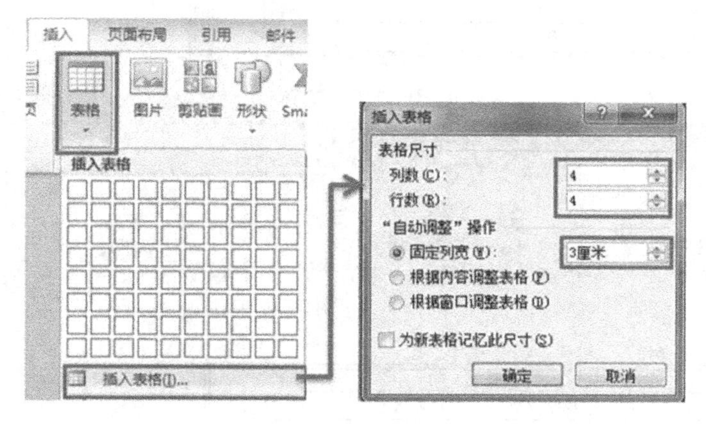

图 4-5-20 插入表格

◆ 选中表格,单击“开始”选项卡的“字体”组中的“字体”下拉按钮,选择“黑体”,在“字号”下拉按钮中选择“五号”,单击“加粗”按钮;单击“开始”选项卡的“段落”组中的“居中对齐”按钮;单击“表格工具/布局”选项卡的“对齐方式”组中的“水平居中”按钮(图 4-5-21)。

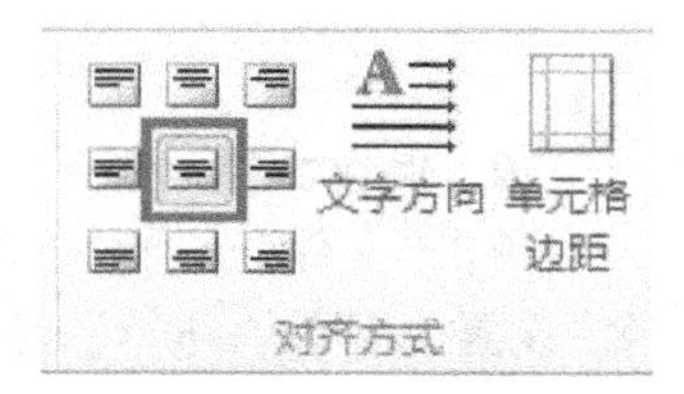

图 4-5-21 “对齐方式”组

◆ 选中表格,单击“表格工具/设计”选项卡的“绘图边框”组中的“笔样式”下拉按钮,选择“双实线”,选择“笔划粗细”下拉按钮,选择“1.5 磅”,单击“表格样式”组中的“边框”下拉按钮,选择“外侧框线”(图 4-5-22);用同样的方法设置“笔样式”为“单实线”、“笔划粗细”为“0.75 磅”、“边框”为“内部框线”(图 4-5-23)。

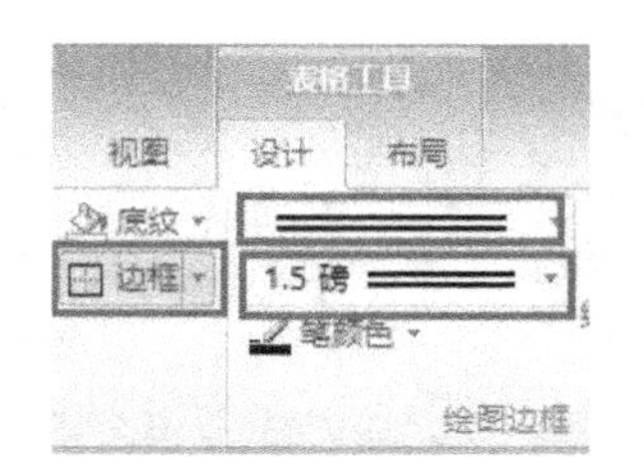

图 4-5-22 设置表格外框线

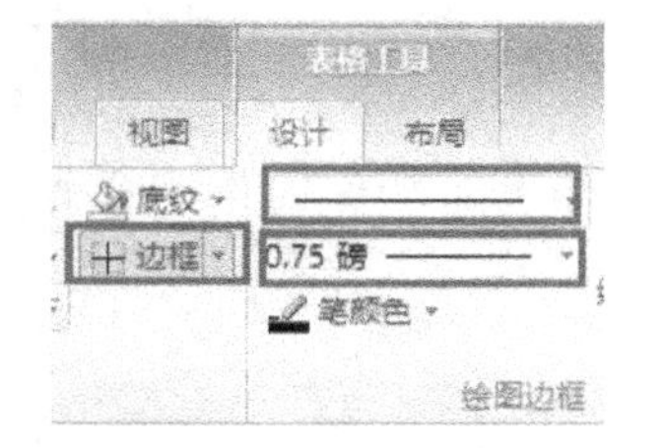

图 4-5-23 设置表格内框线

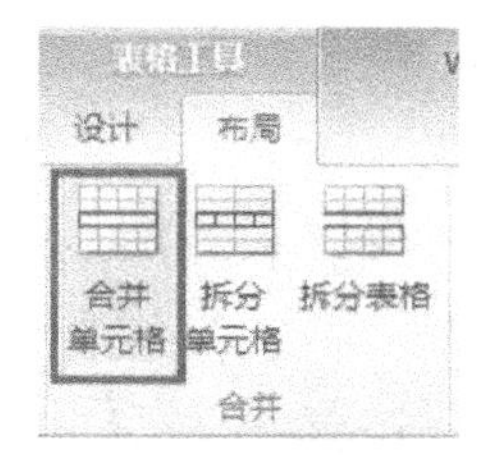

图 4-5-24 “表格工具/布局”选项卡

◆ 选中表格的第 1 行,单击“表格工具/布局”选项卡的“合并”组中的“合并单元格”按钮,如图 4-5-24 所示。

◆ 参考样张,在表格单元格中输入内容后,将插入点置于 D3 中,单击“表格工具/布局”选项卡的“数据”组中的“公式”按钮,打开“公式”对话框,在“公式”文本框中输入“ =SUM(LEFT)”,单击“确定”按钮(图 4-5-25);用同样的方法对 D4 进行求和计算。

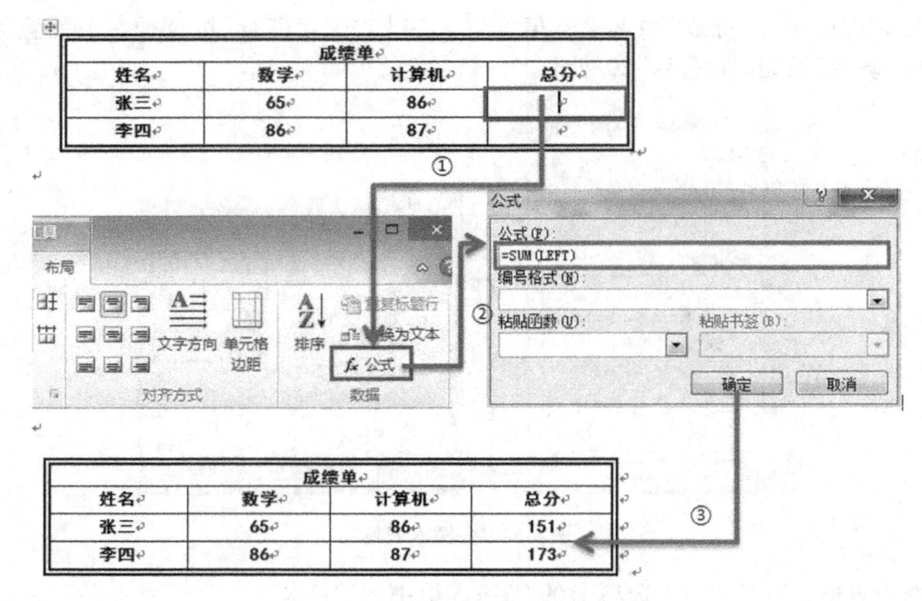

图 4-5-25 计算“总分”

12. 保存文件

单击“文件”选项卡下的“另存为”命令，弹出“另存为”对话框，在该对话框中将“文件名”设置为“Word. docx”，单击“保存”按钮。

项目5 Excel 2010 电子表格处理应用

Excel 2010(以下简称 Excel)是 Microsoft Office 2010 办公编辑软件中功能强大、操作简便的电子表格处理软件,利用它可以进行各种处理、统计分析和辅助决策等。由于其功能完善、界面简洁,被广泛应用于管理、统计、财经等领域。

任务5-1　制作“学生成绩表”

一、学习目标

◆ 熟悉 Microsoft Excel 的窗口界面。

◆ 掌握工作簿的创建、打开、保存和关闭的方法。

◆ 掌握工作表的基本操作技术。

◆ 掌握数据的输入方法。

◆ 掌握工作表的打印设置、预览等操作技术。

二、任务描述与分析

学生成绩表是任课教师用来记录学生考试成绩的方式,通过学生成绩表,教师可以录入所有学生的基本信息和成绩,查看所有学生的学习情况及排名等。

制作“学生成绩表”的具体要求如下:

◆ 打开 Excel 中的“学生成绩表”工作簿,将 Sheet1 工作表中的所有内容复制到 Sheet2 中,如图 5-1-1 所示。并重命名 Sheet2 工作表为“学生成绩表”,将该工作表的标签颜色设置为标准色中的“绿色”。

◆ 在“学生成绩表”工作表中,在标题行下方插入一个空行,输入样文中所示内容;删除 D 列(空列);将第 7 行与第 8 行互换位置。

◆ 在“学生成绩表”工作表第 8 行上方插入分页符。

◆ 设置表格的标题行为顶端打印标题,打印区域为单元格区域 B2:F13,设置完成后进行打印预览。

◆ 保存工作簿。

三、任务实施

◆ 依次选择“开始”→“所有程序”→“Microsoft Office”→“Microsoft Excel 2010”选项，打开 Excel 窗口，单击“文件”→“打开”命令，打开“打开”对话框，在素材文件夹中选择“学生成绩表.xlsx”文件，单击“确定”按钮。

◆ 在 Sheet1 工作表中，按【Ctrl】+【A】组合键，全选整个工作表。

◆ 单击“开始”选项卡的“剪贴板”组中的“复制”按钮；切换至 Sheet2 工作表，选中 A1 单元格，再在“剪贴板”组中单击“粘贴”按钮，即可复制整张工作表。

◆ 右击 Sheet2 工作表标签，在弹出的快捷菜单中选择“重命名”命令，输入“学生成绩表”字样。再次右击工作表标签，在弹出的快捷菜单中选择“工作表标签颜色”，在下拉列表中选择标准色中的“绿色”，如图 5-1-1 所示。

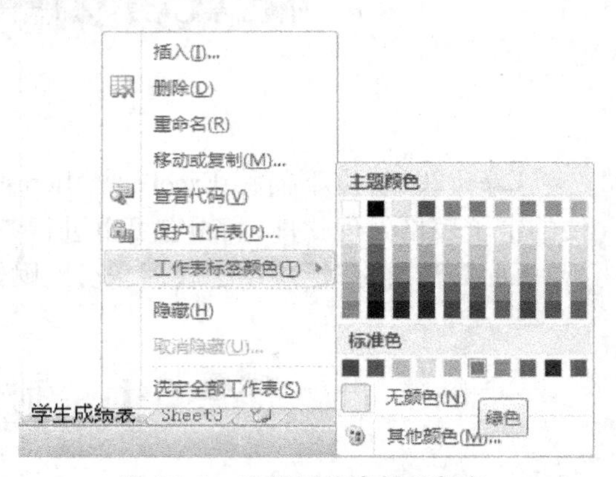

图 5-1-1 设置工作表标签颜色

◆ 在“学生成绩表”工作表中，在标题行下面一行（第 3 行）的行号上右击，在弹出的快捷菜单中选择“插入”命令，即可在标题行下方插入一个空行。

◆ 在新插入的空行中输入样文所示内容（图 5-1-2）。

高修1602班学生成绩表

学号	姓名	语文	数学	英语
1611150201	孙健	66	76	68
1611150202	于华龙	82	78	71
1611150203	杨欣雨	70	80	71
1611150205	杨帆	66	0	71
1611150204	吴新宇	61	80	74
1611150206	戴宇	60	76	82
1611150207	潘如杰	90	83	79
1611150208	蔡永凡	80	85	87
1611150209	陆旭标	86	81	87
1611150210	王勇	82	68	87

图 5-1-2 学生成绩表

◆ 右击 D 列(空列)列号,在弹出的快捷菜单中选择“删除”命令。

◆ 右击第 8 行行号,在弹出的快捷菜单中选择“剪切”命令,再右击第 7 行行号,在弹出的快捷菜单中选择“插入剪切的单元格”命令,即可将第 7 行与第 8 行互换位置。

◆ 在“学生成绩表”工作表中,选择第 8 行,单击“页面布局”选项卡的“页面设置”组中“分隔符”按钮,在下拉列表中选择“插入分页符”命令,即可在该行的上方插入分页符,如图 5-1-3 所示。

◆ 在“学生成绩表”工作表中,选择“页面布局”选项卡的“页面设置”组中的“打印标题”按钮,弹出“页面设置”对话框。

◆ 选择“顶端标题行”后的折叠按钮,在工作表中选择表格的标题区域;再单击折叠按钮,返回“页面设置”对话框。选择“打印区域”后的折叠按钮,在工作表中选择单元格区域 B2:F13;再单击折叠按钮,返回“页面设置”对话框。单击“打印预览”按钮,即可执行预览命令,如图 5-1-4 所示。

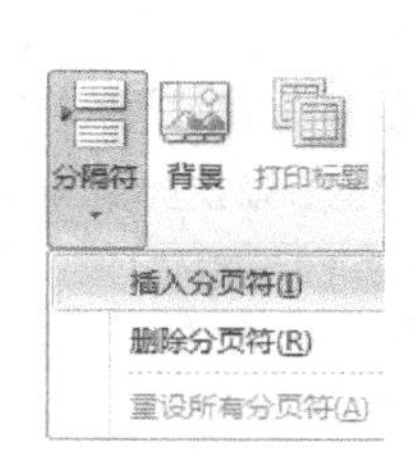

图 5-1-3 “分隔符”下拉列表

图 5-1-4 “页面设置”对话框

◆ 单击“文件”菜单,选择“保存”命令,即保存好工作簿中所有内容。选择右上角的“关闭”按钮,即可关闭工作簿。

四、相关知识

1. Excel 的启动和退出

(1) Excel 的启动

启动 Excel 和启动其他应用软件的方法基本相同,常用的有以下几种方法:

方法一 单击 Windows 任务栏左侧的“开始”→“所有程序”→“Microsoft Office”→“Microsoft Excel 2010”命令。

方法二 双击桌面上的 Excel 应用程序的快捷方式图标。

方法三 如果 Excel 是最近经常使用的应用程序之一,在 Windows 7 操作系统下,单击屏幕左下角的“开始”菜单按钮,Microsoft Excel 2010 会出现在“开始”菜单中,直接双击它即可。

使用以上三种方法,系统都会在启动 Excel 的同时,自动生成一个名为“工作簿 1”的空白工作簿。

方法四 若已经存在用户创建的 Excel 文件(扩展名为 xlsx 或 xls),则直接双击即可启动运行 Excel 应用程序，同时会打开该文件。

注意：Excel 2010 具有兼容的功能，也就是说，使用 Excel 2010 可以打开以前的 Excel 版本（如 Excel 2007/2003 等）所创建的各种 Excel 文件。

（2）Excel 的退出

退出 Excel 和退出其他应用软件的方法基本相同，常用的有以下几种：

方法一　单击 Excel 窗口界面右上角的“关闭”按钮 。

方法二　单击 Excel 窗口界面左上角的 按钮，在其弹出的下拉菜单中选择“关闭”选项。

方法三　单击“文件”选项卡下的“退出”命令，同样可以退出 Excel 应用程序。若选择“关闭”命令，只关闭当前打开的工作簿，而不是退出 Excel 2010。

方式四　使用组合键【Alt】+【F4】。

2. Excel 工作表的界面介绍

Excel 工作表在原来版本的基础上增加了新的功能，界面更加美观大方，主要由工作区、标题栏、快速访问工具栏、功能区等部分组成，如图 5-1-5 所示。

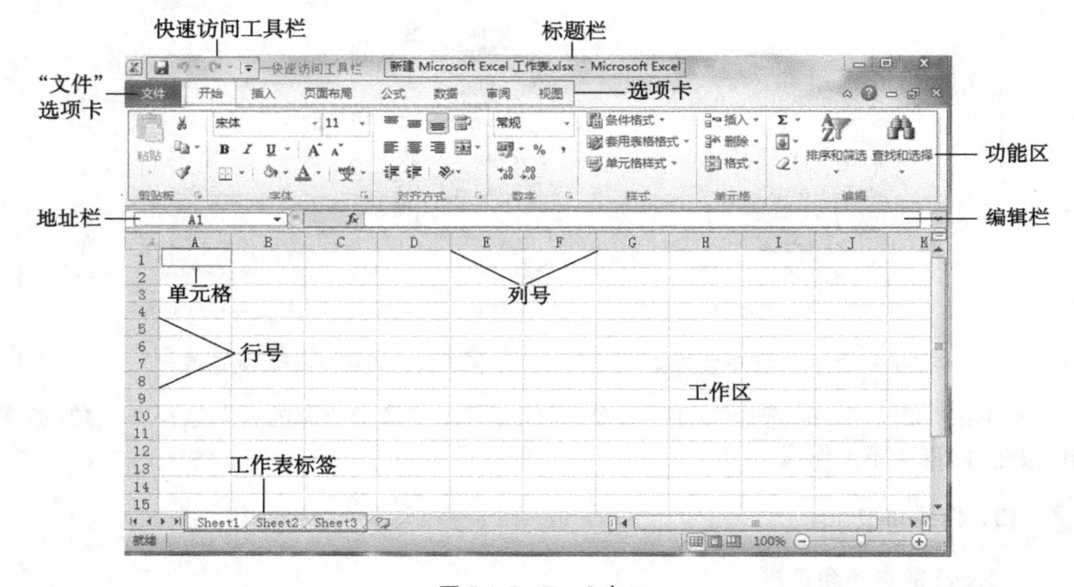

图 5-1-5　Excel 窗口

（1）快速访问工具栏

Excel 为了方便操作者的使用，设置了快速访问工具栏，其中包括保存、撤销等基本操作，操作者可以根据自己的使用习惯，选中常用的工具栏，未被选中的工具栏将不显示在快速访问工具栏中。

（2）标题栏

标题栏主要用来显示当前 Excel 的文件名。首次打开的工作表标题栏中显示的是新建工作表，标题栏左边是快速访问工具栏，右边是“最小化”“最大化”/“还原”和“关闭”按钮。

（3）“文件”选项卡

“文件”选项卡位于窗口的左上角，可实现打开、保存、打印、新建和关闭等功能。

(4) 功能区

功能区中包含了新增加的各种选项卡,如"开始""插入""页面布局""公式""数据""审阅""视图",每个项目卡根据功能的不同又分为若干个组。

(5) 切换工作表

若一个工作簿中包含有多张工作表,可以使用"切换工作表"按钮进行切换显示。

(6) 工作表标签

工作表标签主要用于显示工作表的名称,单击所选中的工作表标签将激活此工作表,使它变为当前工作表。

(7) 行号和列标

行号和列标用来标识工作表中数据所在的位置,它们也是组成单元格地址的两个必须的部分。

(8) 工作区

可以在工作区进行工作表内容的输入与输出,工作区由若干单元格组成,最上方有表示第几列的列号,左边有表示第几行的行号,通过这些标识可确定工作区中每个单元格的位置。

(9) 状态栏

状态栏位于整个工作表的最底部,左端用来显示当前工作表的状态,右端用来切换页面视图的方式,包括普通视图、页面布局视图、分页预览视图,单击这三个按钮,即可在三个模式间任意切换,如图 5-1-6 所示。

图 5-1-6 状态栏

提示: *在单元格地址的右侧为编辑栏,由名称框、编辑按钮和公式编辑框三部分组成,名称框表示当前单元格的名称和地址;编辑按钮用来对输入的公式进行确认操作,可以打开函数对话向导;公式编辑框用于输入或修改函数公式,或将隐藏的函数公式显示出来。*

3. 工作簿的使用

(1) 新建工作簿

新建工作簿有以下几种方法:

方法一 每次启动 Excel,系统会自动建立一个新工作簿,文件名为"工作簿 1. xlsx"。单击"保存"按钮,保存工作簿时可重新命名。

方法二 选择"文件"→"新建"→"空白工作簿"→"创建"命令。

方法三 使用快捷键【Ctrl】+【N】。

(2) 保存工作簿

保存工作簿有以下几种方法:

方法一 单击"文件"选项卡,在出现的下拉菜单中单击"保存"命令。

方法二 单击快速访问工具栏上的"保存"按钮。

方法三 使用快捷键【Ctrl】+【S】。

若需换名保存,单击"文件"选项卡,在出现的下拉菜单中单击"另存为"命令,根据需要键入文件名,单击"保存"按钮。

(3) 打开工作簿

可以用以下两种方法打开工作簿：

方法一　单击“文件”选项卡，在出现的下拉菜单中选择“打开”命令，弹出“打开”对话框，再选择需要打开的工作簿。

方法二　使用快捷键【Ctrl】+【O】，弹出“打开”对话框，再选择需要打开的工作簿。

(4) 关闭工作簿

有如下两种方法关闭工作簿：

方法一　单击菜单栏右端的“关闭”按钮。

方法二　单击“文件”选项卡下的“关闭”命令。

4. 工作表的使用

Excel 工作簿由多张工作表组成，新建的工作簿默认有三张工作表，名称分别是 Sheet1、Sheet2 和 Sheet3，用户可以根据需求新建、删除工作表，也可以对工作表进行插入、重命名、移动或复制、隐藏或显示等。

(1) 新建工作表

可以用以下几种方法新建一张工作表：

方法一　在 Excel 工作界面中，单击工作表标签右侧的图标 。

方法二　选中当前工作表，右击要插入的工作表后方的工作表标签，在弹出的快捷菜单中单击“插入”命令，便可出现如图 5-1-7 所示的“插入”对话框。在此对话框中单击“工作表”选项，然后单击“确定”按钮，便可在已有工作表前插入一张新的工作表。

方法三　单击“开始”选项卡的“单元格”组中的“插入”按钮，在下拉菜单中单击“插入工作表”命令(图 5-1-8)，即可插入一张新的工作表，而插入的工作表位于当前工作表的左侧。

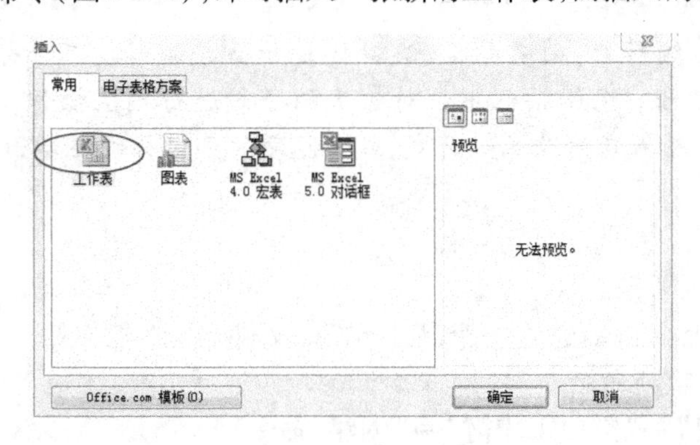

图 5-1-7　插入工作表

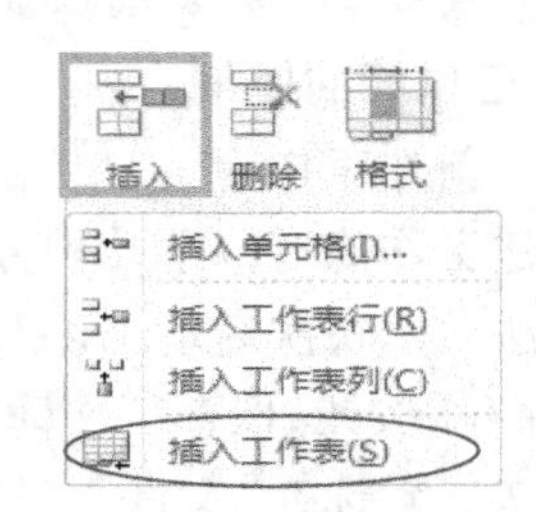

图 5-1-8　插入工作表

方法四　使用组合键【Shift】+【F11】。

(2) 重命名工作表

不管是启动 Excel 时自动生成的工作表，还是用户根据需要自动新建的工作表，它们都是以 Sheet1、Sheet2 等来命名的，但为了在实际应用过程中做到文件名的“见名知意”，以方便记忆和有效管理，这个时候便需要用户来对工作表进行重命名。重命名一张工作表的常用方法有以下几种：

方法一　在工作表标签中，双击相应的工作表名称。

方法二　选中需要修改的工作表名称，单击鼠标右键，在弹出的快捷菜单中选择“重命名”命令。

方法三　选中“开始”选项卡，在“单元格”组中选择“格式”按钮，然后在弹出的下拉菜单中选择“重命名工作表”命令。

使用上述三种方法都可以使原来的工作表名称变成全黑的填充色，这个时候只需要重新输入新的工作表名称即可完成重命名操作。

(3) 删除工作表

在编辑工作簿的过程中，当不需要某些工作表时，可以选择将其删除。删除一张工作表的常用方法有以下两种：

方法一　选中需要删除的工作表标签，单击鼠标右键，在弹出的快捷菜单中选择“删除”命令。

方法二　选中“开始”选项卡，在“单元格”组中选择“删除”按钮，然后在弹出的下拉菜单中选择“删除工作表”命令。

以上两种方法都可以完成工作表的删除工作，用户只需要选择其中一种掌握即可。

(4) 移动或复制工作表

在使用 Excel 进行数据处理时，经常需要在工作簿内或工作簿之间移动或复制工作表。下面分别予以介绍：

① 在同一个工作簿内移动或复制工作表

相对来说，在同一个工作簿内移动工作表的操作方法比较简单，只需要选定需要移动的工作表，然后沿工作表标签行拖动至目的位置即可。

如果需要在当前工作簿中复制已有的工作表，只需在按住【Ctrl】键的同时拖动选定工作表，然后在目的位置释放鼠标即可，切记这个时候必须在释放鼠标后再松开【Ctrl】键。

注意：如果复制工作表，则新生成工作表的名称便是在源工作表的名称后加了一个用括号括起来的数字，这时候只是工作表名称不一样，里边的内容完全一样。例如，源工作表名为 Sheet1，则经过一次复制后的工作表名为 Sheet1(2)，对一张工作表可以进行多次复制。

② 在不同的工作簿之间移动或复制工作表

在不同的工作簿之间移动或复制工作表最简单的方法，便是通过“移动或复制工作表”对话框来完成，但前提是两个工作簿必须同时为打开状态。当然，利用这个对话框也可以完成在同一个工作簿内复制或移动工作表。其操作步骤如下：

◆ 选中当前工作簿中的某一个需要移动或复制的工作表标签。

◆ 单击鼠标右键，在弹出的快捷菜单中选择“复制或移动”命令，或者选择“开始”选项卡的“单元格”组中的“格式”按钮，然后在弹出的下拉菜单中选择“移动或复制工作表”命令。

◆ 打开“移动或复制工作表”对话框(图 5-1-9)，若需要将当前工作表移动到其他工作簿中，只需要在对话框中的“工作簿”下拉列表框中选择目的工作簿名称即可，而若需要移动到当前工作簿的其他位置，则需要在“下列选定工作表之前”列表框中选择某一个满足要求的工作表，单击“确定”按钮，当前工作表便会移动到选择的工作表之前。

注意：若想实现工作表的复制，只需要在上述操作的基础上，选中“建立副本”复选框即可。

(5) 隐藏或显示工作表

在编辑工作簿的过程中,有时候需要将工作簿中的某个工作表隐藏起来,这时候只需要右击该工作表标签,在弹出的快捷菜单中选择“隐藏”命令即可。

若要显示工作簿中之前被隐藏的工作表,可以右击任意一张工作表标签,在弹出的快捷菜单中选择“取消隐藏”命令,打开“取消隐藏”对话框,如图 5-1-10 所示,在该对话框中选择要显示的工作表,然后单击“确定”按钮便可完成相应操作。

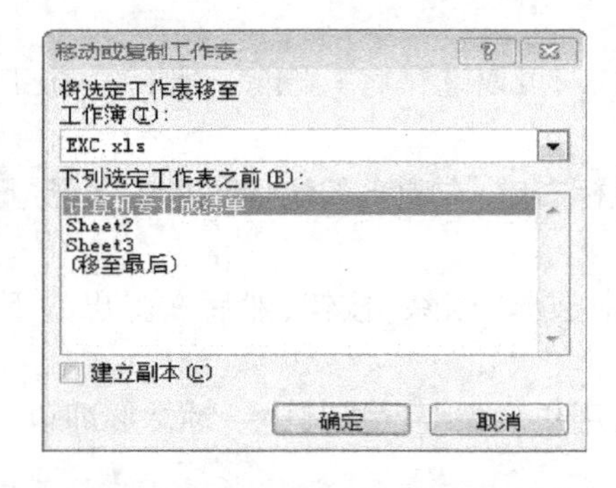

图 5-1-9 “移动或复制工作表”对话框

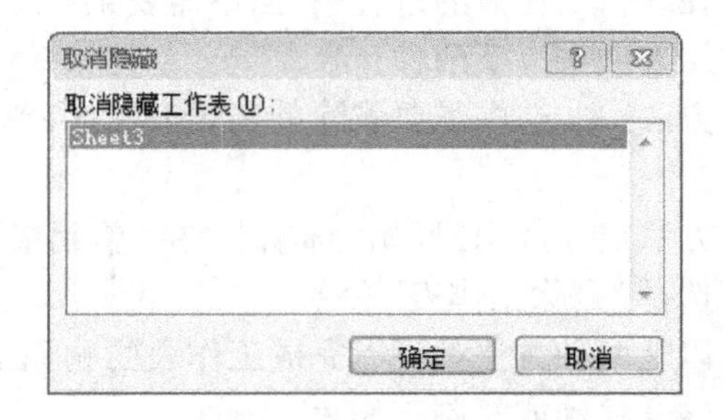

图 5-1-10 “取消隐藏”对话框

5. 数据输入

Excel 工作表都是由单元格组成的,所有的文字和数字都是存放于单元格中,每一个单元格地址都是由行号和列标来定位的,Excel 有 1048576(2^20)行,行号从 1 ~ 1048576; 有 16384 列,列号从 A,B,C,…到 AA,AB,AC,…一直到 IV。

在工作表中输入数据时,应先选定单元格,使之成为当前单元格,然后再输入数据。

(1) 输入文本

文本数据可由汉字、字母、数字、特殊符号、空格等组合而成。文本数据的特点是可以进行字符串运算,不能进行算术运算。

在当前单元格中输入文本后,按回车键或移动光标到其他单元格即可完成该单元格的文本输入。文本数据默认在单元格中左对齐。

若输入如电话号码、身份证号码、邮政编码等无须计算的数字串,则在数字串前面加一个英文单引号“'”。

(2) 输入数值

输入数值时,默认形式为普通表示法,如 34、12.56 等。若输入数字超过 12 位,则会以科学计数法形式展示,如输入 1234567890123,则在单元格中显示 1.23457E+12。数值在单元格中默认为右对齐。

(3) 输入日期和时间

若输入的数据符合日期或时间的格式,则 Excel 将以日期或时间格式存储。日期或时间格式在单元格内默认为右对齐。

① 输入日期

以 2015 年 6 月 20 日为例,可以用如下形式输入:2015/6/20、2015-6-20、2015-Jun-20。

② 输入时间

以 20 点 20 分为例,可按如下形式输入:20:20、8:20PM、20 时 20 分、下午 8 时 20 分。

若首次输入的是日期，则该单元格就格式化为日期格式，以后再输入数值仍然换算成日期。

6. **工作表的打印**

在Excel中，可以打印整个工作簿或部分工作表。如果打印的数据在Excel表格中，可以只打印该表格。在打印工作表之前对工作表的格式和页面布局进行调整，可以节省打印时间和纸张。

(1) 页面设置

打印工作表之前，单击“页面布局”选项卡的“页面设置”组右下角的对话框启动器按钮，打开“页面设置”对话框，在其中可设置页边距、纸张方向、纸张大小、打印区域、分隔符、背景和打印标题等。

(2) 打印设置

在“页面设置”对话框中单击“工作表”选项卡，如图5-1-11所示，在其中可对工作表的打印区域、打印标题等进行设置。打印区域是指不需要打印整个工作表时，打印部分单元格即可满足要求，也可以取消打印区域打印整个工作表。打印标题是指在打印较长的工作表时，需要在每一页都自动生成标题行，使用“打印标题”功能可以指定要在每个打印页重复出现的行和列。

提示： 在不同的工作表中，可能要求不同的页面设置不同的页眉和页脚，方法为：在“页面设置”对话框中选择“页眉/页脚”选项卡，选中“奇偶页不同”或“首页不同”，再进行页眉和页脚的设置。

图5-1-11 “页面设置”对话框

(3) 分页符设置

为了便于打印，可插入分页符，将一张工作表分隔为多页。方法是：单击“页面布局”选项卡的“页面设置”组中的“分隔符”按钮，在下拉列表中选择“插入分页符”命令。在普通视图下，分页符是一条虚线。在页面视图下，分页符是一条黑灰色宽线，将鼠标指向后变成一条黑线。

要删除分页符，选择“页面布局”选项卡的“页面设置”组中的“分隔符”按钮，在下拉列表中单击“删除分页符”或者“重设所有分页符”命令。

(4) 打印预览

页面设置完成后，可以通过打印预览查看其效果。进行打印预览的方法是：打开“页面设置”对话框，任意选择一个选项卡，单击其中的“打印预览”按钮，或单击“文件”选项卡下的“打印”命令，这时候在最右侧的窗格中便可以查看工作表的打印效果。

(5) 打印工作表

对工作表进行打印预览后，即可打印输出整个工作表或者表格的指定区域。和打印预览类似，单击“页面设置”对话框中的“打印”按钮，或单击“文件”选项卡下的“打印”命令，单击中间窗格中的“打印”命令直接进行打印。

7. **工作簿和工作表的保护**

为了保护数据的私密性，有时需要对编辑的数据进行保护，以防止无关人员查看和编辑，这里保护的对象可以是工作簿、工作表、工作表中的某行(列)或特定的单元格等。

保护数据的方法是：选择“审阅”选项卡，单击“更改”组中的“保护工作簿”或“保护工作表”按钮，根据需求分别在弹出的“保护工作表”和“保护结构和窗口”对话框中进行设置，分别如图 5-1-12 和图 5-1-13 所示。

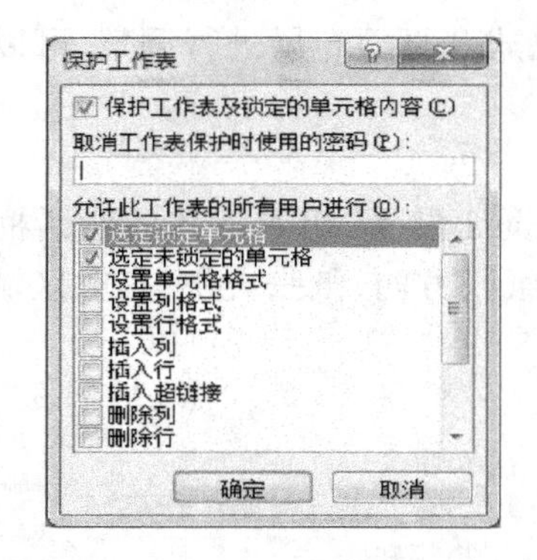

图 5-1-12 “保护工作表”对话框

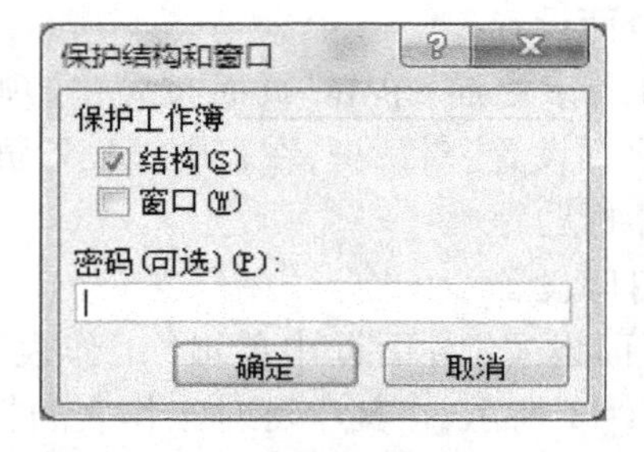

图 5-1-13 “保护结构和窗口”对话框

注意：

- 如果对工作簿和工作表没有做保护，任何人都可以进行访问和编辑。
- 单击“文件”选项卡下的“打印”命令，单击中间窗格中的“保护工作簿”命令，也可以实现对工作簿的保护。
- 一旦给工作簿或工作表设置了密码，打开时，都将出现“密码”对话框，只有输入正确的密码后才能打开，而且密码区分大小写。

任务 5-2 格式化“学生成绩表”

一、学习目标

◆ 掌握工作表中单元格格式的设置方法。
◆ 掌握相关数据中条件格式的使用方法。
◆ 掌握定制工作表的相关操作技术。

二、任务描述与分析

对工作表中单元格格式进行设置，可美化工作表的整体效果。使用条件格式并定制工作表，能更加方便使用者阅读出工作表所提供的信息。具体操作要求如下：

◆ 在素材文件夹中的“学生成绩表”工作表中，将单元格区域 B2:F2 合并后居中，将字体设置为华文新魏、18 磅、加粗、深紫色(RGB:102,0,102)，并为其填充图案样式中“细水平剖面线”图案样式，图案颜色为标准色中的黄色；设置标题行的行高为 20。

◆ 将单元格区域 B3:F3 的字体设置为黑体、12 磅，居中对齐，并为其填充粉红色(RGB:153,51,102)底纹。

◆ 将单元格区域 B4:F13 的字体设置为华文仿宋，为其填充图案样式中“25% 灰色”底

纹,颜色为浅蓝色(RGB:131,211,253)。

◆ 将单元格区域 B3:F13 的外边框设置为黑色粗实线(第5行第2列),将表格中第3行下边框设置为黄色粗虚线(第4行第2列),内部框线设置为黑色细虚线(第6行第1列)。

◆ 在“学生成绩表”中,为 E8 单元格插入批注“缺考”。

学生成绩表的样表如图 5-2-1 所示。

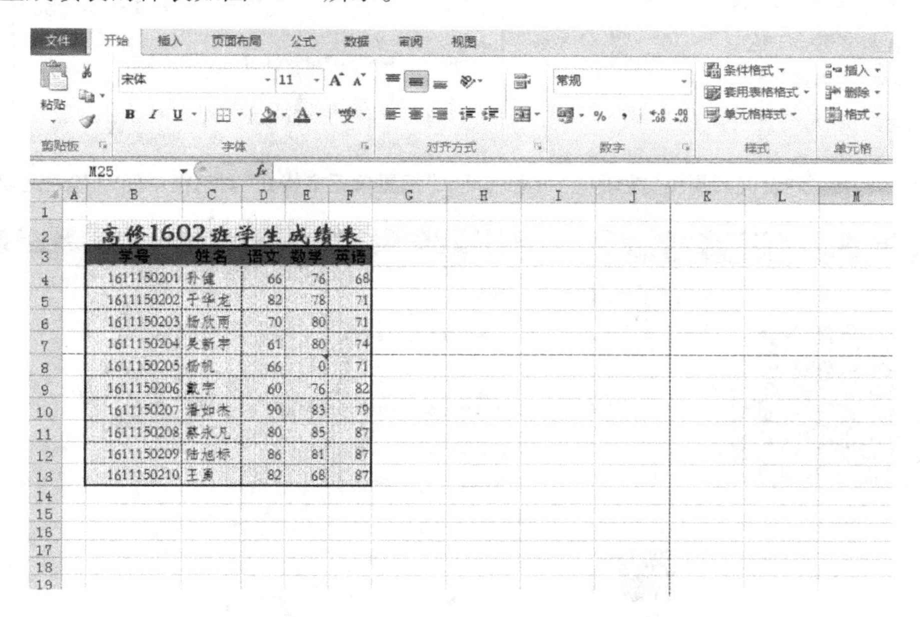

图 5-2-1　“学生成绩表”的样表

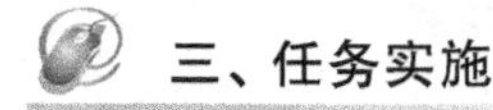

三、任务实施

1. 设置标题行格式

设置标题行格式的操作步骤如下:

◆ 在“学生成绩表”中选中 B2:F2 区域,单击“开始”选项卡的“对齐方式”组中的“合并后居中”按钮,如图 5-2-2 所示。

◆ 选中单元格区域 B2:F2,单击“开始”选项卡的“字体”组右下角的对话框启动器按钮,弹出“设置单元格格式”对话框,在“字体”列表框中选择“华文新魏”,在“字号”列表框中选择“18”磅,在“字形”列表框中选择“加粗”,如图 5-2-3 所示。

◆ 单击“颜色”旁下三角按钮,选择下拉列表中的“其他颜色”,弹出“颜色”对话框,单击“自定义”选项卡,如图 5-2-4 所示,输入“红色”为“102”,“绿色”为“0”,“蓝色”为“102”,即为深紫色,单击“确定”按钮。

◆ 在“设置单元格格式”对话框中选择“填充”选项卡,在“图案颜色”下拉列表中选择标准色“黄色”,在“图案样式”下拉列表中选择“细水平剖面线”,如图 5-2-5 所示,单击“确定”按钮。

◆ 选中标题行引号,在“开始”选项卡的“单元格”组中单击“格式”下面的下三角箭头,选择“行高”命令,在弹出的“行高”对话框中输入“20”,单击“确定”按钮。

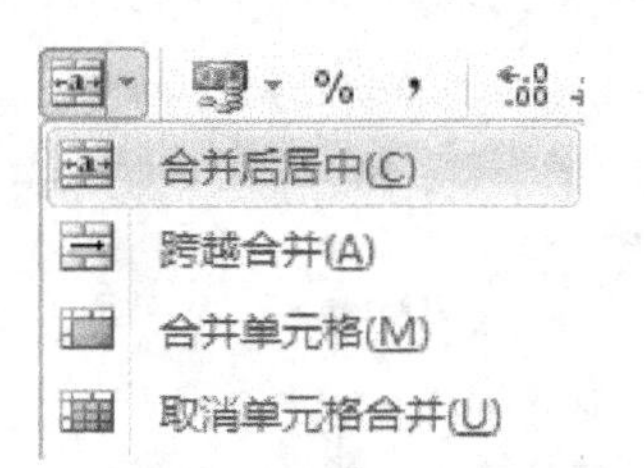

图 5-2-2 选择“合并后居中”按钮

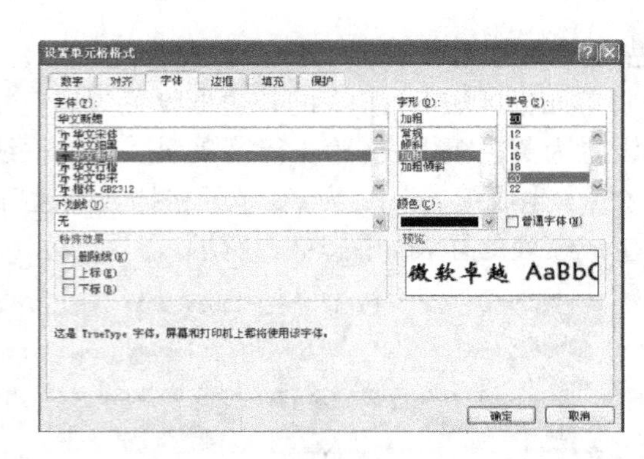

图 5-2-3 “设置单元格格式”对话框中的“字体”选项卡

图 5-2-4 “颜色”对话框

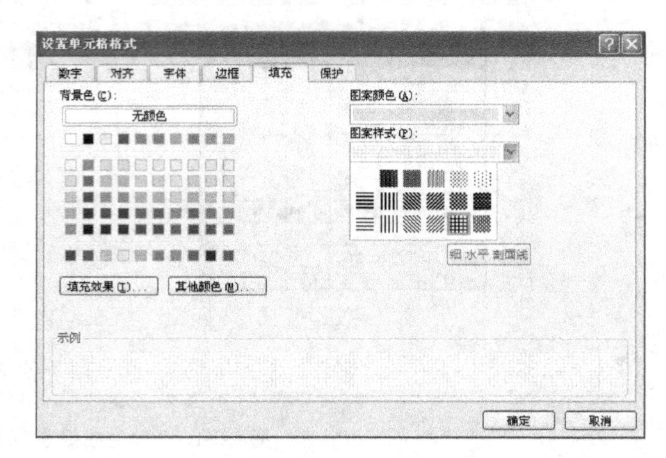

图 5-2-5 “填充”选项卡

2. 为单元格区域 B3:F3 设置格式

操作步骤如下:

- 选中单元格区域 B3:F3,设置字体为黑体,字号为 12 磅。
- 单击“开始”选项卡的“对齐方式”组中的“居中”按钮,如图 5-2-6 所示。
- 单击“开始”选项卡的“字体”组中的“填充颜色”旁边的向下三角箭头,在下拉列表中选择“其他颜色”命令,如图 5-2-7 所示。

图 5-2-6 单击“居中”按钮

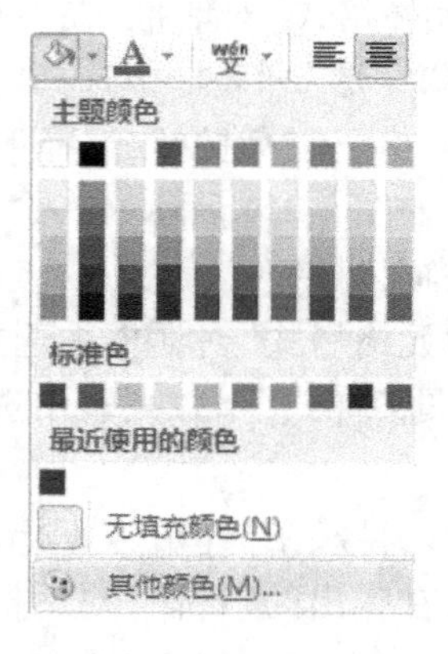

图 5-2-7 选择“其他颜色”命令

◆ 弹出“颜色”对话框，单击“自定义”选项卡，输入“红色”为“153”，“绿色”为“51”，“蓝色”为“102”，单击“确定”按钮。

3. 为单元格区域 B4：F13 设置格式

操作步骤如下：

◆ 选中单元格区域 B4:F13，在“开始”选项卡的“字体”组中，选择“字体”下拉列表中的“华文仿宋”。

◆ 打开“设置单元格格式”对话框，选择“填充”选项卡，在“图案样式”下拉列表中选择“25% 灰色”，如图 5-2-8 所示，再将“图案颜色”设置为浅蓝色。

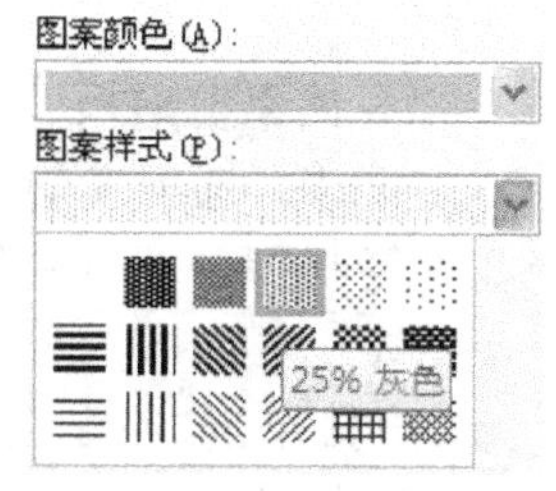

图 5-2-8　选择“25% 灰色”

4. 为单元格区域 B3:F13 设置边框

操作步骤如下：

◆ 选中单元格区域 B3:F13，打开“设置单元格格式”对话框，单击“边框”选项卡，选择“线条样式”下方列表中的粗实线(第 5 行第 2 列)，选择“线条颜色”下拉列表中的“黑色”(颜色自动默认为黑色)，单击“预置”选项下的“外边框”按钮，单击“确定”按钮，如图 5-2-9 所示。

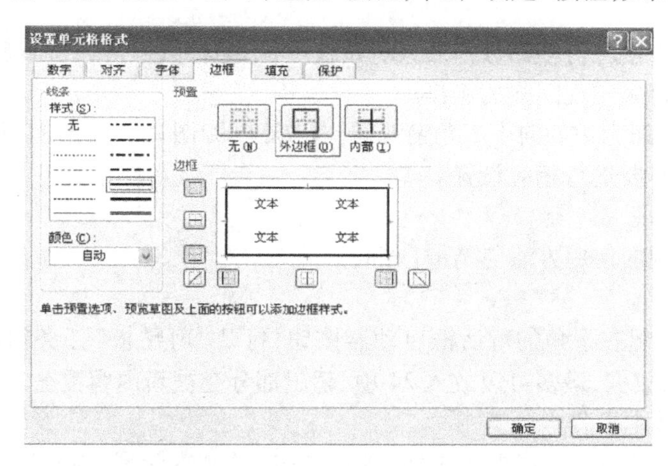

图 5-2-9　设置外框线

◆ 选中单元格区域 B3:F3，在“边框”选项卡下选择“线条样式”下方列表中的粗虚线(第 4 行第 2 列)，选择“线条颜色”下拉列表中标准色的“黄色”，在“边框”选项区域单击“下框线”按钮，单击“确定”按钮。

◆ 选中单元格区域 B4:F13，单击“设置单元格格式”对话框中的“边框”选项卡，选择“线条样式”下方列表中的细虚线(第 6 行第 1 列)，选择“线条颜色”下拉列表中标准色的“黑色”，单击“预置”选项下的“内部”按钮，单击“确定”按钮。

5. 插入批注

◆ 在“学生成绩表”中，右击 E8 单元格，在弹出的快捷菜单中选择“插入批注”命令，输入“缺考”，单击工作表空白区域退出编辑状态，如图 5-2-10 所示。

高修1602班学生成绩表

学号	姓名	语文	数学	英语
1611150201	孙健	66	76	68
1611150202	于华龙	82	78	71
1611150203	杨欣雨	70	80	71
1611150204	吴新宇	61	80	
1611150205	杨帆	66	0	
1611150206	戴宇	60	76	
1611150207	潘如杰	90	83	
1611150208	蔡永凡	80	85	87
1611150209	陆旭标	86	81	87
1611150210	王勇	82	68	87

Microsoft:
缺考

图 5-2-10　插入批注

四、相关知识

1. 使用剪贴板

“开始”选项卡的“剪贴板”组中有四个按钮，分别是“粘贴”“剪切”“复制”和“格式刷”按钮，如图 5-2-11 所示。

图 5-2-11 “剪贴板”组

(1) 粘贴

直接单击“粘贴”按钮，可以粘贴刚刚复制或剪切的数据。

单击“粘贴”下面的向下三角箭头，打开“粘贴选项”，根据需要粘贴的内容要求，可以选择不同的格式设置。也可使用快捷键【Ctrl】+【V】来实现同样的操作。

(2) 剪切

单击此按钮可以将数据从原位置删除，并放入剪贴板中，等待被粘贴。也可以使用快捷键【Ctrl】+【X】来实现同样的操作。

(3) 复制

单击此按钮，直接将待粘贴数据放入剪贴板中，不会将数据从原位置删除。也可以使用快捷键【Ctrl】+【C】来实现同样的操作。

单击“复制”按钮旁边的向下三角箭头，选择“复制为图片”命令，打开“复制图片”对话框，用户可以根据需要进行相应设置。

(4) 格式刷

Excel 中格式刷的使用方法与 Word 相同。

(5) 剪贴板

单开“剪贴板”组右下角的对话框启动器按钮，打开“剪贴板”任务窗格，其中会显示近期放入剪贴板中的数据，最多可以放入 24 项，超出部分会被新内容覆盖。

2. 单元格的基本操作

在 Excel 中，单元格是构成电子表格(即工作表)的基本元素，因此绝大多数的操作都是针对单元格来进行的。下面介绍单元格的选定、插入、合并、拆分及删除等操作。

(1) 选定单元格

由于 Excel 中需要处理的数据是以单元格的形式存在的，所以在工作表中输入数据或者处理相关数据之前，必须先选定某一个单元格或单元格区域。根据实际需求，单元格的选定有以下几种情况和操作实现方法：

- 选定单个单元格：将鼠标移到需要选定的单元格上，此时光标变成空的十字形，单击鼠标左键即可选定。
- 选定连续的单元格区域：单击区域左上角的单元格，按住鼠标左键的同时拖动到区域的右下角单元格，然后释放鼠标左键即可选定。
- 选定多个不连续的单元格区域：首先单击鼠标左键选定第一个单元格或单元格区域，接着按住【Ctrl】键，单击鼠标左键选定其他单元格或单元格区域。
- 选定整行或者整列：将鼠标移动到需要选定的某一行或某一列的行号或列标上，当鼠标光标变为实心箭头时，单击鼠标左键即可。

● 选定整个工作表：在工作表左上角行号和列标的交叉处有一个“选中全部”按钮，单击它或者按下【Ctrl】+【A】组合键即可。

（2）插入单元格

在 Excel 编辑过程中，若需要插入单元格，可以通过两种方法来实现。

方法一　选中目标单元格，单击鼠标右键，在弹出的快捷菜单中选择“插入”命令，便可弹出如图 5-2-12 所示的对话框，然后根据需求在“插入”区域中选择相应的单选按钮，即可完成单元格、行和列的插入。

方法二　打开“开始”选项卡，在“单元格”组中单击“插入”按钮下方的向下三角箭头，然后在下拉列表中单击“插入单元格”“插入工作表行”或“插入工作表列”命令，便可以实现在工作表中插入单元格、行和列，如图 5-2-13 所示。

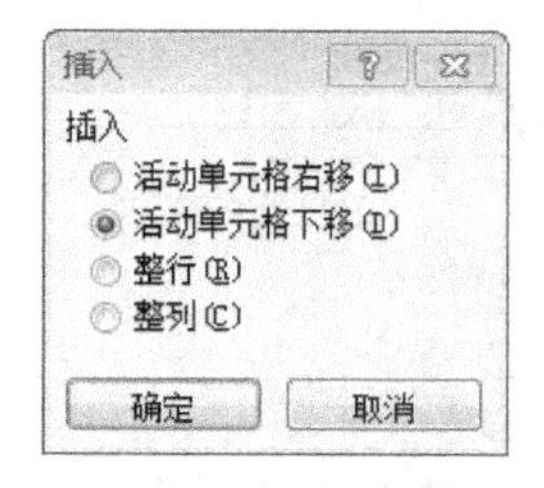

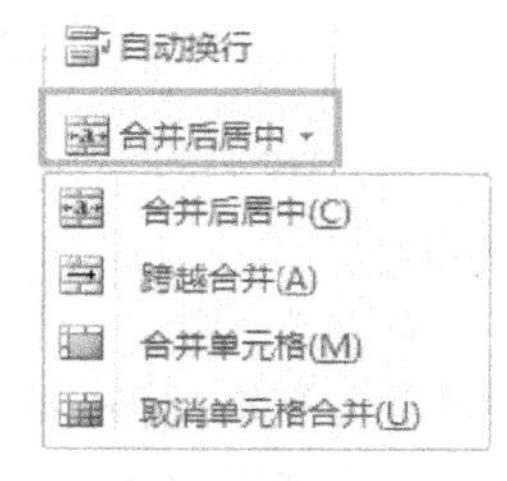

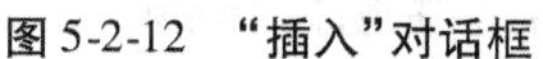

图 5-2-12　**“插入”对话框**　　图 5-2-13　**插入单元格**　　图 5-2-14　**合并单元格**

（3）合并和拆分单元格

在用 Excel 制作表格的过程中，根据要求经常需要将一些单元格进行合并或者拆分。例如，对表格标题行的内容进行合并等。Excel 中合并单元格的选项包括“合并后居中”“跨越合并”“合并单元格”三种方式。操作步骤如下：

◆ 选中需要合并的单元格（按住【Ctrl】键可同时选中多个单元格区域）。

◆ 打开“开始”选项卡，在“对齐方式”组中单击“合并后居中”按钮右侧的向下三角箭头，这时便可出现如图 5-2-14 所示的下拉列表，根据需求选择符合要求的选项即可。

注意：在图 5-2-14 所示的合并方式中，选择“合并后居中”不仅合并单元格，而且使得其后输入的文本居中对齐；“跨越合并”则是以行为参照对象，无论选择了几行，只需每行所选择的单元格大于等于两个，合并后行的数量不变，每行中选中的单元格都会自动合并成为一个单元格；“合并单元格”就是单纯的合并操作，合并以后，单元格中的格式不会发生任何变化。

◆ 在“开始”选项卡中单击“对齐方式”组右下角的对话框启动器按钮，打开“设置单元格格式”对话框，选中“合并单元格”复选框，然后在“文本对齐方式”中选择对齐方式，便可完成对单元格的合并，如图 5-2-15 所示。

在 Excel 中只能对合并后的单元格进行拆分，拆分的方法便是选中已合并的单元格，单击图 5-2-14 所示的“取消单元格合并”命令或取消选中图 5-2-15 中的“合并单元格”复选框。

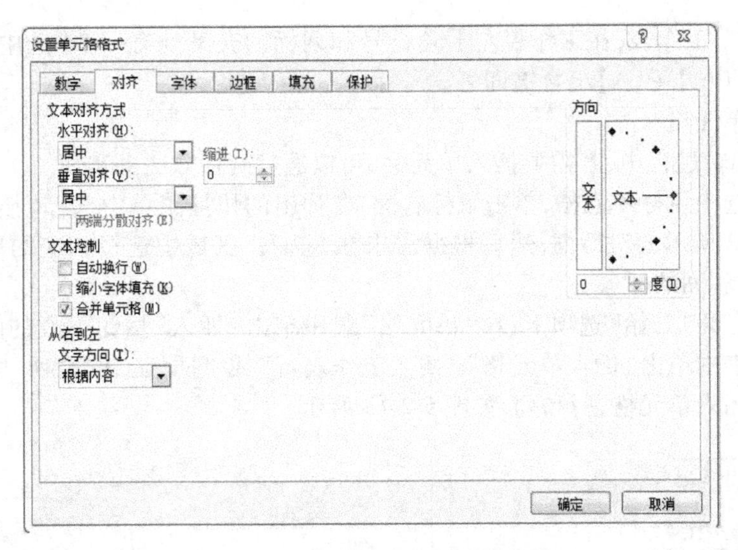

图 5-2-15 “设置单元格格式”对话框

(4) 删除单元格

和插入单元格类似,删除单元格同样可以通过两种方法来实现。

方法一 选中目标单元格,单击鼠标右键,在弹出的快捷菜单中选择“删除”命令,弹出如图 5-2-16 所示的“删除”对话框,根据需求在“删除”组中选择相应的单选按钮,即可完成单元格、行和列的删除。

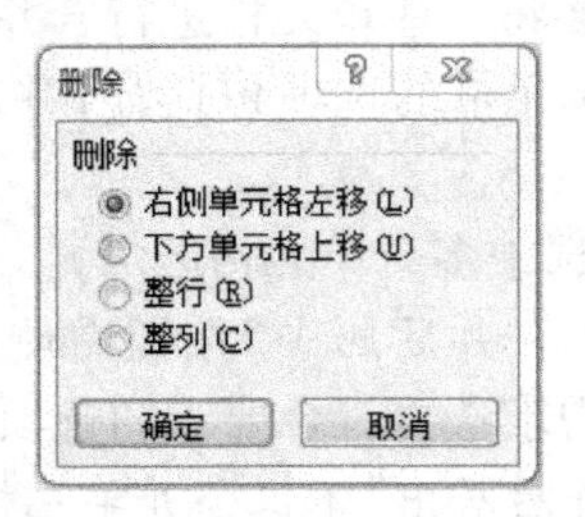

图 5-2-16 “删除”对话框

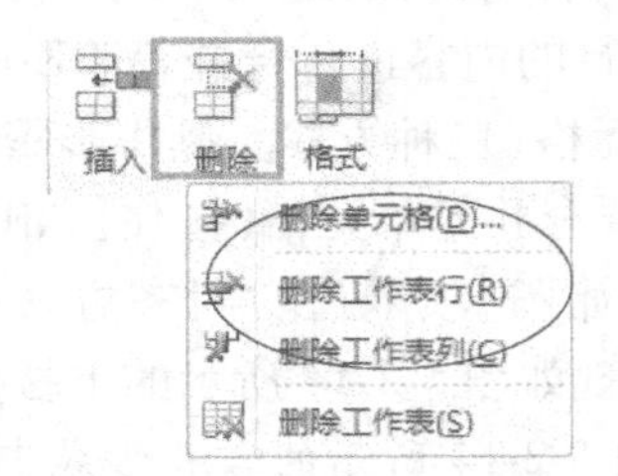

图 5-2-17 删除单元格、行和列

方法二 打开“开始”选项卡,在“单元格”组中单击“删除”按钮下方的向下三角箭头,然后在下拉列表中单击“删除单元格”“删除工作表行”或“删除工作表列”命令,便可以实现在工作表中删除单元格、行和列的任务,如图 5-2-17 所示。

(5) 隐藏和取消隐藏单元格

在用 Excel 制作表格的过程中,有时候需要隐藏某些单元格。

① 隐藏单元格

选中需要隐藏的单元格,打开“开始”选项卡,在“单元格”组中单击“格式”按钮下方的向下三角箭头,在弹出的下拉列表中选择“隐藏和取消隐藏”→“隐藏行”或“隐藏列”命令即可,如图 5-2-18 所示。

② 取消隐藏单元格

如果希望取消隐藏单元格,首先应该选中被隐藏单元格之间的两行或两列单元格,然后和隐藏单元格方法类似,只需要在如图 5-2-18 所示的菜单中选择“取消隐藏行”或“取消隐藏列”命令即可。

注意： Excel 中单元格的隐藏都是以行和列为单位的，而不是单独一个单元格的隐藏。

3. **单元格的格式设置**

输入数据后，为了使制作出的数据表格更加美观和直接，还需要对单元格进行格式化设置，如设置文本对齐方式、行高、列宽以及添加边框和底纹等。

(1) 设置文本字体格式和对齐方式

在默认情况下，工作表单元格中输入的数据为 11 磅的宋体，而且由于输入的数据类型不同，采用的对齐方式也不同。例如，文本以左对齐方式显示，数字以右对齐方式显示，而逻辑值和错误值居中对齐。但是在实际编辑过程中，为了表格的美观，常常需要更改文本的字体格式及对齐方式。

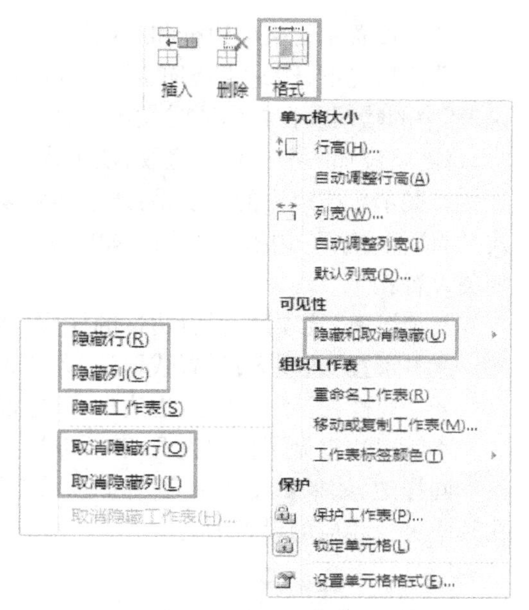

图 5-2-18　隐藏和取消隐藏单元格

单元格内容的字体格式包括字形、大小、颜色等，而对齐方式包括水平对齐与垂直对齐两种，这两种方式下又包括若干种对齐选项。设置文本字体和对齐方式的常用方法有以下三种。

方法一　和合并单元格的方法类似，在“开始”选项卡的“数字”组中，单击右下角的对话框启动器按钮，打开“设置单元格格式”对话框，然后分别在“对齐”和“字体”选项卡下进行设置。

方法二　选中单元格区域，单击鼠标右键，在弹出的快捷菜单中选择“设置单元格格式”命令，同样可以打开“设置单元格格式”对话框，在其中设置即可。

方法三　选择“开始”选项卡，在“字体”和“对齐方式”组中，选择相应的按钮直接设置即可。

(2) 设置单元格的行高和列宽

默认情况下，工作表中的每个单元格具有相同的行高和列宽，但在实际数据输入和编辑过程中，常常需要设置单元格的行高和列宽。

设置单元格的行高和列宽常用的有以下几种方法。

方法一　使用鼠标粗略设置。将鼠标指针指向要改变行高或列宽的行号或列标之间的分割线上，鼠标会变成水平或垂直双向箭头形状，这个时候按住鼠标左键并拖动(旁边有精确数据显示)，直到调整到合适的行高或列宽，松开鼠标即可。

方法二　使用命令按钮精确设置。选定需要调整行高和列宽的单元格区域，打开“开始”选项卡，在“单元格”组中单击“格式”按钮下方的向下三角箭头，在弹出的下拉列表框中选择“行高”或“列宽”命令，打开相应的对话框，分别进行设置。

方法三　自动调整行高和列宽。和第二种方法类似，打开“开始”选项卡，在“单元格”组中单击“格式”按钮下方的向下三角箭头，在弹出的下拉列表框中选择“自动调整行高”或“自动调整列宽”命令，便可完成行高和列宽的自动调整。

(3) 设置单元格的边框和底纹

默认情况下,Excel 的编辑区域是以表格形式存在的,但并不为单元格设置边框,也就是说,其中的暗框线在打印的时候不会被显示出来。这时如果用户需要突出显示某些单元格时,就需要添加一些边框和底纹,使工作表更美观和清楚。

设置单元格边框的方法是:选中需要设置的单元格或单元格区域,打开“设置单元格格式”对话框,选择“边框”选项卡,如图 5-2-19 所示,这时可以为单元格或者单元格区域进行相关设置:

- “线条”选项区:设置边框的样式(线形及粗细)和颜色。
- “预置”选项区:设置或取消“外边框”和“内边框”,选择或取消的方式都是单击。
- “边框”选项区:设置上边框、下边框、左边框、右边框和内边框及斜线等。

不管对边框做了任何设置,若要取消,直接单击“预置”区中的“无”即可。

同样地,如果要设置单元格的底纹,在“设置单元格格式”对话框中选择“填充”选项卡,在其中进行相应的设置即可。

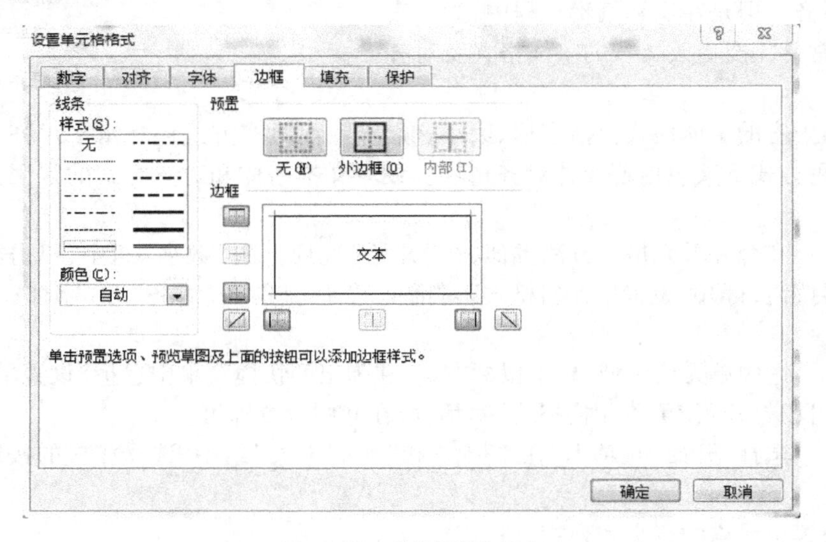

图 5-2-19 “边框”选项卡

4. 样式的设置

(1) 设置条件格式

条件格式是对满足要求的数据进行相应处理的一种操作,单击“开始”选项卡的“样式”组中的“条件格式”按钮下方的向下三角箭头,下拉列表如图 5-2-20 所示,主要有五类设置,分别是“突出显示单元格规则”“项目选取规则”“数据条”“色阶”和“图标集”,打开级联菜单,进行相应设置。

除此以外,用户可以根据自己的需求新建规则、清除规则、管理规则。

(2) 套用表格格式

单击“开始”选项卡的“样式”组中的“套用表格格式”,打开如图 5-2-21 所示的下拉列表,一共有 60 种已经设置好的表格格式,分为“浅色”“中等深浅”和“深色”三大类,直接单击即可应用。

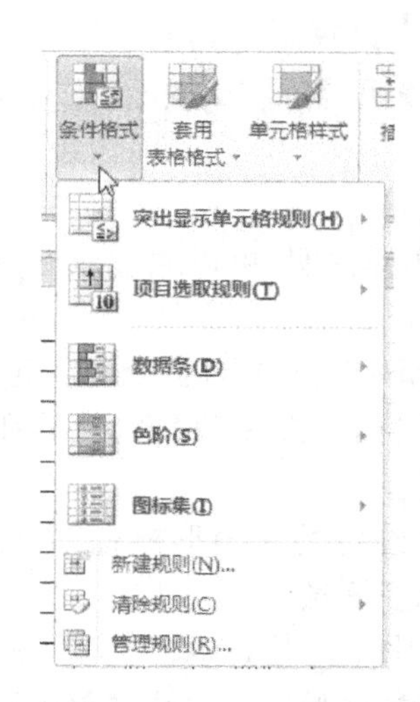

图 5-2-20　“条件格式”下拉列表

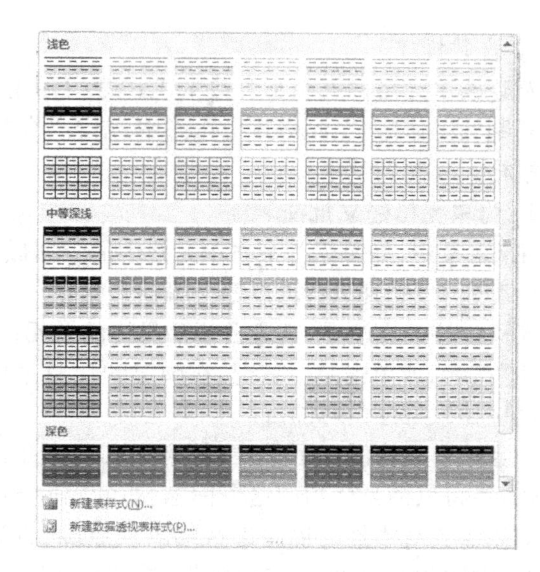

图 5-2-21　“套用表格格式”下拉列表

用户也可以通过单击“新建表样式”和“新建数据透视表样式”来设置满足要求的表格样式。

（3）设置单元格样式

① 设置系统自带的单元格样式

单击“单元格样式”按钮，打开如图 5-2-22 所示的下拉列表，在其中可以设置选中单元格的样式，共分为四类，分别是“好、差和适中”“数据和模型”“标题”和“数字格式”。

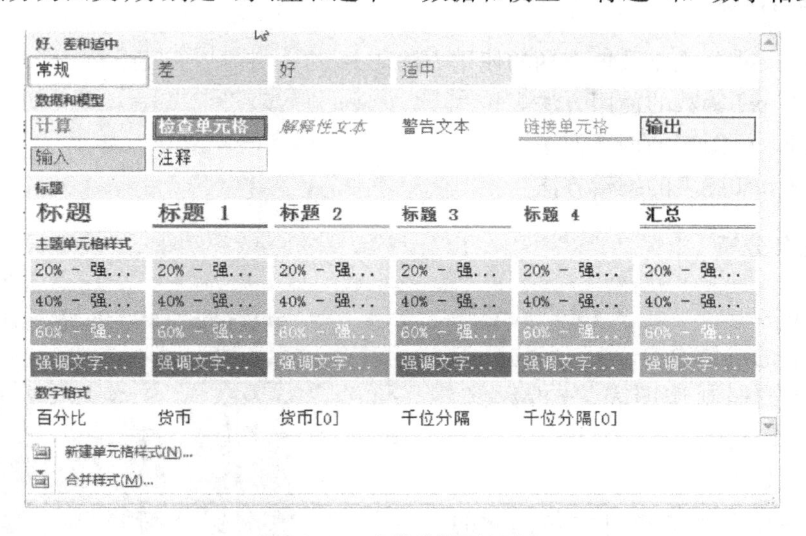

图 5-2-22　“其他”下拉列表

② 新建单元格样式

除了软件自带的单元格样式以外，用户也可以自己设置需要的单元格样式，直接单击“新建单元格样式”命令，打开“样式”对话框，给单元格样式命名，就可以保存在单元格样式中，以备下一次使用。

③ 合并样式

新建的单元格样式除了可在本工作簿中使用以外,也可以复制到其他工作簿中。打开需要复制的工作簿,在源格式工作簿中,单击“合并样式”按钮,打开“合并样式”对话框,将单元格格式复制到其中。

5. 为单元格建立批注

在 Excel 中,如果想为某些单元格中的数据做标注或解释说明,可以通过建立批注来实现。对已建立好的批注,可以随时编辑和删除。

建立批注的方法是:选定要添加批注的单元格,选择“审阅”选项卡的“批注”组中的“新建批注”按钮,或单击鼠标右键,在弹出的快捷菜单中选择“插入批注”命令,然后在弹出的批注框中输入批注内容即可。

一旦给单元格添加了批注,就会在其右上角出现一个红色的三角形标志,之后若需查看,只需要将鼠标光标指向这个标志,即可显示已存在的批注信息。

如果需要对添加的批注进行编辑或删除,方法是:选中单元格,选择“审阅”选项卡的“批注”组中的“编辑批注”或“删除”按钮;或单击鼠标右键,在弹出的快捷菜单中选择相关命令即可。

同时,在“审阅”选项卡的“批注”组中,还可以设置批注的其他操作。

任务 5-3　统计分析“期末学期成绩统计表”

一、学习目标

- ◆ 掌握 Excel 公式以及填充柄的使用方法。
- ◆ 掌握 Excel 函数的使用方法。
- ◆ 掌握 Excel 图表的创建方法。
- ◆ 掌握 Excel 图表的编辑方法。

二、任务分析

期末考试结束后,高修 1602 班老师要统计同学们的成绩总分、各科平均分等数据,并根据数据制作图表,分析数据。样张如图 5-3-1 所示。

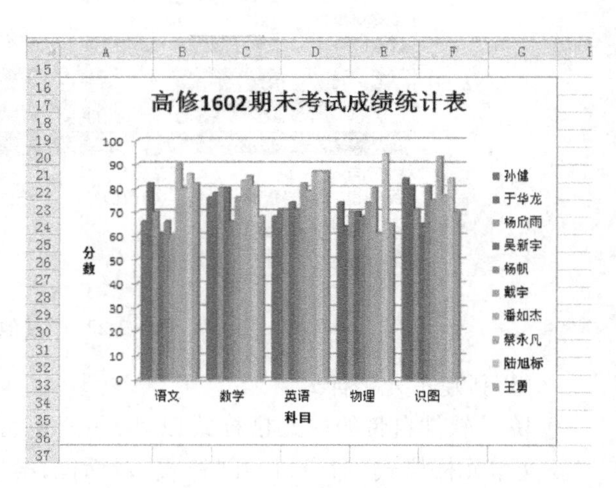

图 5-3-1　样张

具体要求如下:

◆ 为 Sheet1 工作表统计每位同学的总分。

◆ 在 Sheet1 工作表相应的单元格内统计各科平均分。

◆ 根据 Sheet2 表格中 B2:G12 的内容,创建一个图表,图表类型为三维簇状柱形图。

◆ 为 Sheet2 中新建的图表添加标题“高修 1602 期末考试成绩统计表”，横坐标为“科目”，纵坐标为“分数”，并将图表插入到表 A16:G36 单元格区域。

三、任务实施

操作步骤如下：

◆ 双击素材文件夹中的“期末学期成绩统计表. xlsx”，打开文件。

◆ 将光标置于 H3 单元格，在编辑栏中输入公式“ = C3 + D3 + E3 + F3 + G3”，如图 5-3-2 所示，按下回车键，得出表中孙健同学的总分。

◆ 重复上一步骤，计算出其他同学的学分。也可以使用填充柄完成单元格内容的复制，方法如下：单击 H3 单元格，将光标移到单元格右下角，当光标变成黑色十字形填充柄时，按住鼠标左键不放，如图 5-3-3 所示，一直往下移动到 H12 单元格，即可得出所有学生的总分，如图 5-3-4 所示。

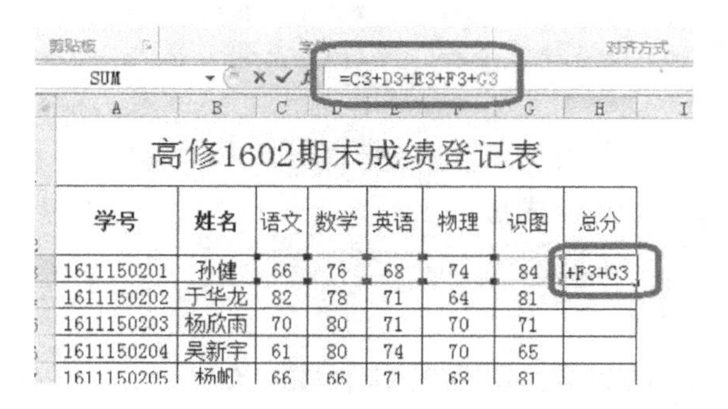

图 5-3-2　计算孙健同学的总分

识图	总分
84	368
81	
71	
65	

图 5-3-3　填充柄

◆ 单击 C13 单元格，将光标定位在此单元格，单击“公式”选项卡的“函数库”组中的“自动求和”按钮下面的向下三角箭头，弹出下拉列表，选择“平均值”命令，如图 5-3-5 所示，按回车键，求得语文的平均值。

高修1602期末成绩登记表

学号	姓名	语文	数学	英语	物理	识图	总分
1611150201	孙健	66	76	68	74	84	368
1611150202	于华龙	82	78	71	64	81	376
1611150203	杨欣雨	70	80	71	70	71	362
1611150204	吴新宇	61	80	74	70	65	350
1611150205	杨帆	66	66	71	68	81	352
1611150206	戴宇	60	76	82	74	75	367
1611150207	潘如杰	90	83	79	80	93	425
1611150208	蔡永凡	80	85	87	61	77	390
1611150209	陆旭标	86	81	87	94	84	432
1611150210	王勇	82	68	87	65	70	372
各科平均分							

图 5-3-4　计算出所有同学的总分

图 5-3-5　选择“平均值”命令

◆ 其余几门课程的平均值，可以按照以上操作步骤完成，也可以用填充柄填充的方式完成，结果如图 5-3-6 所示。

◆ 选中 Sheet2 工作表，选中 B2:G12 区域，单击“插入”选项卡的“图表”组中的“柱形图”向下三角箭头，如图 5-3-7 所示，单击下拉列表中的“三维簇状柱形图”，生成如图 5-3-8

所示的图表。

高修1602期末成绩登记表							
学号	姓名	语文	数学	英语	物理	识图	总分
1611150201	孙健	66	76	68	74	84	368
1611150202	于华龙	82	78	71	64	81	376
1611150203	杨欣雨	70	80	71	70	71	362
1611150204	吴新宇	61	80	74	70	65	350
1611150205	杨帆	66	66	71	68	81	352
1611150206	戴宇	60	76	82	74	75	367
1611150207	潘加杰	90	83	79	80	93	425
1611150208	蔡永凡	80	85	87	61	77	390
1611150209	陆旭标	86	81	87	94	84	432
1611150210	王勇	82	68	87	65	70	372
各科平均分		74.30	77.30	77.70	72.00	78.10	

图 5-3-6 求各科的平均分

图 5-3-7 依次选择“柱形图”→“三维簇状柱形图”命令

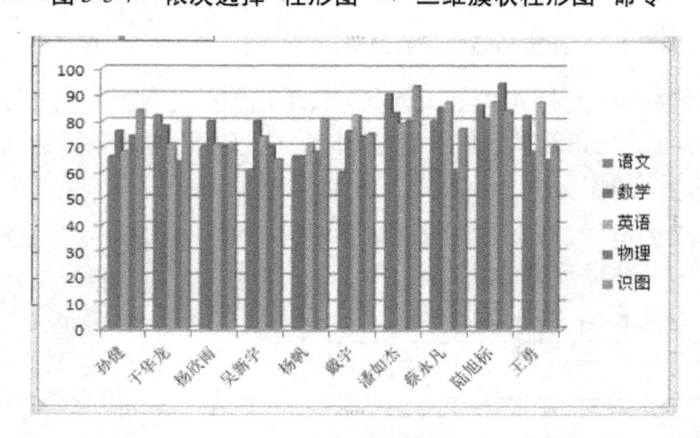

图 5-3-8 生成三维簇状柱形图

◆ 单击“图表工具/设计”选项卡的“数据”组中的“切换行/列”按钮，如图 5-3-9 所示，交换图表的行列数据。

◆ 单击“图表工具/布局”选项卡的“标签”组中的“图表标题”下方的向下三角箭头，在下拉列表中选择“图表上方”命令，如图 5-3-10 所示，在图表区域输入图表标题“高修 1602 期末考试成绩统计表”。

◆ 单击“图表工具/布局”选项卡的“标签”组中的“坐标轴标题”下方的向下三角箭头，分别单击“主要横坐标轴标题”和“主要纵坐标轴标题”中的相应格式的标题，如图 5-3-11 所示，分别输入横坐标轴标题“科目”和纵坐标轴标题“分数”，图表样式如图 5-3-12 所示。

图 5-3-9　“切换行/列”按钮

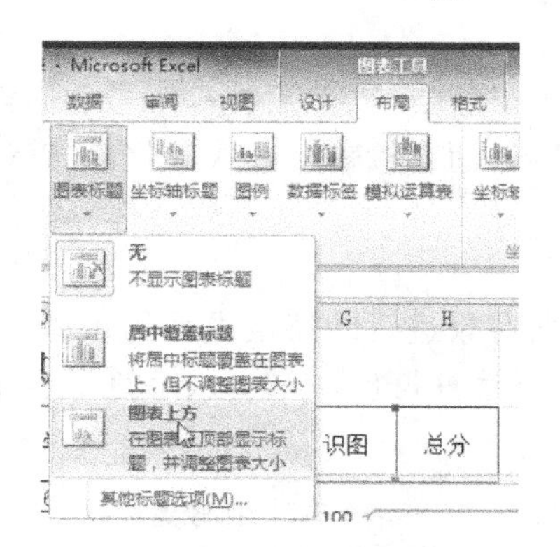

图 5-3-10　选择“图表上方”命令

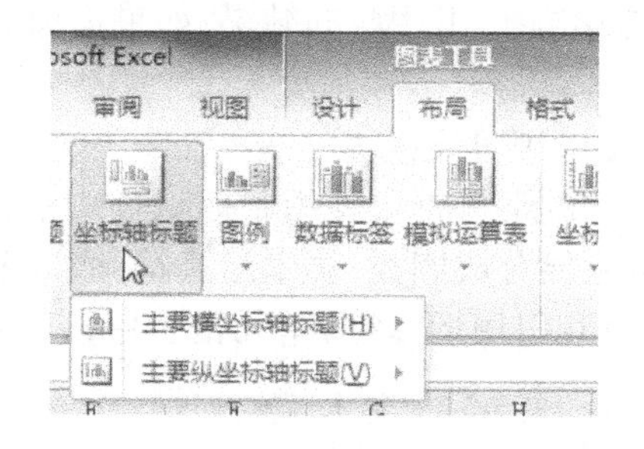

图 5-3-11　输入坐标轴标题

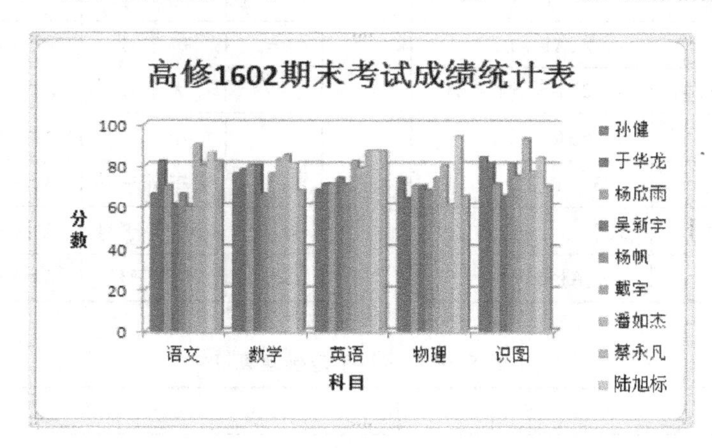

图 5-3-12　添加坐标轴标题

◆ 选中图表，按住鼠标左键不放，按下【Alt】键，将图表拖动到 A16:G36 区域附近，轻移鼠标，将图表的上边和左边与 A16 单元格的上边和左边重合；继续按住【Alt】键，调整图表的下边和右边，使之与 G36 单元格的下边和右边“吸附铆合”，效果参考图 5-3-1。

 四、相关知识

1. 公式的使用

Excel 中使用公式统计、管理数据，以提高数据处理的效率，Excel 在菜单中专门开辟了

一块区域给公式,如图 5-3-13 所示。

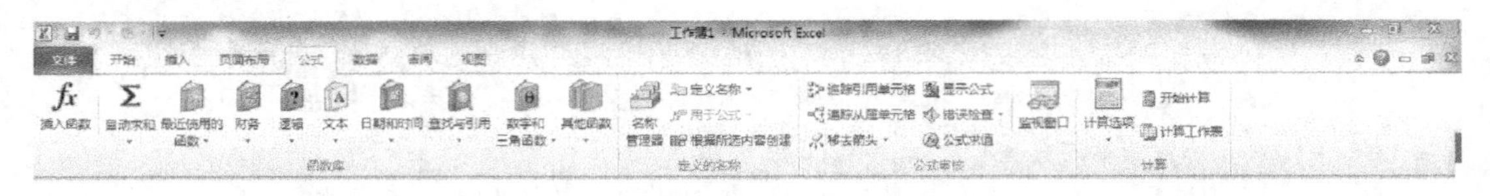

图 5-3-13 “公式”选项卡

(1) 公式的定义

公式是由运算符、数据、单元格引用、函数等组成的表达式,用于进行相应的计算。公式的计算结果显示在单元格中,公式本身显示在编辑栏中。

(2) 公式的输入

在 Excel 的单元格中输入公式,首先必须输入等于号“ = ”,然后在等于号后面再输入相应的公式,才能得出相应的结果;如果不加等于号“ = ”而直接输入公式,则会被默认为字符串保存。

(3) 公式中的运算符

公式中的运算符主要用于标识公式中各个数据对象进行的特定类型的运算。Excel 中的运算符主要分成四类:算术运算符(表 5-3-1)、关系运算符(表 5-3-2)、字符串连接运算符(表 5-3-3)和引用运算符(单元格引用,表 5-3-4)。

表 5-3-1 算术运算符

符 号	名 称	示 例
+	加号	1 + 2、A1 + B1
-	减号/负数	5 - 2、- 3、B1 - A1
*	乘号	3 * 6、A1 * B1
/	除号	6/3、A1/B1
%	百分比号	90%
^	幂	3^3、A1^B1

表 5-3-2 比较运算符

符 号	名 称	示 例
=	等于号	A1 = B1
>	大于号	A1 > B1
<	小于号	A1 < B1
>=	大于等于号	A1 >= B1
<=	小于等于号	A1 <= B1
<>	不等于号	A1 <> B1

表 5-3-3 字符串连接运算符

符 号	名 称	作 用	示 例
&	“与”号	用于连接一个或多个文本字符串来产生新的文本	A1 = 你好,B1 = 中国, 则 A1&B1 = 你好中国

表 5-3-4 引用运算符

符 号	名 称	示例	说 明
:(冒号)	区域运算符	A1:D20	引用 A1 ~ D20 之间的所有单元格
,(逗号)	联合运算符	A1:D1,B1:D1	引用 A1 ~ D1 和 B1 ~ D1 两个区域的单元格
␣(空格)	交叉运算符	A1:C3 B2:D4	引用 A1 ~ C3 和 B2 ~ D4 两个区域交叉产生的共同区域 B2:C3 四个单元格

提示：如果一个公式中同时用到多个运算符，系统会按照运算符的优先级（表5-3-5）来依次进行运算；如果公式中包含优先级相同的运算符，则按照从左到右的次序依次进行计算。但是，使用括号可以改变计算顺序，如果在公式中使用多组括号嵌套计算，则计算顺序为由内到外逐级计算。

表5-3-5 运算符的优先级

运算符	优先级	说　明
:(冒号)、,(逗号)、└─┘(空格)	1	引用运算符
–	2	负号
%	3	百分比号
^	4	幂运算
* 和/	5	乘号和除号
+ 和 –	6	加号和减号
&	7	字符串连接运算符
=、<、<=、>、>=、<>	8	比较运算符

（4）公式中的地址引用

在Excel中，公式除了可以直接使用数字、字符进行运算以外，也可以引用单元格中的值进行运算，此种引用称为地址引用，也称为单元格的引用。

通过引用的地址，可以看出公式中用到的数据在工作表的哪些单元格或哪些单元格区域。

在Excel中，一个公式可以使用工作表内不同区域的数据，也可以在几个公式中使用同一个单元格中的数据，还可以引用同一个工作簿上其他工作表中的数据。单元格的引用有三种方式，即相对引用、绝对引用和混合引用。

① 相对引用

在相对引用中，直接使用单元格的行号或列标表示单元格的地址。例如A1，B2 = C3 + D3等。公式中的相对单元格引用是基于包含公式和单元格引用的单元格的相对位置。如果公式所在单元格的位置改变，引用也随之改变。如果要多行或多列地复制公式，引用会自动调整。默认情况下，新公式使用相对引用。

例如，B2单元格的计算公式是“ = C2 + D2”，将此公式复制到C3单元格时，因为C3相对B2向下移动了一格、向右移动了一格，因此复制到C3中的公式就变成了“ = D3 + E3”。

② 绝对引用

由于Excel在默认状态下，复制单元格地址使用的是相对地址引用，但实际使用中有时并不希望单元格地址相对变化，这时就必须使用绝对引用。

绝对地址的表示方法是：在单元格的行号、列号前面各加一个“ $ ”符号。与相对引用相反，当我们复制公式时，单元格不会随着移动的位置相对变化。

例如，B2单元格的计算公式是“ = $C $2 + D2”，将此公式复制到C3单元格时，因为C2单元格使用了绝对地址，D2单元格使用了相对地址，复制到C3中的公式就变成了

“ = \$C\$2 + E3”。

③ 混合引用

混合引用是指公式中参数的行采用相对引用，列采用绝对引用；或行采用绝对引用，列采用相对引用。

例如，B2 单元格的计算公式是“ = \$C2 + D\$2”，将此公式复制到 C3 单元格时，因为使用了混合引用，因此复制到 C3 中的公式就变成了“ = \$C3 + E\$2”。

2. 函数的使用

Excel 中的函数是公式的一种，公式实际上是单个或多个函数的结合运用。函数就是 Excel 预先定义好的内置的能实现某些特定的、指定功能的公式，其分为常用函数和专用函数。

（1）函数的种类

Excel 函数一共有 12 类，分别是财务函数、日期和时间函数、数学和三角函数、统计函数、查询与引用函数、数据库函数、文本函数、逻辑函数、信息函数、工程函数、多维数据集函数以及兼容性函数。

在 Excel 窗口中，在“公式”选项卡的“函数库”组中即可看到所有类别的函数，如图 5-3-13所示。

① 插入函数

单击“插入函数”按钮，打开如图 5-3-14 所示的对话框，初学用户不清楚想要调用的函数命令时，可以在对话框的“搜索函数”中输入函数的描述来查找所需要的函数。

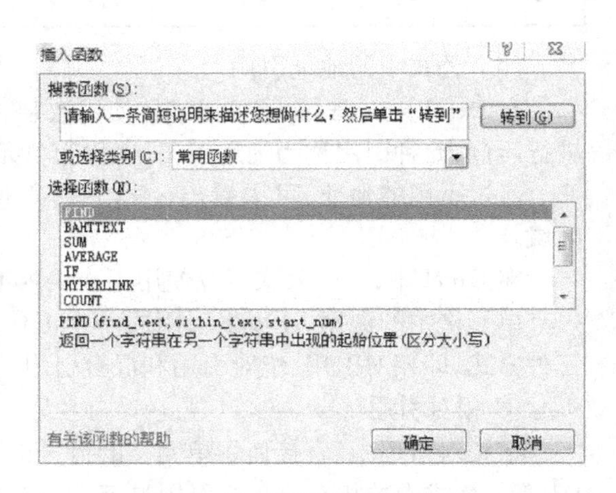

图 5-3-14 “插入函数”对话框

② 常用函数介绍

在使用 Excel 制作表格、整理数据的时候，合理地使用公式和函数可以有效地提高数据处理的效率。本节整理了 Excel 中使用频率最高的函数的功能、使用方法。

- SUM(Number, Number2, …)：计算所有参数数值的和，Number1、Number2……代表需要计算的值，可以是具体的数值、引用的单元格(区域)、逻辑值等。

虽然菜单栏上显示的是 $\sum$ 求和符号和“自动求和”字样，但这一块分为两个区域，单击上半部分的 $\sum$ 求和符号，则直接调用求和函数“ =SUM( )”，如图 5-3-15 所示，在括号中只要输入需要求和的单元格区域即可。单击下半部分的“自动求和”按钮，会打开下拉列表，在其中显示五个简单计算的函数，也可以单击“其他函数”命令，调用其他类型的函数，如图 5-3-16所示。

- AVERAGE(Number1, Number2, …)：求出所有参数的算术平均值。Number1、Number2……为需要求平均值的数值或引用单元格(区域)，参数不超过 30 个。

- IF(Logical, Value_if_true, Value_if_false)：根据对指定条件的逻辑表达式判断的真假结果(TRUE 或 FALSE)，返回相对应的内容。

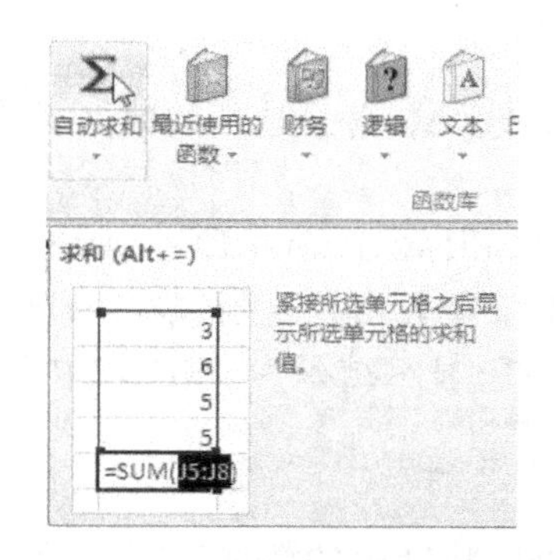

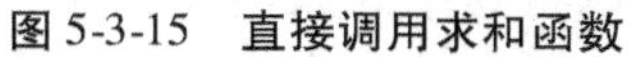
图 5-3-15　直接调用求和函数

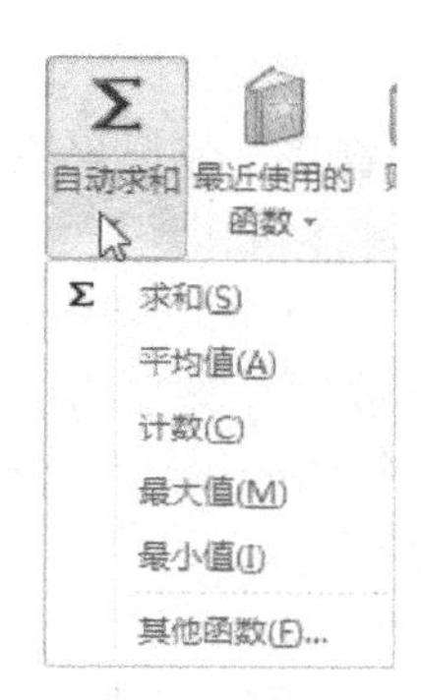

图 5-3-16　“自动求和”下拉菜单列表

● COUNT(Value1,Value2,…):返回包含数字以及包含参数列表中的数字的单元格的个数。Value1、Value2……为包含或引用各种类型数据的参数(1 ~ 30 个),但只有数字类型的数据才被计算。

● COUNTIF(Range,Criteria):统计某个单元格区域中符合指定条件的单元格数目。Range 代表要统计的单元格区域,Criteria 表示指定的条件表达式。

● MAX(Number1,Number2,…):求出一组数中的最大值,Number1、Number2……代表需要求最大值的数值或引用单元格(区域),参数不超过 30 个。

● MIN(Number1,Number2,…):求出一组数中的最小值,Number1、Number2……代表需要求最小值的数值或引用单元格(区域),参数不超过 30 个。

● MOD(Number,Divisor): 求出两数相除的余数。Number 代表被除数,Divisor 代表除数。

● RANK(Number,Ref,Order): 返回某一数值在一列数值中相对于其他数值的排位。Number 代表需要排序的数值;Ref 代表排序数值所处的单元格区域;Order 代表排序方式参数(如果为“0”或者忽略,则按降序排名,即数值越大,排名结果数值越小;如果为非“0”值,则按升序排名,即数值越大,排名结果数值越大)。

③ 最近使用的函数

单击此按钮后,会打开下拉列表,其中显示最近用过的 10 个函数(图 5-3-17),可以直接单击调用,也可以单击“插入函数”按钮,选择其他的函数。

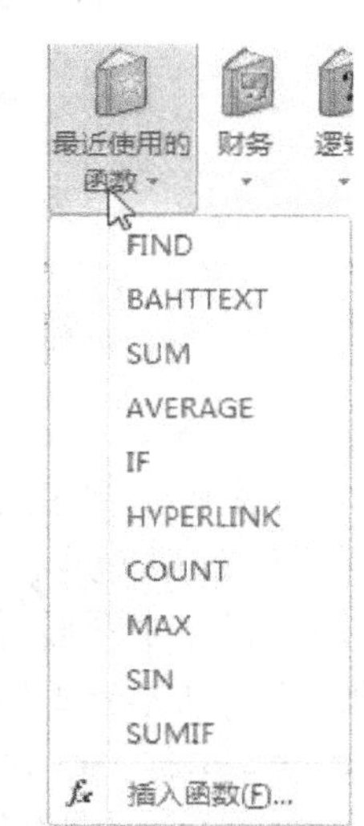

图 5-3-17　最近使用的 10 个函数

(2) 函数的使用

① 手动输入

手动输入的方法比较适合对函数命令比较熟悉的用户,在单元格中输入“ = ”后,直接输入命令以及引用的数据区域,按回车键即可。例如,在 A1 单元格中,需要对 B1:C15 区域的数据求和,则直接在 A1 单元格中输入“ = SUM(B1:C15)”。

② 菜单单击输入

单击“公式”选项卡,在如图 5-3-13 所示的“函数库”组中选择自己需要的函数类型,单击相应的命令后,再手动输入或用鼠标选择计算的数据区域即可。

③ 复制输入

此种方法适合直接复制已经在 Excel 中使用的函数或公式,并且选用的数据区域也是相对一致的,直接复制、粘贴即可。

例如,在图 5-3-6 中,C13 单元格中已输入函数“ = AVERAGE(C3:C12)”,D13 单元格需要对 D3:D12 中的数据计算平均值,此时,只需要选中 C13 单元格并复制,单击 D13 单元格,并粘贴,D13 单元格中的内容为“ = AVERAGE(D3:D12)”,显示结果为 D3:D12 中数据的平均值,如图 5-3-6 所示。

3. 图表的使用

在 Excel 中,为了更加直观地表达表格中的数据,可以将其中的数据以图表的形式表示出来,它比数据更加直观形象地反映数据之间的关系,清晰地表现出数值之间的变化趋势和大小比较等效果。

(1) 图表的类型

Excel 中共有 11 个大类的图表,如图 5-3-18 所示,分别是柱形图、折线图、饼图、条形图、面积图、XY(散点图)、股价图、曲面图、圆环图、气泡图和雷达图,每一个大类下面又具体分为不同类型的图,比如柱形图下又分为簇状柱形图、堆积柱形图等 19 种图表,将鼠标在不同的图标上停留片刻,便可看到该图表的名称,也可以从图表的图标上预览到图表的外形,用户可以根据不同的需求使用不同的图表。

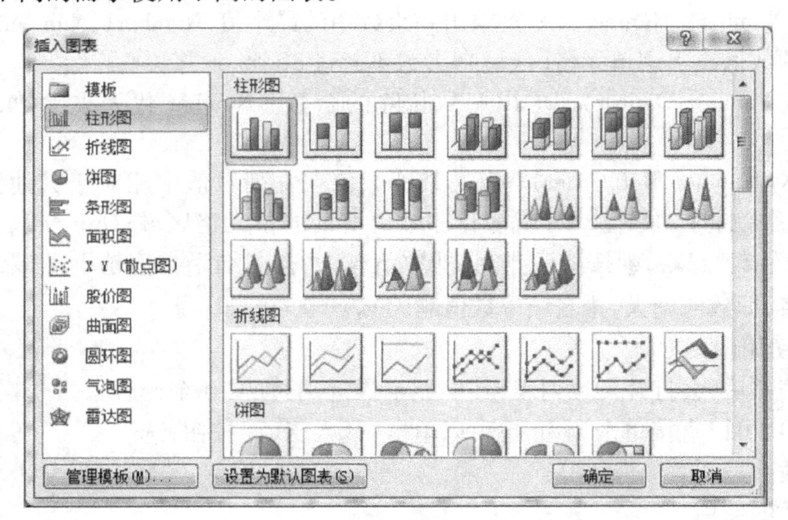

图 5-3-18 “插入图表”对话框

在了解了常用图表的分类后,还需要注意以下几个方面的知识:

- Excel 包含两种样式的图表,一种是嵌入式图表,一种是图表工作表。嵌入式图表将图表看做一个图形对象,是工作表的一个组成部分,可以和工作表数据在一个页面显示和打印出来。而图表工作表则是工作簿中独立出来的一张工作表,需要分开显示和打印。
- 无论创建的是哪一种图表,其数据都来源于工作表,因此当工作表中的数据发生变化,图表也相应地发生变化。
- 图表的基本组成元素包括图表区、绘图区、图表标题、坐标轴、数据系列、网格线、图例和数据标签等内容,如图 5-3-19 所示。

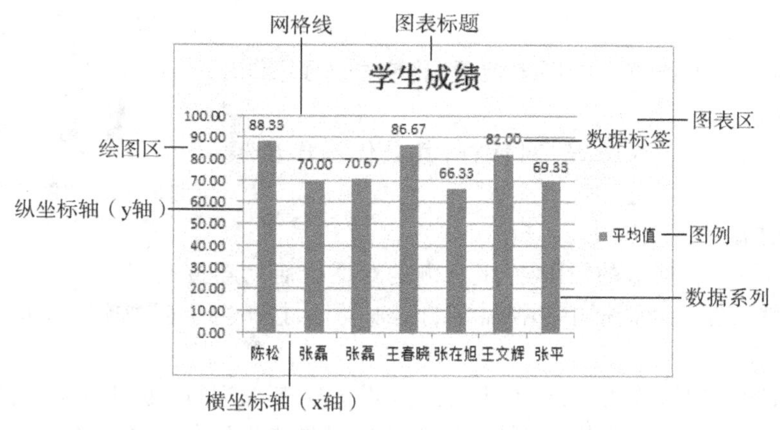

图 5-3-19 图表的组成

图表中每一个基本组成元素的作用如表 5-3-6 所示。

表 5-3-6 图表的组成元素

名　称	说　　明
图表标题	用于对整个图表的主题进行说明，其位置和方式可以进行设置
图表区	显示整个图表的组成元素
绘图区	图表区中用于显示图表的区域
网格线	绘图区中“线条”，显示了坐标轴的刻度单位
坐标轴	用来定义坐标系中直线的点，并界定了绘图区的位置
图例	用于定义图表中数据系列所代表的内容和在绘图区的颜色
数据系列	对应工作表中选定区域的一行或一列数据
数据标签	用于准确地描述数据系列中的每一个数据

（2）插入图表

插入图表有以下两种方法。

方法一　使用“插入”选项卡的“图表”组中的有关命令，其具体实现步骤如下：

◆ 选定数据区域，注意单元格区域的选择是独立的，不能交叉选择。

◆ 选择“插入”选项卡，单击“图表”组中的“柱形图”命令按钮，在出现的下拉列表中选择需要的图表类型（如簇状柱形图），如图 5-3-20 所示。

◆ 这时候便会在工作表中生成一个初始图表，如果选中图表，会在 Excel 工作界面的功能区出现一个“图表工具”选项卡，如图 5-3-21 所示。

◆ 分别单击“图表工具/布局”选项卡的“标签”组中的“图表标题”和“数据标签”按钮，修改图表标题和添加

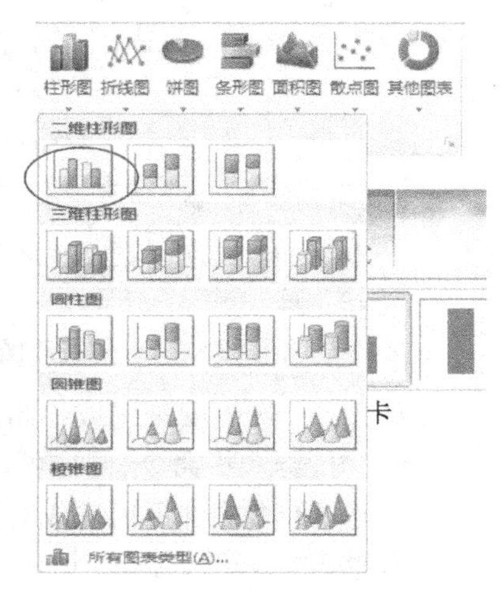

图 5-3-20 创建图表

数据标签。

◆ 调整显示在工作表中的图表位置，将它插入到要求的单元格区域。

方法二 使用“插入图表”对话框，其具体操作步骤如下：

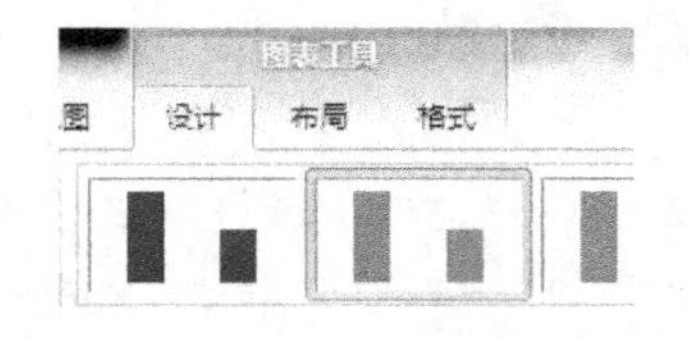

图 5-3-21 “图表工具/设计”选项卡

◆ 选定数据区域。

◆ 选择“插入”选项卡的“图表”组右侧的对话框启动器按钮，打开“插入图表”对话框（图 5-3-18），然后在此对话框中选择需要的图表类型，按下“确定”按钮，即可在当前工作表中生成一个图表。

◆ 随后对图表的修改可以通过“图表工具”选项卡来进行，也可以选中图表的某个区域，然后单击鼠标右键，在弹出的快捷菜单中选择需要的菜单命令进行修改。

4. 图表的编辑

前面实例中已经讲过，当创建好一个图表后，单击它，Excel 工作界面的功能区会出现一个“图表工具”选项卡，通过单击它下面的“设计”“布局”和“格式”选项卡中的相关命令按钮进行编辑；或选中图表的某个区域，单击鼠标右键，在弹出的快捷菜单中选择相关命令，可随时对图表的类型、引用的数据、格式等进行修改。

（1）“图表工具/设计”选项卡

① 修改图表类型

如果用户对创建的图表不满意，或者生成的图表不足以直观表达数据内容时，可更改图表类型。在 Excel 中，修改图表类型的方法有两种：

方法一 选中图表，切换至“图表工具/设计”选项卡，单击“类型”组中的“更改图表类型”按钮，打开“更改图表类型”对话框，如图 5-3-22 所示，选择需要的图表类型即可。

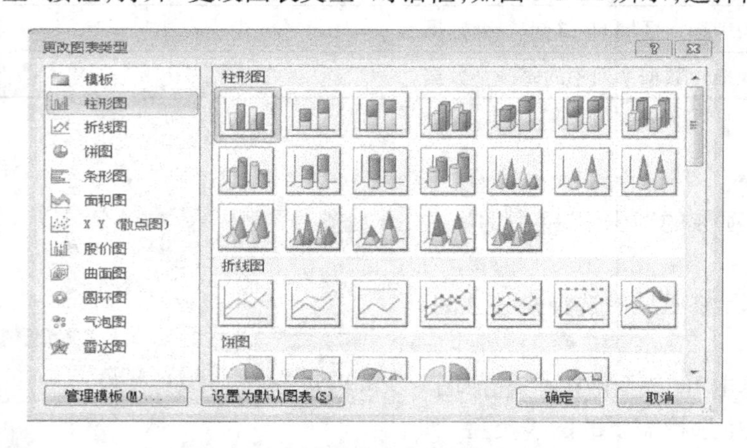

图 5-3-22 “更改图表类型”对话框

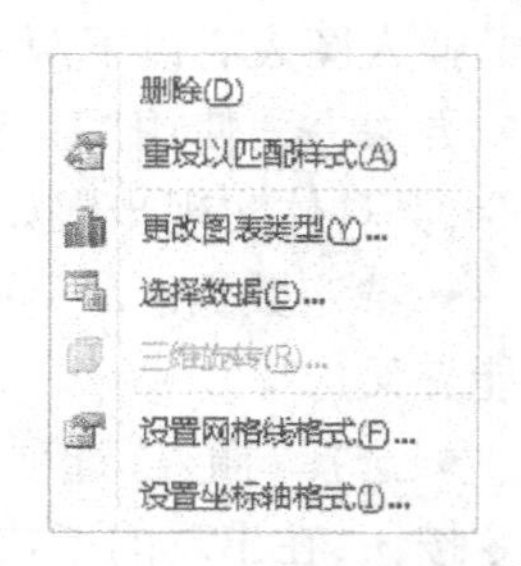

图 5-3-23 修改图表菜单

方法二 选中图表区或绘图区，单击鼠标右键，在弹出如图 5-3-23 所示的快捷菜单中选择“更改图表类型”命令，同样可以打开如图 5-3-22 所示的“更改图表类型”对话框。

以上两种方法都可以完成对图表类型的修改，用户掌握其中一种方法即可。

② 修改图表的数据源

一旦将图表创建好后，如果数据源发生了变化，图表中相关信息也会随之发生变化，因此在图表的编辑过程中，若发现图表引用的数据有误，可以随时根据情况对数据源进行修改。方法如下：选中图表，切换至“图表工具/设计”选项卡，单击“数据”组中的“选择数据”按钮。或选中绘图区或图表区，单击鼠标右键，在弹出的快捷菜单中选择“选择数据”命令。利用以上两种方法都可以打开如图5-3-24所示的“选择数据源”对话框，在此对话框中，将光标定位在“图表数据区域”数值框内，便可以拖动鼠标在表格中重新选择新的数据区域。而且在“图例项(系列)”选项中除了可以编辑已有图例的相关信息外，还可以添加新的图例或对图例进行删除。在“水平(分类)轴标签”选项区可以编辑修改图表的水平轴标题。

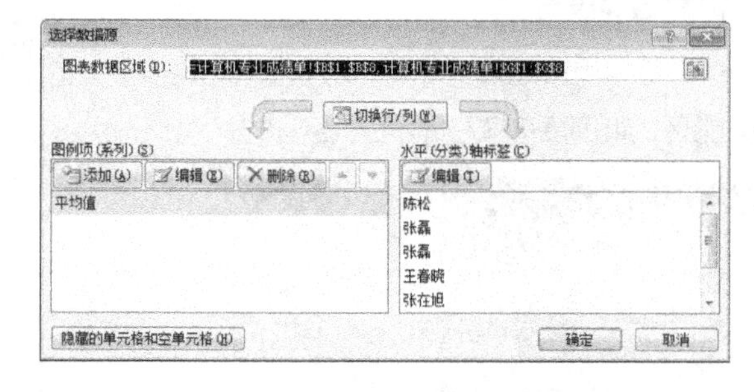

图5-3-24 “选择数据源”对话框

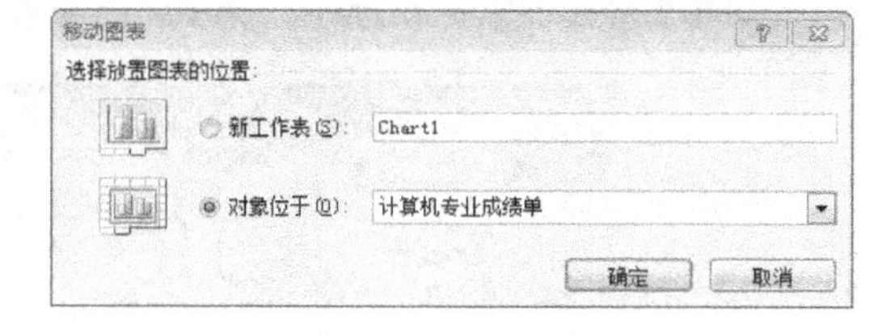

图5-3-25 “移动图表”对话框

③ 修改图表位置

和修改图表类型的方法相似，修改图表位置的方法是：选中图表，切换至“图表工具/设计”选项卡，单击“位置”组中的“移动图表”按钮。或选中图表区，单击鼠标右键，在弹出的快捷菜单中选择“移动图表”命令。

利用以上两种方法都可以打开如图5-3-25所示的“移动图表”对话框，在此对话框中，若需要将图表以一个嵌入的对象保存在已有工作表中，只需要选中“对象位于”单选按钮，然后在下拉列表框中选择已有的工作表即可。同样地，若需要将新建图表以一个新的工作表存在，只需要选中“新工作表”单选按钮，并在随后的文本框中修改它的工作表名称即可。

④ 格式化图表

在对图表的主要关键项进行编辑修改后，特定情况下为了使图表更加美观和漂亮，还需要对图表以及图表中所包括的内容进行一定的格式化设置。

在Excel中，对图表的格式化操作，可以自动套用预定义的图表样式，或手动设置完成。

◆ 自动套用样式：选定图表区，切换至“图表工具/设计”选项卡，在“图表样式”组或其下拉列表框中选择系统预置的图表样式，将其应用到图表中。

◆ 手动设置：对图表的格式化设置，除了选择预先定义好的样式以外，还可手动设置，设置的方法是:通过“图表工具”选项卡，或选中图表区，单击鼠标右键，在弹出的快捷菜单中选择相应的命令实现。

(2) “布局”选项卡

单击“布局”选项卡，在选项卡下方弹出“布局”选项卡功能区，如图5-3-26所示。

在“布局”选项卡功能区中选择相关命令，可以添加图表标题、纵横坐标轴标题和数据标签，还可以改变图例的位置等。

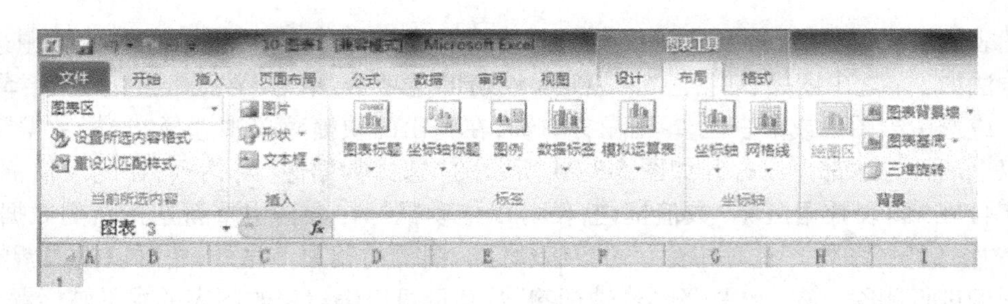

图 5-3-26 “布局”选项卡

（3）“格式”选项卡

单击“格式”选项卡，弹出“格式”选项卡功能区，如图 5-3-27 所示。

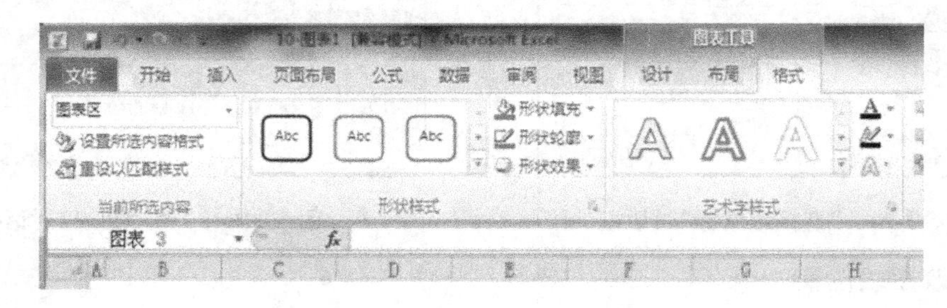

图 5-3-27 “格式”选项卡

在“格式”选项卡功能区中选择相关命令，可以对所选图表区、绘图区、纵横坐标轴及图例等选项的“形状样式”和“艺术字样式”进行调整和修改。

任务 5-4 管理学生基本信息

一、学习目标

◆ 掌握 Excel 数据有效性的设置方法。

◆ 掌握 Excel 数据排序的方法。

◆ 掌握 Excel 数据筛选的方法。

◆ 掌握 Excel 数据分类汇总的方法。

◆ 掌握 Excel 数据透视表的使用方法。

二、任务描述与分析

高修 1602 班老师需要在“期末学期成绩统计表”工作簿中输入学生信息，并对“期末学期成绩统计表”工作簿进行相应的设置。具体要求如下：

◆ 为 Sheet3 中“性别”一列的数据设置数据有效性，要求为单元格提供下拉箭头和可使用数据，数据类型为“男”或者“女”，输入信息为“请输入学生性别”。

◆ 使用 Sheet3 中的数据，以“总分”为主要关键字、“语文”为次要关键字进行降序排序。

◆ 使用 Sheet3 中的数据，筛选出各科成绩均大于等于 80 分的同学名单。

◆ 使用 Sheet4 中的数据，以“宿舍号”为分类字段，对各科成绩的平均值进行分类汇总。

◆ 使用 Sheet5 中的数据，以“宿舍号”为报表筛选项，以“日期”为行标签，以“姓名”为列标签，以“迟到”为计数项，从 Sheet6 工作表的 A1 单元格起建立数据透视表，并在数据透视表中显示 408 宿舍迟到人员次数。

三、任务实施

◆ 双击“期末学期成绩统计表. xlsx”，打开文件。

◆ 单击工作表 Sheet3，选中 C 列，单击“数据”选项卡的“数据工具”组中的“数据有效性”按钮，在打开的下拉列表中选择“数据有效性”命令，如图 5-4-1 所示。打开“数据有效性”对话框，单击“设置”选项卡，在“有效性条件”中单击“允许”下拉菜单，选择“序列”，在“来源”中输入“男，女”。

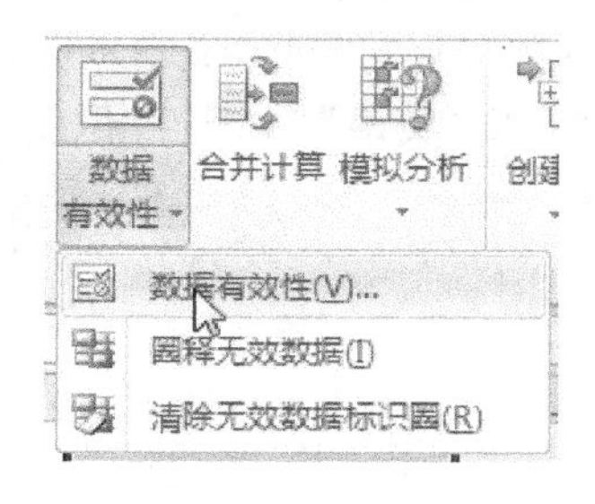

图 5-4-1 “数据有效性”下拉列表

注意： 这里的逗号“，”必须是英文输入法状态下的逗号，不可以是中文输入法中的逗号，如图 5-4-2 所示。

◆ 单击“输入信息”选项卡，在“标题”中输入“性别”，在“输入信息”中输入“请输入学生性别”，如图 5-4-3 所示，单击“确定”按钮。

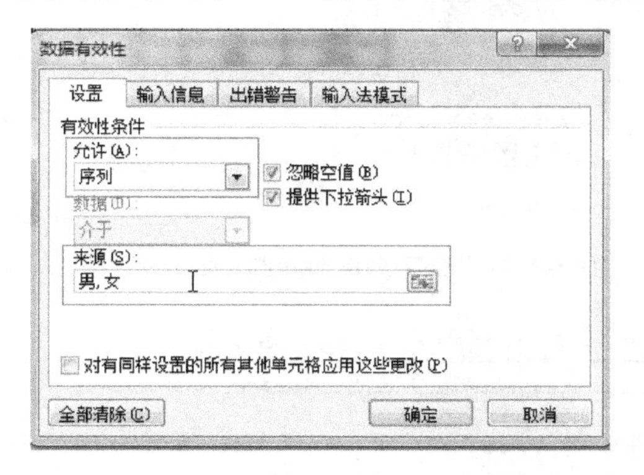

图 5-4-2 “数据有效性”对话框中的“设置”选项卡

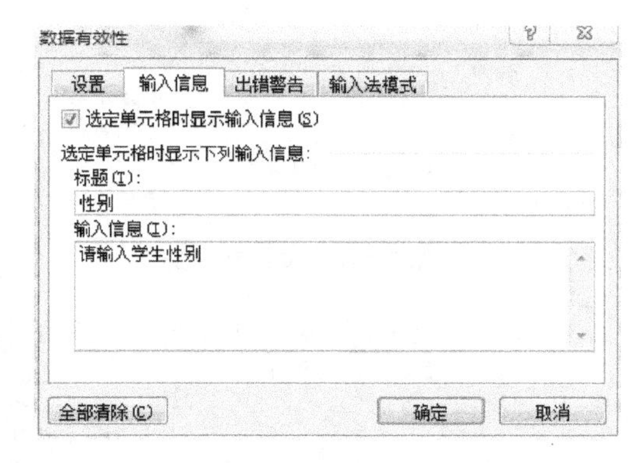

图 5-4-3 “数据有效性”对话框中的“输入信息”选项卡

◆ 将光标定位在表格中，单击“开始”选项卡的“编辑”组中的“排序和筛选”按钮下方的向下三角箭头，在下拉列表中选择“自定义排序”命令，打开“排序”对话框，或单击“数据”选项卡的“排序和筛选”组中的“排序”按钮，打开“排序”对话框，如图 5-4-4 所示，在“主要关键字”下拉列表中选择“总分”，从“次序”下拉列表中选择“降序”，单击“添加条件”按钮，在“次要关键字”下拉列表中选择“语文”，从“次序”下拉列表中选择“降序”，如图 5-4-5 所示，单击“确定”按钮。

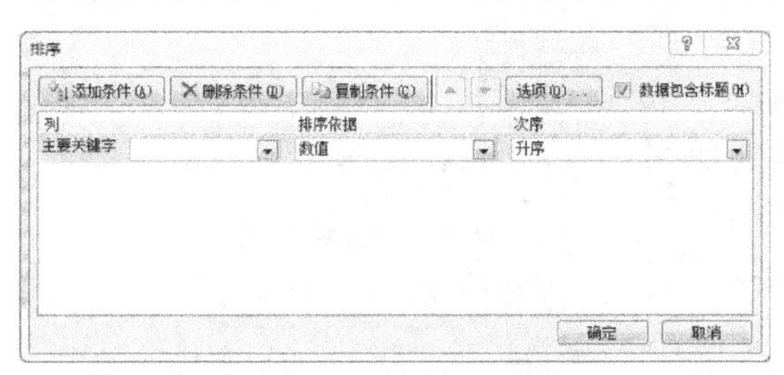

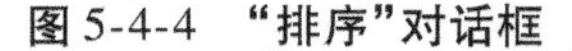

图 5-4-4 “排序”对话框

图 5-4-5 再按“次要关键字”排序

◆ 将光标定位在表格中，单击“开始”选项卡的“编辑”组中的“排序和筛选”按钮下方的向下三角箭头，在下拉列表中选择“筛选”命令，或单击“数据”选项卡的“排序和筛选”组中的“筛选”按钮，此时表格中所有行标题右侧会出现下拉菜单标志，如图 5-4-6 所示；首先单击“语文”右侧的下拉菜单按钮，依次选择“数字筛选”→“大于或等于”命令，如图 5-4-7 所示；在打开的“自定义自动筛选方式”对话框中，输入如图 5-4-8 所示的值，单击“确定”按钮。“数学”“英语”“物理”“识图”四列筛选方式同上，最终得到的结果如图 5-4-9 所示。

学号	姓名	性别	语文	数学	英语	物理	识图	总分

图 5-4-6　筛选标志

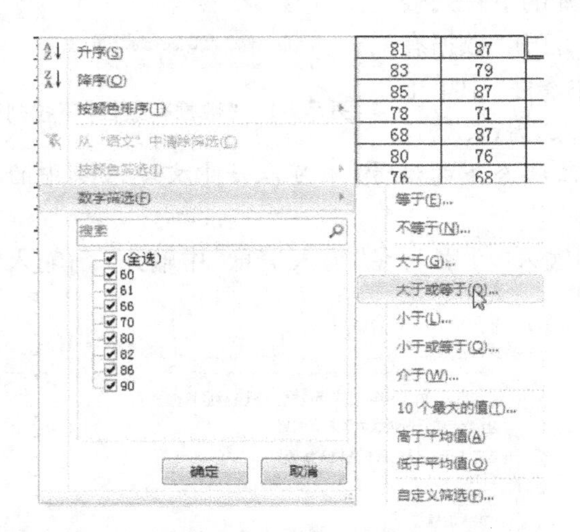

图 5-4-7　按数字筛选

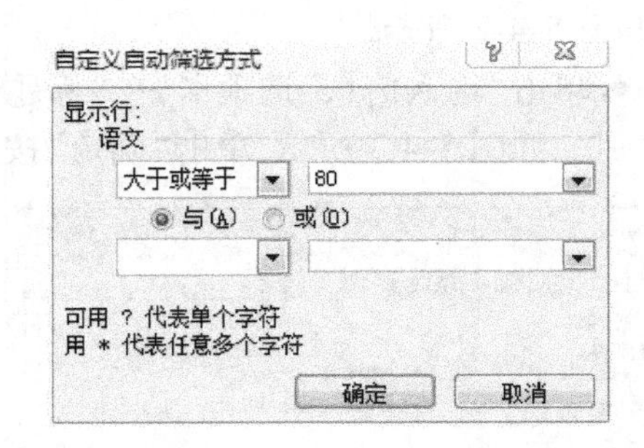

图 5-4-8　“自定义自动筛选方式”对话框

学号	姓名	性别	语文	数学	英语	物理	识图	总分
1611150209	路旭标	男	86	81	87	94	84	432

图 5-4-9　筛选结果

◆ 将光标定位在工作表 Sheet4 中的“宿舍号”一列，单击“数据”选项卡的“排序和筛选”组中的“升序”按钮，对表格进行以“宿舍号”为关键字的升序排序。

◆ 单击“数据”选项卡的“分级显示”组中的“分类汇总”按钮，在打开的“分类汇总”对话框中分别设置分类字段为“宿舍号”，汇总方式为“平均值”，选定汇总项为“语文”“数学”“英语”“物理”“识图”，如图 5-4-10 所示，单击“确定”按钮，得到如图 5-4-11 所示的结果。单击行坐标左侧的汇总分级的二级按钮，可以得到如图 5-4-12 所示的以宿舍号为汇总项的平均值汇总结果。

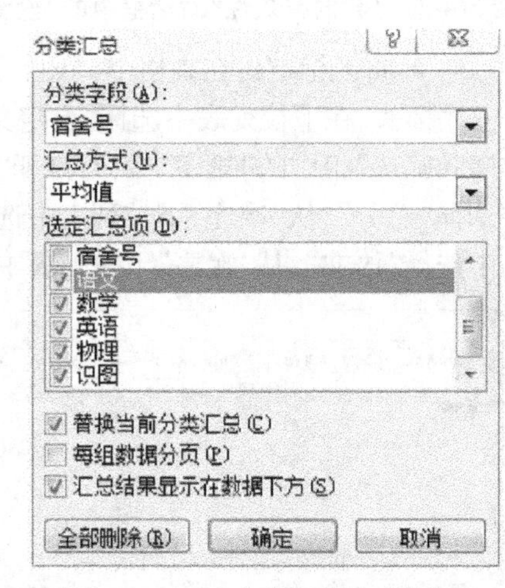

图 5-4-10　“分类汇总”对话框

◆ 单击 Sheet6 的 A1 单元格，单击“插入”选项卡的“表格”组中的“数据透视表”的向下三角箭头，在下拉列表中选中“数据透视表”命令，如图 5-4-13 所示，打开如图

5-4-14 所示的对话框，在“选择一个表或区域”中设置数据源来源“Sheet5！$A $2：$D $23”，选择放置数据透视表的位置为“现有工作表”，位置为“Sheet6！A1”，单击“确定”按钮。

	A	B	C	D	E	F	G	H
1	学号	姓名	宿舍号	语文	数学	英语	物理	识图
2	1611150202	于华龙	408	82	78	71	64	81
3	1611150205	杨帆	408	66	66	71	68	81
4	1611150206	戴宇	408	60	76	82	74	75
5	1611150210	王勇	408	82	68	87	65	70
6			408 平均值	72.5	72	77.75	67.75	76.75
7	1611150201	孙健	411	66	76	68	74	83
8	1611150203	杨欣雨	411	70	80	76	70	71
9	1611150209	路旭标	411	86	81	87	94	84
10			411 平均值	74	79	77	79.33333	79.33333
11	1611150204	吴新宇	412	61	80	74	70	65
12	1611150207	潘如杰	412	90	83	79	80	93
13	1611150208	蔡永凡	412	80	85	87	61	77
14			412 平均值	77	82.66667	80	70.33333	78.33333
15			总计平均值	74.3	77.3	78.2	72	78

图 5-4-11　分类汇总结果

	A	B	C	D	E	F	G	H
1	学号	姓名	宿舍号	语文	数学	英语	物理	识图
6			408 平均值	72.5	72	77.75	67.75	76.75
10			411 平均值	74	79	77	79.33333	79.33333
14			412 平均值	77	82.66667	80	70.33333	78.33333
15			总计平均值	74.3	77.3	78.2	72	78

图 5-4-12　二级分类汇总结果

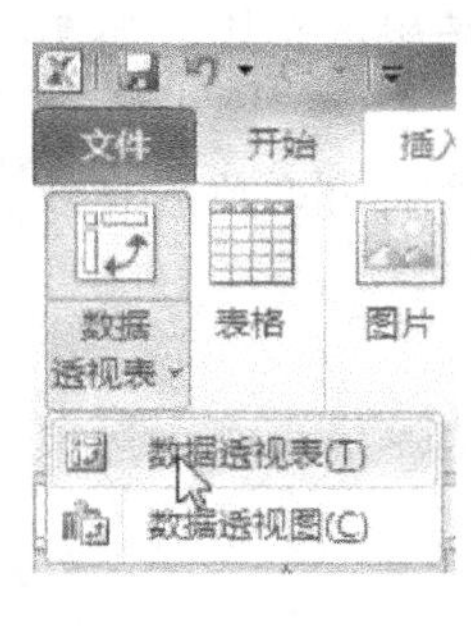

图 5-4-13　“数据透视表”下拉列表

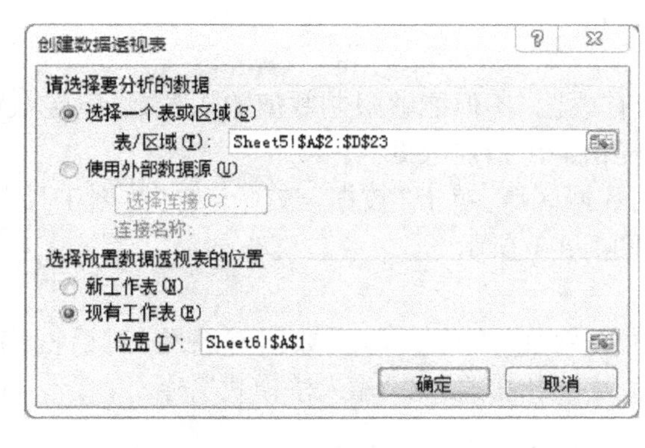

图 5-4-14　“创建数据透视表”对话框

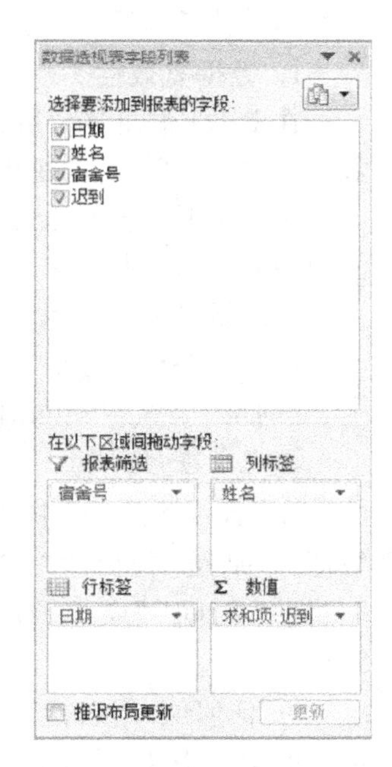

图 5-4-15　“数据透视表字段列表”对话框

◆ 此时 Sheet6 会打开数据透视表字段列表，在列表中按照题目要求将字段“宿舍号”“日期”“姓名”“迟到”分别拖动到“报表筛选”“行标签”“列标签”和“数值”中，如图 5-4-15 所示。此时，“数值”中的“迟到”数据统计默认为“求和项”。单击“求和项：迟到”旁边的向下三角箭头，选择“值字段设置”，如图 5-4-16 所示。在打开的“值字段设置”对话框中，在“值字段汇总方式”中选择“计数”，如图 5-4-17 所示，单击“确定”按钮。此时在表格区域显示了班级所有同学的迟到计数结果，单击“宿舍号”右侧的筛选项，筛选出 408 宿舍迟到人员计数结果，如图 5-4-18 所示。

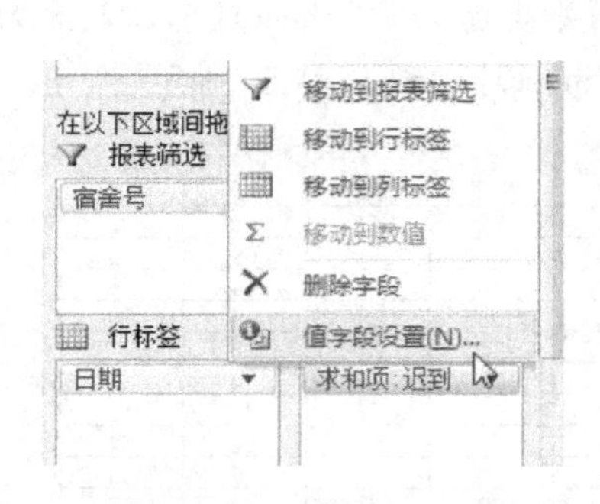

图 5-4-16 “求和项:迟到”下拉列表

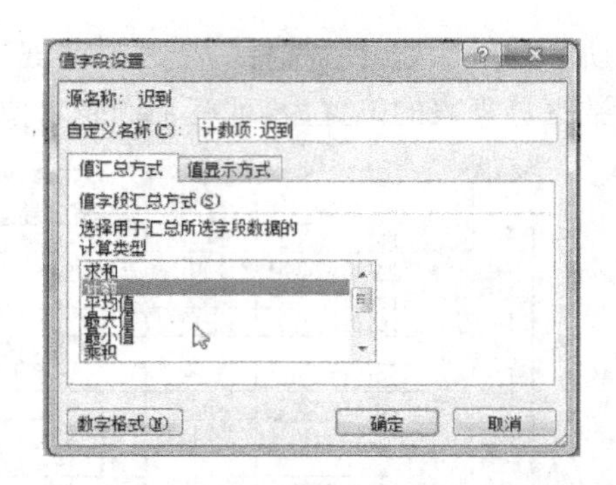

图 5-4-17 “值字段设置”对话框

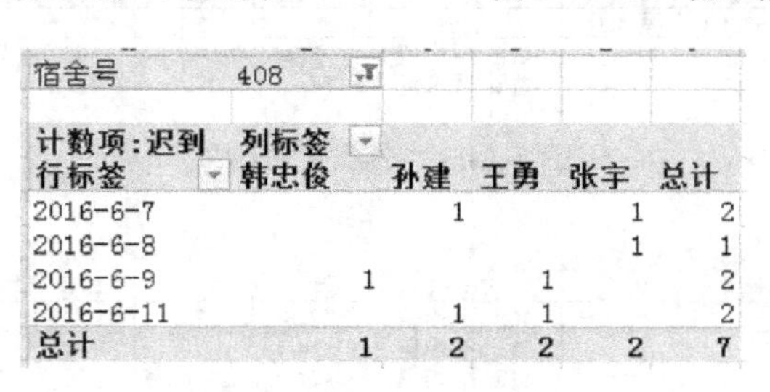

宿舍号	408				
计数项:迟到	列标签				
行标签	韩忠俊	孙建	王勇	张宇	总计
2016-6-7		1		1	2
2016-6-8				1	1
2016-6-9	1		1		2
2016-6-11		1	1		2
总计	1	2	2	2	7

图 5-4-18 408 宿舍迟到人员计数结果

四、相关知识

1. 数据有效性

在 Excel 中,利用“数据有效性”不但能够限制数值输入位数、限定数值输入范围及避免数据重复输入等,而且能够轻松圈出指定数据。

选中需要设置有效性的数据区域,单击“数据”选项卡的“数据工具”组中的“数据有效性”按钮,打开下拉列表,如图 5-4-1 所示。

(1) 设置数据有效性

在图 5-4-1 中选择“数据有效性”命令,打开“数据有效性”对话框,其中共有四个选项卡,分别是“设置”“输入信息”“出错警告”和“输入法模式”。

①“设置”选项卡

在“有效性条件”中,可以设置八个类型的数据,分别是“任何值”“整数”“小数”“序列”“日期”“时间”“文本长度”和“自定义”,如图 5-4-19所示。

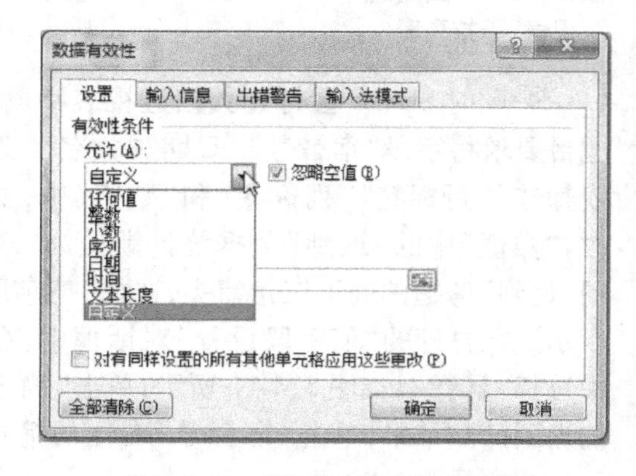

图 5-4-19 “数据有效性”对话框

- 任何值:当选择“任何值”时,Excel 会取消当前单元格及区域的数据有效性设置。但是该数据类型仍然允许我们设置输入信息,在用户选中单元格或区域时给用户相应的提示。
- 整数:当选择“整数”时,用户的输入必须为一个整数,否则无效。我们可以通过数据下拉列表指定输入数值的范围。

● 小数:当选择“小数”时,用户的输入必须为一个数值,否则无效。我们可以通过数据下拉列表指定输入数值的范围。

● 序列:当选择“序列”时,用户需要设置输入项列表限定可以输入的内容,非列表项的输入无效。设置完成后,当用户选择单元格时会出现一个下拉列表,列出所有有效值,用户可以从中选择来完成输入。

● 日期:当选择“日期”时,用户的输入必须为一个日期,否则无效。我们可以通过数据下拉列表指定输入日期的范围。

● 时间:当选择“时间”时,用户的输入必须为一个时间值,否则无效。我们可以通过数据下拉列表指定输入时间的范围。

● 文本长度:当选择“文本长度”时,将限制用户输入文本长度或数据位数,我们可以通过数据下拉列表来指定文本长度或数据位数的范围,超过该范围的输入将无效。

● 自定义:当选择“自定义”时,用户必须输入一个控制输入项有效的逻辑公式。

注意:

● 即使数据有效性起作用,用户也可能输入无效的数据。当用户对已经有数据的单元格或区域设置数据有效性时,并不影响之前已经输入的数据,之前输入的数据仍保存在单元格中。同时,数据有效性规则不适用于公式计算的结果,如果某单元格或区域有公式,则该单元格和区域的数据性有效性设置无效。

● 可以手动设置数据区域,数据可选“介于”“未介于”“等于”“不等于”“大于”“小于”“大于或等于”或“小于或等于”,如图5-4-20所示。

● 所有设置的数值和来源既可以在对话框中手动输入固定的值、公式,也可以引用单元格地址中的值,其中数据为“序列”,手动输入多个候选值时,必须使用英文字符中的逗号“,”进行间隔,如图5-4-21所示。

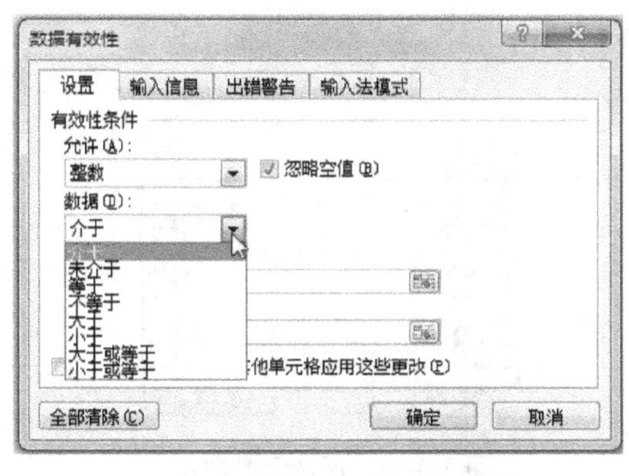

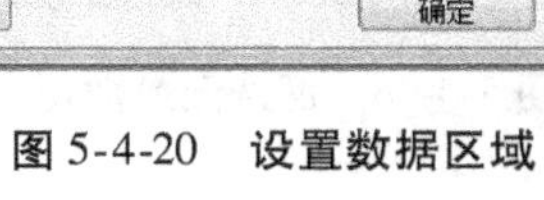

图5-4-20　设置数据区域

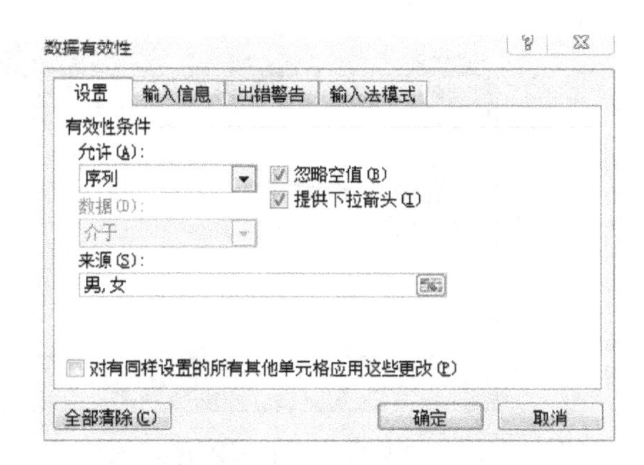

图5-4-21　用英文逗号分隔多个候选值

②“输入信息”选项卡

该选项卡的作用是,选定被设置单元格时,页面会显示“选定单元格时显示下列输入信息”,设置和实际效果如图5-4-22所示。

③“出错警告”选项卡

当输入无效数据时,出现提示,分为“停止”“警告”和“信息”。

- 停止：输入无效数据时，显示出错对话框，并自动删除无效数据。
- 警告：输入无效数据时，显示警告对话框，并询问是否继续输入无效数据，如图5-4-23、图5-4-24所示。
- 信息：输入无效数据时，显示信息对话框，但仍然接受无效数据。

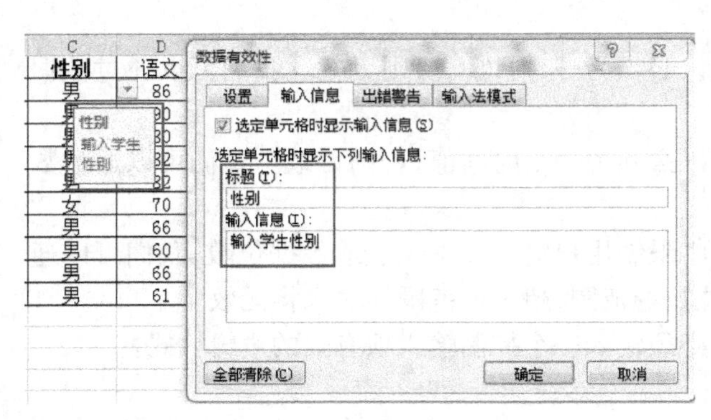

图5-4-22 “输入信息”选项卡

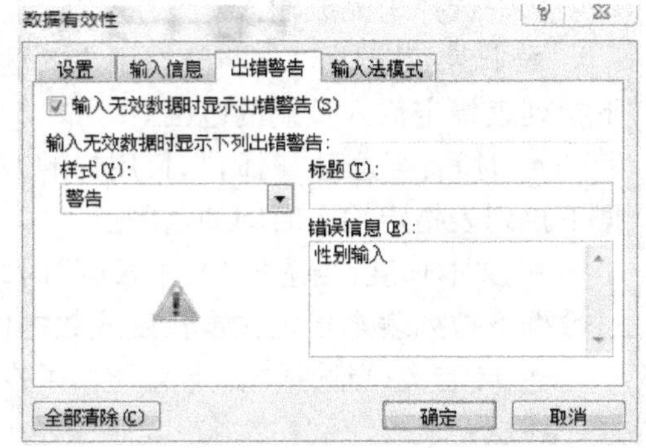

图5-4-23 “出错警告”选项卡

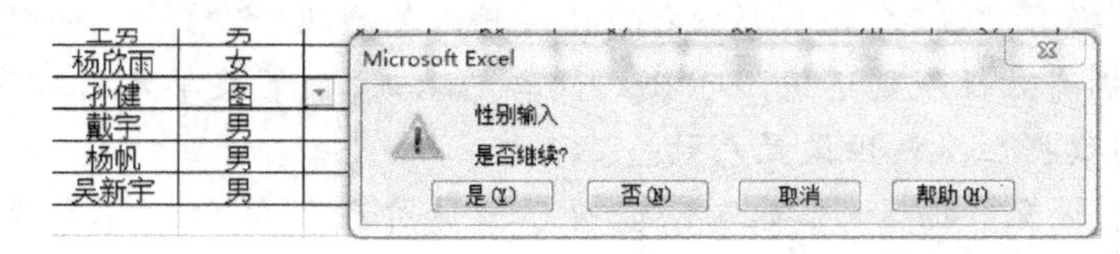

图5-4-24 询问是否继续输入无效数据对话框

④“输入法模式”选项卡

设置选中区域的输入法，如图5-4-25所示，分为“随意”“打开”和“关闭（英文模式）”三种。

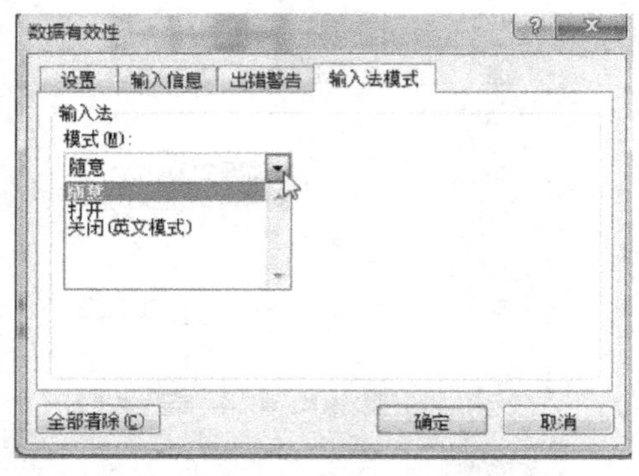

图5-4-25 “输入法模式”选项卡

英语	物理	识图	总分
87	94	84	432
79	80	93	425
87	61	77	390
71	64	81	376
87	65	70	372
76	70	71	367
68	74	83	367
82	74	75	367
71	68	81	352
74	70	65	350

图5-4-26 圈选无效数据

（2）圈释无效数据

在工作表中，单击图5-4-1中“圈释无效数据”后，会显示整张工作表中所有无效数据，如图5-4-26所示，F列和I列分别设置了不同的数据有效性规则，但单击“圈释无效数据”后，系统会用红色椭圆框圈出所有无效数据。

（3）清除无效数据标识圈

单击“清除无效数据标识圈”后，会清除所有已被圈出的无效数据。

2. **数据排序**

在 Excel 中可以对工作表中选定的表格按照设定的关键字的排序方式进行整体排序。排序分为两种:升序和降序。

(1) 对单个字段排序

按照单个字段进行排序的具体操作步骤如下:

◆ 单击某字段名或该字段名下方的任一单元格。

◆ 单击"开始"选项卡的"编辑"组中的"排序和筛选"按钮,在下拉菜单中选择"升序"或"降序"命令即可,如图 5-4-27 所示。也可直接单击"数据"选项卡的"排序和筛选"组中的"升序"或"降序"按钮,如图 5-4-28 所示。

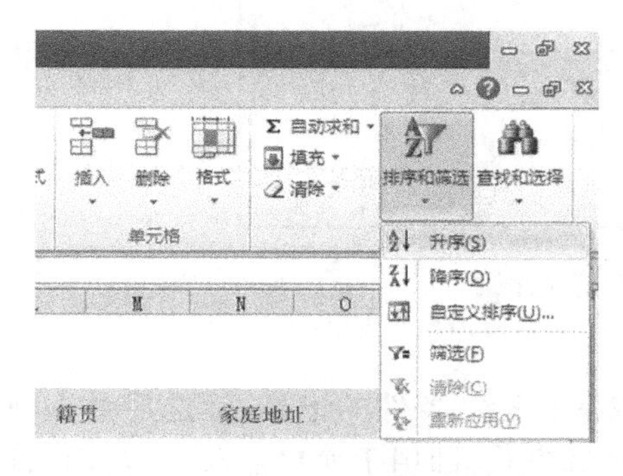

图 5-4-27　**"升序"或"降序"命令**

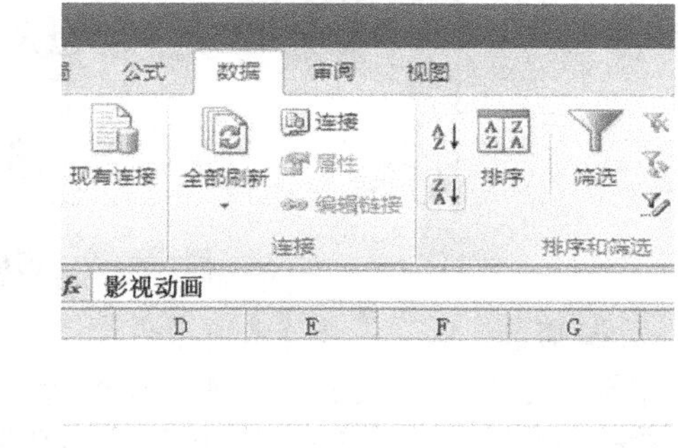

图 5-4-28　**"升序"或"降序"按钮**

(2) 对多个字段排序

如果对排序的要求比较高,需要对多个字段进行排序,可以通过"排序"对话框进行设置。

◆ 单击数据清单中的任一单元格。

◆ 单击"数据"选项卡的"排序和筛选"组中的"排序"按钮,弹出"排序"对话框,如图 5-4-4 所示。

◆ 在"排序"对话框中,单击"添加条件"按钮,添加次要关键字选项,然后分别在"主要关键字"选项栏和"次要关键字"选项栏中设置排序方式,完成后单击"确定"按钮。

上述排序为"列向排序",如果排序方向要变为"行向排序",可在图 5-4-4 中单击"选项"按钮,弹出"排序选项"对话框,在"排序选项"对话框中将"方向"改为"按行排序"即可,如图 5-4-29 所示。

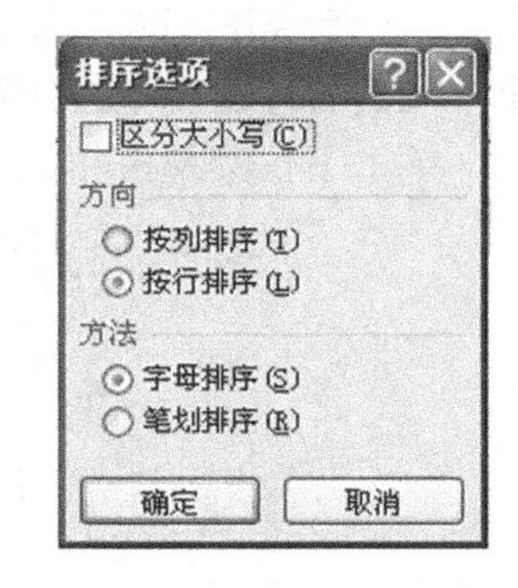

图 5-4-29　**"排序选项"对话框**

(3) 自定义序列

除了按 Excel 默认的序列进行排序外,还可以自定义排序序列。具体操作步骤如下:

◆ 选择"开始"选项卡,单击"编辑"组中的"排序和筛选"按钮,在弹出的下拉列表中选择"自定义排序"命令,打开"排序"对话框。

◆ 在"排序"对话框中,选择"次序"下拉列表中的"自定义序列"命令,打开"自定义序列"对话框。

◆ 在"自定义序列"对话框中输入自定义的序列,在输入序列的列表条目之间按【Enter】

键进行分隔，然后单击“添加”按钮，如图5-4-30所示。

◆ 最后在“自定义序列”对话框中单击“确定”按钮，即完成了新序列的创建，并在“自定义序列”对话框中的“自定义序列”列表框中显示自定义的序列。

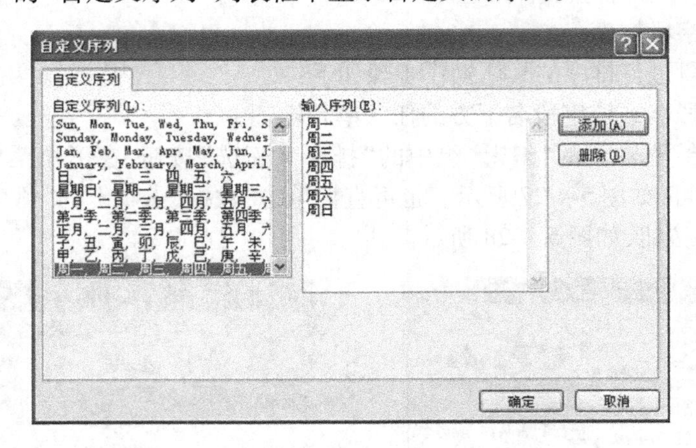

图5-4-30 创建自定义序列

3. 数据筛选

数据筛选是在工作表的数据清单中快速查找具有特定条件的记录，筛选后数据清单中只包含符合条件的记录。Excel提供了两种数据筛选方式，即用于简单筛选的“自动筛选”和进行复杂筛选的“高级筛选”。

(1) 自动筛选

对数据进行自动筛选的操作步骤如下：在进行自动筛选的数据清单中单击任意单元格，然后单击“开始”选项卡的“编辑”组中的“排序和筛选”按钮，在下拉列表中单击“筛选”命令（或者单击“数据”选项卡的“排序和筛选”组中的“筛选”按钮），这时在数据标题行每个字段的右边出现下拉按钮。

单击下拉菜单按钮，会显示如图5-4-31所示的页面，即可出现自动筛选结果。

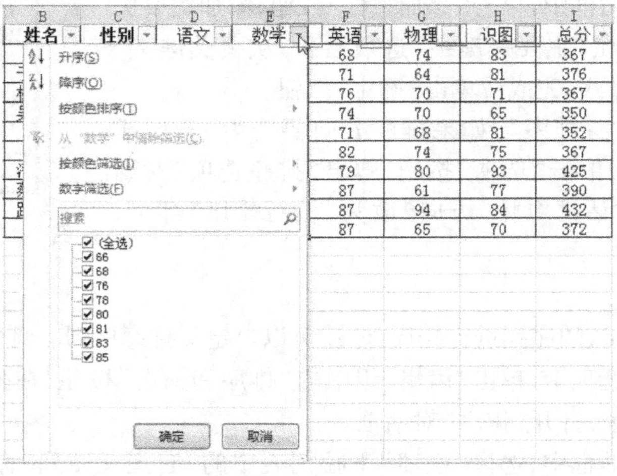

图5-4-31 筛选页面

① 筛选

这里有三个功能：清除筛选、按颜色筛选和数字筛选。

- 从"**"中清除筛选："**"中的内容是使用筛选的列标题名称，只有在做过筛选的列标题中才适用，单击后，可清除已设置的筛选条件。
- 按颜色筛选：此项设置仅仅在待筛选数据列包含颜色时才可用。
- 数字筛选/文本筛选/日期筛选：这三个选项出现的原则是列数据如果是数值型数据，则对应数字筛选；如果是文本型数据，则出现文本筛选；如果是日期型数据，则出现日期筛选。

单击"数字筛选"后，出现级联菜单，可在其中选择不同的运算符或者"自定义筛选"选项，筛选数据。

使用"自定义筛选"命令可以同时使用两种运算符进行"与"或者"或"的组合，以筛选数据，单击"数字筛选"中的"自定义筛选"命令，打开如图5-4-8所示的对话框。

- 与：两个条件都必须满足才能被筛选出来。
- 或：两个条件只需要满足其中一个就能被筛选出来。

② 搜索

在搜索过程中，需要模糊查找某些字符或某些特定符号时可参见表5-4-1。

表5-4-1　搜索通配符的种类和使用

符　号	名　称	作　　用	示　　例
?	问号	可以替代任意单个字符	输入"孙?"可以找到"孙建""孙康" 输入"孙??"可以找到"孙悟空"
*	星号	可以替代任意数量的字符	输入"孙*"可以找到"孙建""孙悟空"
~	波形符	后面跟?、*或者~，可以单独搜出这三种符号	输入"ok~?"，可以找到"ok?"

注意：符号必须在键盘为英文输入状态下输入。

以图5-4-32为例，可以直接在下拉框中勾选需要的某一个数据，也可以在搜索框中直接输入需要搜索的数据或者按照表5-4-1所示的方法搜索需要的多个数据。

图5-4-32　"搜索"框

（2）高级筛选

高级筛选一般用于条件较复杂的筛选操作，其筛选结果可以显示在原始数据表格中，不符合条件的记录被隐藏起来。也可以将筛选结果显示在新的位置，不符合条件的记录同时保留在原始数据表中，这样更加便于数据比对。

在工作表中任意空白单元格区域输入筛选条件。单击数据清单中任一单元格，选择"数据"选项卡，单击"排序和筛选"组中的"高级"按钮，打开如图5-4-33所示的"高级筛选"对话框。

图5-4-33　"高级筛选"对话框

- 方式：用户可以选择是否将筛选结果显示在原有区域或者复制到其他位置。
- 列表区域：当工作表中有多张表格时，可以通过"列表区域”选择需要的数据表格区域地址。

- 条件区域：通过“条件区域”选择提前编制好的条件区域地址。
- 复制到：当筛选方式为“将筛选结果复制到其他位置”时，方可使用，在其中设置需要复制的数据区域地址。
- 选择不重复的记录：勾选此复选框后，筛选记录将隐去重复的记录。

在应用“高级筛选”进行筛选设置时，“条件区域”及筛选结果“复制到”的区域可以设置在工作表中任何空白区域。当建立的各个条件是逻辑“与”关系时，条件应设置在同一行；当建立的各个条件是逻辑“或”关系时，条件应设置在不同行。

(3) 取消数据筛选

单击“数据”选项卡的“排序和筛选”组中的“筛选”按钮，则直接取消筛选，列标题右侧的下拉按钮消失，所有的数据都全部显示。

4. 数据分类汇总

(1) 分类汇总

分类汇总是对数据清单进行数据分析的一种方法。分类汇总对数据库中指定的字段进行分类，然后统计同一类记录的有关信息。统计的内容可以由用户指定，也可以统计同一类记录的记录条数，还可以对某些数值段求和、求平均值、求极值等。在创建分类汇总之前，用户必须先根据需要对要进行分类汇总的数据列进行排序。

单击“数据”选项卡的“分级显示”组中的“分类汇总”命令，如图 5-4-34 所示。

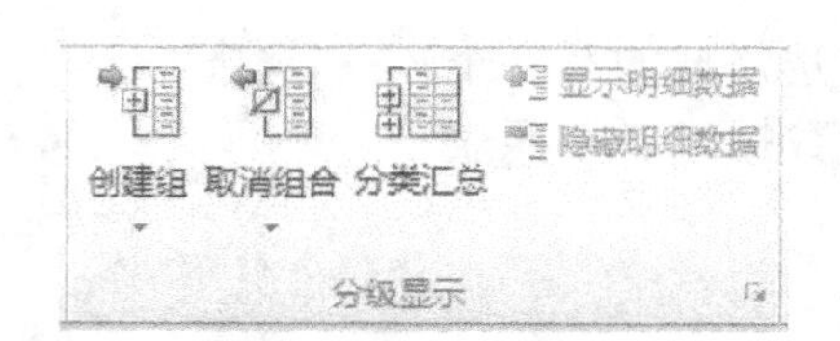

图 5-4-34 “分级显示”组

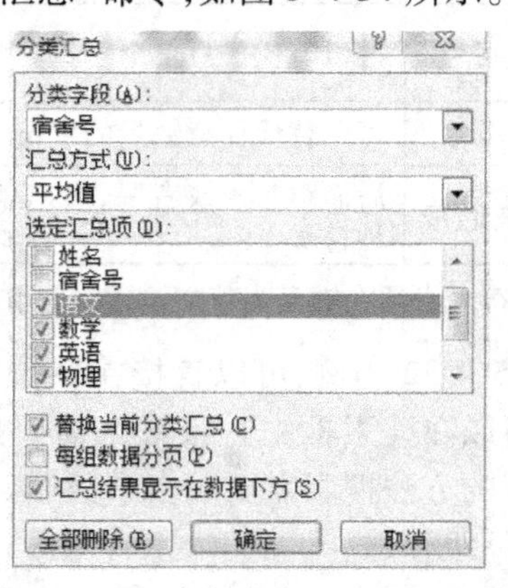

图 5-4-35 “分类汇总”对话框

注意：对数据进行分类汇总之前，必须先对分类字段进行排序。

以本章任务描述与分析中的题目为例，对分类字段进行排序后，单击“分类汇总”按钮，会打开如图 5-4-35 所示的对话框，进行“分类字段”“汇总方式”和“选定汇总项”设置后，单击“确定”按钮，会得到如图 5-4-11 所示的结果，在左上角有分级显示符 1 2 3，分别对应三种分级显示状态。图 5-4-11 为第三级显示，是做分类汇总后的默认级别；单击分级显示符 2，则显示如图5-4-12所示的第二级显示；单击分级显示符“1”，则显示如图 5-4-36 所示的第一级显示。

1 2 3		A	B	C	D	E	F	G	H	I
	1	学号	姓名	宿舍号	语文	数学	英语	物理	识图	总分
+	15			总计平均值	74.3	77.3	78.2	72	78	379.8

图 5-4-36 一级分类汇总结果

（2）删除分类汇总

如果要删除已经创建的分类汇总，在“分类汇总”对话框中单击“全部删除”按钮即可。

（3）隐藏或显示分类汇总数据

对数据清单进行分类汇总后，可以对不同级别的数据进行隐藏或显示，隐藏或显示分级明细数据的方法如下：要隐藏分组中的明细数据，只要单击明细数据符号“ - ”；要显示分组中的明细数据，只要单击明细数据符号“ + ”。

5．数据透视表

在 Excel 中，对数据的处理和管理，除了分类、排序、分类汇总和建立图表等基本方法外，还有一种形象实用的工具便是建立数据透视表。通过数据透视表可以对多个字段的数据进行多立体的分析汇总，从而生动、全面地对数据进行重新组织和统计，达到快速有效分析数据的目的。要插入数据透视表，具体操作步骤如下：

◆ 选择数据源，单击“插入”选项卡的“表格”组中的“数据透视表”右下侧的下拉按钮（图5-4-37），在弹出的下拉列表中选择“数据透视表”命令，打开如图5-4-38所示的“创建数据透视表”对话框。在该对话框中，有两个选项组，其功能分别为：

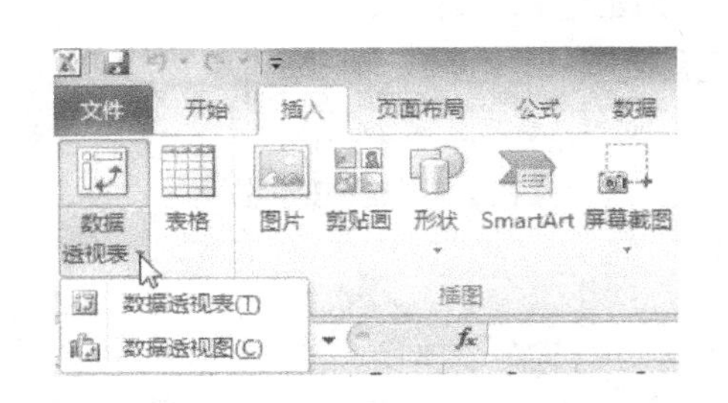

图5-4-37 “数据透视表”下拉菜单

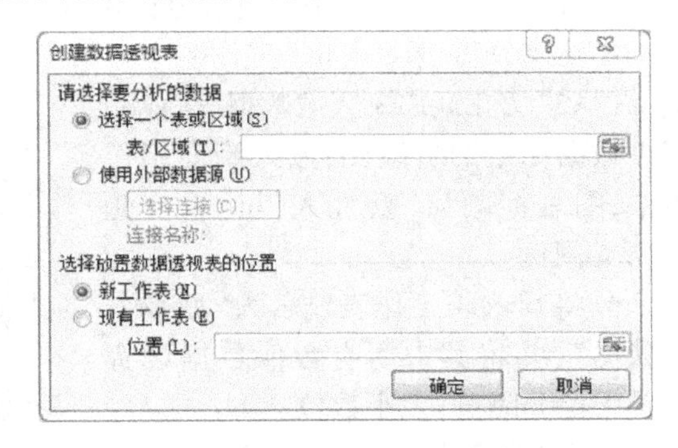

图5-4-38 “创建数据透视表”对话框

● 请选择要分析的数据：选择需要进行分析的数据区域（默认情况下选定了“选择一个表或区域”，文本框中是之前选定的数据区域），可手动输入，或单击按钮，通过鼠标拖动选择。

● 选择放置数据透视表的位置：确定所创建透视表的位置，是作为当前工作表中一个对象插入，还是以一个新的工作表插入到当前工作簿中。

◆ 单击“确定”按钮。这时在当前工作表窗口的右半部分创建了空白数据透视表，同时打开“数据透视表工具”选项卡及“数据透视表字段列表”任务窗格。

◆ 在“数据透视表字段列表”任务窗格中，依次将所需的字段拖到右下角的“列标签”“行标签”“Σ数值”标记区域中。

◆ 设置完成后，单击“数据透视表字段列表”右上角任务窗格中的“关闭”按钮，关闭“数据透视表字段列表”窗口，得到最终的数据透视表。

数据透视表作为一种交互式表格，不仅可以转换行和列，查看数据源的不同汇总结果，还可以以不同页面筛选数据。

在创建好数据透视表后，打开“数据透视表工具”下的“选项”和“设计”选项卡，在其中可以对数据透视表进行编辑操作，如设置数据透视表的字段、布局、样式、数据源等。

数据透视表和数据透视图只是在显示数据时方式不同，设置的步骤是一样的，故数据透视图的设置方式这里不再介绍。

任务 5-5 典型试题分析

一、任务要求

打开“中国人口.xlsx”文件，按下列要求进行操作：

◆ 在“人口”工作表 A1 单元格中输入标题“中国大陆人口构成”，设置其字体为黑体、加粗、18 号字，并设置其在 A ~ E 列合并后居中。

◆ 在“人口”工作表 E3 单元格中输入“女性比重”，在 E4 ~ E23 中用公式分别计算各年女性人口占当年人口总数的比重（女性比重 = 女性人口/总人口）。

◆ 在“人口”工作表中设置 E4:E23 单元格为百分比格式、两位小数位。

◆ 在“人口”工作表中设置表格区域 A3:E23 内框线为最细单线、外框线为最粗单线。

◆ 参考样张，在“人口”工作表中根据 A3:A23 及 E3:E23 区域数据，生成一张带数据标记的折线图，嵌入当前工作表中，图表标题为“女性人口比重变化图”，无图例。

◆ 将 Sheet1 工作表改名为“城乡人口数据”，并将其中所有数值数据设置为带千位分隔符，无小数位。

◆ 在“家庭户规模”工作表中，利用自动筛选功能筛选出家庭规模为三人户的记录。

◆ 保存工作簿“中国人口.xlsx”。

样张如图 5-5-1 所示。

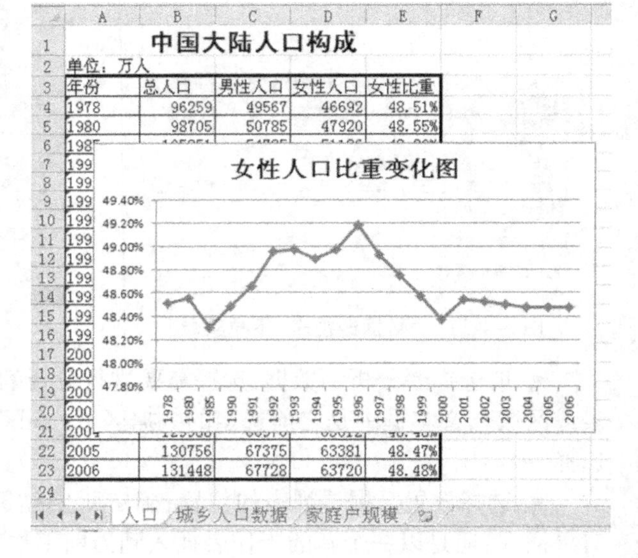

图 5-5-1 样张

二、任务实施

1. 输入标题并设置格式

操作步骤如下：

◆ 双击鼠标打开“中国人口.xlsx”文件，选中“人口”工作表的 A1 单元格，输入标题“中国大陆人口构成”，单击“开始”选项卡的“字体”组右下角的对话框启动器按钮，打开如图 5-5-2所示的对话框，设置字体为黑体，字形为加粗，字号为 18，单击“确定”按钮。

◆ 按住鼠标左键从 A1 单元格开始拖动至 E1 单元格，选中 A1:E1 区域，单击“开始”选项卡的“对齐方式”组中的“合并后居中”按钮，如图 5-5-3 所示。

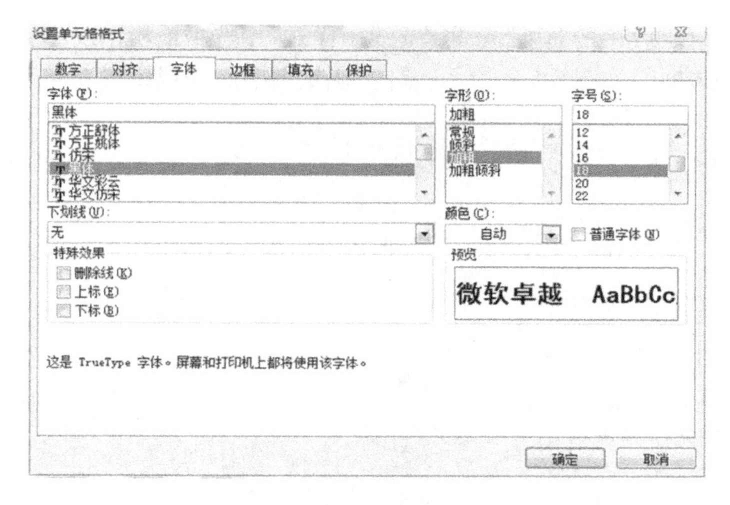

图 5-5-2　“设置单元格格式”对话框中的“字体”选项卡

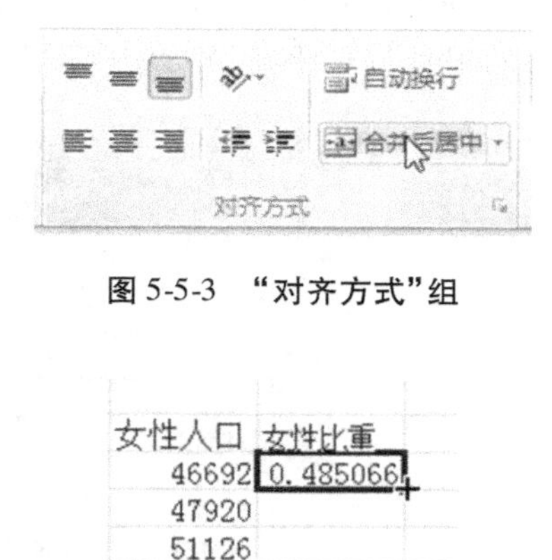

图 5-5-3　“对齐方式”组

图 5-5-4　利用填充柄填充

2. 计算女性比重

操作步骤如下：

◆ 选中 E3 单元格，输入“女性比重”。

◆ 选中 E4 单元格，在 E4 单元格编辑栏中输入“=D4/B4”，按下回车键。

◆ 选中 E4 单元格，将光标移动到单元格右下角，使光标成为填充柄模式，如图 5-5-4 所示，按住鼠标左键向下拖动到 E23 单元格，即可计算出每年女性所占比重。

3. 设置“女性比重”列数据格式

选中 E4：E23 区域，单击“开始”选项卡的“数字”组右下角的对话框启动器按钮，打开如图 5-5-5 所示的对话框，在“分类”中选择“百分比”，“小数位数”选择“2”，单击“确定”按钮。

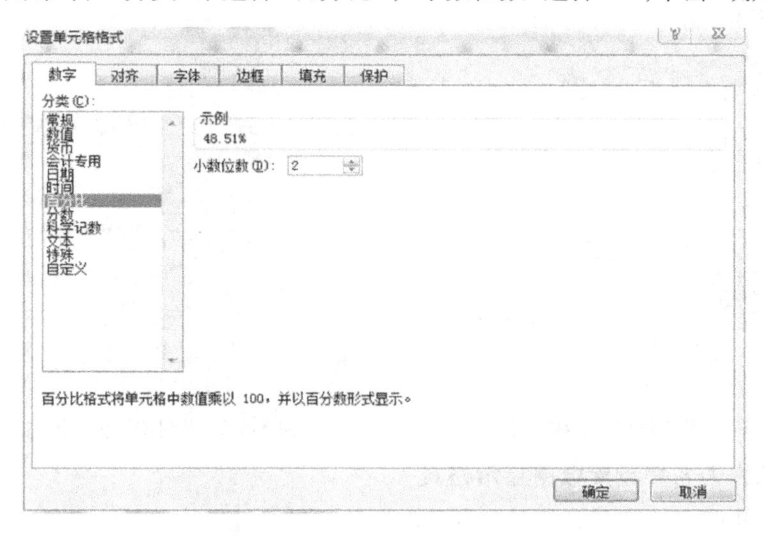

图 5-5-5　“设置单元格格式”对话框中的“数字”选项卡

4. 设置表格内外框线

选中 A3：E23 区域，在区域内右击鼠标，在弹出的快捷菜单中选择“设置单元格格式”命令，在弹出的“设置单元格格式”对话框中单击“边框”选项卡，在对话框的“线条样式”中选中最细单线(第1列第7行),单击“预置”中的“内部”,再在“线条样式”中选中最粗单线(第2列第6行),单击“预置”中的“外边框”,如图5-5-6所示,单击“确定”按钮,完成设置。

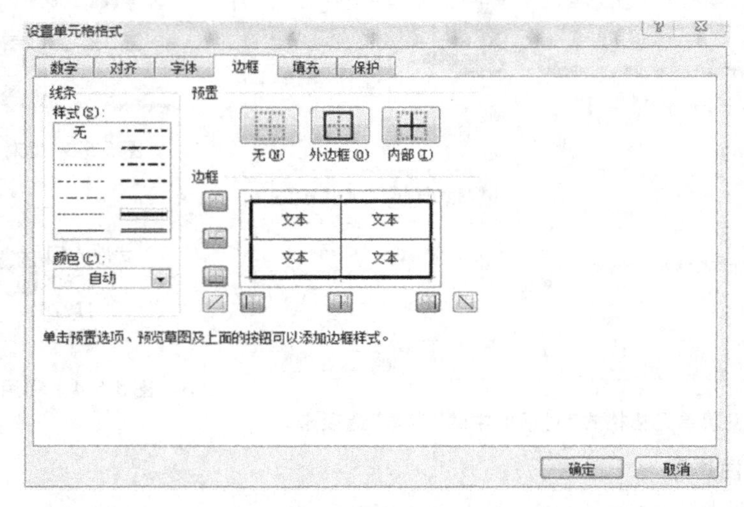

图5-5-6 “设置单元格格式”对话框中的“边框”选项卡

5. 插入带数据标记的折线图

操作步骤如下:

◆ 选中A3:A23区域后,按住【Ctrl】键,再选中E3:E23区域,单击“插入”选项卡的“图表”组中的“折线图”按钮,在下拉列表中选择“带数据标记的折线图”,如图5-5-7所示。

◆ 单击生成的图表中的图表标题区域,修改图表标题为“女性人口比重变化图”。

◆ 单击“图表工具/布局”选项卡的“标签”组中的“图例”按钮,在下拉列表中选择“无”,如图5-5-8所示。

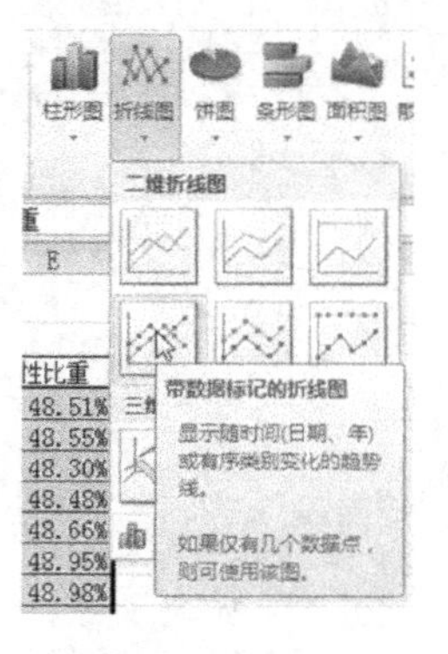

图5-5-7 “折线图”下拉列表

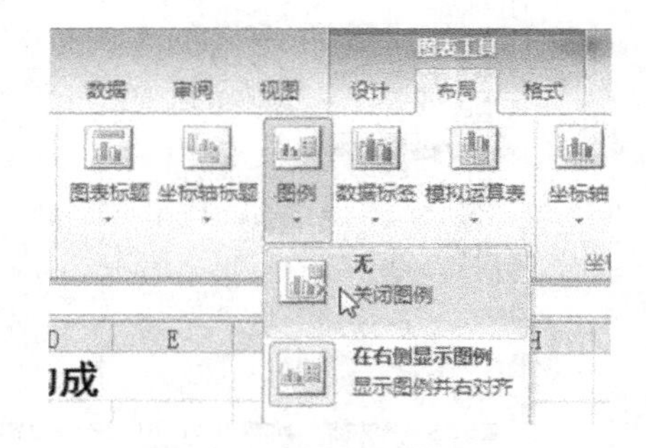

图5-5-8 “图例”下拉列表

6. 更改工作表名并设置数据显示格式

操作步骤如下:

◆ 选中Sheet1工作表,右击鼠标,在弹出的快捷菜单中选择“重命名”命令,输入“城乡人口数据”,按下回车键,修改完成。

◆ 选中A2:B21单元格区域,单击“开始”选项卡的“数字”组右下角的对话框启动器按钮,打开如图5-5-9所示的对话框,在“分类”中选择“数值”,“小数位数”选择“0”,选中“使用千位分隔符”复选框，单击“确定”按钮，完成设置。

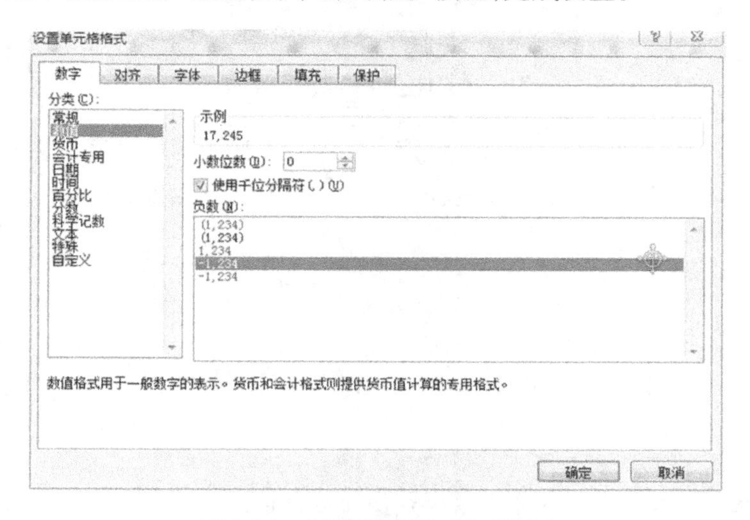

图 5-5-9　“设置数据格式”对话框

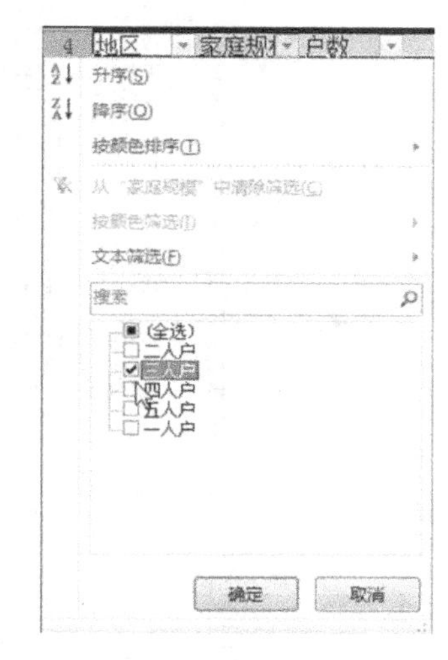

图 5-5-10　设置筛选条件

7. **自动筛选**

操作步骤如下：

◆ 选中“家庭户规模”工作表，选中表格标题行第 4 行，单击“数据”选项卡的“排序和筛选”组中的“筛选”按钮，表格标题行右侧出现下拉菜单标志。

◆ 单击“家庭规模”右侧的下拉菜单，保留选中“搜索”栏下方的“三人户”，取消选中其余选项，如图 5-5-10 所示，单击“确定”按钮，完成筛选。

8. **保存工作簿“中国人口.xlsx”**

单击“文件”→“保存”命令。

至此，所有操作完成，“中国人口.xlsx”工作簿中三张工作表的现实效果分别如图 5-5-11、图 5-5-12、图 5-5-13 所示。

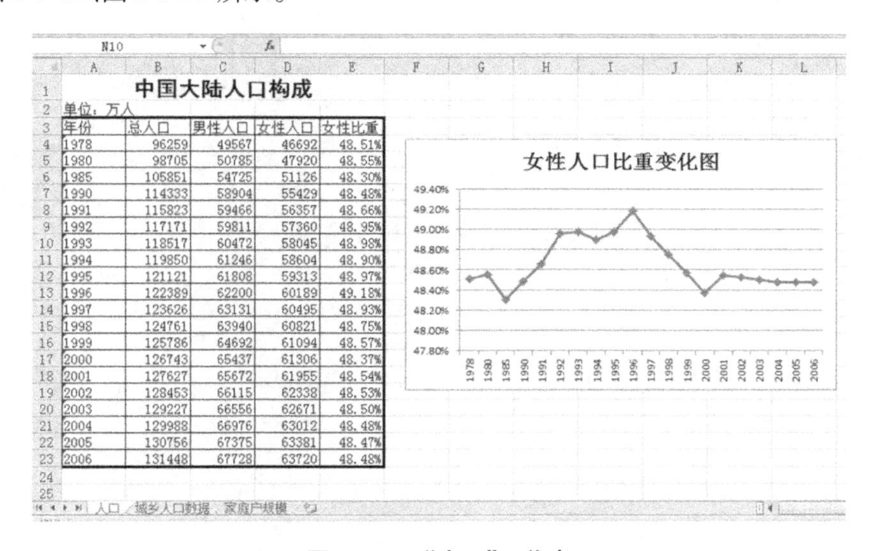

中国大陆人口构成

单位：万人

年份	总人口	男性人口	女性人口	女性比重
1978	96259	49567	46692	48.51%
1980	98705	50785	47920	48.55%
1985	105851	54725	51126	48.30%
1990	114333	58904	55429	48.48%
1991	115823	59466	56357	48.66%
1992	117171	59811	57360	48.95%
1993	118517	60472	58045	48.98%
1994	119850	61246	58604	48.90%
1995	121121	61808	59313	48.97%
1996	122389	62200	60189	49.18%
1997	123626	63131	60495	48.93%
1998	124761	63940	60821	48.75%
1999	125786	64692	61094	48.57%
2000	126743	65437	61306	48.37%
2001	127627	65672	61955	48.54%
2002	128453	66115	62338	48.53%
2003	129227	66556	62671	48.50%
2004	129988	66976	63012	48.48%
2005	130756	67375	63381	48.47%
2006	131448	67728	63720	48.48%

图 5-5-11　“人口”工作表

	A	B
1	城镇人口	乡村人口
2	17,245	79,014
3	19,140	79,565
4	25,094	80,757
5	30,195	84,138
6	31,203	84,620
7	32,175	84,996
8	33,173	85,344
9	34,169	85,681
10	35,174	85,947
11	37,304	85,085
12	39,449	84,177
13	41,608	83,153
14	43,748	82,038
15	45,906	80,837
16	48,064	79,563
17	50,212	78,241
18	52,376	76,851
19	54,283	75,705
20	56,212	74,544
21	57,706	73,742

人口 | 城乡人口数据 | 家庭户规模

图 5-5-12 “城乡人口数据”工作表

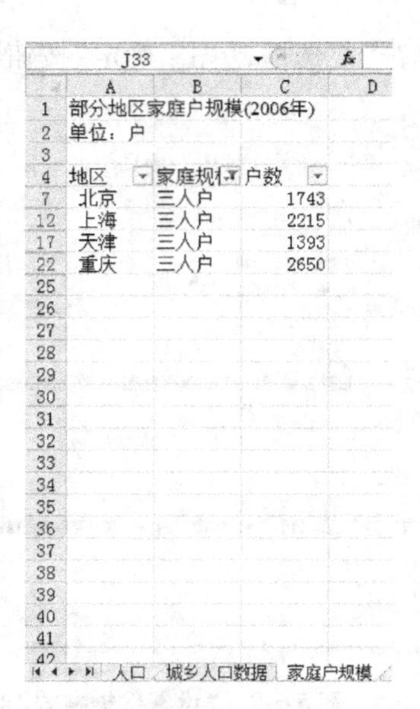

	A	B	C
1	部分地区家庭户规模(2006年)		
2	单位：户		
3			
4	地区	家庭规模	户数
7	北京	三人户	1743
12	上海	三人户	2215
17	天津	三人户	1393
22	重庆	三人户	2650

人口 | 城乡人口数据 | 家庭户规模

图 5-5-13 “家庭户规模”工作表

项目6 PowerPoint 2010 演示文稿应用

随着计算机的不断普及,PowerPoint 在行业办公中的应用越来越广。它是制作公司简介、会议报告、产品说明书、培训计划和教学课件等演示文稿的首选软件,深受广大用户的青睐。

任务6-1　创建"学校形象宣传文稿"

一、学习目标

◆ 熟悉 Microsoft PowerPoint 2010(以下简称 PowerPoint)的窗口界面。
◆ 掌握演示文稿的创建方法。
◆ 掌握演示文稿的插入、移动、复制、隐藏和删除的方法。
◆ 掌握演示文稿的编辑操作技术。
◆ 掌握演示文稿的打包发布。

二、任务描述与分析

为扩大学校的知名度,学校决定在全校师生中公开征集宣传学校形象的 PPT,请利用 PowerPoint 的基本编辑功能,以合理的文本和版式,制作一份以宣传学校形象为内容的演示文稿。

要求如下,可参考样图(图6-1-1):

◆ 有标题幻灯片,醒目地标注学校的校名信息。

◆ 确定好演示文稿的结构和内容,包括学校简介、办学特色、荣誉展示、系部专业介绍、校园风光等页面。

◆ 有结束页面。

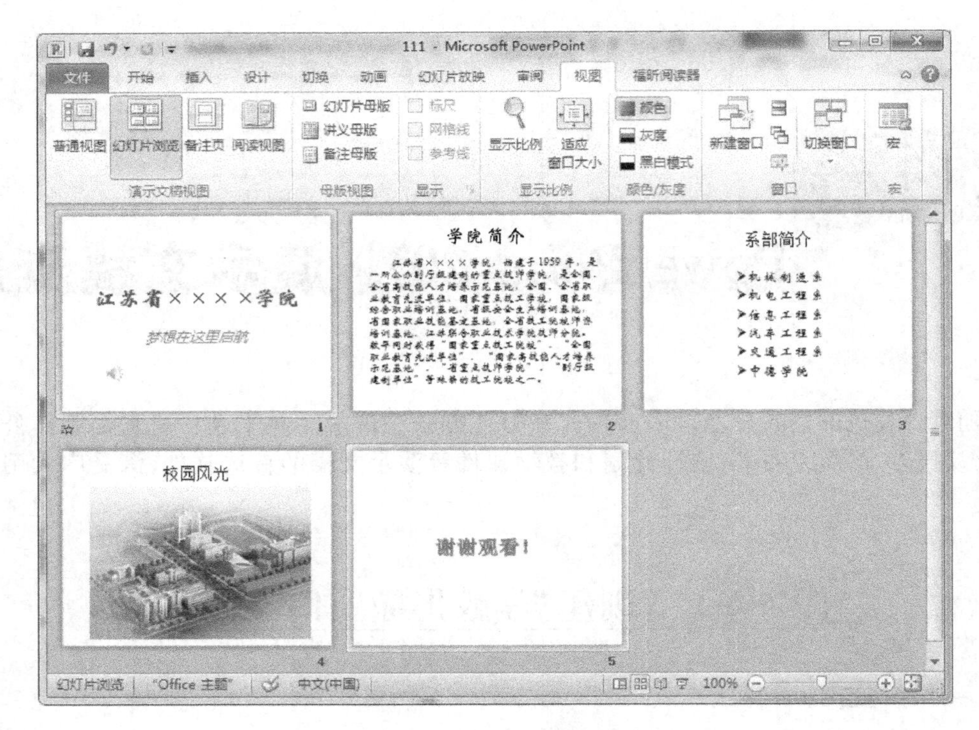

图 6-1-1　学校形象宣传样稿

三、任务实施

收集学校形象宣传语以及学校历史、特色、师资等各方面文本资料，确定好演示文稿的结构和内容。

1. 制作标题幻灯片

操作步骤如下：

◆ 选择“开始”→“所有程序”→“Microsoft Office”→“Microsoft PowerPoint 2010”选项，打开 PowerPoint 窗口，如图 6-1-2 所示。

◆ 选择“文件”→“保存”命令，在对话框中选择保存的目标位置“桌面”，输入保存的文件名“学校形象宣传文稿”，保存类型为“PowerPoint 演示文稿”，然后单击“保存”按钮，如图 6-1-3 所示。

◆ 输入文本，单击“标题占位符”或“文本占位符”后，根据需要在文本框中输入相应的标题文本或正文文本。

◆ 在文本幻灯片中，除了文本本身以外，用户还需要添加一些样式和效果等来丰富幻灯片的内容，使幻灯片更加有层次。单击“开始”选项卡的“字体”组右下角的对话框启动器按钮，打开“字体”对话框，在其中设置标题字体为“华文新魏”，字号为“60”，“字体样式”为“加粗”，字体颜色为“红色”，副标题字体为“微软雅黑”，字号为“40”，“字体样式”为“倾斜”，字体颜色为“绿色”，如图 6-1-4 所示。若要对字体、颜色进行精确设置，可在“字体颜色”下拉列表中选择“其他颜色”命令，打开如图 6-1-5 所示的“颜色”对话框，在其中设置即可。

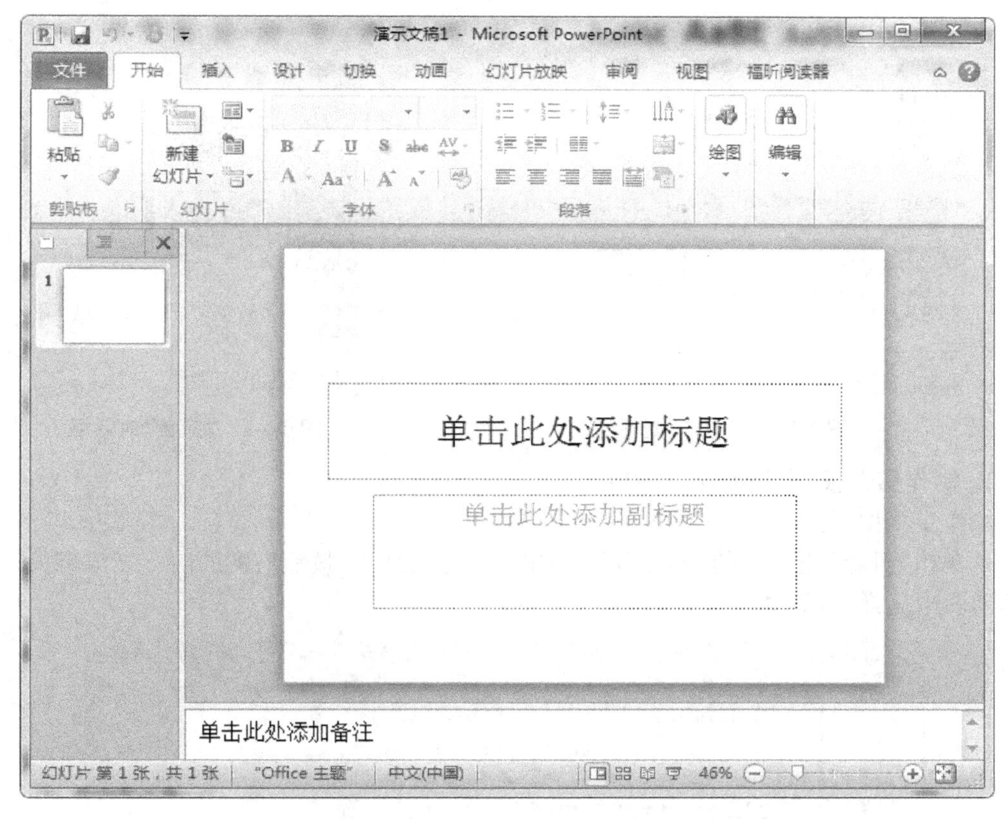

图 6-1-2　启动 PowerPoint 窗口

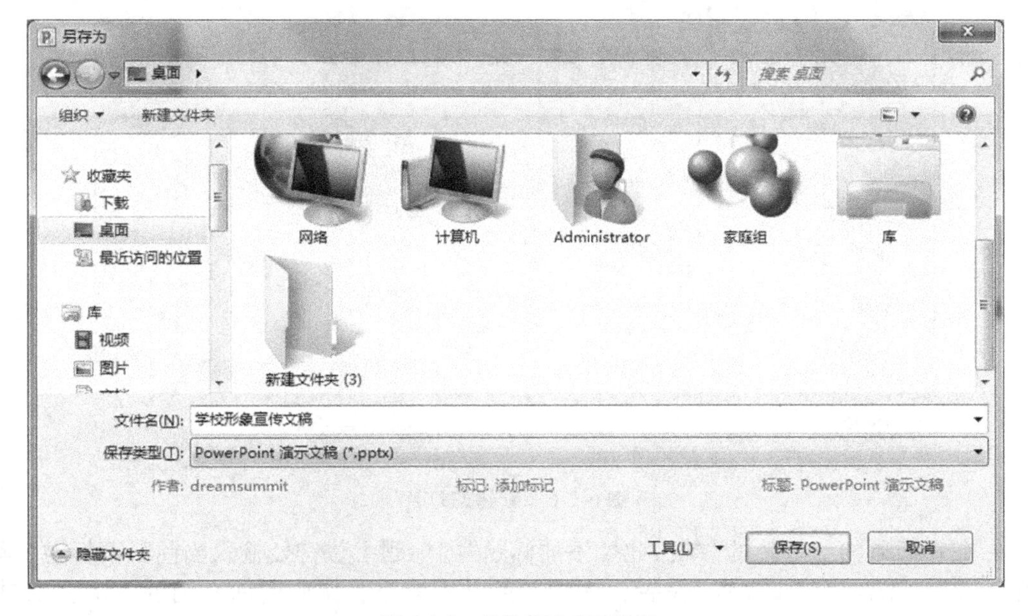

图 6-1-3　“另存为”对话框

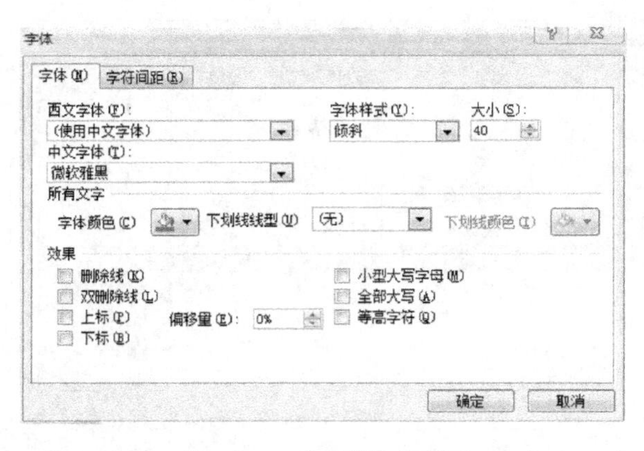

图 6-1-4 “字体”对话框

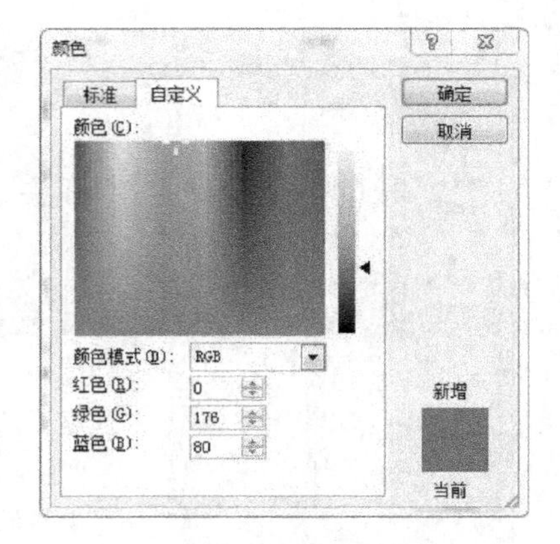

图 6-1-5 “颜色”对话框

2. 制作第 2 张“学院简介”幻灯片

操作步骤如下：

◆ 单击“开始”选项卡的“幻灯片”组中的“新建幻灯片”按钮右侧的向下三角箭头，在展开的列表中选择“标题和内容”，如图 6-1-6 所示。

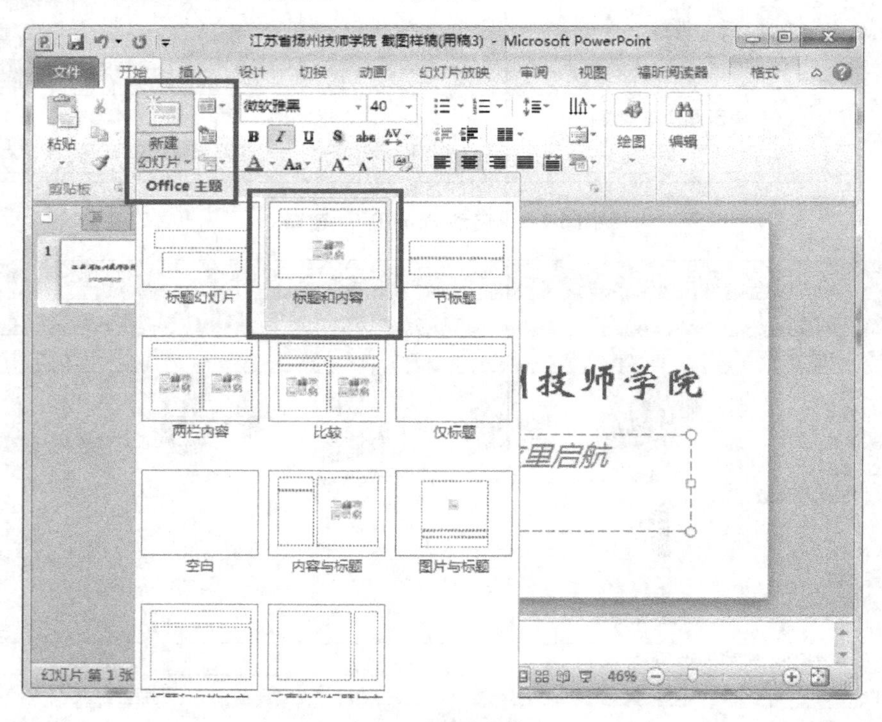

图 6-1-6 新建幻灯片

◆ 在新插入的幻灯片的“单击此处添加标题”的标题占位符处输入当前页面标题“学院简介”，在“单击此处添加文本”位置输入准备的文本素材。按照前面介绍的方法分别对标题、文本设置格式（标题为“华文新魏”、48 号字，文本为“华文新魏”、30 号字）。完成后效果如图 6-1-7 所示。

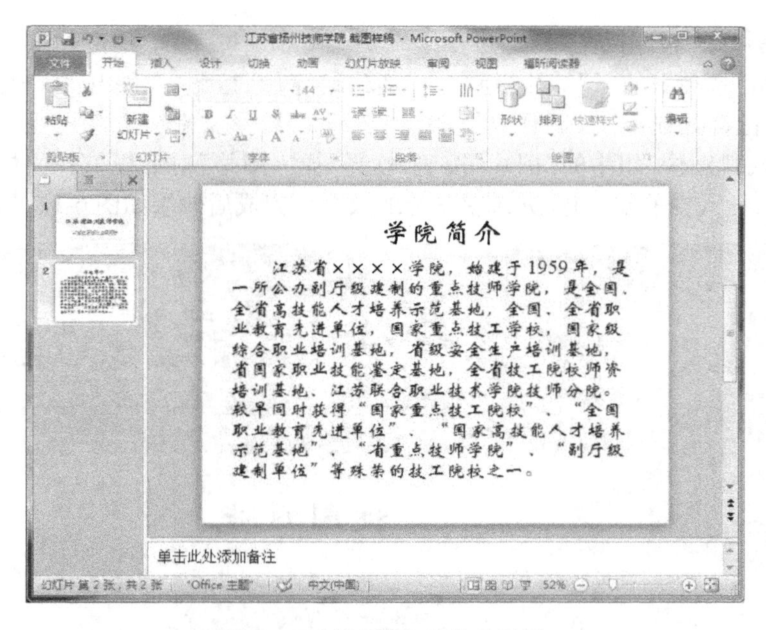

图 6-1-7 第 2 张幻灯片效果图

3. 插入第 3 张“系部简介”幻灯片

以同样的方法插入第 3 张“系部简介”幻灯片，为文本内容设置一种项目符号。选中需要修改项目符号的段落，单击“开始”选项卡的“段落”组中的“项目符号”下拉按钮，在展开的下拉列表中重新选择一种项目符号，如图 6-1-8 所示。

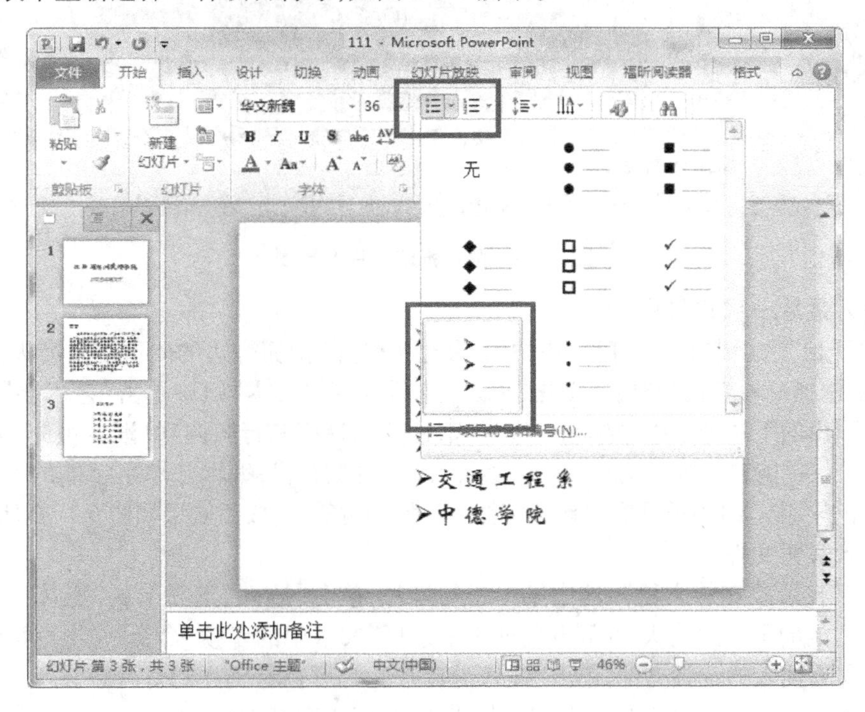

图 6-1-8 第 3 张幻灯片效果图

4. **插入第 4 张“校园风光”幻灯片**

单击“开始”选项卡的“幻灯片”组中的“新建幻灯片”按钮，在展开的列表中选择“仅标题”，在标题占位符处输入“校园风光”，设置其字体为“华文新魏”，字号为“48”号。单击“插入”选项卡的“图像”组中的“图片”按钮，打开“插入图片”对话框，在素材文件夹中选中校园风光图片，插入当前幻灯片，并调整图片的大小。完成后效果如图 6-1-9 所示。

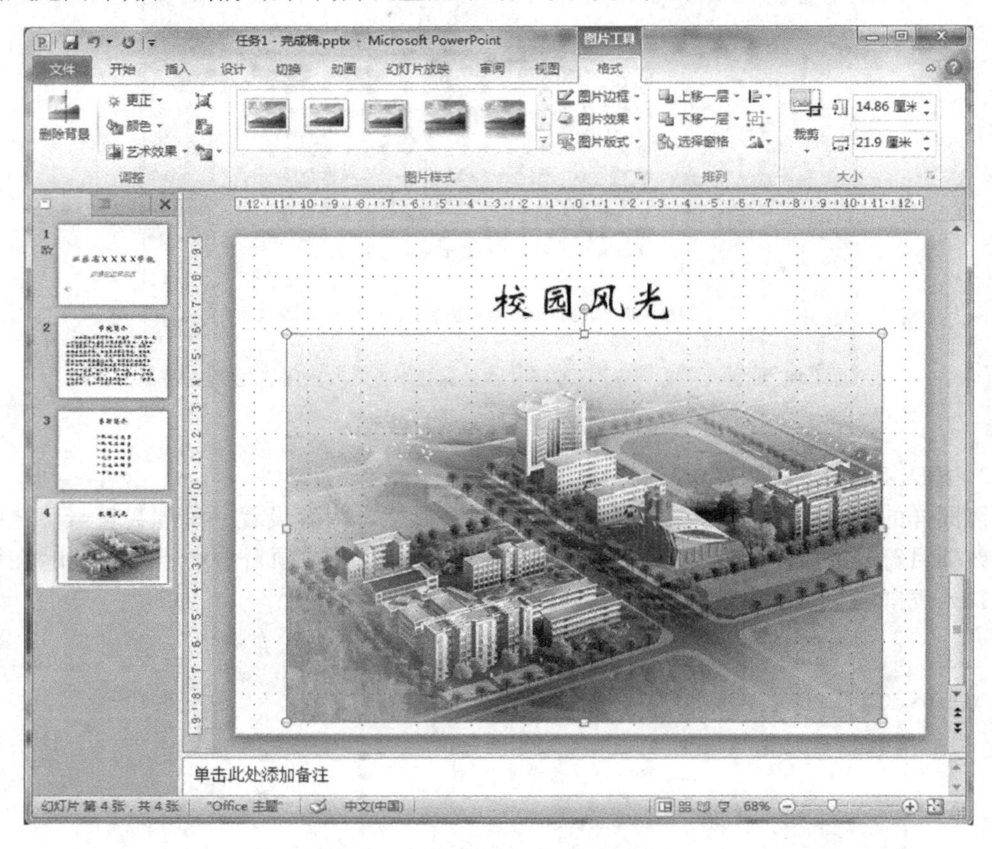

图 6-1-9　第 4 张幻灯片效果图

5. **插入最后一张幻灯片**

单击“开始”选项卡的“幻灯片”组中的“新建幻灯片”按钮旁边的向下三角箭头，在展开的下拉列表中选择一种版式“空白”，单击“插入”选项卡，在“文本”组中单击“艺术字”下方的向下箭头，在弹出的下拉列表中选择艺术字样式，这里选择第三行第四列“渐变填充-蓝色，强调文字颜色 1”，在“请在此放置您的文字”处录入“谢谢观看！”，编辑艺术字字体的大小，在“开始”选项卡的“字体”组中根据需要设置字体、字号、颜色等，完成后效果如图 6-1-10 所示。

6. **插入音频文件**

打开“学校形象宣传文稿”，选中第 1 张幻灯片，单击“插入”选项卡的“媒体”组中的“音频”按钮下方的向下三角箭头，在展开的列表中选择“文件中的音频”命令，弹出“插入音频”对话框，选中需要插入的音频文件，单击“插入”按钮，此时可以看到在幻灯片中多出一个喇叭的形状，选中喇叭形状，单击“音频工具/播放”选项卡，在“音频选项”组的“开始”框中选择“自动”，勾选“放映时隐藏”和“循环播放，直到停止”复选框。完成后的效果如图 6-1-11 所示。

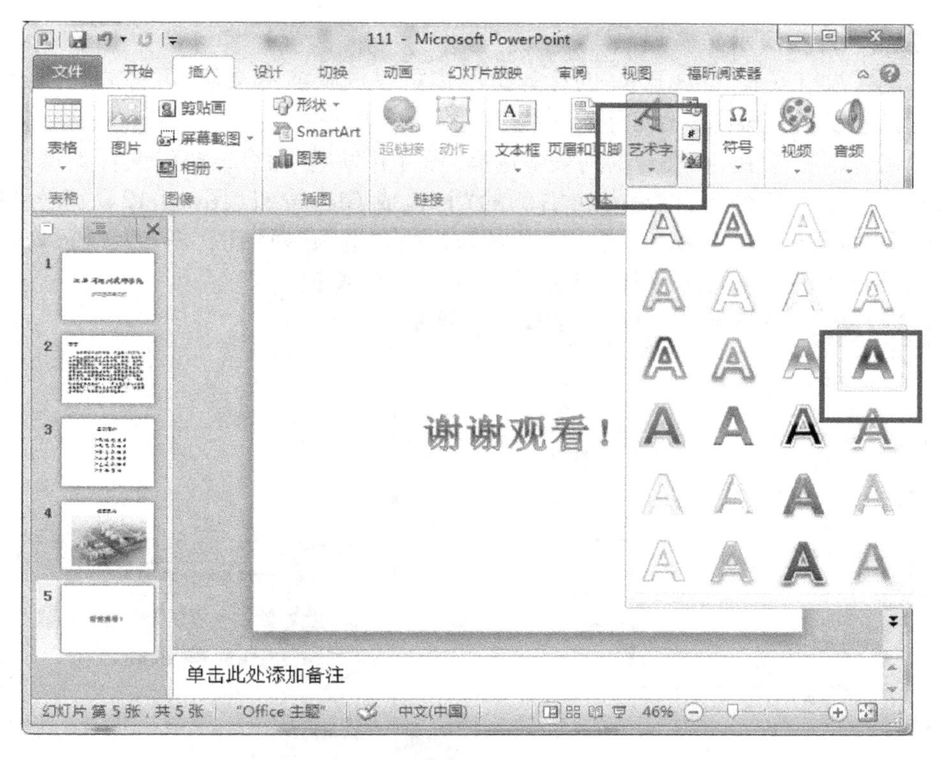

图 6-1-10　最后一张幻灯片效果图

图 6-1-11　插入音频文件

7. 打包和发布演示文稿

为了能在没有安装 PowerPoint 的计算机中也可以放映演示文稿，可将放映演示文稿所需的文件打包成 CD，操作步骤如下：

◆ 单击“文件”按钮，在展开的列表中选择“保存并发送”命令，选择“文件类型”下的“将演示文稿打包成 CD”命令，然后单击右侧的“打包成 CD”按钮（图 6-1-12），弹出“打包成 CD”对话框，如图 6-1-13 所示，单击“选项”按钮，弹出“选项”对话框（图 6-1-14），勾选“链接的文件”和“嵌入的 TrueType 字体”复选框，单击“确定”按钮。

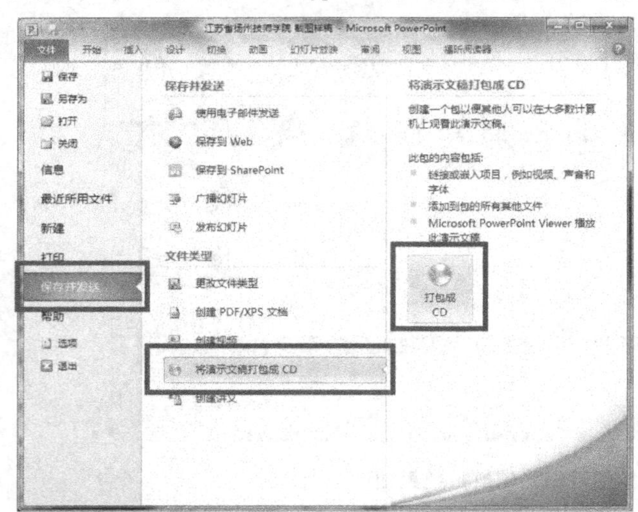

图 6-1-12　将演示文稿打包成 CD

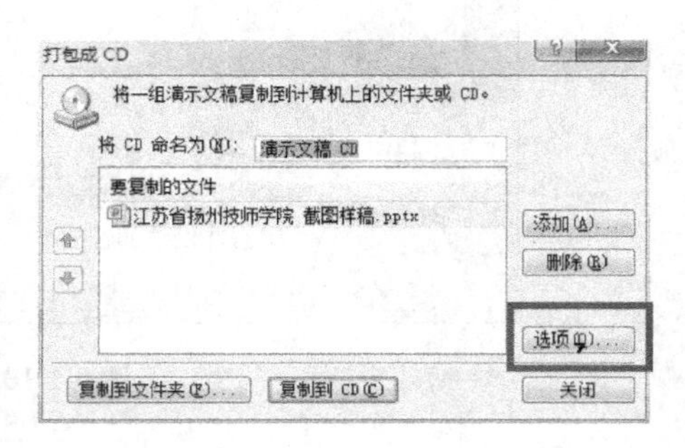

图 6-1-13　“打包成 CD”对话框

◆ 返回到“打包成 CD”对话框，单击“复制到文件夹”按钮，弹出“复制到文件夹”对话框，单击“浏览”按钮，选择打包后文件的保存位置，最后单击“确定”按钮，如图 6-1-15 所示。

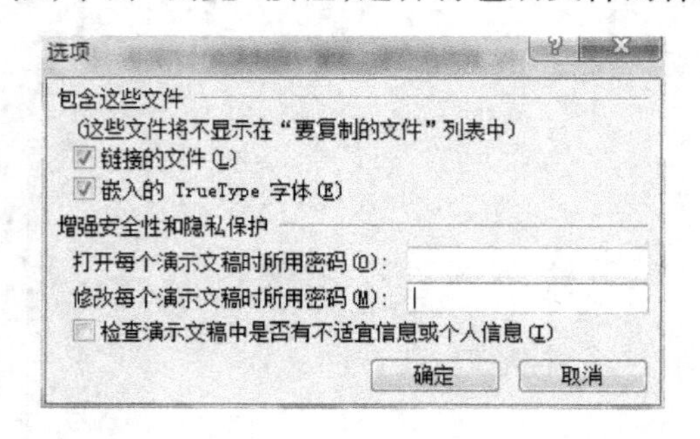

图 6-1-14　“选项”对话框

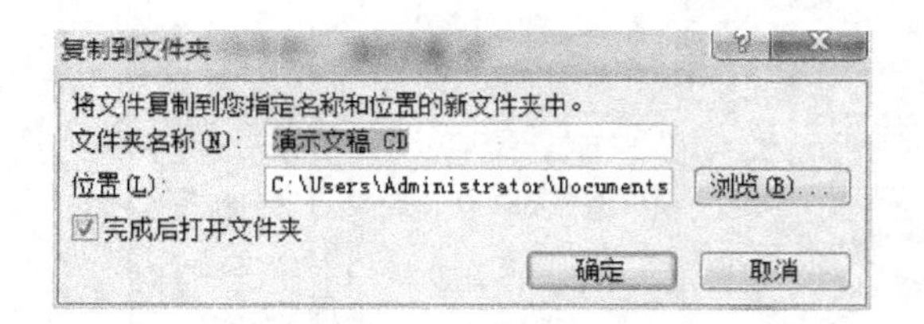

图 6-1-15　“复制到文件夹”对话框

◆ 弹出提示对话框，单击“是”按钮，如图 6-1-16 所示。复制完成后，用户可以打开保存打包文件的文件夹，在该文件夹中双击演示文稿名称即可开始放映。

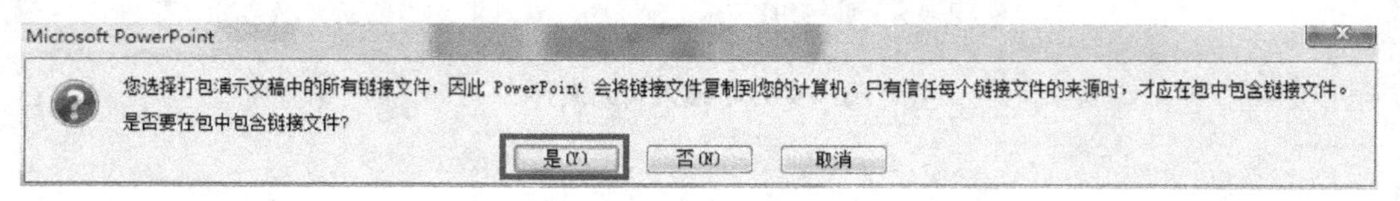

图 6-1-16　确认打包成 CD 的操作

四、相关知识

1. 启动、保存与退出 PowerPoint

在使用 PowerPoint 制作演示文稿前，首先必须启动 PowerPoint。当完成演示文稿制作后，不再需要使用该软件编辑演示文稿时就应退出 PowerPoint。

（1）PowerPoint 的启动

启动 PowerPoint 的方式有多种，用户可根据需要进行选择。常用的启动方式有如下几种：

方法一　通过“开始”菜单启动。单击“开始”按钮，在弹出的菜单中选择“所有程序”→“Microsoft Office”→“Microsoft PowerPoint 2010”命令。

方法二　通过桌面快捷图标启动。若在桌面上创建了 PowerPoint 快捷图标，双击即可快速启动。

方法三　若已经存在 PowerPoint 文件，直接双击该文件，即可启动运行 PowerPoint 软件，同时会打开该文件，用户可以做进一步操作。

同样，PowerPoint 2010 具有兼容的功能，可以打开早期版本所创建的各种文件。

（2）PowerPoint 的退出

常用的退出方式有如下几种：

方法一　单击 PowerPoint 窗口右上角的“关闭”按钮。

方法二　单击 PowerPoint 窗口左上角快速访问工具栏上的按钮，在其弹出的下拉菜单中选择“关闭”命令。

方法三　单击“文件”选项卡下的“退出”命令。注意，这里如果选择“关闭”选项，即关闭当前打开的幻灯片文稿，而不是退出 PowerPoint 应用程序。

方法四　使用组合键【Alt】+【F4】。

（3）演示文稿的保存

选择“文件”→“保存”命令，打开“另存为”对话框，在对话框中选择保存的目标位置，输入保存的文件名，然后单击“保存”按钮，系统就会在指定的文件夹中生成一个类型名为“PPTX”的演示文稿文件。

2. 认识 PowerPoint 窗口

启动 PowerPoint 后出现如图 6-1-17 所示的界面。

（1）标题栏

显示当前正在编辑的演示文稿的文件名以及所使用的软件名。

（2）“文件”选项卡

基本命令位于此处，如“新建”“打开”“关闭”“另存为”和“打印”等。

（3）快速访问工具栏

常用命令位于此处，如“保存”和“撤销”。用户也可以添加自己的常用命令。

（4）选项卡

工作时需要用到的命令位于此处。它与其他软件中的“菜单”或“工具栏”相同。

（5）功能区

以选项卡的方式对工作时需要用的命令进行分组和显示。

（6）编辑区

显示正在编辑的演示文稿。

（7）大纲编辑窗格

用来显示演示文稿中幻灯片的内容目录。

（8）视图模式切换按钮

用户可以根据自己的要求更改正在编辑的演示文稿的显示模式。

（9）缩放滑块

可以更改正在编辑的文档的缩放比例。

（10）备注窗格

为幻灯片输入备注内容。

（11）状态栏

显示正在编辑的演示文稿的相关信息。

图 6-1-17 PowerPoint 界面

3．幻灯片的基本操作

创建的演示文稿一般只有一张幻灯片，用户可以根据需要在演示文稿的任意处添加幻灯片。

（1）插入幻灯片

◆ 要插入幻灯片，可以先选中要在其后面添加幻灯片的幻灯片，单击“开始”选项卡的“幻灯片”组中的“新建幻灯片”按钮，在展开的列表中选择一种版式，如“标题和内容”。

此时即可在选中的幻灯片的下方插入一张新的幻灯片，如图 6-1-18 所示。

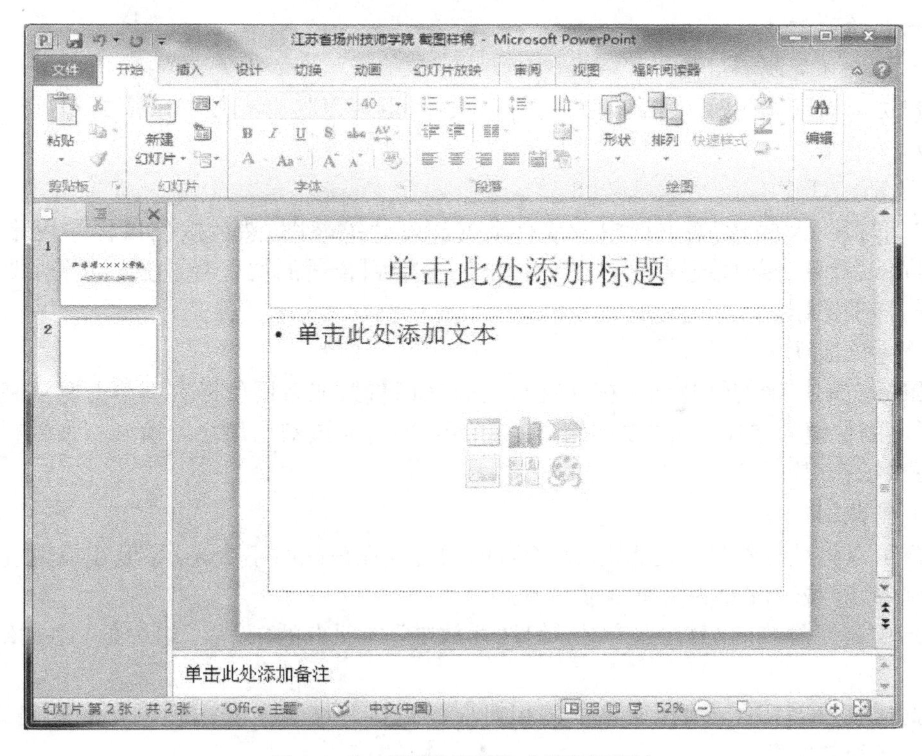

图 6-1-18 新增“标题和内容”幻灯片

也可以在“幻灯片/大纲”窗格的空白位置单击鼠标右键，在弹出的快捷菜单中选择“新建幻灯片”命令来插入幻灯片，如图 6-1-19 所示。

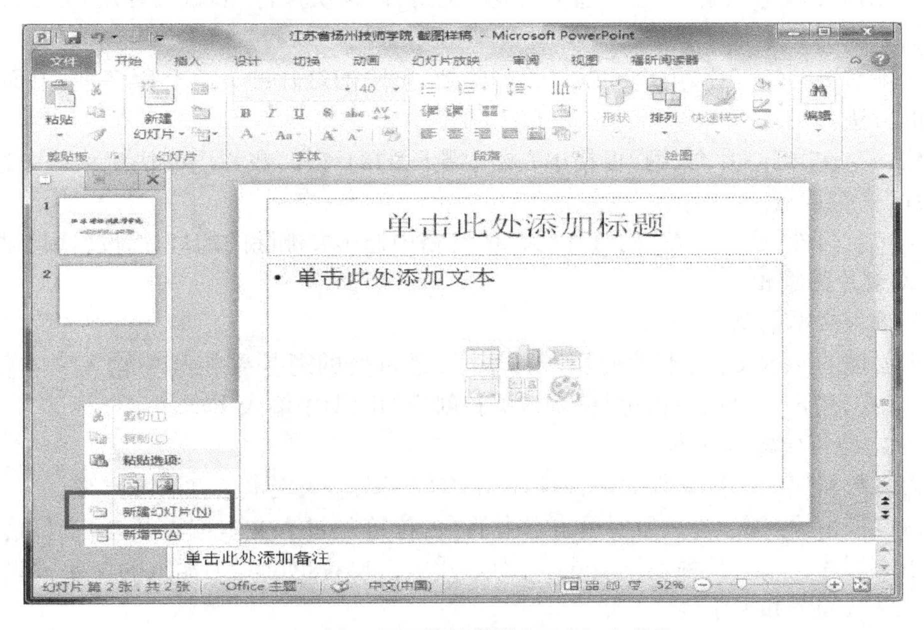

图 6-1-19 使用快捷菜单“新建幻灯片”

提示：选中一张幻灯片，按下【Ctrl】+【M】组合键或者按回车键，也可以在该幻灯片后添加一张新的幻灯片。

(2) 移动和复制幻灯片

用户可以重新调整每一张幻灯片的排列次序，也可以将具有较好版式的幻灯片复制到其他演示文稿中。

① 移动幻灯片

在"幻灯片/大纲"窗格中选中需要移动的幻灯片缩略图，然后按住鼠标左键拖动幻灯片，此时可以看见一条直线跟随鼠标指针移动，拖动到合适的位置释放鼠标左键，即可完成幻灯片的移动操作。

② 复制幻灯片

用鼠标左键拖动幻灯片同时按住键盘上的【Ctrl】键，或者用鼠标右键单击要复制的幻灯片，在弹出的快捷菜单中选择"复制幻灯片"命令，即可在该幻灯片之后插入一张具有相同内容和版式的幻灯片。

(3) 隐藏幻灯片

用户可以将部分幻灯片隐藏起来，隐藏的幻灯片在放映时不会显示，但在编辑过程中是可以看到的，隐藏幻灯片的操作步骤如下：

◆ 选中需要隐藏的幻灯片，单击"幻灯片放映"选项卡的"设置"组中的"隐藏幻灯片"按钮。

◆ 此时在"幻灯片/大纲"窗格中的相对应的幻灯片序号上会出现一条删除斜线，表示该幻灯片已经被隐藏。

◆ 也可以选中需要隐藏的幻灯片并单击鼠标右键，在弹出的快捷菜单中选择"隐藏幻灯片"命令来隐藏幻灯片。

◆ 如果需要取消隐藏，只需要选中相应的幻灯片，再次执行"隐藏幻灯片"命令即可。

(4) 删除幻灯片

对于不需要的幻灯片，用户可以将其删除掉，删除幻灯片的方法有很多种，下面列出两种常用的方法：

方法一　在"幻灯片/大纲"窗格中右击要删除的幻灯片，在弹出的快捷菜单中选择"删除幻灯片"命令即可。

方法二　另外，还可以在"幻灯片/大纲"窗格中选中要删除的幻灯片，按【Del】键即可。

4. 幻灯片的编辑

(1) 输入文本信息

对于创建的演示文稿，不管使用哪种版式，最重要的还是要在其中输入文本信息，在 PowerPoint 中，用户只可以在占位符、文本框和创建的图形中输入文本。

① 在占位符中输入文本

在大多数新建的幻灯片版式中，都提供了专门用来输入文本信息的占位符。

在占位符中输入文本，只需要单击选中的"占位符"，进入文本编辑状态，直接输入文本即可。当幻灯片应用了某种预设版式后，幻灯片中占位符也已经为输入的文字预设了相关属性，如字体、颜色和大小等。

② 在文本框中输入文本

除了文本占位符外，如果用户还想在幻灯片的其他位置输入文本信息，可以通过插入文本框来完成。

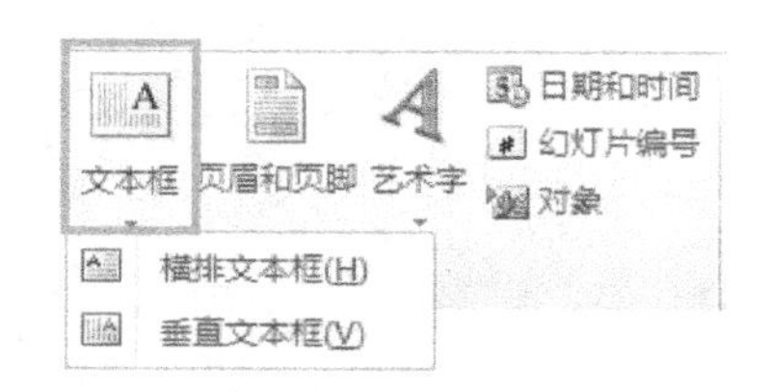

图 6-1-20 插入文本框

插入文本框的方法是：选择“插入”选项卡，单击“文本”组中的“文本框”下面的向下三角箭头，在展开的下拉列表中选择“横排文本框”或“垂直文本框”选项，这时光标在幻灯片中变为“+”字形，选择目标位置，绘制适当大小的文本框，然后输入文本信息即可，如图 6-1-20 所示。

文本框和文本占位符相同，在选中后可以任意移动，或通过其四角的控制柄调整大小，或通过其上方的圆形控制柄进行旋转等。

选中文本框和文本占位符后，系统会有属于它们的“绘图工具/格式”选项卡，如图 6-1-21所示，这时可以在各个功能区组中设置相关属性。

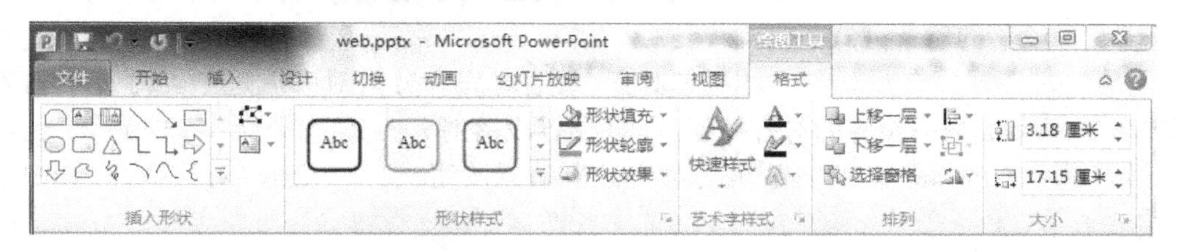

图 6-1-21 文本框格式设置

③ 在自选图形中输入文本

除了可以在占位符和文本框中输入文本信息，还可以在插入的自选图形中输入文本。方法是：选中图形，单击鼠标右键，在弹出的快捷菜单中选择“编辑文字”菜单项，然后输入文本即可。

④ 在“大纲”模式中输入文本

进入 PowerPoint 普通模式的“大纲”窗格下，不仅可以有效地查看幻灯片中的文本信息，还可以快速方便地输入文本。

（2）编辑文本信息

为了使编辑的演示文稿更加美观、清晰，通常需要对输入的文本信息格式进行设置，通常包括字体格式设置、段落格式设置、添加项目符号和编号等。

① 设置字体格式

由于 PowerPoint 中使用模板的不同，导致了占位符预设字体格式的不同，要想对文本字体格式进行设置，可以通过单击“开始”选项卡的“字体”功能组中的相关按钮设置；或选中需要设置格式的文本，单击鼠标右键，在弹出的快捷菜单中选择“字体”命令，然后在弹出的“字体”对话框中进行设置。

② 设置字符间距

在 PowerPoint 中设置字符间距非常便捷，操作步骤如下：

选中需要设置字符间距的文本，单击“开始”选项卡的“字体”组中的“字符间距”下拉按钮，在展开的列表中选择一种方式，或选择“其他间距”命令，在打开的“字体”对话框中进行设置，如图 6-1-22 所示。

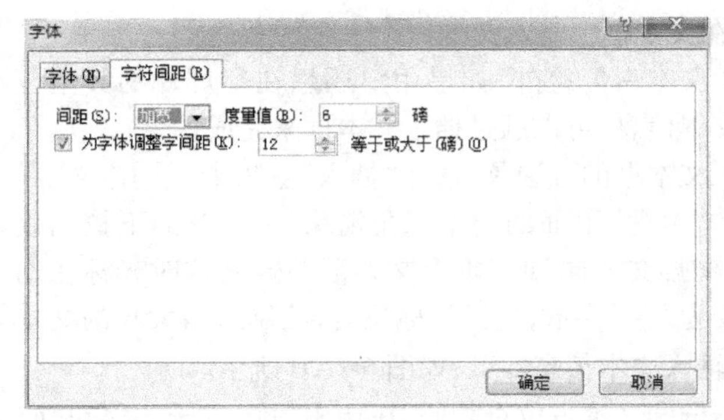

图 6-1-22　设置字符间距

③ 设置段落格式

在 PowerPoint 中,设置段落的对齐与缩进格式也就是设置文本框中文本的对齐与缩进。

a. 设置段落的对齐方式

段落的对齐方式有左对齐、居中、右对齐、两端对齐和分散对齐。选中幻灯片中内容占位符,单击“段落”组中相应的对齐按钮,即可设置段落对齐方式,如图 6-1-23 所示。也可单击“开始”选项卡的“段落”组右下角的对话框启动器按钮,展开“段落”对话框,在其中进行设置。

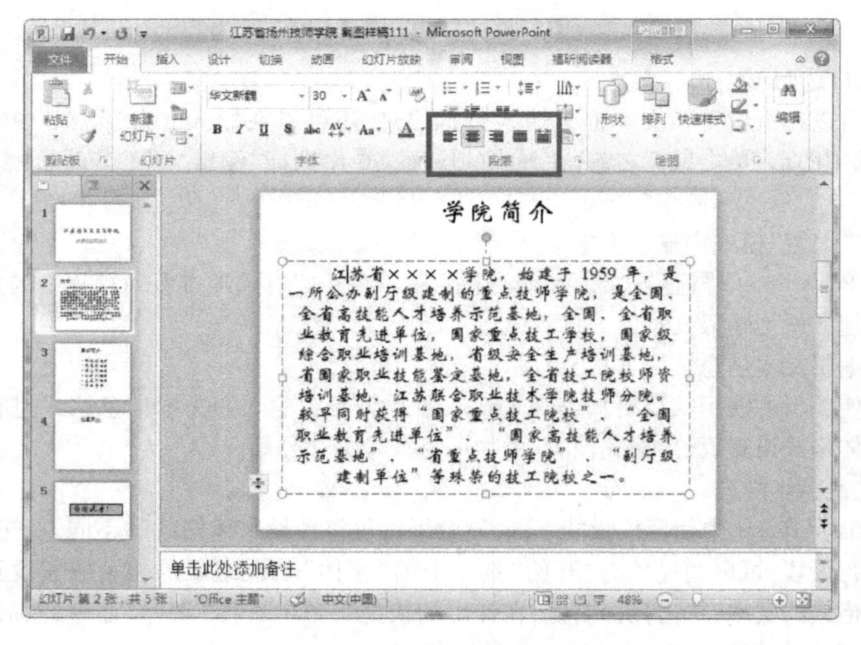

图 6-1-23　使用“段落”组设置段落对齐方式

b. 设置段落缩进

设置段落缩进、首行缩进、悬挂缩进等,如图 6-1-24 所示,设置方法与 Word 中相同。

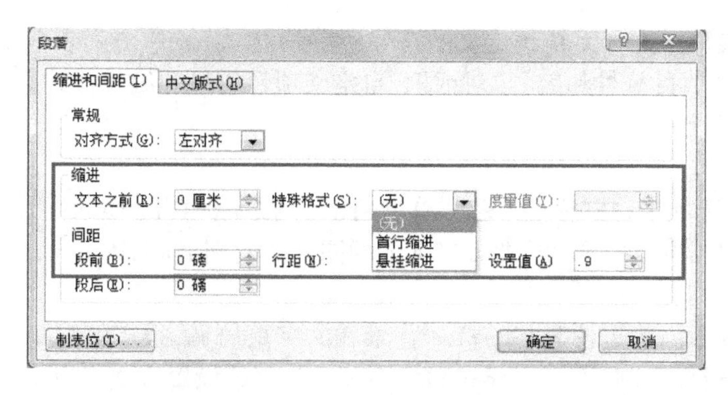

图 6-1-24　设置段落缩进效果

c. 设置行间距和段间距

在 PowerPoint 中,用户可以对行距和段间距进行设置。段落的行距是指段落内行与行之间的距离,段间距分为段前间距和段后间距,段前间距是指当前段落与前一段落之间的距离,段后间距是指当前段落与后一段落之间的距离。设置行间距和段间距的操作步骤如下:

◆ 选中幻灯片中的内容,单击"开始"选项卡的"段落"组中的"行距"按钮,在展开的列表中可选择需要的行距,如图 6-1-25 所示。

◆ 打开"段落"对话框,可设置行间距、段前和段后间距。设置方法与 Word 中相同。

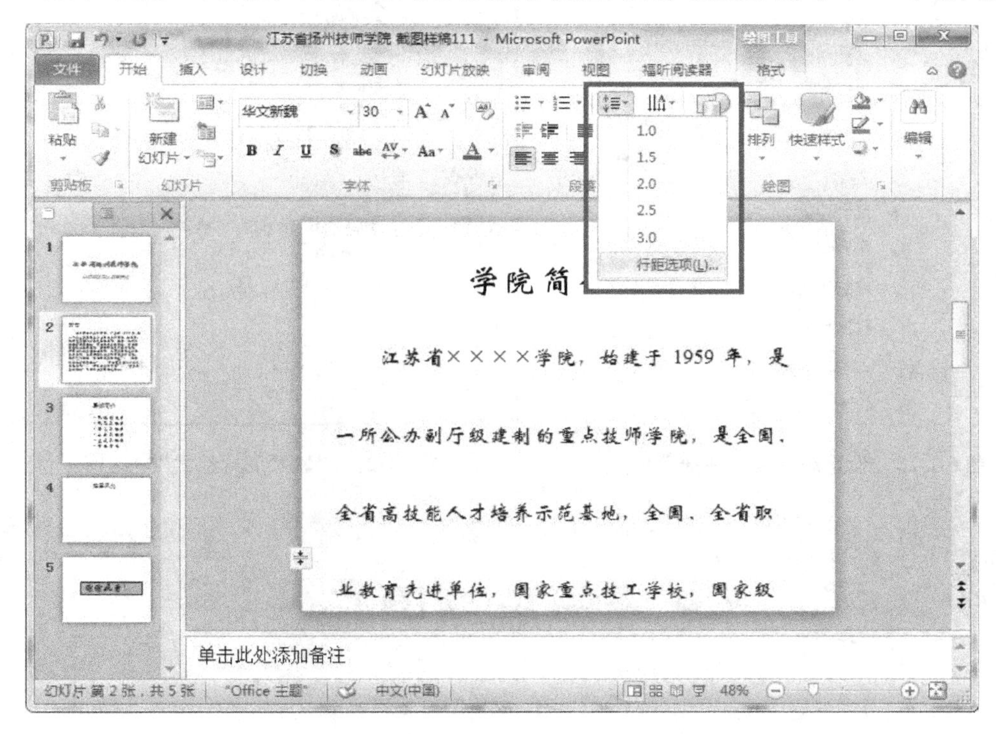

图 6-1-25　使用"行距"按钮下拉列表命令设置行距

④ 添加项目符号和编号

在演示文稿中,为了使某些内容更加醒目,经常会用到项目符号和编号。添加项目符号和编号的方法是:单击"开始"选项卡的"段落"组中的"项目符号"或"编号"右侧的下拉按钮，在弹出的列表框中选择系统预定义的符号（编号）样式，或单击列表框中的“项目符号和编号”命令，进入“项目符号和编号”对话框，自定义项目符号和编号样式。

5. **插入对象**

（1）插入图片

选择“插入”选项卡，在“图像”组中单击“图片”按钮，打开“插入图片”对话框，选择需要的图片文件，单击“插入”按钮，即可将选中的图片插入到 PowerPoint 演示文稿的当前幻灯片中。

对于插入的图片，为了使其与幻灯片背景和文字更协调，很多情况下，需要对插入的图片进行简单的编辑和处理，如设置样式和大小等。常用的设置方法有以下两种：

方法一　选中图片，单击鼠标右键，在弹出的快捷菜单中选择相应命令对图片格式进行设置，如图 6-1-26 所示。选择“设置图片格式”命令，可打开如图 6-1-27 所示的对话框，在其中对图片格式进行设置。

方法二　选中图片，切换到“图片工具/格式”选项卡，通过选择不同功能组中相应命令按钮进行图片格式设置，如图 6-1-28 所示。单击“图片样式”组右下角的对话框启动器按钮，也可打开如图 6-1-27所示的“设置图片格式”对话框。

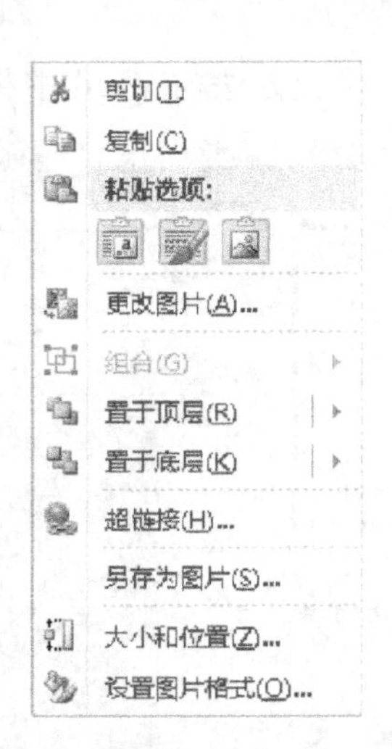

图 6-1-26　设置图片格式快捷菜单

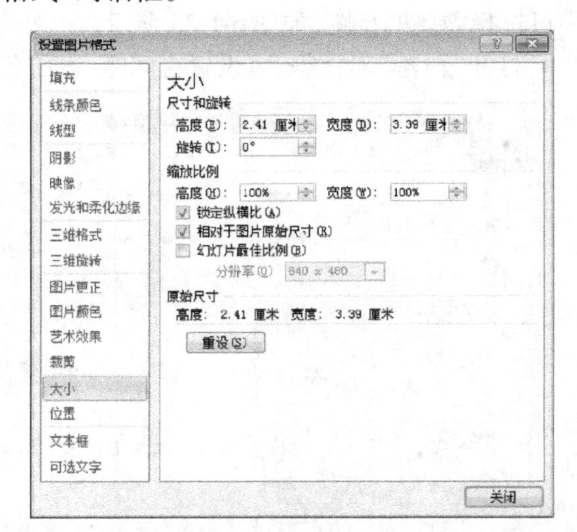

图 6-1-27　“设置图片格式”对话框

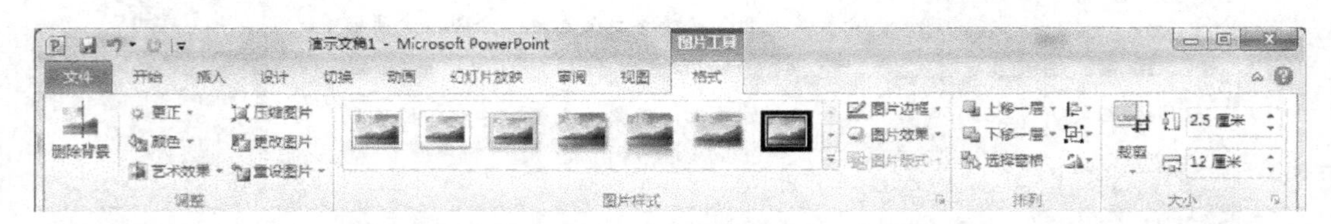

图 6-1-28　设置图片格式

（2）插入剪贴画

和 Word 类似，PowerPoint 系统内部也提供了多种类型（插图、照片、音频、视频）和题材的剪贴画，用户可以使用其中的搜索功能快速方便地找到所需要的剪贴画，以插入到幻灯片适当位置。插入剪贴画的方法是：选择“插入”选项卡，单击“图像”组中的“剪贴画”按钮，打开“剪贴画”任务窗格。在“搜索文字”编辑框中输入关键字，然后在“结果类型”下拉列表中选择搜索类型，单击“搜索”按钮，便可在下面的列表框中显示搜索结果，一旦选定，单击鼠标右键，在弹出的快捷菜单中选择“插入”命令，便可在幻灯片中插入剪贴画。

(3) 插入自选图形

前面已经讲过，在 PowerPoint 中，除了通过占位符和文本框对幻灯片进行文本输入外，自选图形也是常用的一种文本输入方法，而且很多时候将文字内容以一些图形的形式组合起来，并对其样式进行设置，可以有效地增强幻灯片的制作和演示效果。

插入自选图形的方法是：选择“插入”选项卡，单击“插图”组中的“形状”下拉按钮，在弹出的列表框中包含了多种类型的自选图形，诸如线条、箭头、流程图、标注、动作按钮等，特别是动作按钮，经常需要用在设置超链接的过程中。单击选中的图形，将鼠标指针移到幻灯片中，当鼠标指针变成“ + ”字形，按住鼠标左键拖动鼠标，变成需要的大小，松开鼠标左键，即可完成在幻灯片中自选图形的插入。

(4) 插入屏幕截图

PowerPoint 也自带了屏幕截图功能，选择“插入”选项卡，在“图像”组中单击“屏幕截图”按钮，在弹出的列表中，如果需要获得当前某一个应用界面，只需要在“可用视窗”选项中单击即可，这时候截取的是所选择视窗的全屏界面，而如果需要选择窗口的某一部分，需要选择“屏幕剪辑”选项，进入屏幕截屏状态（指针变成“ + ”字形），拖动鼠标，选中界面区域，便可将其选取的界面以一个图片的形式插入到 PowerPoint 中，如图 6-1-29 所示。

剪贴画、自选图形和屏幕截图都是图片，它们的格式设置方法相同，但图片本身的格式会影响具体的选项。例如，黑白单色位图文件无法调节色彩。

图 6-1-29　屏幕截图

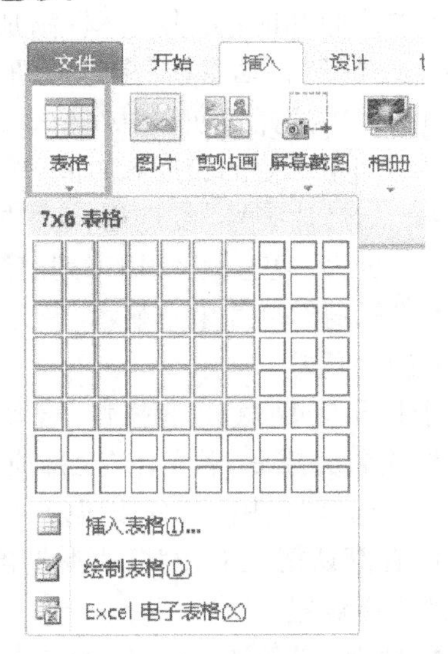

图 6-1-30　插入表格

(5) 插入表格

为了增强文稿内容的条理性和简明性，有时候需要在幻灯片中插入表格，并对表格进行编辑。插入表格的方法是：将光标定位在要插入表格的位置，选择“插入”选项卡，在“表格”组中单击“表格”按钮，弹出的下拉列表如图 6-1-30 所示。

● 在下拉列表框虚拟表格区域中，移动鼠标，可以快速插入需要的表格(8 行、10 列以内)。

● 选择“插入表格”命令，弹出“插入表格”对话框，在“列数”和“行数”输入框中输入表格行数和列数，便可在幻灯片中插入用户自定义行数和列数的表格。

● 选择“绘制表格”命令，幻灯片文稿中鼠标将会变成笔形指针，根据需要绘制包含不同高度和宽度的横线、竖线、斜线的表格等。

除了使用“表格”组中的“表格”按钮插入表格外，还可以使用占位符中的表格按钮插入表格。不管使用哪种方式，插入表格后，单击表格中的单元格，便可在其中输入文字和数据内容。如果需要对插入的表格进行编辑和处理，如设置表格样式、边框，对单元格合并、拆分、插入、删除，设置文本对齐方式等，可切换到“表格工具/设计”和“表格工具/布局”选项卡下，通过选择各功能组中相关按钮进行设置。

(6) 插入页眉和页脚

使用页眉和页脚功能，可以将幻灯片的编号、时间和日期、演示文稿标题(关键字或作者信息)等添加到每张幻灯片(或除标题幻灯片外)的底部。插入页眉和页脚的方法是：选中“插入”选项卡，在“文本”组中单击“页眉和页脚”按钮，打开“页眉和页脚”对话框(默认切换到“幻灯片”选项卡)，如图 6-1-31 所示，其中包括以下几个选项：

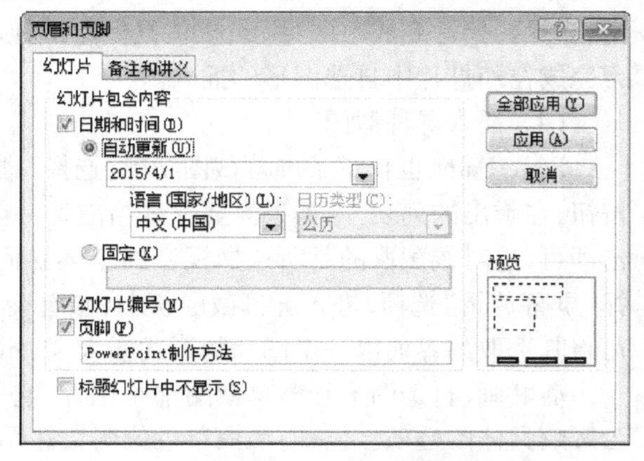

图 6-1-31 “页眉和页脚”对话框

● “日期和时间”复选框：添加日期和时间。选择“自动更新”单选按钮，在下面的组合框中选择日期和时间格式，添加的日期和时间将会随系统进行自动更新。若需要添加一个固定不变的日期和时间，选中“固定”单选按钮，在下面的文本框中输入即可。

● “幻灯片编号”复选框：选中“幻灯片编号”复选框，相当于给幻灯片添加页码。

● “页脚”复选框：常用来列出演示文稿的主题、标题等信息。

● “标题幻灯片中不显示”复选框：选中即意味着添加的页眉和页脚将不会出现在标题幻灯片(首页)中。

对于插入页眉和页脚操作，需要注意以下几个方面：

● 设置完成后，若单击“全部应用”命令按钮，设置将应用于所有幻灯片(或除标题幻灯片外)；若选择“应用”命令按钮，只会应用于当前幻灯片。

● 在默认情况下，幻灯片不包含页眉，如果需要，用户可以将添加过的位于页脚的占位符移到页眉位置。

● 切换到“备注和讲义”选项卡，可以实现在备注和讲义中添加页眉和页脚的操作。

6. 插入视频和音频

(1) 插入视频

操作步骤如下：

◆ 在幻灯片中还可以插入影片剪辑。单击“插入”选项卡，单击“媒体”组中的“视频”按钮，在展开的列表中选择“文件中的视频”命令，弹出“插入视频文件”对话框，选中需要播放的视频文件，单击“插入”按钮，此时视频即被插入到幻灯片中，如图 6-1-32 所示。

◆ 选中视频文件，单击“视频工具/格式”选项卡，单击“视频样式”组中的“视频样式”按钮，在展开的列表中选择一种样式，此时即可看到应用视频样式后的效果，如图 6-1-33 所示。

图 6-1-32　**插入视频**

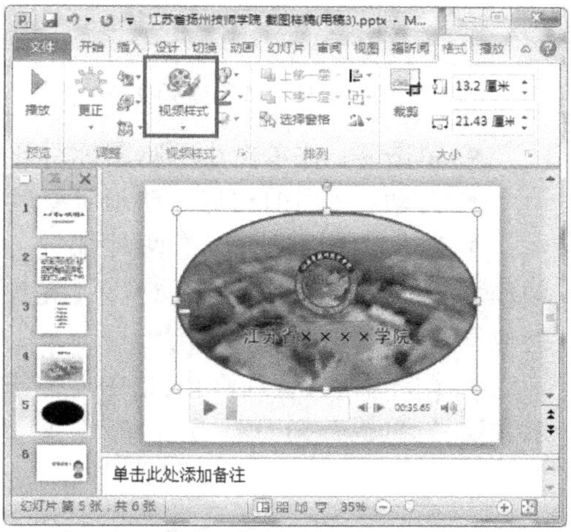

图 6-1-33　**设置视频格式**

（2）插入音频

插入音频的方法和插入视频类似，单击“插入”选项卡，在“媒体”组中单击“音频”按钮，然后在弹出的下拉列表中选择插入音频的方式。用户除了通过选择“文件中的音频”“剪贴画音频”命令插入音频外，还可以通过选择“录制音频”命令，根据需要插入自己录制的声音。音频被插入幻灯片后，会以小喇叭图标的形式出现，单击小喇叭，在“音频工具/播放”选项卡下可对声音进行控制，如图 6-1-34 所示。

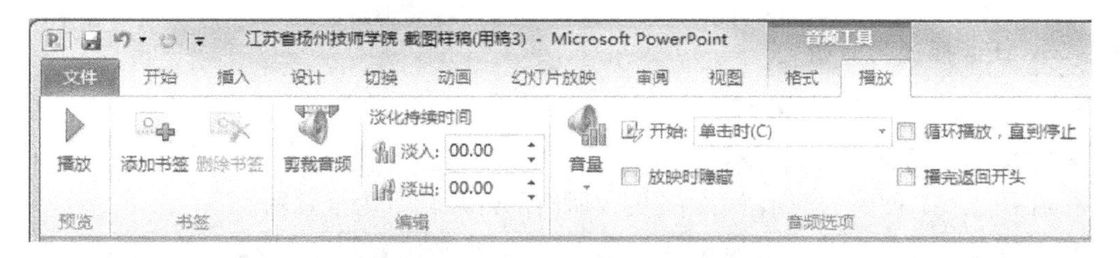

图 6-1-34　**音频文件的控制命令**

在“音频选项”组中勾选“放映时隐藏”复选框，幻灯片播放时将不会显示音频图标。

① 剪辑音频

单击“音频工具/播放”选项卡的“编辑”组中的“剪裁音频”按钮，打开如图 6-1-35 所示的“剪裁音频”对话框，在对话框中可对声音文件进行剪裁。

② 播放控制

在“音频工具/播放”选项卡的“音频选项”组中，可对音频文件的播放进行控制，如图 6-1-36所示。

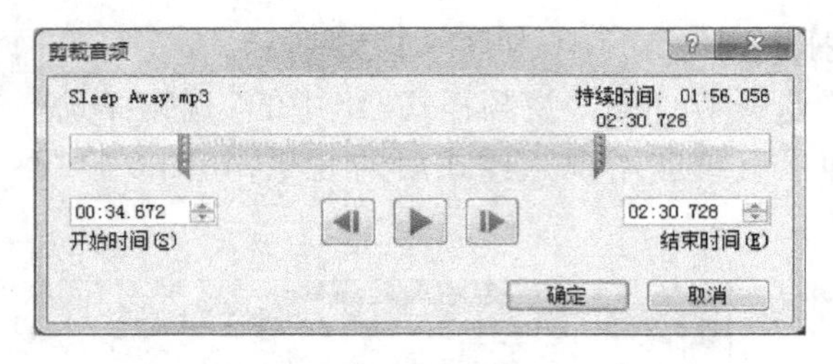

图 6-1-35 剪裁音频文件

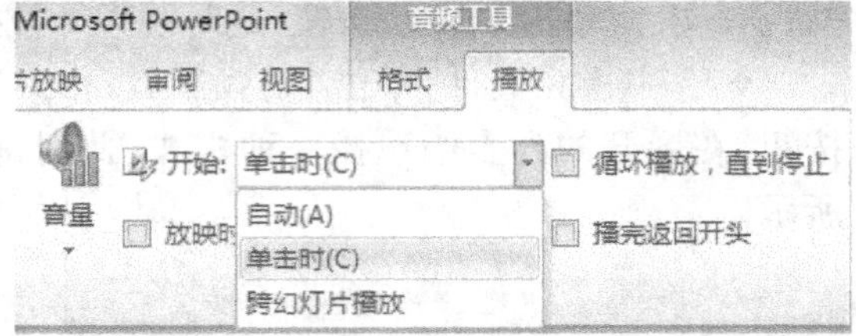

图 6-1-36 音频文件的播放控制

- 单击时：在单击小喇叭图标后开始播放。
- 自动：在当前幻灯片动画对象运行到音频文件时自动开始播放。
- 跨幻灯片播放：以上两种播放方式在当前幻灯片结束后结束播放音频，若要将音频作为整个演示文稿的背景音乐，完整地不受幻灯片播放的控制，此时选择“跨幻灯片播放”。
- 循环播放，直到停止：选中此复选框，音频文件循环播放，直到当前幻灯片结束或演示文稿结束（跨幻灯片播放时）时停止。

任务 6-2 美化“学校形象宣传文稿”

一、学习目标

- ◆ 熟练利用幻灯片母版更改幻灯片样式。
- ◆ 掌握设置幻灯片背景、配色方案的方法。
- ◆ 会选择不同的主题设计应用到指定的幻灯片。
- ◆ 能根据样本模板创建幻灯片。

二、任务描述与分析

要求如下：

- ◆ 搜集学校的全景图和徽标。
- ◆ 在任务 6-1 创建的演示文稿中，更改所有幻灯片背景为全景图。
- ◆ 设置学校徽标的高度和宽度均为 2.5 厘米，水平位置距左侧 22 厘米，垂直位置距上方 1 厘米。

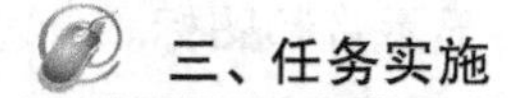

三、任务实施

操作步骤如下：

- ◆ 搜集学校的全景图和徽标并保存至计算机中。
- ◆ 新建空白演示文稿。
- ◆ 单击“视图”选项卡的“母版视图”组中的“幻灯片母版”按钮，进入幻灯片母版视图，如图 6-2-1 所示，在缩略图窗格中选择最大的母版幻灯片，如图 6-2-2 所示。

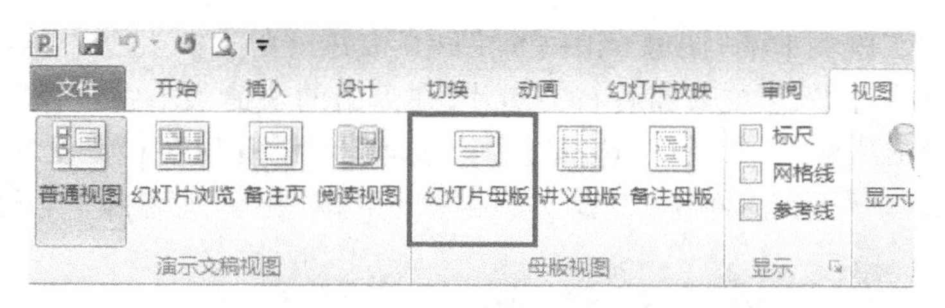

图 6-2-1　幻灯片母版命令

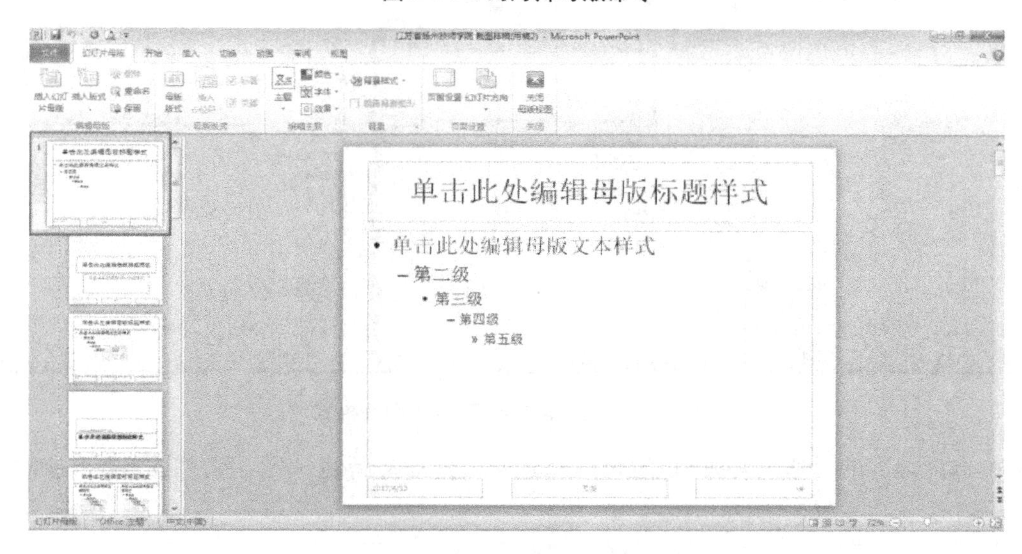

图 6-2-2　幻灯片母版视图

◆ 单击“幻灯片母版”选项卡的“背景”组中的“背景样式”下拉按钮，在下拉列表中选择“设置背景格式”命令(图 6-2-3)，打开“设置背景格式”对话框，选择“填充”选项卡，选中“图片或纹理填充”单选按钮，单选下方的“文件”按钮，如图 6-2-4 所示，插入学校的全景图后单击“关闭”按钮。

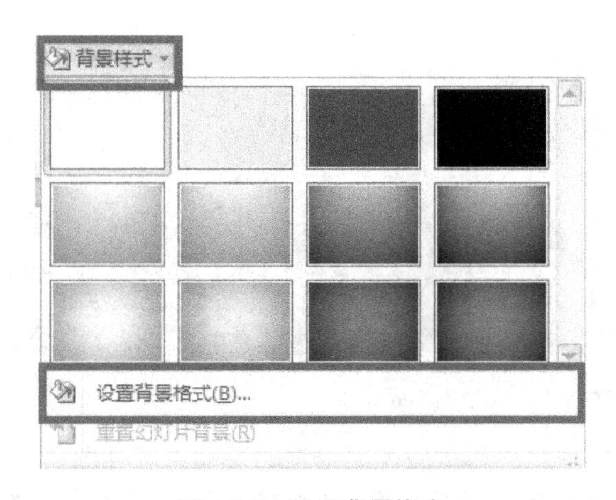

图 6-2-3　设置背景格式

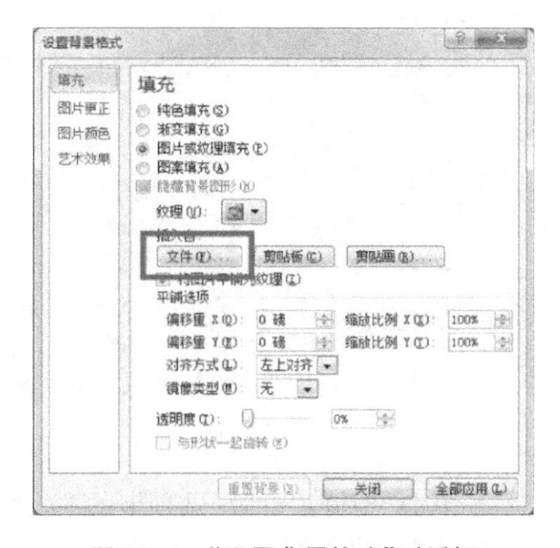

图 6-2-4　“设置背景格式”对话框

◆ 选择“插入”选项卡的“图像”组中的“图片”按钮，打开“插入图片”对话框，选择提供的素材“校徽. png”，插入学校徽标后右击图片，在弹出的快捷菜单中选择“设置图片格式”命令，打开“设置图片格式”对话框，选择“大小”选项卡，设置高度和宽度均为 2. 5 厘米，如图 6-2-5 所示，选择“位置”选项卡，设置水平自左上角 22 厘米，垂直自左上角 1 厘米。

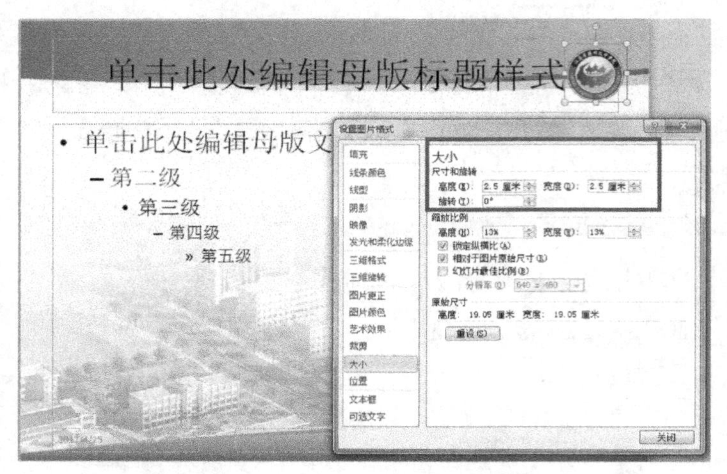

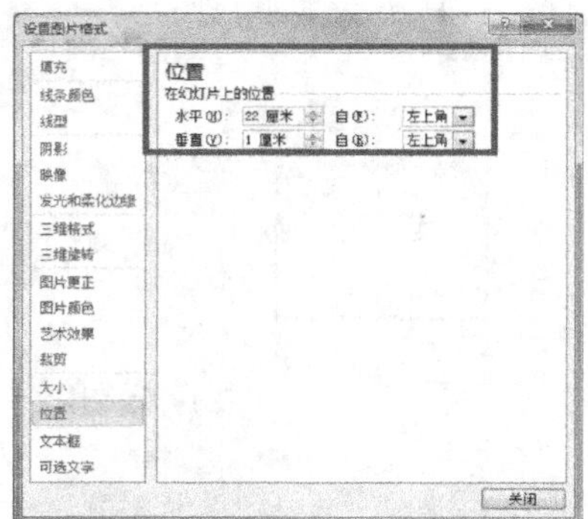

图 6-2-5 插入学校徽标、设置图片格式

◆ 选择最大的母版幻灯片，设置母版标题样式为华文新魏、48 号字，如图 6-2-6 所示。

图 6-2-6 设置“标题和内容”版式中的标题格式

◆ 单击“幻灯片母版”选项卡的“关闭”组中的“关闭母版视图”按钮，关闭母版视图。

◆ 单击“设计”选项卡的“主题”组右下角的“其他”按钮，弹出“所有主题”任务窗格，如图 6-2-7 所示，选择“保存当前主题”命令，以“学校”为名保存。

◆ 打开任务 6-1 创建的演示文稿“学校形象宣传文稿. pptx”，选择“设计”选项卡的“主题”组右下角的“其他”按钮，弹出“所有主题”任务窗格，选择“浏览主题”命令，选择刚才保存的主题文件“学校. thmx”，单击“应用”按钮，即可应用主题，如图 6-2-7 所示。

图 6-2-7　使用主题

◆ 保存演示文稿“学校形象宣传文稿. pptx”。

四、相关知识

1. 幻灯片母版的设置

幻灯片母版是幻灯片层次结构中的顶层幻灯片，每个演示文稿至少包含一个幻灯片母版，如图 6-2-8 所示。修改和使用幻灯片母版可以对演示文稿中的每张幻灯片进行统一的样式更改，包括背景、颜色、字体、效果、占位符大小和位置等。使用幻灯片母版时，由于无需在多张幻灯片上键入相同的信息，因此可节省大量的时间。

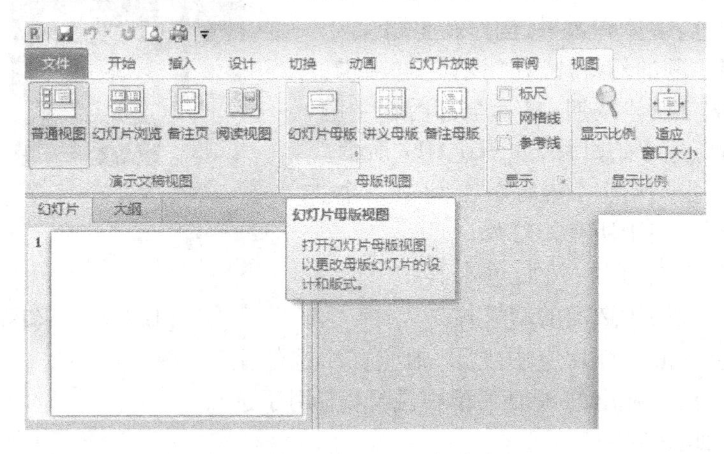

图 6-2-8　幻灯片母版命令

在幻灯片母版缩略图窗格中有很多的母版版式，其中第一个最大的幻灯片称为母版幻灯片。在母版幻灯片上修改对象格式或插入新的对象，则会影响幻灯片母版中其他所有版式。母版幻灯片中分布标题样式、文本样式、日期和时间、页脚和幻灯片编号五个区域，其中标题样式、文本样式中的文字只起提示作用,并不真正显示在幻灯片中,不必在意文字内容,只需单击设置其格式,如图 6-2-9 所示。

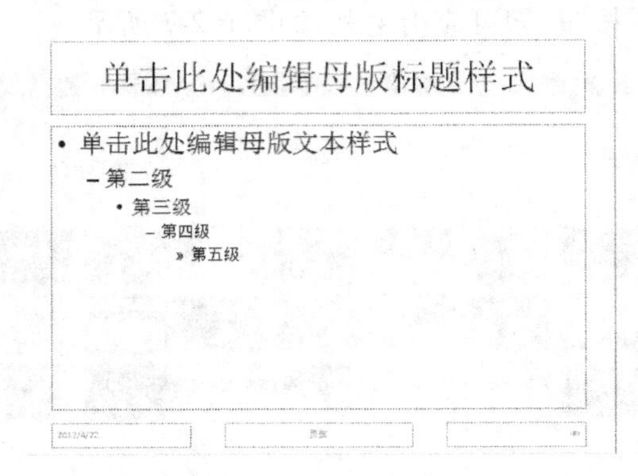

图 6-2-9 母版幻灯片

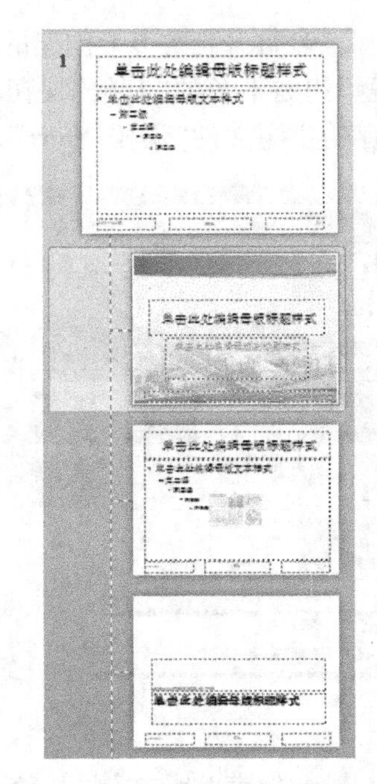

图 6-2-10 修改标题母版幻灯片

若更改幻灯片母版缩略图窗格中其他单独版式的设置,则此设置只能应用于相对应版式的幻灯片,如在标题母版幻灯片中设置相关样式,那么所有版式为标题幻灯片的都会自动应用该标题幻灯片母版样式,如图 6-2-10 所示。

2. 幻灯片主题的应用

(1) 应用内置主题

主题是包含颜色、字体、效果、背景和版本的组合。主题可以作为一套独立的选择方案应用于演示文稿中,以简化演示文稿的创建过程。PowerPoint 内置了多种风格各异的主题,用户不仅可以在演示文稿中使用一种或多种幻灯片主题,还可以自定义主题的颜色、字体和效果,创作新主题。

图 6-2-11 幻灯片主题

选择要应用主题的幻灯片,在“设计”选项卡的“主题”组中单击“其他”按钮,显示全部内置主题,单击所选主题后应用于幻灯片,如图 6-2-11 所示。

- 若选择一张幻灯片,然后单击其中一个主题效果,则该主题应用于所有幻灯片。
- 若选择多张幻灯片,然后单击其中一个主题效果,则该主题应用于选定的幻灯片。
- 若只想让一张幻灯片应用主题,则应在所选的主题上单击鼠标右键,在弹出的快捷菜单中选择“应用于选定幻灯片”命令,如图 6-2-12 所示。

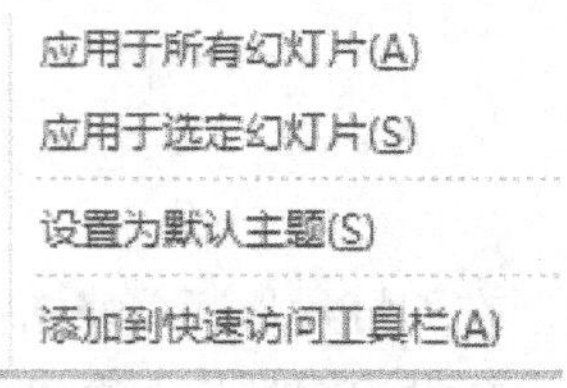

应用于所有幻灯片(A)
应用于选定幻灯片(S)
设置为默认主题(S)
添加到快速访问工具栏(A)

图 6-2-12 右击主题出现的菜单命令

(2) 自定义主题

PowerPoint 分别列出内置主题的颜色、字体和效果,可以独立于所选主题来应用。用户先选择包含自己喜欢元素的主题,再更改其颜色和字体,最后保存。

① 更改主题颜色

单击“设计”选项卡的“主题”组中的“颜色”按钮，在弹出的下拉列表中选择主题颜色，若没有适合的主题颜色，可选择“新建主题颜色”命令，在打开的“新建主题颜色”对话框中自定义所需颜色。

② 更改主题字体

单击“设计”选项卡的“主题”组中的“字体”按钮，在弹出的下拉列表中选择主题字体，若没有合适的主题字体，可选择“新建主题字体”命令，在打开的“新建主题字体”对话框中自定义字体。主题字体是一种基于 XML 的规范，它定义了两类字体，一类用于标题，另一类用于正文。

③ 更改主题效果

主题效果应用于 PowerPoint 可构建的几类绘制内容，包括 SmartArt 图形、图表和绘制的线条与形状。它们使用三维效果设置对象表面，使之具有各种纹理效果。选择要设置主题效果的图表或图形幻灯片，单击“设计”选项卡的“主题”组中的“效果”按钮，在弹出的下拉列表中选择某一种主题效果。

④ 保存主题

主题颜色、字体和效果设置好之后，在“设计”选项卡的“主题”组中单击“其他”按钮显示全部菜单，选择“保存当前主题”命令，弹出“保存当前主题”对话框，在其中设置名称和位置后保存。

3. 设置幻灯片背景

背景样式是预设的背景格式，随 PowerPoint 中的内置主题一起提供。根据应用的主题不同，可用的背景样式也不同。

除 PowerPoint 提供的十二种背景样式外，还可单击“设计”选项卡的“背景”组中的“背景样式”下拉按钮，在下拉列表中选择“设置背景格式”命令，在打开的“设置背景格式”对话框中设置背景的填充、图片更正、图片颜色及艺术效果等，如图 6-2-13 所示。

图 6-2-13 “设置背景格式”对话框

4. 根据样本模板创建新演示文稿

幻灯片模板是一种包含演示文稿样式的特殊演示文稿文件，文件类型名为“.potx”。幻灯片模板中已经预定义了：

- 项目符号和字体的类型和大小。
- 占位符的大小和位置。
- 背景设计和填充、配色方案。
- 幻灯片母版和可选的标题母版。

PowerPoint 提供了许多由专业人员设计好的模板，它们拥有设计完整、专业的外观，可以通过这些模板创建风格统一的演示文稿。

启动 PowerPoint，选择“文件”→“新建”命令，打开“可用的模板和主题”任务窗格，在“样本模板”任务窗格中选择需要应用的模板，如图 6-2-14 所示。

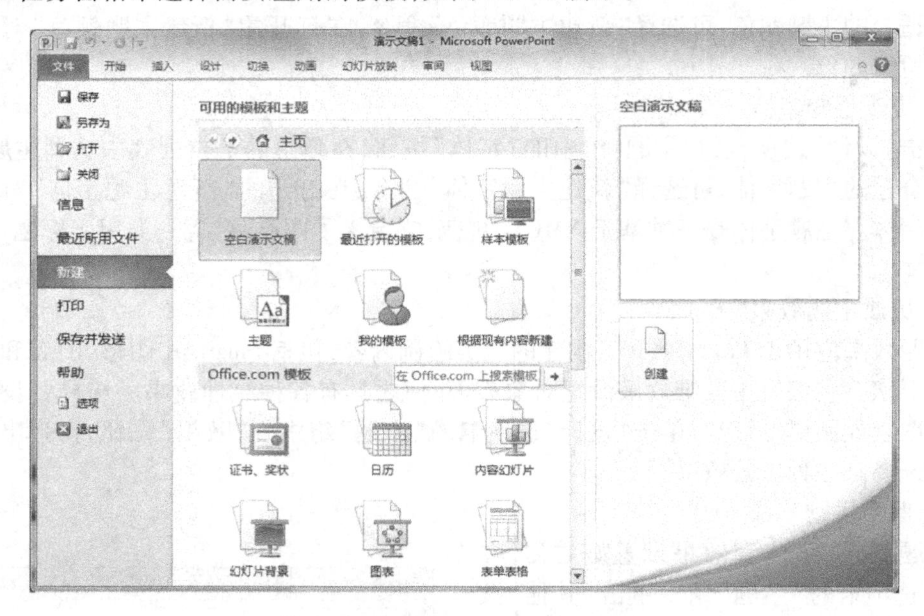

图 6-2-14 “可用的模板和主题”任务窗格

“可用的模板和主题”任务窗格下方的“Office. com 的模板”板块包括了“业务”“业务计划”“个人”等多组模板，打开分组选择相应模板后下载，在创建该模板的空白演示文稿同时，模板自动保存到“我的模板”中。

注： Microsoft 公司会适时更新模板内容，下载 office. com 的模板前请确保计算机接入 Internet。

另外，在网络上的很多资源共享平台也提供模板下载，利用这种方式下载的模板有两种，一种是扩展名为“. potx”的幻灯片模板文件，另一种其实是具有一定设计风格的演示文稿（扩展名为“. pptx”，严格意义上不能算作模板），可以通过修改旧文档的方式套用演示文稿的一些设计，以达到事半功倍的效果。

任务 6-3 放映“学校形象宣传文稿”

一、学习目标

- 掌握使用切换效果添加转场动画的方法。
- 掌握为幻灯片中对象添加动画效果的方法。
- 会利用多种方式放映幻灯片。

二、任务描述与分析

在一活动现场，为了宣传学校，须投影播放学校简况。请为任务 6-2 制作的演示文稿添

加动画效果和幻灯片切换方式，要求如下：

◆ 所有幻灯片均采用垂直随机线条的切换效果。

◆ 为第 1 张幻灯片文字“江苏省 ×××× 学院”“梦想在这里启航”添加温和型基本缩放的进入效果，并为“梦想在这里启航”添加波浪形的强调动画效果，均从上一项之后开始播放动画。

◆ 利用排练计时恰到好处地放映幻灯片，并设置其为“循环放映，按 ESC 键终止”结束放映。

三、任务实施

具体任务实施的步骤如下：

◆ 打开任务 6-2 创建的“学校形象宣传文稿. pptx”。

◆ 在“切换”选项卡的“切换到此幻灯片”组中单击“其他”按钮展开所有效果，选择“细微型”下的“随机线条”效果，如图 6-3-1 所示，单击切换效果列表框右侧“效果选项”按钮，选择“垂直”，在“计时”组中单击“全部应用”按钮，如图 6-3-2 所示。

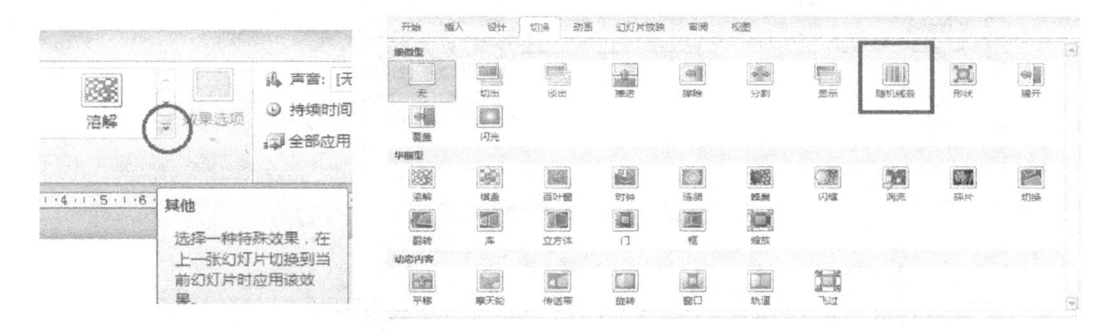

图 6-3-1　切换效果列表

◆ 按下【Ctrl】键的同时选中第 1 张幻灯片中的文字“江苏省 ×××× 学院”“梦想在这里启航”，单击“动画”选项卡的“动画”组中的“其他”按钮，在下拉列表中选择“更多进入效果”命令，如图 6-3-3 所示，打开“更多进入效果”对话框，选中“温和型”→“基本缩放”效果后单击“确定”按钮。

图 6-3-2　应用切换效果

◆ 选中文字 “梦想在这里启航”，在“高级动画”组中单击“添加动画”按钮，在下拉列表中选择“强调”→“波浪形”黄色图标，如图 6-3-4 所示。

◆ 在“高级动画” 组中单击“动画窗格”按钮，打开“动画窗格”任务窗格，如图 6-3-5 所示，单击“从上一项之后开始”。

◆ 在“幻灯片放映”选项卡的“设置”组中单击“排练计时”，控制好节奏，单击鼠标左键录制放映时间，如图 6-3-6 所示，在弹出的对话框中单击“是”按钮，保留新的幻灯片放映时间，如图 6-3-7 所示。

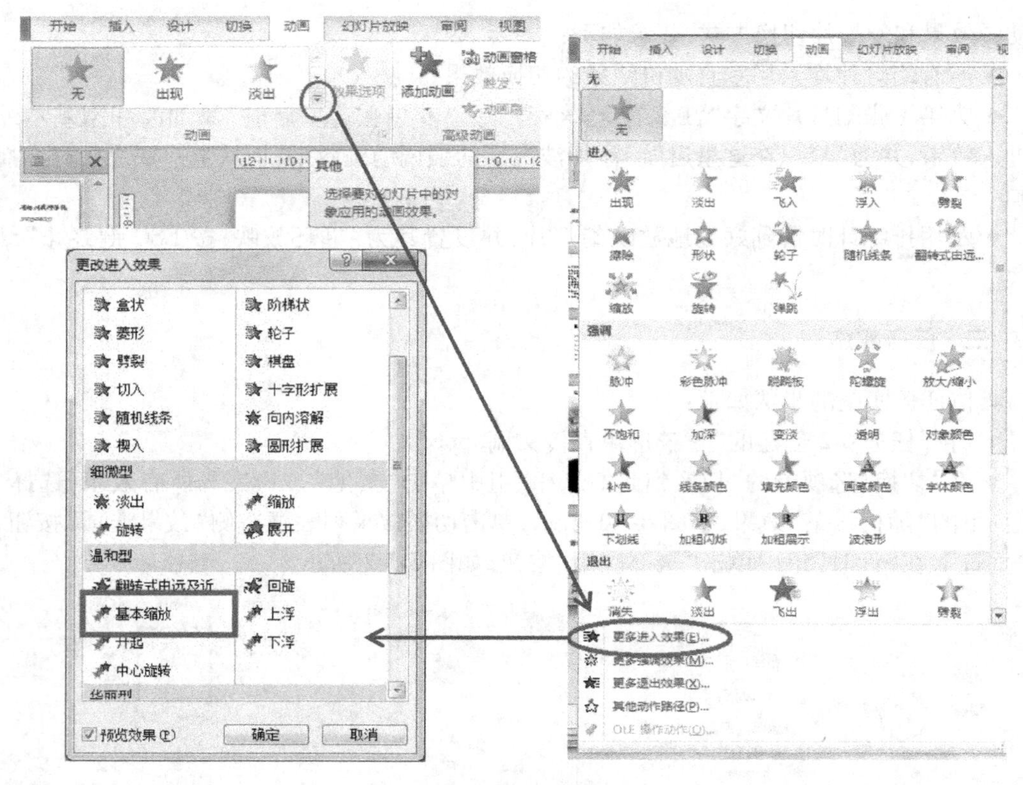

图 6-3-3　选择动画效果

图 6-3-4　添加动画

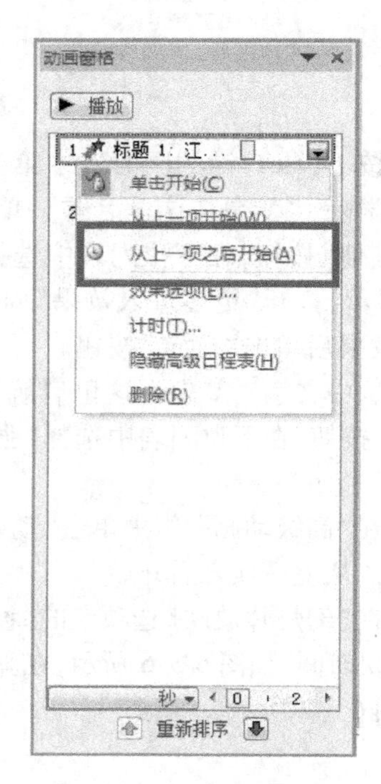

图 6-3-5　动画窗格

图 6-3-6　录制放映时间

图 6-3-7　保留幻灯片放映时间

◆ 在“幻灯片放映”选项卡的“设置”组中单击“设置幻灯片放映”按钮,在“放映类型”中选择“在展台浏览(全屏幕)”,如图 6-3-8 所示,单击“确定”按钮退出。

◆ 在“幻灯片放映”选项卡的“开始放映幻灯片”组中选择“从头开始”按钮,或按【F5】功能键观看放映,按【Esc】键结束放映,保存演示文件。

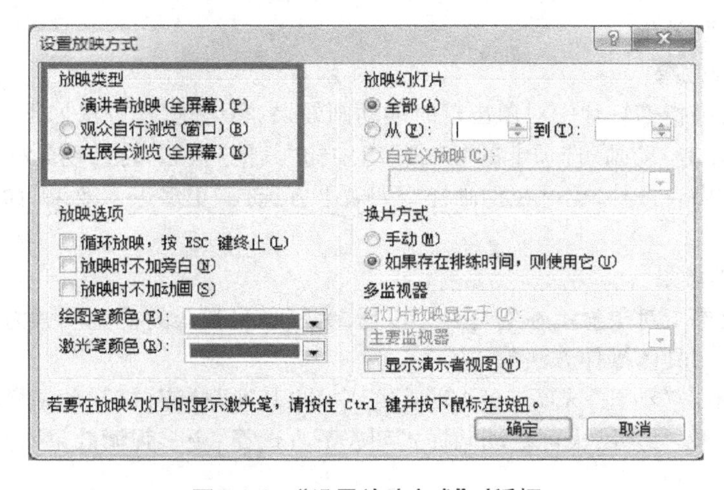

图 6-3-8　“设置放映方式”对话框

四、相关知识

1. 使用切换效果添加转场动画

在放映演示文稿的过程中,每张幻灯片进入的过程称为切换。为了使幻灯片更具趣味性,在幻灯片切换时可以使用不同的效果。

(1) 添加切换效果

选中需要创建切换效果的幻灯片,在“切换”选项卡的“切换到此幻灯片”组中单击“其他”按钮,选择适合的切换效果后单击,幻灯片将自动播放效果。若所有幻灯片使用同一种效果,单击“切换”选项卡的“计时”组中的“全部应用”按钮即可。

(2) 设置切换效果

- 效果选项:选中已设置切换效果的幻灯片,在切换效果列表框右侧单击“效果选项”按钮,在下拉列表中设置该切换效果的属性。不同的切换效果,效果选项属性也不相同。
- 切换声音:单击“切换”选项卡的“计时”组中的“声音”右侧的下拉按钮,选择切换声音,若想在幻灯片演示过程中始终有声音,可选择“播放下一段声音之前一直循环”命令。
- 换片方式:若手动换片,选中“单击鼠标时”复选框;自动换片需设置自动换片时间,时间单位分别为分、秒、百分秒，如图 6-3-9 所示。

图 6-3-9 设置换片方式

2. 为对象添加动画效果

在演示文稿中可以分别为文本、图片、形状、表格、SmartArt 图形和其他对象添加动画，赋予对象进入、退出、大小或颜色变化、移动等视觉效果。

(1) 添加动画效果

① 进入动画效果

进入动画效果指幻灯片中对象出现时的动画效果。具体操作方法如下：

选中对象，单击“动画”选项卡的“动画”组中的“其他”按钮，打开动画样式列表，选择绿色图标的动画效果。另外，也可在动画样式列表下方选择“更多进入效果”命令，在弹出的对话框中选择。

② 强调动画效果

强调动画效果指对象显示在幻灯片中以后，为了吸引观众的视觉注意力，再次添加对象的强调动画效果。具体操作方法如下：

选中对象，单击“动画”选项卡的“动画”组中的“其他”按钮，打开动画样式列表，选择黄色图标的动画效果。另外，也可在动画样式列表下方选择“更多强调效果”命令，在弹出的对话框中选择。

③ 退出动画效果

退出动画效果指幻灯片中的对象完成作用之后，可对其设置退出动画效果。具体操作方法如下：

选中对象，单击“动画”选项卡的“动画”组中的“其他”按钮，打开动画样式列表，选择红色图标的动画效果。另外，也可在动画样式列表下方选择“更多退出效果”命令，在弹出的对话框中选择。

④ 设置动作路径

在对幻灯片中对象设置进入、强调、退出效果后，还可设计一条轨迹，使对象按预设的路径运动。具体操作方法如下：

选中对象，单击“动画”选项卡的“动画”组中的“其他”按钮，打开动画样式列表，选择动作路径。另外，也可在动画样式列表下方选择“其他动作路径”命令，在弹出的对话框中选择。若选择闭合动作路径，起点和终点标记重合，均为绿色三角形。若选择非闭合动作路径，则标识路径起点的是绿色三角形，标识路径终点的是红色三角形。

动作路径除了套用系统预设的效果外，用户还可以自己规划动作路径。

(2) 设置动画效果

进入效果、强调效果、退出效果与动作路径既可以单独使用，又可多种效果组合在一起。

但必须注意，当对同一个已设置动画效果的对象再次添加动画效果时，一定要在“动画”选项卡的“高级动画”组中单击“添加动画”按钮，在弹出的下拉列表中选择设置。按设置先后顺序显示已设动画，可单击动画名称后的下拉按钮打开列表项，如图 6-3-10 所示。

单张幻灯片中动画的开始方式可以在“计时”组中的“开始”选项中设置，如图 6-3-11 所示。

- 单击时：放映时，只有单击鼠标时动画才开始播放。
- 与上一动画同时：放映时，此对象的动画与前一对象的动画同步开始播放。
- 上一动画之后：放映时，此对象的动画在前一对象的动画之后自动播放。

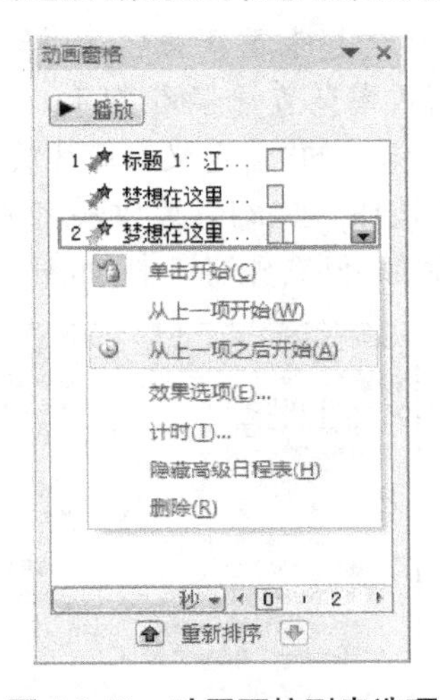

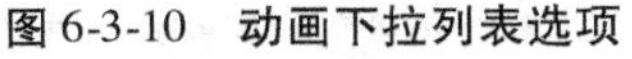
图 6-3-10 动画下拉列表选项

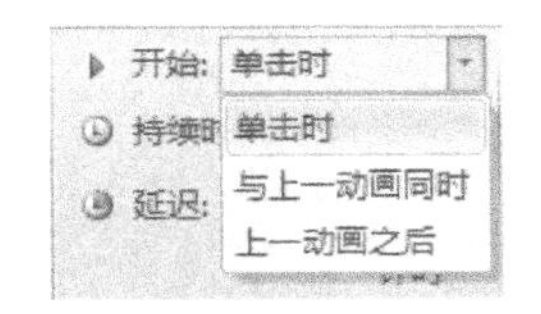

图 6-3-11 动画的开始方式

(3) 使用动画刷快速复制动画效果

与 Word 中的“格式刷”功能类似，PowerPoint 中也新增了“动画刷”工具，它可以快速地复制动画效果，从而方便地对同一对象设置相同的动画效果。

选择已经设置了动画效果的某个对象，在“动画”选项卡的“高级动画”组中单击“动画刷”按钮，移动鼠标至目标对象上再次单击，则两个对象动画效果完全相同，如图 6-3-12 所示。

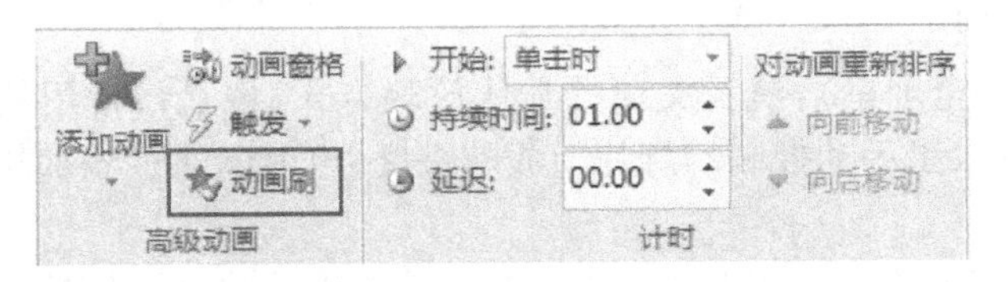

图 6-3-12 动画刷

若要将动画效果复制到多个对象，只需在选择设置了动画效果的对象后双击“动画刷”按钮，再分别单击目标对象完成复制。

3. 设置幻灯片的放映方式

演示文稿编辑完成后，最后的环节就是放映演示文稿了。

(1) 设置排练计时

制作自动放映的演示文稿时，相对较难掌握的是幻灯片切换时间，利用排练计时功能可恰到好处地切换幻灯片。

选中第 1 张幻灯片，在“幻灯片放映”选项卡的“设置”组中单击“排练计时”按钮，演示文稿进入全屏放映状态，同时屏幕上打开“录制”工具栏开始计时，在“幻灯片放映时间”框中显示了当前幻灯片的放映时间。每一张幻灯片的排练计时都是从“0”开始的。如果对幻灯片排练计时不满意，可以单击“重复”按钮重新计时，直到排练时间适合，单击“下一项”按钮，开始下一张幻灯片的排练计时。工具栏的最右侧显示了已放映幻灯片排练计时的累计时间。全部完成后，系统会弹出对话框，显示幻灯片放映总共需要的时间，保留后 PowerPoint 将以“幻灯片浏览”视图显示各张幻灯片的放映时间。

（2）自定义幻灯片放映

自定义放映是指将演示文稿中不同的幻灯片组合起来重新命名，这样在演示过程中就可以根据需要为特定的观众播放部分内容，既提高效率又节省存储空间。

单击“幻灯片放映”选项卡的“开始放映幻灯片”组中的“自定义幻灯片放映”按钮，再单击“自定义放映”命令，在打开的对话框中单击“新建”按钮，在“幻灯片放映名称”中输入自定义放映名称，然后在左侧窗口中选择需要的幻灯片“添加”到右侧窗口中，如图 6-3-13 所示。

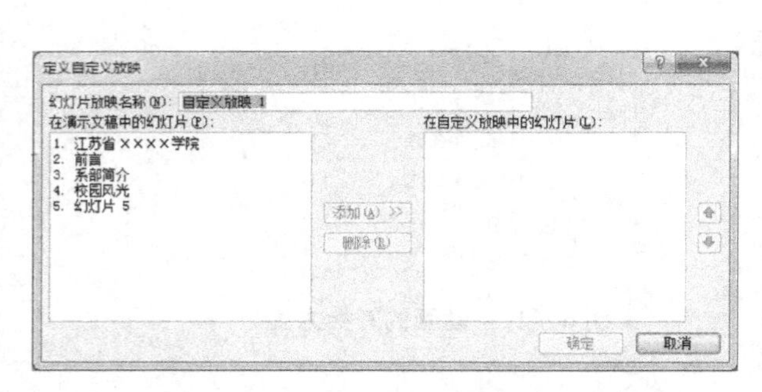

图 6-3-13 “定义自定义放映”对话框

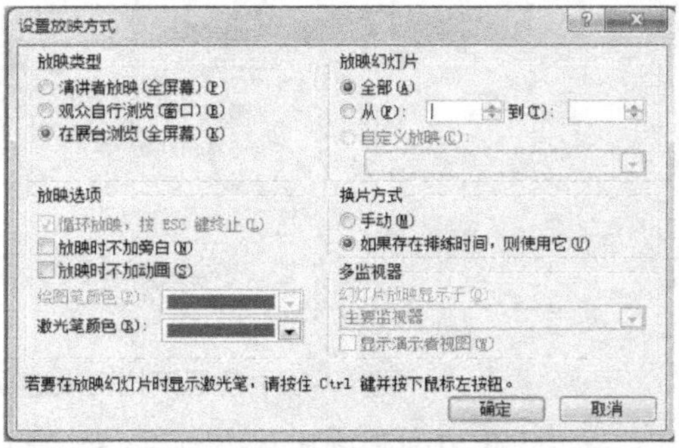

图 6-3-14 “设置放映方式”对话框

（3）设置幻灯片的放映方式

单击“幻灯片放映”选项卡的“设置”组中的“设置幻灯片放映”按钮，将弹出如图 6-3-14 的“设置放映方式”的对话框。

① 设置放映类型

• 演讲者放映（全屏幕）：演示文稿的默认放映方式，也是最常用的放映方式。在这种方式下，演讲者可以人工手动控制幻灯片的放映进度，也可以通过添加排练计时的方法让幻灯片自动放映。

• 观众自行浏览（窗口）：如果演示文稿在小范围内放映，同时又允许观众操作，可以使用这种放映方式。在这种方式下，演示文稿出现在小型窗口内，观众利用菜单可进行翻页、打印和浏览等操作。放映过程中不能使用单击进行放映，只能通过滚动条的方式完成幻灯片切换。

• 在展台浏览（全屏幕）：这种方式适用于展台或会场中无人工干预的演示文稿放映。在这种方式下，演示文稿通常会设定为自动放映，每次播放结束后会自动重新放映。

② 设置放映选项

根据实际需要选择“循环放映，按 ESC 键终止”“放映时不加旁白”“放映时不加动画”等复选框，同时也可设置绘图笔颜色和激光笔颜色。

③ 设置放映范围

根据实际需要全部放映或放映连续的一部分，以及根据自定义内容放映。

④ 设置换片方式

根据实际需要手动换片或按排练计时自动换片。

任务6-4 PowerPoint 2010 的高级应用

一、学习目标

- 掌握超链接跳转技术。
- 会利用动作设置功能对文件进行操作。
- 掌握基于主题的界面设计方法和流程。
- 了解文稿的搜索、上传及加密安全等知识。

二、任务描述与分析

通过前面知识的学习，我们掌握了PPT制作的基本技巧，具有一定的PPT制作经验，能够使用模板、编辑图片和文字、绘制图表、制作简单PPT动画，但在设计、策划、动画方面面临瓶颈，与专业水准差距较大。要想成为专业水准的PPT设计师，我们还需要进一步提升PPT理念、图表设计技能等，在设计、策划上多做深入的学习。具体要求如下：

- 文末创建一个结束放映按钮，单击按钮可结束放映演示文稿。
- 制作导航条，并且设置超链接。
- 对文稿中的文字、图片、动画、放映方式再做修改。
- 对文档进行转格式操作，将其转存为视频格式，并设置打开权限密码为“abc123”。

三、任务实施

1. 在文末创建一个结束放映按钮

将光标定位到最后一张幻灯片，单击“插入”选项卡的“插图”组中的“形状”下拉按钮，在下拉列表中选择“动作按钮”→“动作按钮:结束”命令，这时鼠标光标变为十字形状，按住鼠标左键，在需要的地方拖动鼠标来绘出一个适当大小的动作按钮，弹出“动作设置”对话框，单击“单击鼠标”选项卡，在“单击鼠标时的动作”下选中“超链接到”，单击右侧下拉按钮，在下拉列表中选择“结束放映”，设置完后单击“确定”按钮，如图6-4-1所示。

2. 制作导航条

操作步骤如下：

- 将光标定位在第1张幻灯片上，参照图6-4-2，制作如图所示的文本框效果。

单击“插入”选项卡的“插图”组中的“形状”下拉按钮，在下拉列表中选择“矩形”→“剪去对角的矩形”命令，此时鼠标光标变为十字形状，按住鼠标左键，拖动鼠标绘制一个适当大小的矩形，在其中输入“学院简介”。类似地，再插入另外两个“剪去对角的矩形”，输入文字“系部简介”和“校园风光”，选择一款适合本文稿的形状样式，合理调整其大小和内部文字的字体格式，可使用“绘图工具/格式”选项卡的“排列”工具组中的“对齐”命令及参考线，将所绘形状排列整齐、美观。

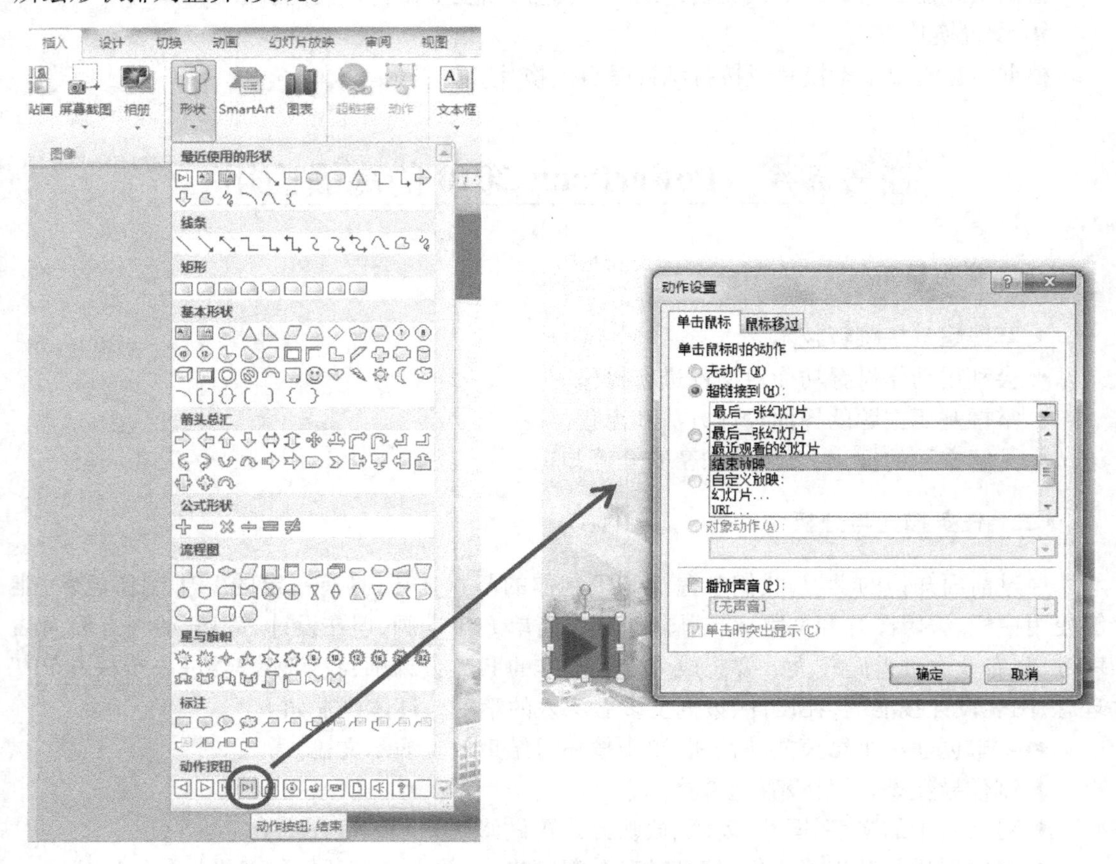

图 6-4-1 创建结束放映按钮

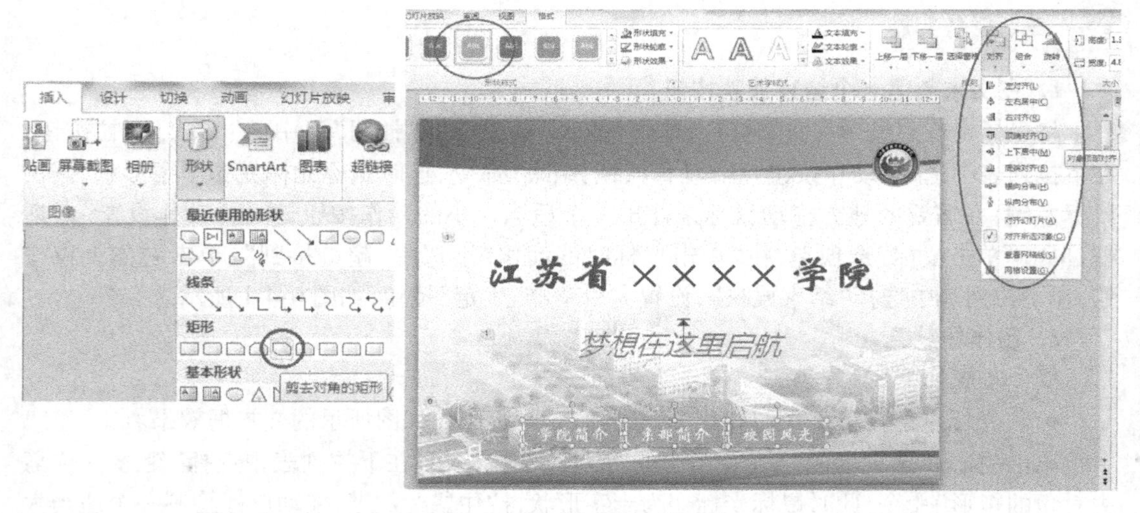

图 6-4-2 导航条效果图

◆ 选中第一个形状“学院简介”，单击“插入”选项卡的“链接”组中的“超链接”按钮，或在“学院简介”上单击右键，在快捷菜单中选择“超链接”命令（图 6-4-3），可打开“插入超链接”对话框。

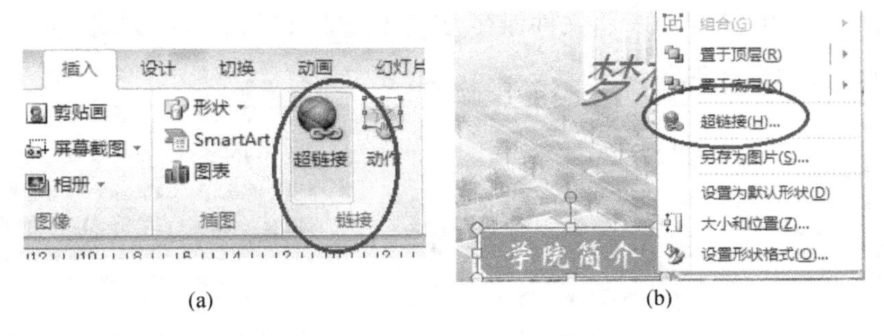

(a) (b)

图 6-4-3 插入超链接的两种方法

◆ 在“插入超链接”对话框中，先在左侧列表中选择“本文档中的位置”，然后在中间“请选择文档中的位置”处选择对应的“2. 学院简介”幻灯片，最右侧显示预览效果，如图 6-4-4 所示，单击“确定”按钮完成操作。

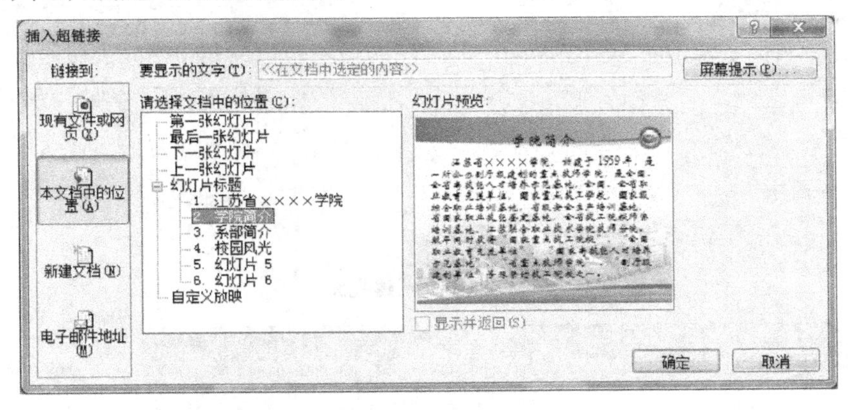

图 6-4-4 “插入超链接”对话框

◆ 使用同样的方法，分别将“系部简介”“校园风光”链接到相应的幻灯片。

3. 美化幻灯片

对文稿中的文字、图片、动画、放映方式再做进一步的美化。可参考图 6-4-5 所示效果。

图 6-4-5 进一步修改文稿

4. 将文件保存为视频格式

选择"文件"→" 保存并发送"→"创建视频"命令,单击"创建视频"按钮,如图 6-4-6 所示,在弹出的"另存为"对话框中将文件保存为"学校宣传 PPT. wmv",如图 6-4-7 所示。

图 6-4-6 创建视频

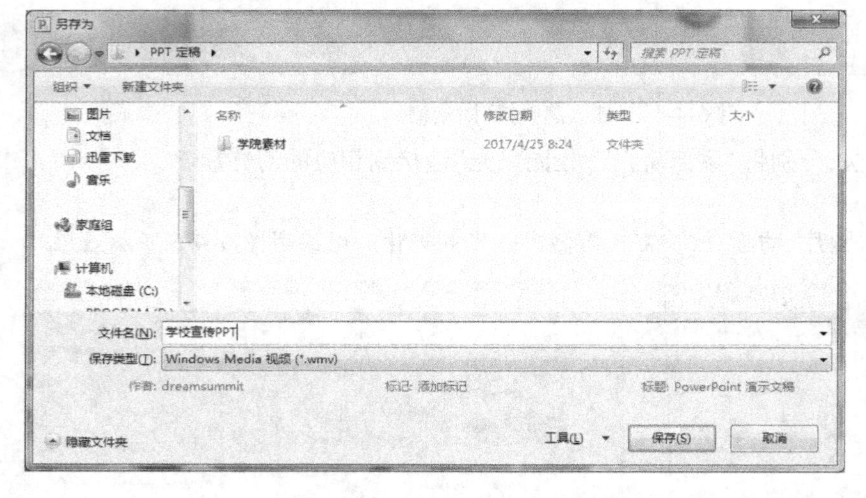

图 6-4-7 保存视频文件

5. 为文件加密

在 PowerPoint 中的"另存为"对话框中选择"工具"下拉按钮中的"常规选项"命令,弹出"常规选项"对话框,设置打开权限密码,如图 6-4-8 所示。

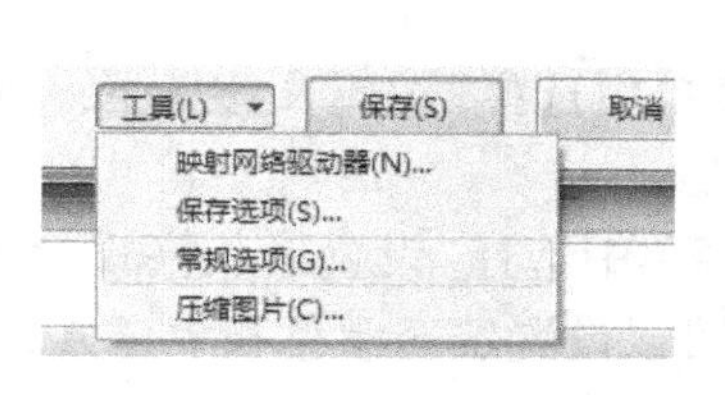

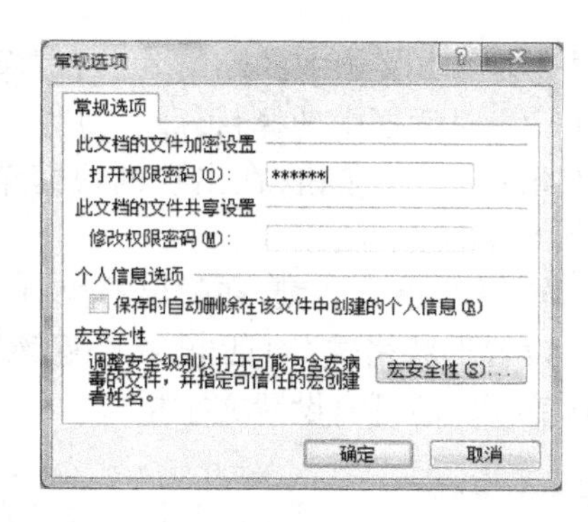

图 6-4-8　设置打开权限密码

四、相关知识

1. 制作交互的演示文稿

(1) 创建动作按钮

操作步骤如下：

◆ 单击“插入”选项卡的“插图”组中的“形状”下拉按钮，在下拉列表中选择“动作按钮”下所需添加的按钮类型，如图 6-4-9 所示。

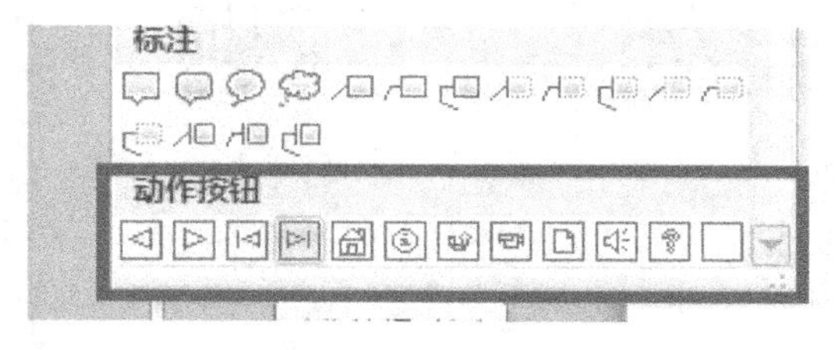

图 6-4-9　创建动作按钮

◆ 将鼠标指针移动到幻灯片要插入动作按钮的位置，按下鼠标左键并拖动出合适的大小后释放鼠标左键，即完成动作按钮的插入。

◆ 在插入按钮后，“动作设置”对话框会自动打开。在对话框中选择产生动作的条件，如“单击鼠标”或“鼠标移动”，然后设置需要产生的动作，如图 6-4-10 所示。

◆ 选中“超链接到”单选按钮，可以设定从当前幻灯片链接到本演示文稿中的幻灯片，也可以链接到其他演示文稿、其他文件或者某个 URL 地址等，如图 6-4-11 所示。

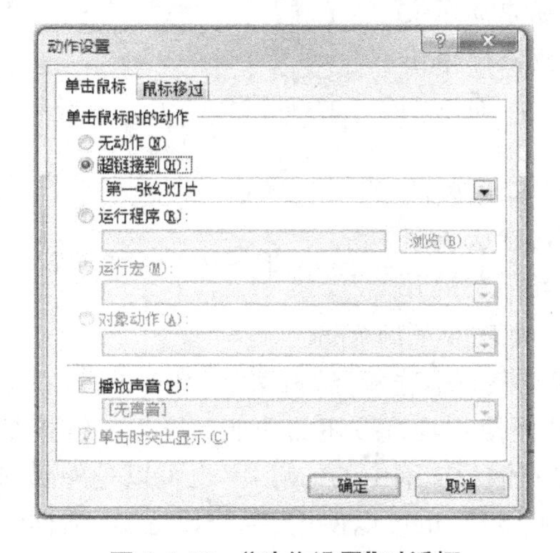

图 6-4-10　“动作设置”对话框

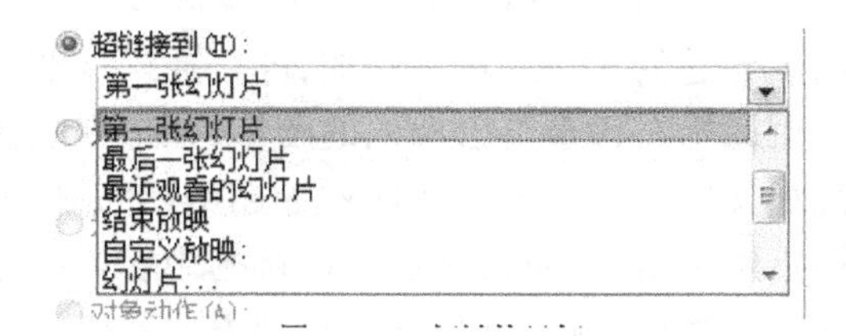

图 6-4-11　超链接目标

◆ 如果要链接到本文档中的幻灯片，可以单击下拉列表中的“幻灯片”选项，在打开的“超链接到幻灯片”对话框中选择目标幻灯片。

◆ 右击已插入的动作按钮，在出现的快捷菜单中选择“编辑文字”命令，可以在按钮上添加文本，如图 6-4-12 所示。

◆ 对于动作按钮，单击右键，在弹出的快捷菜单中选择“设置形状格式”命令，弹出如图 6-4-13所示的“设置形状格式”对话框，按照题意可以设置填充颜色和填充方式，也可以添加阴影效果和 3D 效果，还可以设置文字格式。

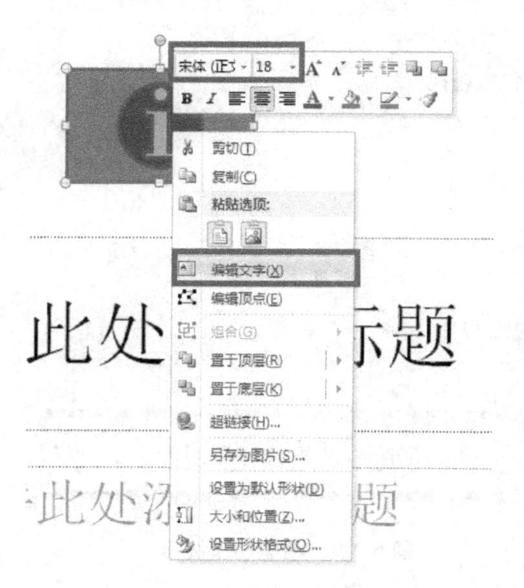

图 6-4-12　给动作按钮添加文字

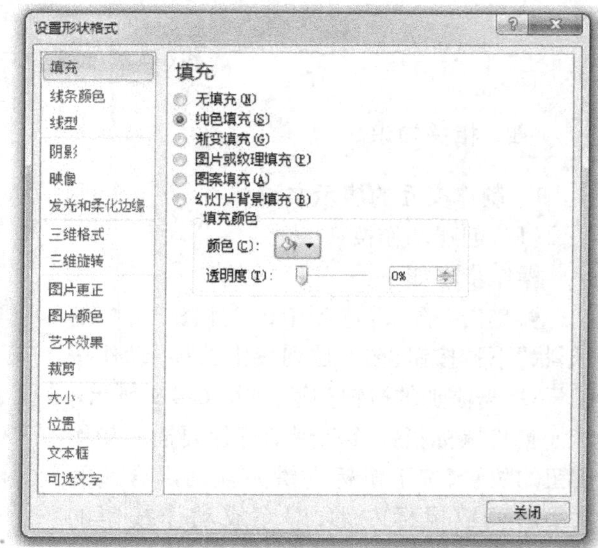

图 6-4-13　“设置形状格式”对话框

（2）设置超链接

超链接是一种内容跳转技术，使用超链接可以实现从演示文稿中的任意一点内容跳转到另一个内容上。可以利用超链接实现对演示文稿内容的重新组织。按钮是演示文稿制作中最常见的交互方式，它是一个可以响应鼠标单击的指定对象。在 PowerPoint 中可以使用自绘图形、插入的图片或者文件框等对象制作按钮。

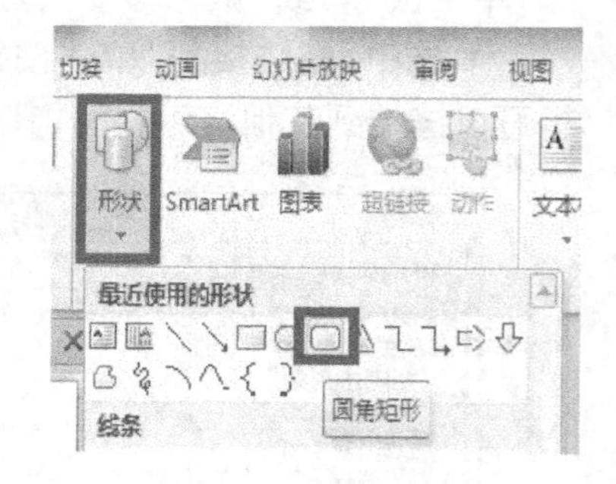

图 6-4-14　绘制图形

单击“插入”选项卡的“插图”组中的“形状”下拉按钮，在出现的“形状”选项中选择所需要的图形类型；然后将鼠标指针移动到幻灯片要插入图形的位置，按下鼠标左键并拖动出合适的大小区域后释放，即可插入该图形，如图 6-4-14 所示。

用鼠标右键单击已插入的图形，在出现的快捷菜单中选择“编辑文字”命令，可以在按钮上添加文本。为制定的按钮添加超链接按钮，从而使它具有按钮的功能。插入超链接是为按钮指定单击时跳转的位置，链接的内容可以是本演示文稿中的幻灯片，也可以是外部的文档或网页链接，或者是指定的放映方式等(图 6-4-15)。也可以使用“动作设置”对话框设置超链接。

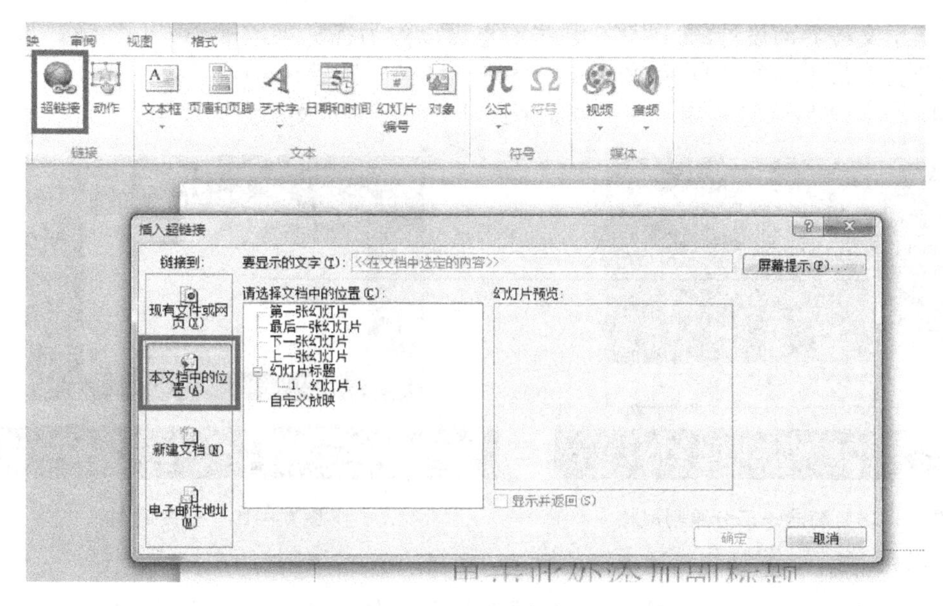

图 6-4-15 使用按钮设置超链接

在鼠标移动到设置了超链接的对象上面时,鼠标会转变为手的形状,提示此处可以单击,可以通过设置播放声音选项为按钮添加音效。

2. 设计个性化的演示文稿

一个赏心悦目的演示文稿界面,不仅仅影响用户对演示文稿的印象,还可以激发学习者的学习兴趣,提高学习的积极性。

对于一般的演示文稿界面设计,基本原则只有两点:界面简洁和演示文稿实用简单,要让使用者一眼看上去就知道演示文稿怎么使用,每个按钮与导航链接的功能是什么。

(1) 演示文稿界面设计的基本原则

PPT 演示文稿界面设计,可以将幻灯片视为一张独立的图像,在此基础上考虑幻灯片上对象的排版和布局。

① 简洁原则

演示文稿的界面设计以"简洁"为第一原则,如何做到界面简洁? 除了控制使用的颜色、字体、单张幻灯片上的内容数量等外,还有一个方法,就是保持每张幻灯上有一个视觉兴趣中心,如图 6-4-16 所示。

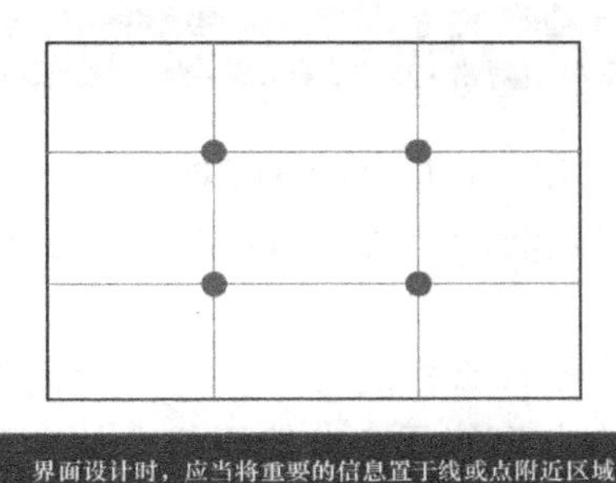

图 6-4-16 经典的三分构图方法

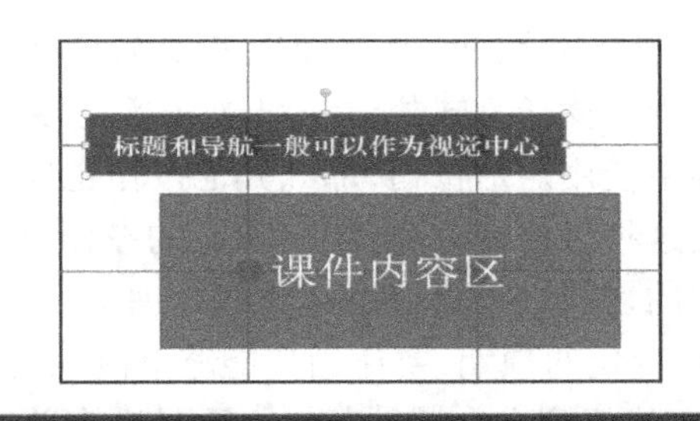

图 6-4-17 三分法的一种应用

在演示文稿界面设计的过程中，哪些信息可以作为视觉兴趣中心呢？视觉兴趣中心一般为当前页面最重要的信息，如知识点的标题、导航等，如图 6-4-17 所示。

如图 6-4-18 所示是按简洁一三分原则设计的一种演示文稿封面风格。

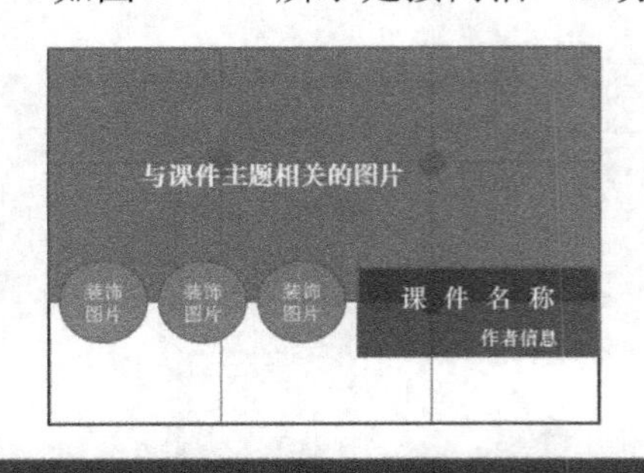

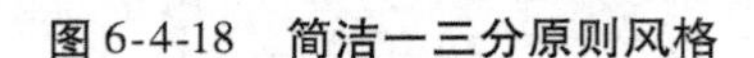

图 6-4-18　简洁一三分原则风格

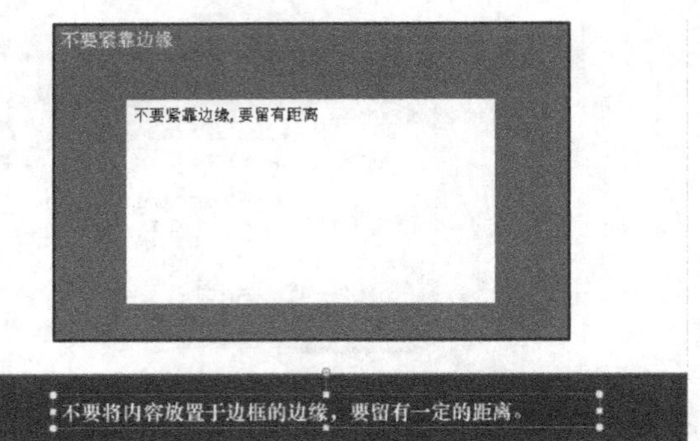

图 6-4-19　空白原则

② 空白原则

“画留三分空，生气随之发”，一个界面不留有空白，自然让人觉得有“满”和“挤”的感觉，也不符合演示文稿界面设计的简洁原则，如图 6-4-19 所示。

空白并非代表完全没有，相对统一的填充、图案都可视为空白，如同拍摄的天空、草地、水面皆可视为空白。

③ 预期原则

所谓预期，是指界面设计时遵循使用者的习惯，这也是以使用者为中心设计的一个体验。简单来说，人们在使用和操作演示文稿中会形成一定的习惯，比如关闭窗口按钮都会置于界面的右上角，如果把它改至右下角，则不符合使用者的预期。

- 位置的预期：指界面中的各对象在设计时位置要相对统一，如演示文稿导航的位置、标题位置、控制按钮位置等。如图 6-4-20所示，在用户第一次见到“我的美丽校园”导航条在界面的右上角，那么切换到新的幻灯片上，自然会到相应的位置找导航。不过需要指出一点：这种统一并非一成不变。

图 6-4-20　位置的预期

- 形式的预期：指界面中各对象应当保持外观及操作方式相对一致，如在演示文稿界面中使用矩形按钮，那么其他按钮也应当使用这种风格，不要将统一功能的按钮制作成多种形式。演示文稿内容的呈现方式以及幻灯片的切换效果建议也作类似处理。
- 变化的预期：要让用户能够猜测到后面出现的内容是什么样的形式。比如我们看见轮子，自然想到它会转动起来。看见一自然会想起二，内容出现的顺序自然要符合从上到下的顺序（从左到右，若有一种运动是随机运动，则不在这个规则之内了）。

● 打破预期：有时多一些变化，可以让界面变得耳目一新，如图 6-4-21 所示。

(a) 你期望看到完整图片，这里就只用一半

(b) 文字也可以倾斜，标题不一定必须放在一起

图 6-4-21　打破预期

注意：在界面设计中，比如对象的排列、间距、组合等，需要根据实际情况去调整。

(2) 精确调整对象位置和对齐对象的技巧

演示文稿的界面设计很大一部分工作在于界面的布局，在于调整界面中各元素的位置，如何精确地对这些元素进行移动和对齐操作呢？

PowerPoint 中提供了以下三种工具。

① 网格线和参考线

网格线在幻灯片上提供了位置参考，可以根据线框的位置，合理安排对象的位置。在 PowerPoint 中，可以按要求设置网格线之间的间距大小。

网格线的设置方法为：在幻灯片上双击调整对象，单击"视图"选项卡，在"显示"组中选中"网格线"复选框。单击"显示"组右下角的对话框启动器按钮，弹出"网络线和参考线"对话框，如图 6-4-22 所示，在其中进行相关的设置即可。

参考线的设置方法：单击"视图"选项卡，在"显示"组中勾选"参考线"复选框，按住鼠标左键进行拖曳；若需要多根参考线，可按住【Ctrl】键，拖动鼠标至幻灯片中创建十字的参考线上(水平或者垂直)，如图 6-4-23 所示。

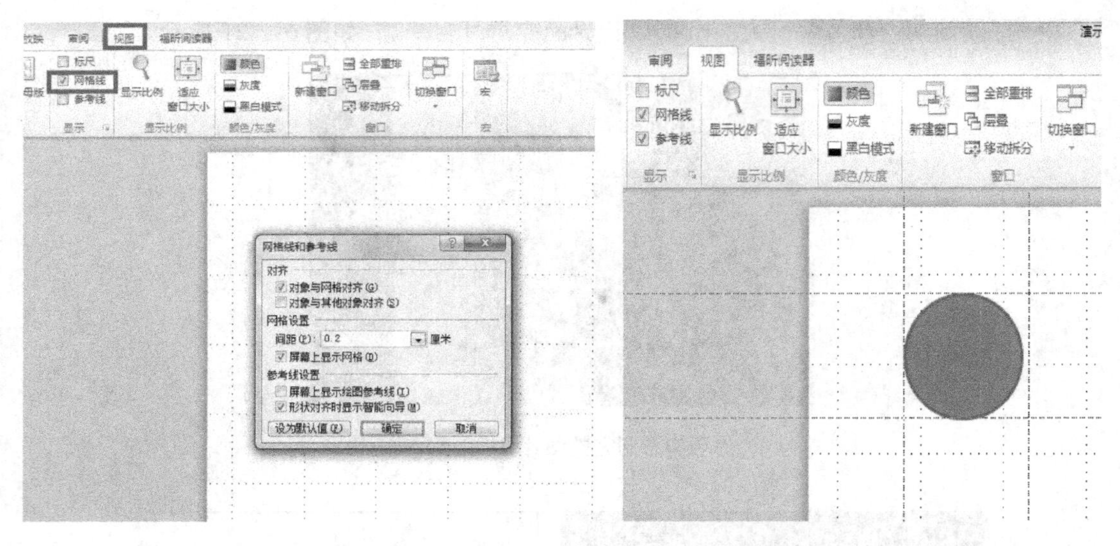

图 6-4-22 设置网格线　　　　图 6-4-23 参考线设置

② 对齐命令

使用对齐命令,可以非常方便地设置多个对象的位置。需要注意的是,对齐前需要选定对齐方式,是以幻灯片为参考,还是以所选对象位置为参考。具体设置方法为:单击“开始”选项卡的“绘图”组中的“排列”下拉按钮,在下拉列表中选择“对齐”级联菜单中的某一项,按下【Ctrl】键用鼠标单击需要对齐的对象,可以选择多个,如图 6-4-24 所示。

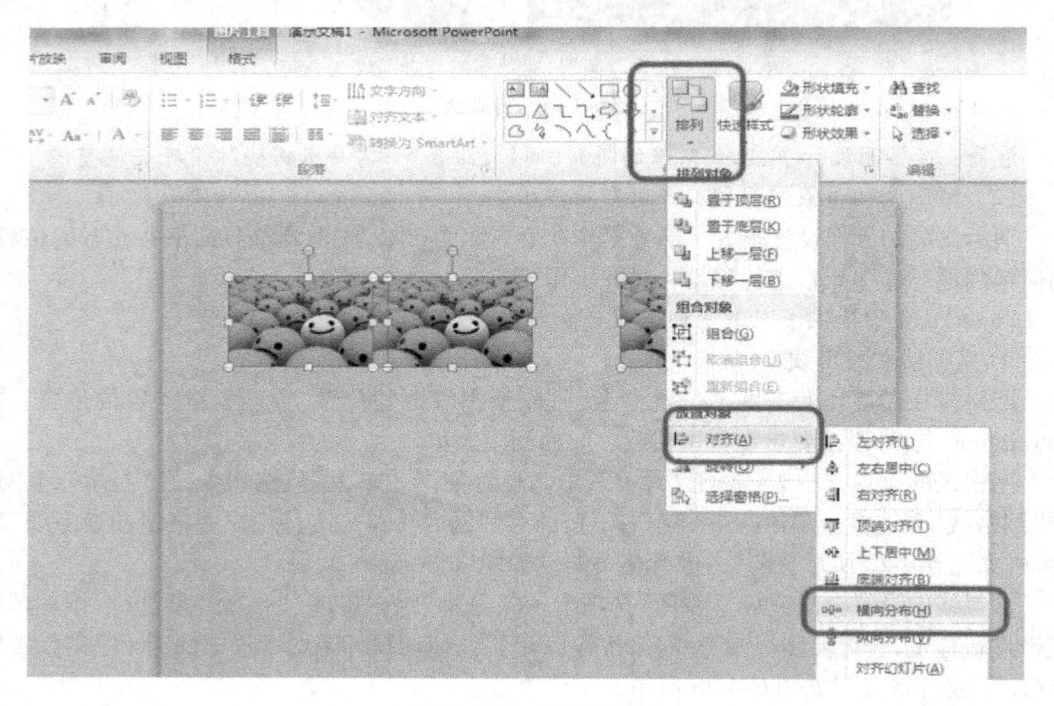

图 6-4-24 设置对齐

③ 快捷键

通常情况下,我们会使用鼠标拖曳的方法来移动对象,但是使用鼠标很难精确地控制移动距离,可以利用键盘上的四个方向键来移动对象。

- 【Ctrl】+方向键：可以以更小的距离单位移动物体。
- 【Alt】+方向键：可以快速旋转物体的角度。
- 【Ctrl】+【Alt】+方向键：可以精确地调整旋转方向。

(3) 为演示文稿选择一种颜色

色彩是影响视觉效果非常重要的因素,色彩也能影响观看者的情绪,有时色彩也是传达内容的一种方式。颜色在演示文稿设计中非常重要,但正确选择颜色也是一件比较困难的事情。很多人在制作演示文稿时,都会为如何选择演示文稿界面颜色与其中文字内容的颜色而大伤脑筋,有时觉得什么颜色都不好看,有时又觉得什么颜色都不错。

在演示文稿界面设置中使用色彩经常会出现两种现象：有的使用太多的颜色,色彩艳丽;有的只有区区两种颜色,略感单调,原则上应当尽可能使用少的色彩。

演示文稿对色彩的选择最基本的要求是平和、对比明显,除特别强调内容外,避免出现太过刺激的颜色配合。

一个演示文稿里面要求使用一种主题色彩,可以为绿色、蓝色或黑白色,也有很多使用褐色,但很少以红色、黄色或紫色为主色调。建议在手动制作演示文稿前,先为演示文稿选择一个基调,然后依据这个基调去选择其他色彩。

选择色彩时一般会考虑演示文稿内容和使用演示文稿的人,比如低年级儿童使用的演示文稿界面色彩宜多一些,图片素材较丰富。演示文稿中最经典的颜色组合如图 6-4-25 所示,这些组合可以保证前景色与背景色之间有很好的对比效果。若深色对深色或者亮色对亮色,两者之间缺乏对比,视觉效果不好,如图 6-4-26 所示。

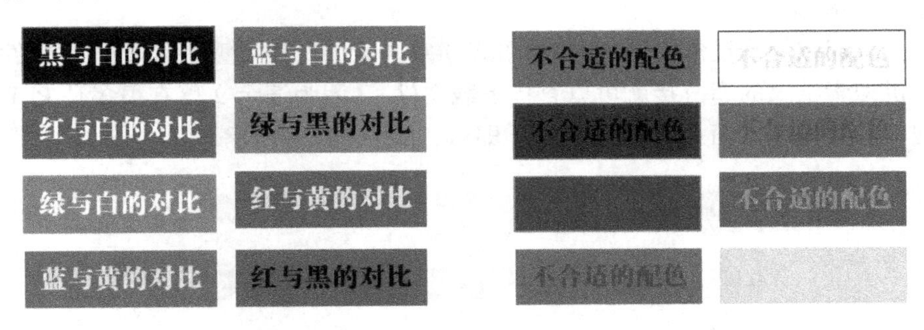

图 6-4-25　经典的颜色组合　　图 6-4-26　缺乏对比的配色效果

在 PowerPoint 的“设计”选项卡中为我们提供了一些内容的颜色组合,被称为配色方案,可以自己创建,也可以使用或编辑系统定义的这些色彩组合,如图 6-4-27 所示。

在使用色彩作为背景填充时,为了增强视觉效果,通常使用渐变填充效果,在实际使用过程中,还可以尝试将一种色彩的不同深浅(饱和)度结合起来使用,具体设置如图 6-4-28 所示。

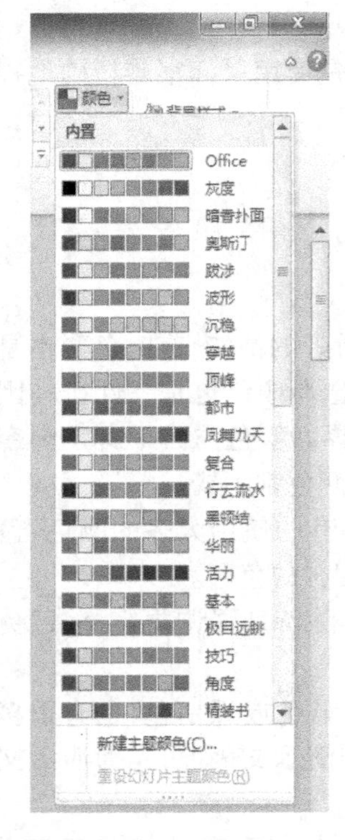

图 6-4-27　配色方案

图 6-4-28　设置渐变填充

3. **演示文稿的共享和安全**

(1) 共享需要的演示文稿的途径

① 使用 filetype

实际上大家在使用搜索引擎的时候,可以指定搜索的文件类型为 filetype + 文件扩展名,这样从单机搜索结果的超链接就可以直接下载文件了,因为演示文稿有很多是 PPT 格式的,只要在搜索的关键词后面加上 filetype:ppt 即可,如图 6-4-29 所示。

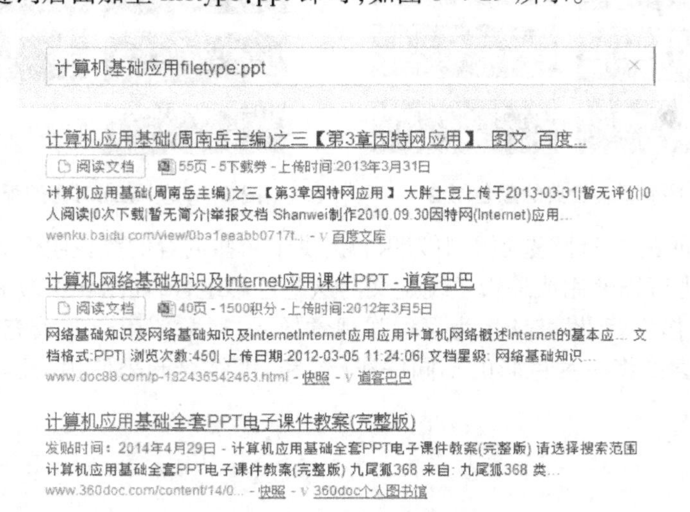

图 6-4-29　利用 filetype 搜索可直接下载的演示文稿

如果一些作品是通过压缩方式上传的,无法直接通过文档搜索获取,则在网络上可以通过人际交往获取资源,如关注演示文稿制作爱好者的博客、微博、微信或者公众号以获取需要共享的信息。

② 使用百度文库

百度文库是提供文档分享的资料库,很多网友会在其中上传一些文档资料作为免费共享资源。

③ 在技术论坛下载所需的演示文稿

各技术论坛收集和整理了各学科、专业的一些优秀数字化资源以及制作素材,从中我们可以获取共享的材料。

(2) 发布自己制作的演示文稿

PowerPoint 演示文稿除了可以保存常规的 PPT 或者 PPTX,以及放映格式 PPS 或 PPSX 格式以外,还有其他几种选择,这些格式大多是为了方便 PowerPoint 作品在网络上发布共享,如图 6-4-30 所示。因此用 PowerPoint 制作的演示文稿,根据需要可以选择合适的格式在网络上发布,这样既可以方便更多的人直接通过浏览器观看演示文稿,也便于文稿的共享。

① PDF 格式

PDF 也称 Portable Document Format,可以通过浏览器查看其中的内容,与普通的文档相比,非常适合作为电子文档,阅读者不能随意进行编辑,便于保证文档的完整性和版权。

② JEEG/GIF/PNG 等图片格式

通过"另存为"命令,可以将 PowerPoint 演示文稿中的内容以图片的方式保存下来,可以方便地将内容发布到网页中,比如将自己的 PPT 演示文稿发布到自己的博客或者 QQ 空间中。同时可保护内容不被修改,但以图片保存的演示文稿内容将失去演示文稿中的动画设置效果。

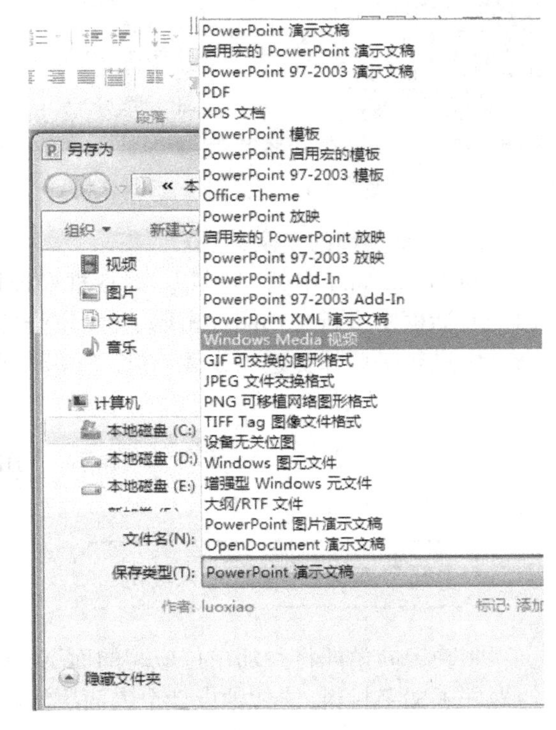

图 6-4-30 保存类型

③ WMA 视频格式

使用"另存为"命令,选择保存类型为 WMA 视频格式。或使用"文件"→"保存并发送"→"创建视频"命令,直接将演示文稿保存为视频的格式。发布视频最大的优点是可以将作品直接上传到视频分享网站,便于内容的传播,但转换成视频后就没有交互效果,只能显示内容。

4. 设置页面

针对不同的放映场所,需要对幻灯片进行页面设置。PowerPoint 默认的是传统的 4∶3 的尺寸,一般投影幕布使用默认值即可。如果是宽屏效果,则要更改页面设置,如"全屏显示(16∶9)"。方法是:单击"设计"选项卡的"页面设置"组中的"页面设置"按钮,打开"页面设置”对话框,在“幻灯片大小”下拉列表中选择“全屏显示(16∶9)”,单击“确定”按钮,如图 6-4-31 所示。

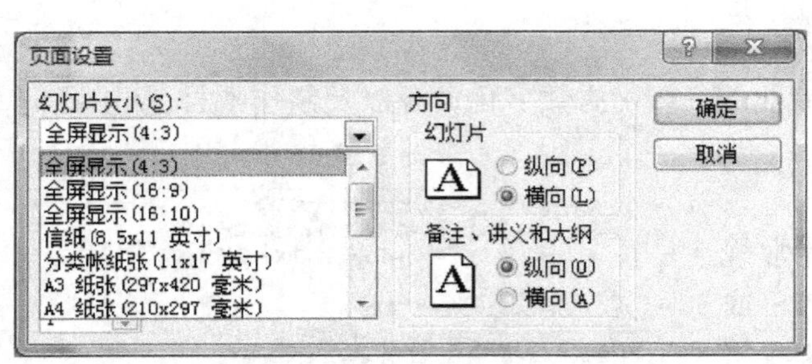

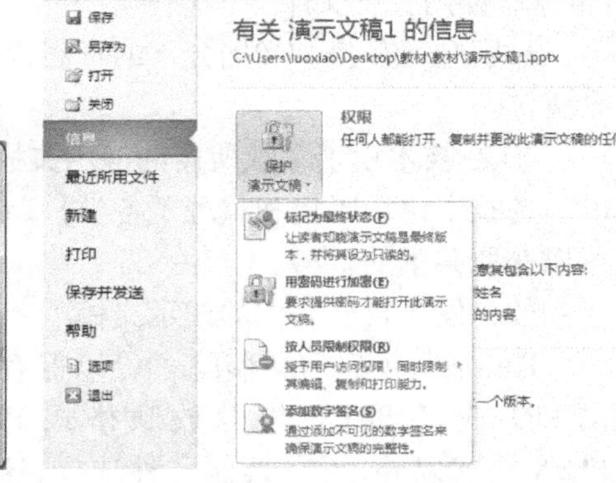

图 6-4-31 “页面设置”对话框　　　　图 6-4-32 保护演示文稿设置

5. 演示文稿的安全处理

在 PowerPoint 中的“另存为”对话框中选择“工具”下拉按钮中的“常规选项”命令,在弹出的对话框中进行文档阅读密码、编辑密码的设置。也可以直接在“文件”菜单中的“信息”命令中进行一些保护选项设置,如图 6-4-32 所示。

任务 6-5 典型试题分析

任务 6-5-1 制作个人简历

张晓宁同学即将参加单位应聘的面试,通知要求面试时要使用演示文稿介绍自己,她已经做好了文字材料,请帮她设计个人简历演示文稿。

一、任务要求

◆ 个人简历演示文稿一般包括封面、目录、个人情况介绍、专业知识展示、社会实践经历、相关证书、个人特长、个人作品、自我评价、答谢页等。页面内容较多时(如个人的相关证书),可分多张展示。

◆ 制作过程中要考虑面试时的场景,配合个人面试的讲话内容,为文字、图片设置动画,为幻灯片设计换页方式。

◆ 幻灯片整体美观大方,建议使用设计主题来统一所有页面的风格;每张幻灯片上的文字、图片等内容不宜过多,大小、风格尽量协调。

◆ 个人展示及播放时间不宜过长,根据面试要求而定,一般控制在 5 分钟以内。

个人简历样稿可参考图 6-5-1。

图 6-5-1 个人简历样稿

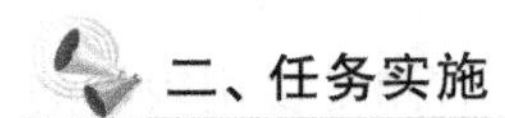

二、任务实施

操作步骤如下：

1. 设计封面

操作步骤如下：

◆ 启动 PowerPoint 2010，在第 1 张幻灯片的标题处输入“个人简历”，设置字体为“微软雅黑”，字号为“28”。在副标题处输入“Personal Resume”，设置字体为“微软雅黑”，字号为“16”。按住【Ctrl】键，同时选中标题和副标题，设置段落左对齐。单击“绘图工具/格式”选项卡的“排列”组中的“对齐”下拉按钮，在下拉列表中选择“左对齐”，将中英文标题左对齐，并移至页面右侧偏中位置(图 6-5-1)。

◆ 在页面左侧插入个人照片，还可适当设置效果(如图片模式中的“矩形投影”)。

◆ 在中英文“个人简历”下方插入一个横排文本框，分三行输入内容“姓名：”“学校：”“专业：”，设置字体为“微软雅黑”，字号为“16”，在段落格式中选择“1.5 倍行距”。

◆ 在“个人简历”上方添加一个艺术字“年轻 自由 个性”，样式任选，适当调整字体和字号(图 6-5-2 中选择的是幼圆、32 号)。

◆ 选择“设计”选项卡中的一款主题应用于幻灯片(图 6-5-3 中选择的是“奥斯汀”)，适当调整主副标题、文本框、艺术字的位置。最终效果如图 6-5-2 所示。

图 6-5-2 完成后的效果图

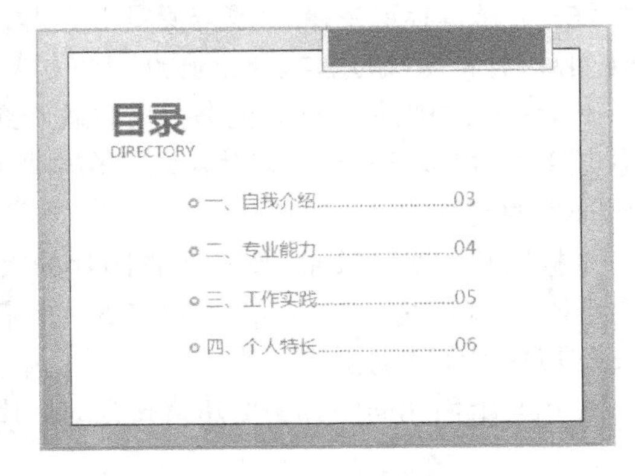

图 6-5-3 目录完成后的效果图

2. **制作目录**

◆ 单击“开始”选项卡的“新建幻灯片”，选择“标题和内容”版式，在标题处输入“目录DIRECTORY”（分两行），设置中文字体为“微软雅黑”，字号为“48”，英文字体为“微软雅黑”，字号为“20”，字体颜色偏深色。

◆ 按照样张，在文本占位符处分四行输入目录内容。

◆ 设置文本内容行距为“双倍行距”，适当调整文本框的大小和位置。

完成效果如图 6-5-3 所示。

3. **制作正文内容幻灯片**

◆ 单击“开始”选项卡的“新建幻灯片”，选择“仅标题”版式，在标题处输入“一、自我介绍”，设置字体为“幼圆”，字号为“28”，颜色和目录一致。

◆ 在标题下方可使用文本框或表格等方式进行自我介绍，包括专业、学历、爱好、籍贯、出生日期、英语、主修课程等个人信息。

图 6-5-4 是“自我介绍”页的完成效果，左侧是使用文本框的效果，右侧是使用表格的效果。

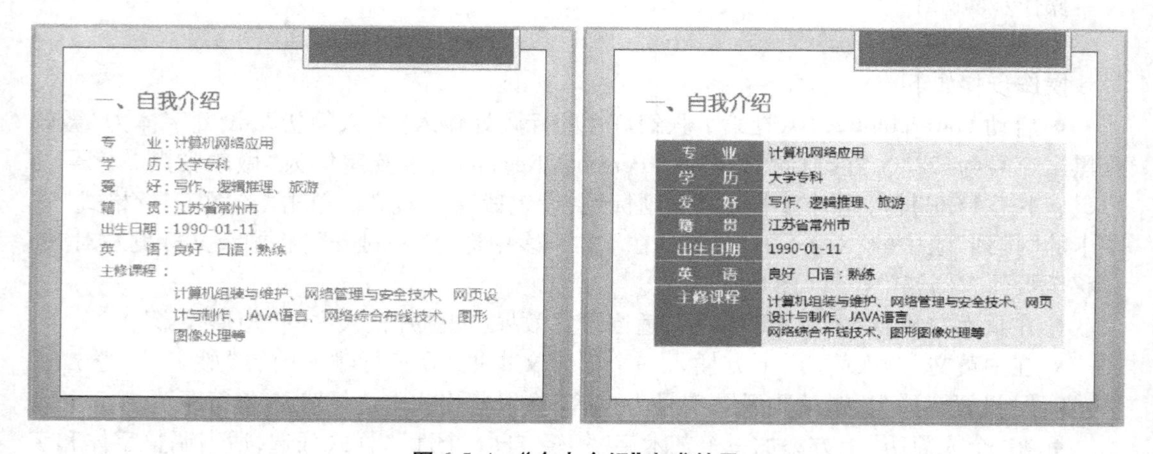

图 6-5-4 “个人介绍”完成效果

◆ 再新建一张“仅标题”版式的幻灯片，在标题处输入“二、专业能力”，设置字体格式与第 3 张幻灯片相同。

注：为保证标题字体、位置与第 3 张幻灯片相同，可使用复制的方法将第 3 张幻灯片原样复制后，将标题改为“二、专业能力”，将自我介绍的内容删除。

◆ 将个人的职业资格等证书扫描后插入到当前幻灯片中，为图片添加动画“淡出”。当图片较多时，可以分多个幻灯片展示。在本题中使用复制第 4 张幻灯片的方式，制作了两页展示证书的幻灯片。

根据图片的实际效果，设置两张图片的大小相同。同时，可选中“视图”选项卡的“显示”组中的“网格线”“参考线”（图 6-5-5），然后微移第 4 张和第 5 张幻灯片中的图片，使得两张幻灯片中图片的位置一致。

◆ 用与上面相同的方法新建第 6 张幻灯片“三、工作实践”。

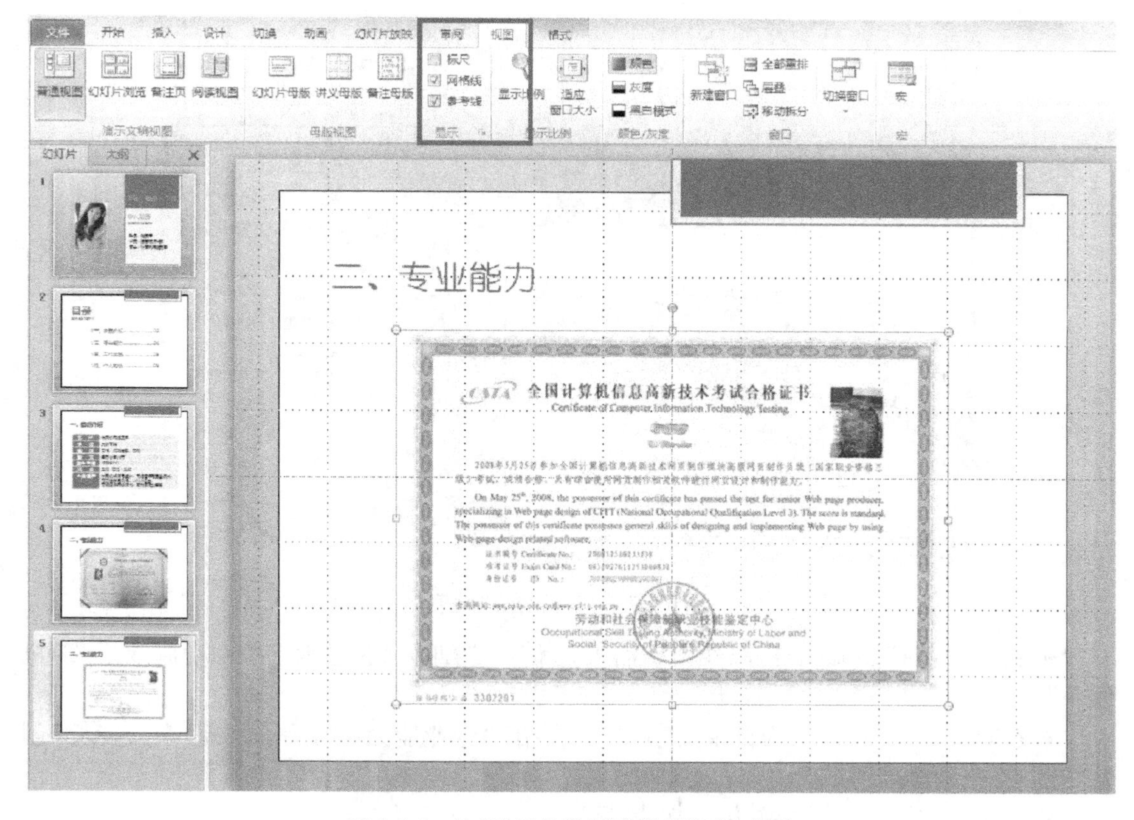

图 6-5-5　使用“网格线”“参考线”对齐图片

◆ 在标题下方插入横排文本框，输入具体内容。根据文字内容，合理设置字体大小、项目符号、行间距。如图 6-5-6 所示，将字体设置为“幼圆”，字号设置为“20”，行间距设置为“1.5 倍”。

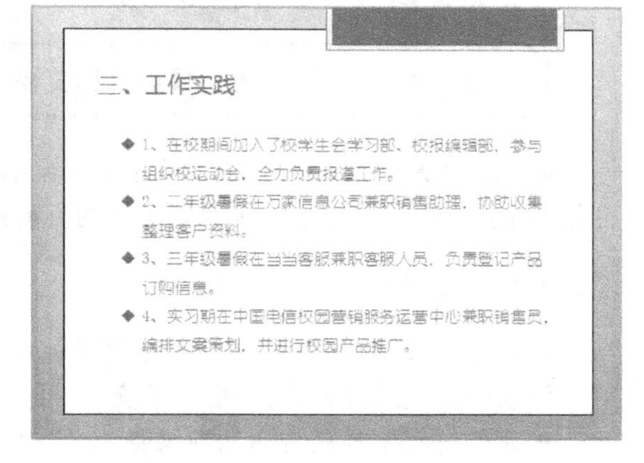

图 6-5-6　“工作实践”效果

◆ 为文本框添加动画效果“擦除”，修改效果选项“自顶部”。

◆ 用与上面相同的方法新建第 7 张幻灯片“四、个人特长”。

◆ 在标题下方插入形状“圆角矩形”，右击“圆角矩形”，在弹出的快捷菜单中选择“编辑文字”命令，输入个人特长文本内容。为“圆角矩形”选择一种形状，如“浅色 1 轮廓，彩色填充—绿色，强调颜色 1”，适当选择一些形状效果美化形状。

◆ 为文本框添加动画效果“擦除”，修改效果选项“自顶部”(可使用动画刷工具)。

◆ 在圆角矩形文字下方插入外部图片“会用软件. jpg”，适当调整图片的大小和位置。为图片添加动画效果“劈裂”，完成后效果如图 6-5-7 所示。

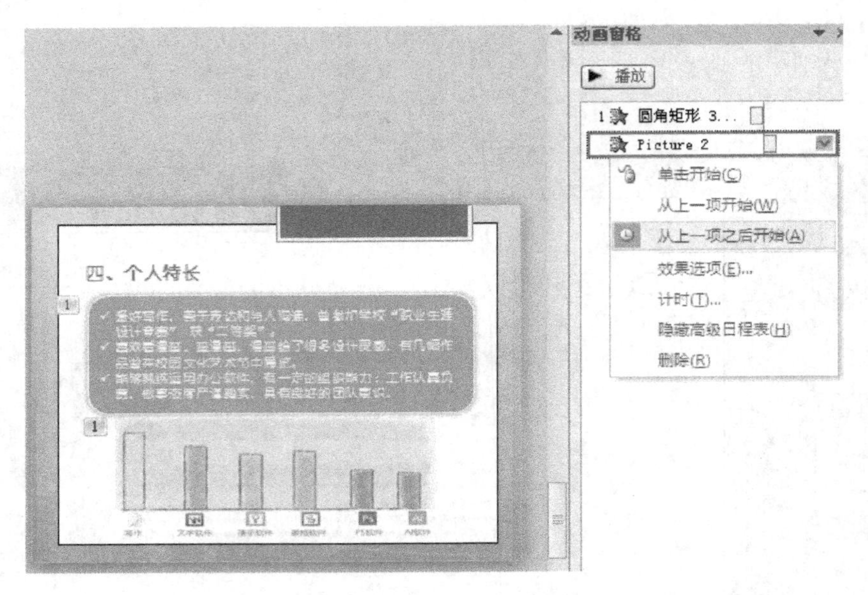

图 6-5-7 “个人特长”效果

◆ 新建“空白”版式幻灯片，在中间插入艺术字“谢谢!”，为艺术字添加动画效果“随机线条”。

◆ 在第 2 张幻灯片中，为目录文字“自我介绍”“专业能力”“工作实践”“个人特长”创建超链接，分别链接到对应内容的幻灯片。

◆ 为所有幻灯片选择切换方式为“揭开”。

◆ 预览放映，对幻灯片进一步加工修改，保存为“学号—姓名—个人简历. pptx”。

任务 6-5-2 制作旅游景点介绍文稿

某班级欲开展“我的美丽家乡”主题班会活动，小王同学来自浙江杭州，她打算向同学们介绍“西湖十景”，请帮她收集西湖十景的资料并制作景点介绍文稿。

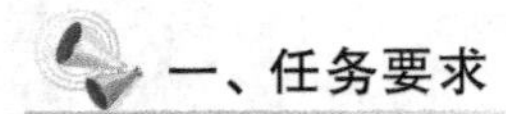

一、任务要求

◆ 演示文稿结构分析：主题班会活动演示文稿一般包括封面、内容介绍、最后的结束页等。活动内容须层次分明，风格尽量统一，可分多张展示。

◆ 制作过程中要结合活动的风格，本例制作内容是介绍景点，可结合景点特色选择“中国风”系列的主题、图片等，为文字、图片设置动画，为幻灯片设计换页方式。

◆ 展示及播放时可添加背景音乐，以营造一个轻松活泼的氛围。

样稿如图 6-5-8 所示。

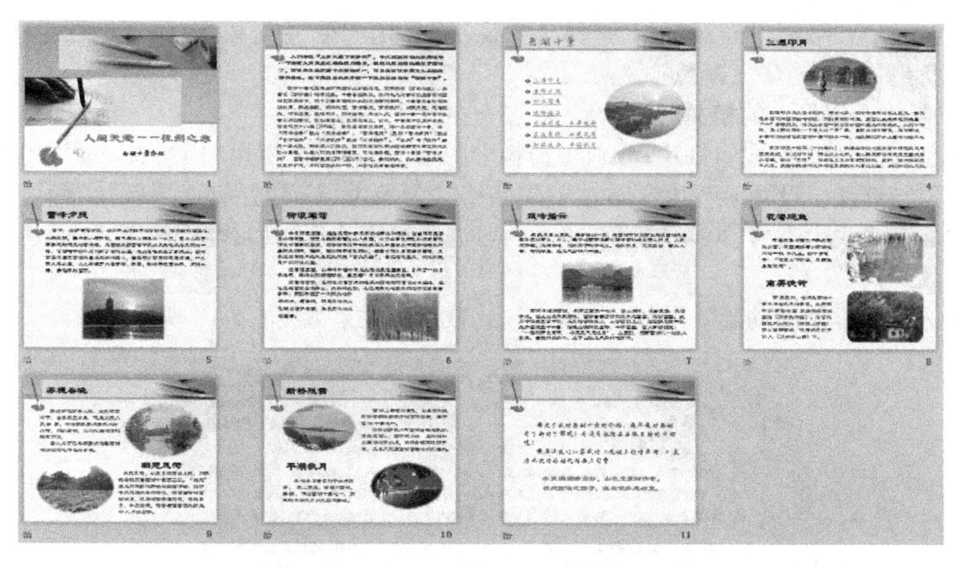

图 6-5-8 “西湖十景”样稿

二、任务实施

操作步骤如下：

1. 材料分析与准备

◆ 对收集的资料进行分析，根据景点介绍内容的多少确定演示文稿结构，包括封面、景点概述、景点目录、景点具体介绍（文字较多的一页介绍一个景点，文字较少的可一页介绍两个景点）、结束页面。

◆ 通过网络下载“中国风”系列的主题模板（素材文件夹中提供）。

2. 设计封面

启动 PowerPoint，在第 1 张幻灯片的标题处输入“人间天堂——杭州之旅”，在副标题处输入“西湖十景介绍”。选择“设计”选项卡的“主题”组中的“浏览主题”命令（图 6-5-9），打

图 6-5-9 选择主题

开“选择主题或主题文档”对话框，选择已下载好的“中国风”主题模板，设置标题字体为“隶书”、副标题字体为“华文新魏”。

3. 制作介绍景点的相关幻灯片

◆ 新建“空白”版式幻灯片，分别将资料中的第一、二段文字用“横排文本框”的方式插入到当前幻灯片。设置第一段文本框中文字格式为隶书、22 号、黑色、加粗，设置第二段文本框中文字格式为隶书、20 号、黑色（可对内容进行组织整理，或调整行间距，从而达到合理的布局效果）。

◆ 为文本框添加动画效果（如“淡入”），完成后的效果如图 6-5-10 所示。

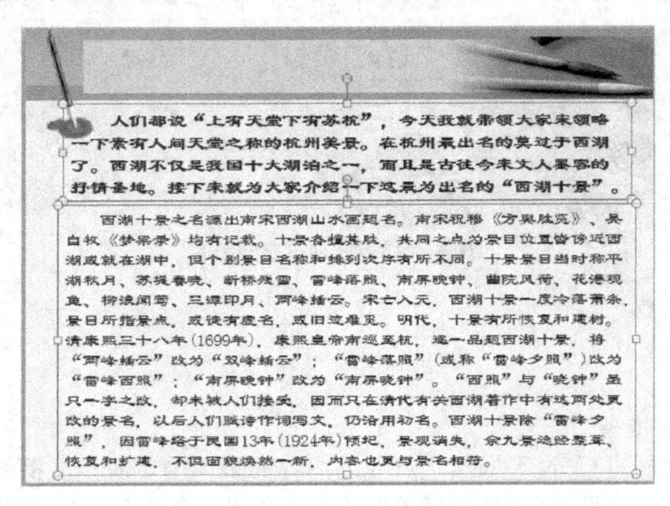

图 6-5-10 景点概述完成后的效果图

◆ 新建“标题和内容”版式幻灯片，在标题处输入“西湖十景”，在内容处输入“三潭印月、雷峰夕照、柳浪闻莺、双峰插云、花港观鱼、南屏晚钟、苏堤春晓、曲苑风荷、断桥残雪、平湖秋月”，使用“项目符号和编号”命令，为文字选择一个图片项目符号并应用，如图 6-5-11 所示。

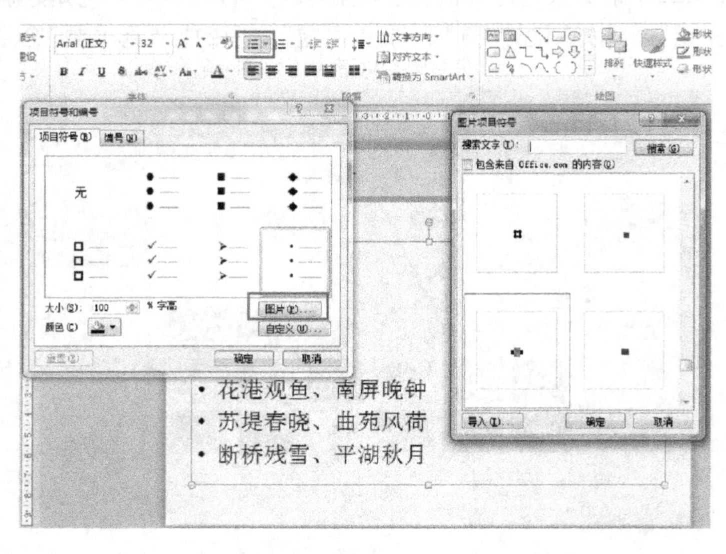

图 6-5-11 为文字添加项目符号

◆ 设置标题“西湖十景”的字体为“华文新魏”，选择一个艺术字效果。设置文本框文字的格式为华文新魏、28 号，适当调整文本框大小。在文字右侧插入一幅“西湖全景”照片。为标题、景点列表、图片设置动画效果。

◆ 新建“仅标题”版式的幻灯片，在标题处输入第一个景点“三潭印月”，在标题下方插入三潭印月的景点介绍和图片。设置标题字体格式为隶书、38 号、黑色、加粗，文本框字体格式为隶书、20 号、黑色，合理调整文本框和图片大小。可适当设置图片样式，如图 6-5-12 所示。

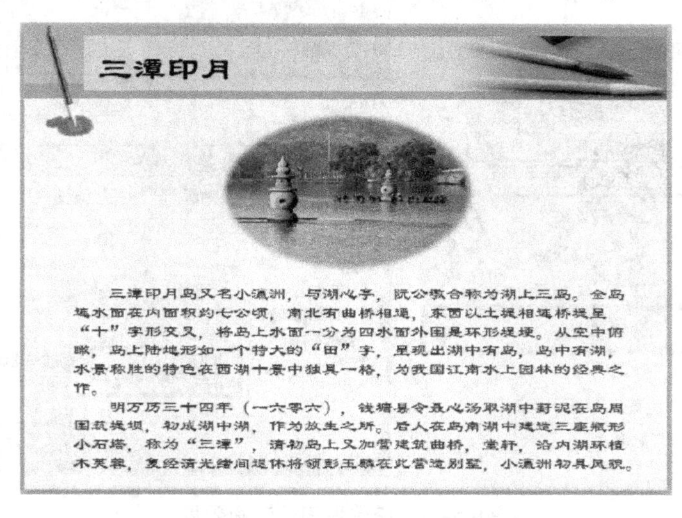

图 6-5-12　“三潭印月”景点介绍

◆ 重复同样的步骤，创建介绍其余九个景点内容的幻灯片。

◆ 为每个景点幻灯片中的元素添加动画效果。

◆ 为第 3 张幻灯片中的景点目录文字创建超链接，分别链接到对应内容的幻灯片。

4. 制作结束页幻灯片

◆ 新建“空白”版式幻灯片，将最后一部分的结束语输入到当前幻灯片中，建议将诗词部分的文字效果区别设置，以突出显示效果。

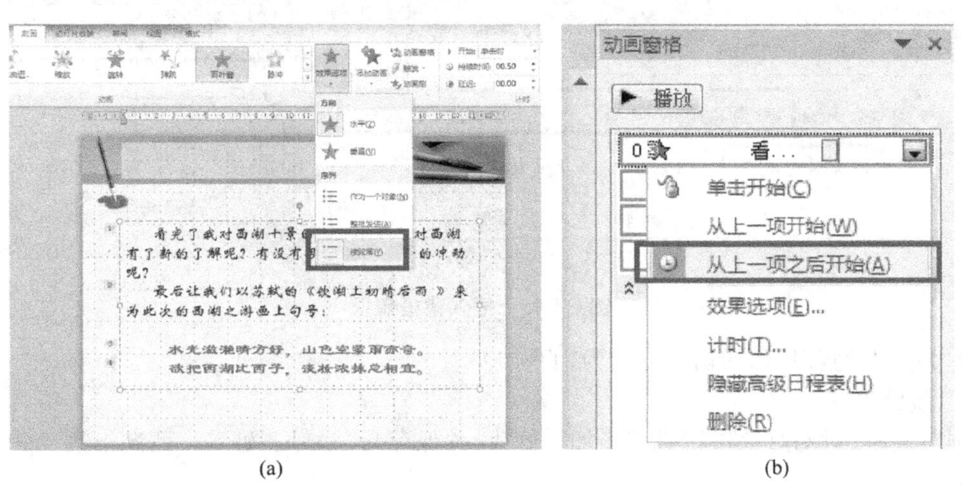

(a)　　　　(b)

图 6-5-13　为结束页文字添加动画效果

◆ 为结束页幻灯片的文字添加动画效果——水平百叶窗，选择“按段落”命令[图6-5-13(a)]，在动画窗格中修改为“从上一项之后开始”[图6-5-13(b)]；在动画窗格中选中古诗词(第3、4项)，单击右侧按钮，在下拉列表中选择“效果选项”，在打开的“百叶窗”对话框中的“效果”选项卡中设置动画文本为“按字/词”，如图6-5-14所示。

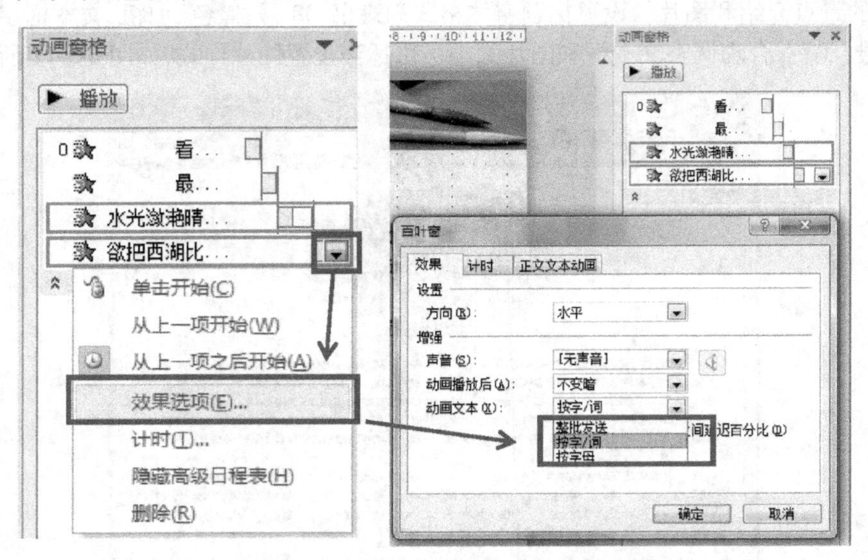

图6-5-14 修改诗词的动画效果

5. 设置背景音乐

◆ 在第1张幻灯片中插入背景音乐“湖光水面.mp3”，放映时即播放声音，隐藏图标，跨幻灯片播放，循环播放直到停止，如图6-5-15所示。

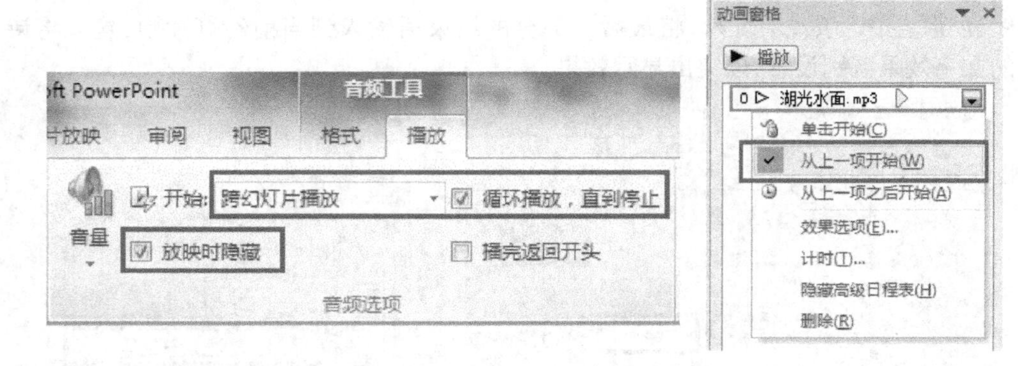

图6-5-15 插入背景音乐

◆ 为所有幻灯片选择切换方式为“百叶窗”。

6. 预览保存

预览放映，对幻灯片进行进一步加工修改，并保存为“学号—姓名—西湖十景.pptx”。

任务 6-5-3　制作汇报材料

某公司即将召开年度总结会,要求各部门汇报本年度工作及下阶段的工作目标。小王所在的部门负责人将文字材料交给小王,让她结合材料做一份汇报用的 PPT。

一、任务要求

◆ 演示文稿结构分析。工作汇报一般包括封面、目录、分项目详细内容、未来规划、最后的结束页等。重点要突出业绩,可使用图片、组织结构图、流程图等 SmartArt 图形来展示数据、信息。

◆ 材料分析。展示的文字一定要简练,切忌大段大段的文字,需要将汇报材料中的大小标题、数据、可分类的信息提炼标注出来,确定展示的方法。

◆ 可以利用网络收集一些汇报材料的模板、图片素材,以增强汇报材料的影响力和说服力。

样稿如图 6-5-16 所示。

图 6-5-16　“工作汇报”样稿

二、任务实施

具体操作步骤如下:

1. 材料分析与准备

◆ 通过网络搜集一些汇报材料演示文稿或模板、图片素材。在制作过程中也可根据需要随时收集(素材文件夹中提供)。

◆ 对于汇报材料中的数据，可提前整理成表格或在制作过程中编辑表格。

◆ 考虑到汇报的环境因素，如果是投影幕，一般页面设置使用默认的“全屏显示 4 : 3”，如果是宽屏显示器，则选择“全屏显示 16 : 9”更适合。

2. **设计封面**

◆ 启动 PowerPoint，删除默认的空白幻灯片；单击“设计”选项卡的“页面设置”组中的“页面设置”按钮，打开“页面设置”对话框，选择“幻灯片大小”为“全屏显示 16 : 9”，如图 6-5-17所示。

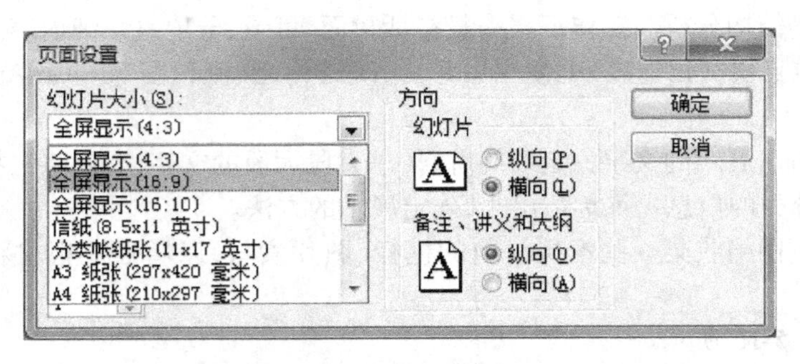

图 6-5-17 “页面设置”对话框

◆ 打开提供的素材文件，选择适用于做封面的幻灯片，将其复制到新文稿中。在粘贴时注意在工具栏或右键的“粘贴”命令选项中选择“保留源格式”，如图 6-5-18 所示。

◆ 修改标题为“电脑销售工作总结”，副标题为“销售部”。适当修改字体、字号和对齐方式，效果如图 6-5-19 所示。

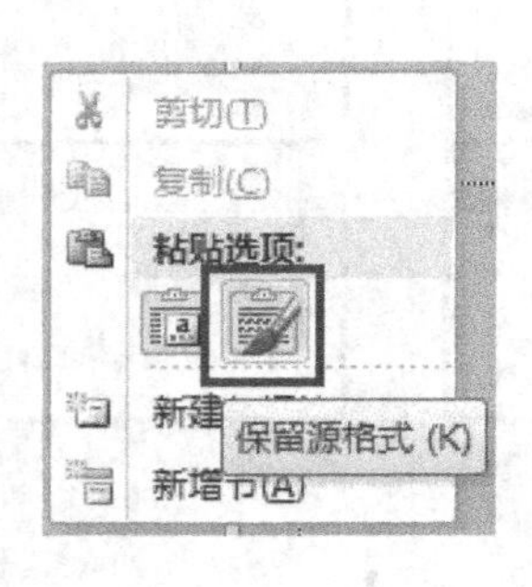

图 6-5-18 “保留源格式”粘贴

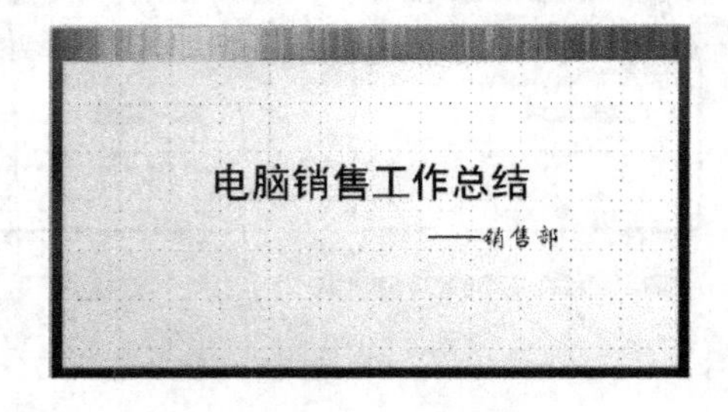

图 6-5-19 封面效果

3. **设计目录**

◆ 打开提供的素材文件，选择适用于制作目录的页面，将其复制到新文稿中。

◆ 根据汇报材料中的要点，整理目录标题并添加到目录页的相应位置。在编辑过程中可根据实际内容对页面上已有的元素进行大小的调整和增减，可将相关元素组合，以方便移动和对齐(图 6-5-20)。

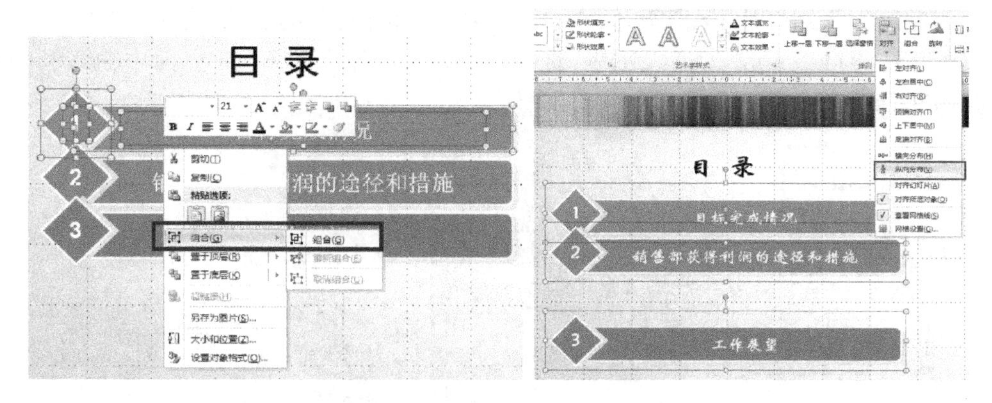

图 6-5-20 元素的组合与对齐

4. 制作分项目详细内容展示页面

(1) 制作“目标完成情况”页面

其主要由两部分组成,一部分是利润来源,另一部分是具体的销售额。利润来源可以使用 SmartArt 图形,销售额、利润等则可以使用图表来突出显示。

◆ 新建幻灯片,将目录中标题一的组合复制到本页,加大字号。在幻灯片正文偏左,选择素材文件中的任一文字效果组合,输入“销售部”;在偏右位置插入 SmartArt 图形(垂直曲形列表),在文本处依次输入“计算机销售、电脑耗材、打印机耗材、打字复印、计算机网校”。调整 SmartArt 图形文字、位置及大小。

◆ 复制第 3 张幻灯片,将内容修改为“客服部”相关信息。完成效果如图 6-5-21 所示。

图 6-5-21 “利润来源”完成后效果

注: SmartArt 图形的种类有很多,图 6-5-22 是以“垂直图片重点列表”和“网格矩阵”两种图形显示的效果。

图 6-5-22 不同 SmartArt 图形完成后的效果图

◆ 复制第 4 张幻灯片，保留标题，在空白处插入两行两列的表格，输入“销售额”“纯利润”“130 万元”“117 万元”。插入图表，选择“饼图”，在弹出的 Excel 界面中输入利润的组成数据，如图 6-5-23 所示。

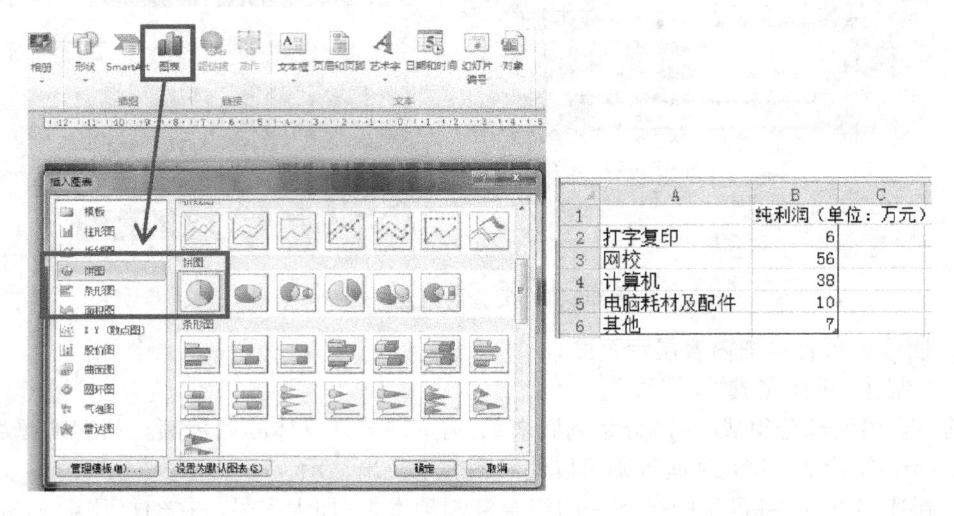

图 6-5-23 插入图表

◆ 分别单击图表的标题、图例、系列等区域设置字体、颜色等；在“图表工具”的“设计”“布局”“格式”选项卡中还可以进一步设置图例、数据标签等。完成后的效果图如图 6-5-24 所示。

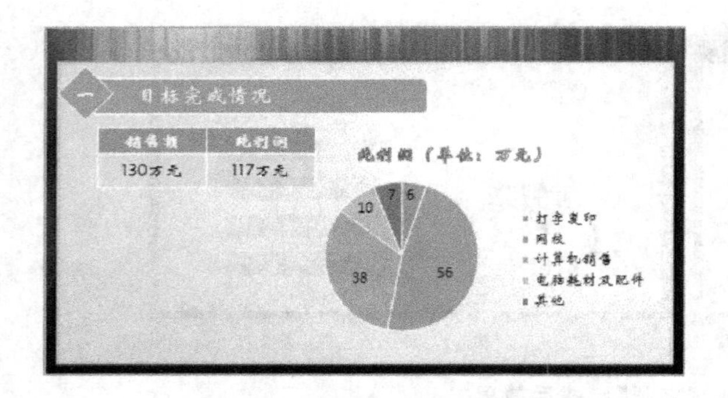

图 6-5-24 表格、图表完成后的效果图

图 6-5-25 突出“目标”参考样张

（2）制作“销售部获得利润的途径和措施”页面

其主要由文字内容组成，可将重点文字提炼出来，突出显示。表达形式可以多种多样。

◆ 复制第 4 张幻灯片为第 6 张幻灯片，将标题改为“二、销售部获得利润的途径和措施”，删除原第 4 张幻灯片中的内容。在幻灯片正中配以边框、主题图片突出显示目标“家庭用户市场的开发、办公耗材市场的抢占。”（图 6-5-25）。

◆ 复制第 6 张幻灯片，保留标题，将三种措施展示在幻灯片上。展示的形式可以使用 SmartArt 图形，也可以利用素材文件中适合的元素。可参考图 6-5-26。

◆ 分别为三种措施的具体内容制作三张幻灯片。根据提供汇报可为“1、降低成本”制作一张，为“2、培养服务意识” 制作两张幻灯片，而“3、加大宣传力度”没有对应的文字介绍，适

当配一幅能体现宣传的图片。可参考如图 6-5-27。

（3）制作“工作展望”页面。

◆ 复制第 11 张幻灯片为第 12 张幻灯片，将标题改为“三、工作展望”，删除原来内容。选择带有指向性的、鼓舞性的配图，将“利润 121 万”以艺术字等方式突出显示。个人表态的内容可以不放在幻灯片上，如果要放，不要喧宾夺主。可参考图 6-5-28。

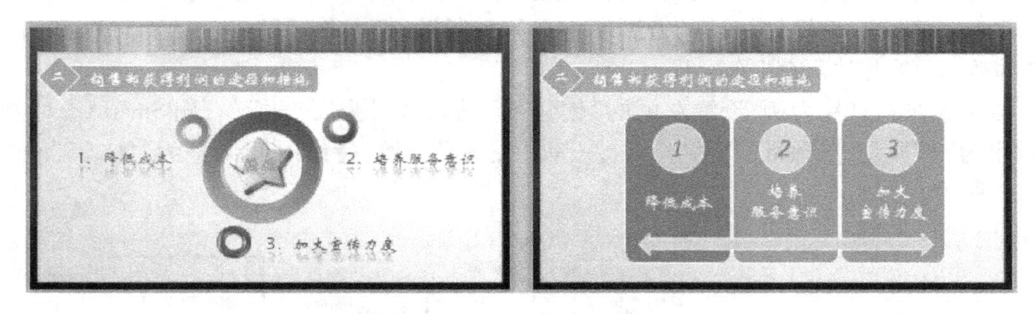

图 6-5-26　“三种措施”参考样张

图 6-5-27　“三种措施”具体内容参考样张

图 6-5-28　“工作展望”参考样张

5. 制作结束页

最简单的结束,可用略不同于正文背景的背景,辅以“谢谢”二字即可,也可使用“不当之处敬请批评指正!”之类的敬语。

6. 设计动画和切换效果

在本例中,工作汇报 PPT 的制作人不是汇报人,所以要尽可能根据汇报人的演示特点制作,同时动画效果、切换幻灯片的方式不宜夸张。所以,根据叙述的进度动画可选择如“淡出”“擦除”“浮入”“出现”等效果。

以第 3 张幻灯片为例,设置左侧的“销售部”动画效果为“缩放”,右侧 SmartArt 对象动画效果为“擦除”“自顶部”“逐个”“上一动画之后”开始,持续时间调整为“00.25”,如图 6-5-29 所示。

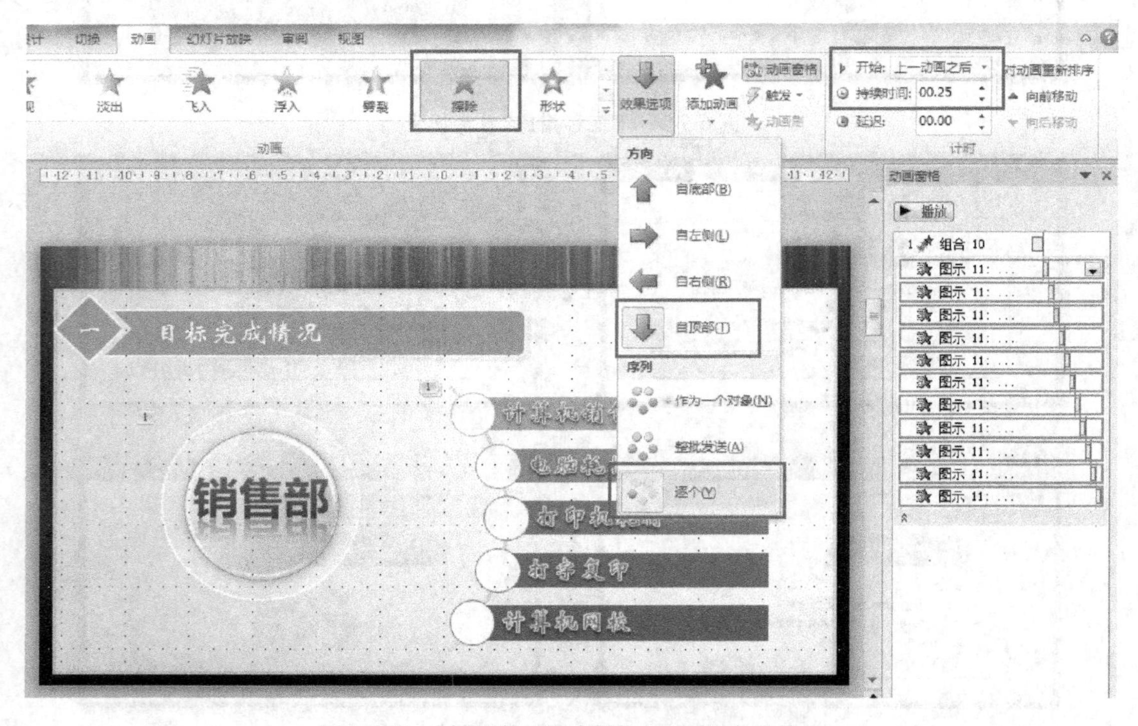

图 6-5-29 “销售部利润来源”动画设置参考效果

7. 预览保存

预览放映,对幻灯片做进一步加工修改,保存为“学号—姓名—工作汇报. pptx”。